예제로 배우는 **생명과학**

BIOLOGY

안태호 저

예제로 배우는 생명과학

전남대학교출판부

현대 생명과학은 지식 축적과 연구 방법에 있어서 상당히 빠른 속도로 발전하고 있으며 많은 사람들의 관심이 집중되는 분야입니다. 학문의 영역도 광범위하여 의학을 비롯해 생화학, 분자생물학, 세포생물학, 생물정보학, 수의학, 약학 등이 모두 생명과학의 범주에 속한다고 할 수 있습니다. 또한, 생명과학의 지식과 기술은 의료 및 보건, 신약개발, 농・수・축산 기술의 발전 등에 실질적으로 적용되므로 우리 실생활과도 매우 밀접한 학문입니다. 국내외 대부분의 대학에서는 여러 다양한 생명과학 관련 학과, 학부 과정이 개설되어 많은 전문가를 양성하고 있는데, 이것은 현대 생명과학의 중요성을 입증하는 현상 중의 하나입니다. 그러나 생명과학을 배우는 입장에서 이렇듯 방대하고 심오한 학문적 내용을 습득하고 심화하는 과정이 쉬운 일은 아닙니다.

'예제로 배우는 생명과학'은 다양한 예제를 통해 생명과학의 광범위한 지식을 효율적으로 익힐 수 있도록 제작, 편집되었습니다. 고등학교 과정에서 다루는 생명과학 I, II를 기본적인 학습 범위로 정하였으며 내용적으로는 대학교 저학년 과정의 일반 생물학을 포함하였습니다. 또한, 각 장의 학습 중요도에 따라 문제의 난이도와 문항 수를 달리 배정하였으며 통합적 사고와 문제 해결 능력 향상을 위해 생명과학의 세부 분야를 융합한 창의적 문제를 내도록 노력하였습니다. 따라서 본 저서를 통해 생물의 분류부터 생체 물질과 세포의 특성, 물질대사, 면역과 생리 작용 조절, 핵산의 구조와 물성, 유전자 발현과 조절, 첨단 생명과학 기법까지 다양한 영역의 지식을 효율적으로 배양할 수 있습니다.

본 저서는 대입 수능이나 고교 내신을 준비하는 고등학생, 대학교 1, 2학년 과정에 개설된 일반 생물학의 학습, 생명과학을 시험 과목으로 포함하는 각종 국가고시 준비생들에게 시험 대비 문제집으로 효과적으로 활용될 수 있습니다. 또한, 문제풀이를 통해 자신의 지적 수준을 평가하고 부족한 부분을 파악할 수 있는 좋은 교보재가 될 것입니다. 아무쪼록 '예제로 배우는 생명과학'이 독자 여러분의 실력 향상과 앞으로의 진로에 조그만 보탬이 되기를 기원합니다.

2015년 8월

Part Ⅰ

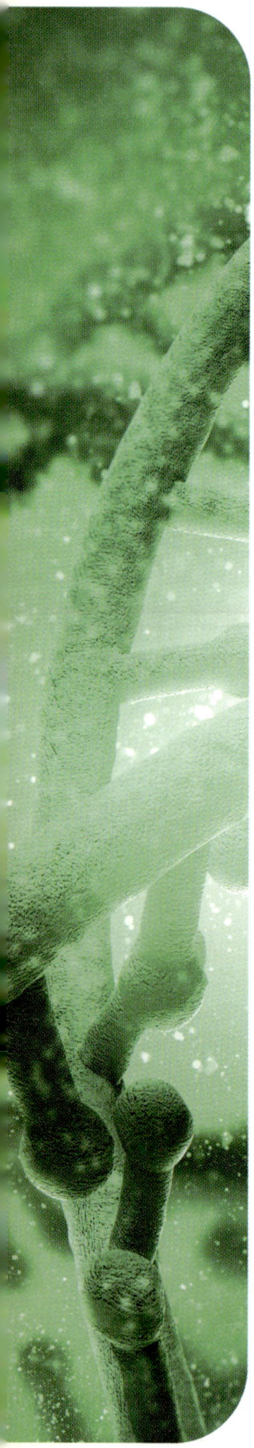

Part II

PART I

BIOLOGY

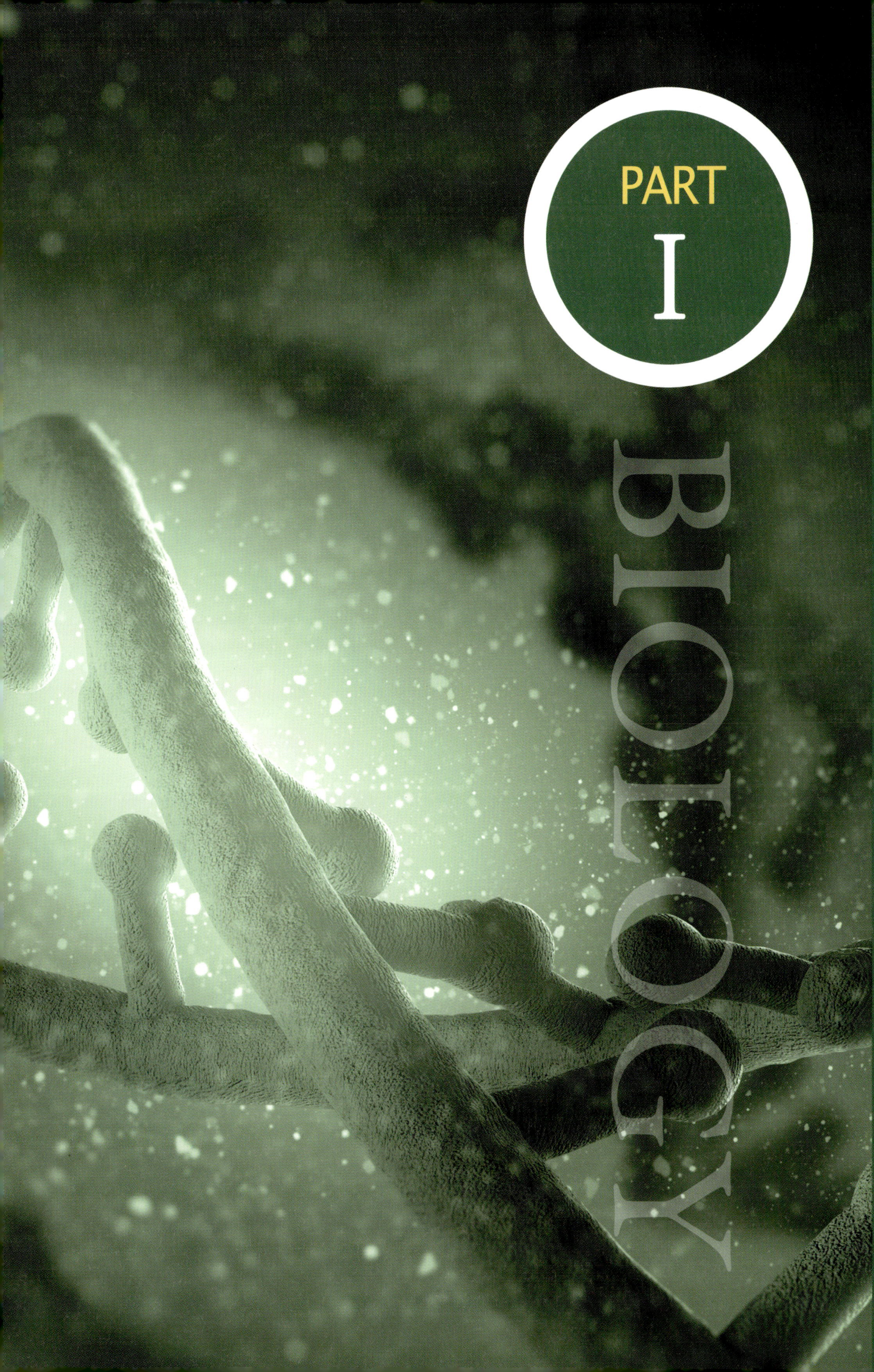

생명 현상의 특성

01

그림은 식사 후, 혈액 내 **인슐린**의 농도를 나타낸 그래프이다. 이것과 가장 관련 있는 생명 현상의 특징은 무엇인가?

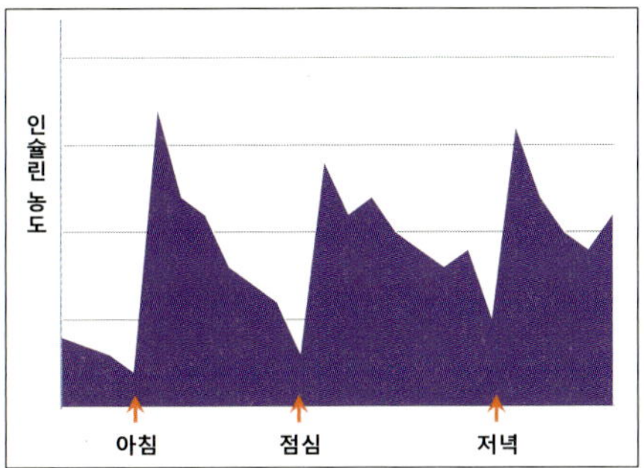

① 자극에 대한 반응　② 물질 대사
③ 항상성 유지　④ 환경에 대한 적응
⑤ 생식과 유전

02

다음 중 생명체의 **항상성 유지**에 대한 설명으로 옳지 **않은** 것은?

① 생명체 내부와 외부의 환경 변화에 대한 반응이다.
② 체내 환경을 일정하게 유지하려는 노력이다.
③ 자극을 수용하는 기관(수용체)과 전달(신경계) 기관이 모두 필요하다.
④ 세포의 형태 변화가 일어나기 때문에 비교적 긴 시간이 걸린다.
⑤ 삼투압, pH, 전해질 농도, 혈당 조절 등이 대표적 예에 해당한다.

03

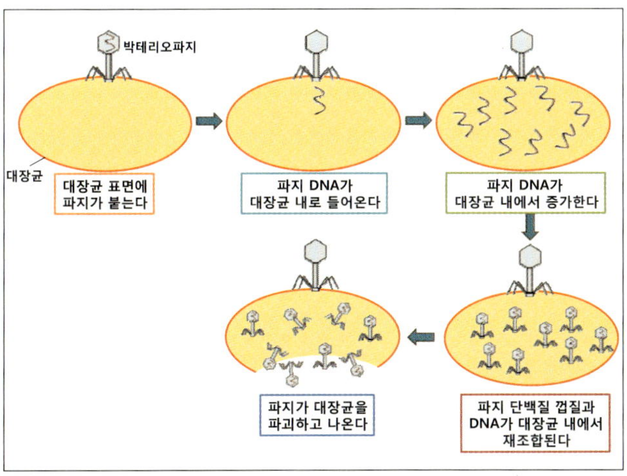

그림은 박테리오파지 바이러스의 한살이를 나타낸 것이다. 생명 현상의 특성 중에서 이와 가장 관련이 있는 것은?

① 발생과 생장　② 자극에 대한 반응
③ 항상성 유지　④ 유전과 생식
⑤ 적응과 진화

04

생명체가 나타내는 여러 현상 중에서 위의 그림과 같은 바이러스의 한살이에서 찾아 볼 수 **없는** 것은?

① 발생　② 유전 물질의 존재
③ 증식　④ 물질 대사
⑤ 물질 합성

05

위 그림에서 얻은 결론 중 옳지 **않은** 것은 무엇인가?

① 박테리오파지의 유전 물질은 DNA이다.
② 박테리오파지는 숙주 세포 내에서 물질 대사를 일으킨다.
③ 박테리오파지 DNA의 복제가 숙주 세포 내에서 일어난다.
④ 박테리오파지가 숙주 세포를 이용하여 증식한다.
⑤ 박테리오파지는 숙주 세포 내에서 분열법으로 증식한다.

06

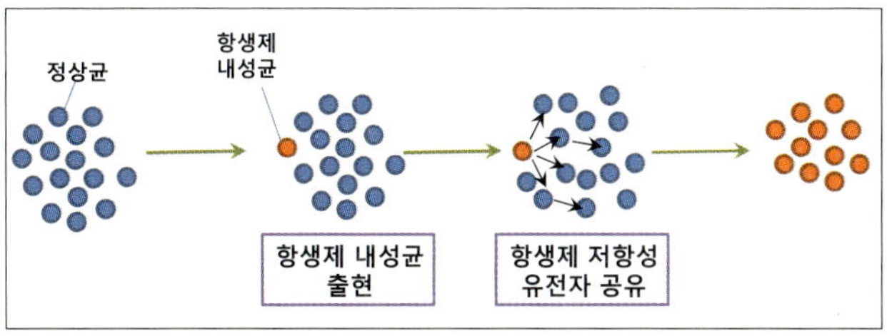

위 그림은 항생제 내성균의 출현 과정을 모식적으로 나타낸 것이다. 이와 관련된 생명 현상 중 가장 적합한 것은?

① 발생　② 진화
③ 자극에 대한 반응　④ 물질 대사
⑤ 생장

07

원핵 세포와 진핵 세포는 모두 DNA를 가지고 있다. 다음의 생명 현상 중 이와 가장 관련이 깊은 것은 무엇인가?

① 유전　② 자극에 대한 반응
③ 항상성 유지　④ 동화 작용
⑤ 핵의 존재

08

생명체의 생존에 꼭 필요한 생명 활동이 **아닌** 것은?

① 영양분의 섭취　② 유기 호흡
③ 생식　④ 동화 작용
⑤ 이화 작용

09

그림은 생명체 내에서 일어나는 일련의 화학 반응을 나타낸 것이다. 반응들의 최종 산물인 D의 농도가 증가하면 D는 저해제로 작용해 반응 1을 억제한다. 이러한 현상을 **되먹임 저해**이라고 한다. 다음 중 되먹임 저해와 가장 관련 있는 생명 현상은 무엇인가?

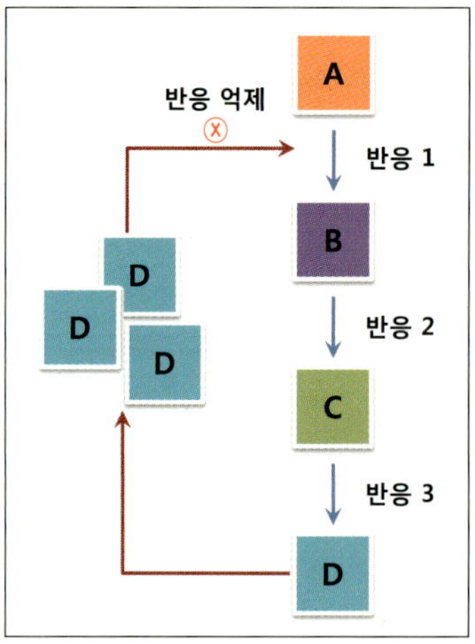

① 생명체는 유전 물질로 DNA를 가지고 있다.
② 생명체는 동화 작용을 통해 물질 대사를 한다.
③ 생명체는 체내 환경을 정교하게 조절한다.
④ 생명체는 환경에 적응하여 형태를 변화시킨다.
⑤ 생명체는 조직과 기관이 있어 기능이 분화된다.

10

다음 보기에서 **이화 작용**(catabolism)과 관계 없는 것을 모두 고르시오.

보기		
① 산화	② 물질 분해	③ 흡열 반응
④ 에너지생성	⑤ 광합성	⑥ 단백질합성

11

아래 보기의 예는 생명체의 여러 가지 특징을 나타낸 것이다. 이 중에서 나머지 생명 현상에 우선되어야 하며 다른 생명 현상이 일어나고 유지되는데 필수적인 것은 무엇인가?

보기		
① 호흡	② 항상성 유지	③ 자극 반응
④ 생장	⑤ 생식	⑥ 물질 대사

12

세포 호흡(cellular respiration)에 대한 설명으로 옳은 것은?

① 동물 세포에서 주로 관찰되며 원핵 세포에서는 일어나지 않는다.
② 동물 세포에서 주로 관찰되며 식물 세포에서는 일어나지 않는다.
③ 영양분에 있는 에너지를 세포가 이용할 수 있는 형태로 바꾸는 것이다.
④ 이산화탄소를 사용하고 산소를 생성한다.
⑤ 동화 작용의 일부로서 물질 대사 과정이다.

13

단세포 생명체가 조직이나 기관을 형성하지 못함에도 불구하고 자연계에서 생존할 수 있는 이유는 다음 중 무엇인가?

① 물질 대사를 하기 때문이다.
② 종속 영양 생물이기 때문이다.
③ 독립 영양 생물이기 때문이다.
④ 무성 생식을 하기 때문이다.
⑤ 세포로 이루어져 있기 때문이다.

생물체를 구성하는 기본 물질

01

다음 설명에 대하여 옳은 것은 O, 틀린 것은 X로 표시하고, X의 경우 올바르게 고치시오.

1. 인체를 구성하는 원소 중 가장 많은 비율을 차지하는 것은 탄소이다. ( )
2. 물의 응집력은 물 분자 사이에 이온 결합이 존재하기 때문이다. ( )
3. 인체를 구성하는 유기 화합물 중, 단백질이 가장 많은 비율을 차지한다. ( )
4. 단백질, 핵산, 무기 염류 등을 유기 화합물이라고 한다. ( )
5. 단백질, 핵산, 다당류는 생물체의 대표적인 고분자 물질이다. ( )

02

물의 특성 중 하나인 응집력은 물 분자들 사이의 결합을 통해 이루어진다. 이 결합은 무엇인가?

03

이것은 **단백질의 구성 단위**이며 다양한 곁사슬 구조를 가진다. 이것은 무엇인가?

04

두 개의 아미노산을 서로 연결할 때, 1 분자의 물이 빠져 나오면서 새로운 **결합**이 생성되는데 이를 ________결합이라고 한다.

05

생명체 내에서 생명 현상을 유지하기 위해 일어나는 모든 **화학 반응**을 무엇이라고 하는가?

06

이것은 단백질을 구성하는 여러 구조의 일부분으로서 α-나선 구조, β-병풍 구조 등이 있다. 이 구조를 무엇이라고 하는가?

07

단백질의 **구성 원소**는 탄소(C), 수소(H), 산소(O), 질소(N), 인(P) 등이다. (O, X)

08

세포 내 에너지 저장은 핵산이 가지는 여러 다양한 기능 중 하나이다. (O, X)

09

9-1 그림은 DNA의 이중 나선 구조를 나타낸 것이다. 그림에서 (가)는 DNA 두 가닥을 묶을 수 있는 힘으로 염기와 염기 사이에 형성된다. 이것을 무엇이라고 하는가?

9-2 그림에서 알파벳 A와 G는 둘 다 퓨린계 염기를, C와 T는 피리미딘계 염기를 의미한다. (O, X)

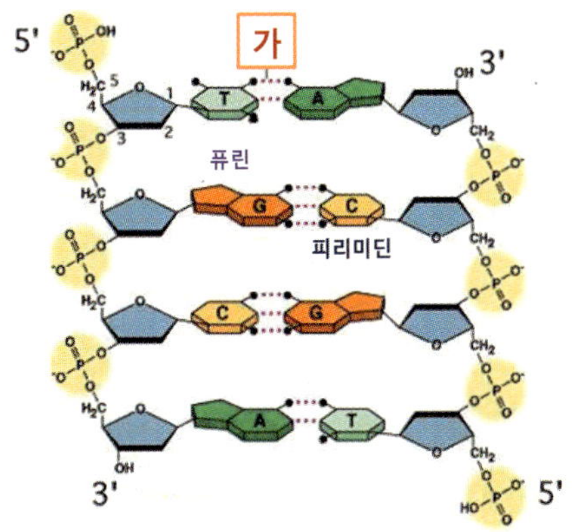

10

RNA는 보통 단일 가닥 구조이며 염기 사이에 수소 결합이 존재하지 않는다. (O, X)

11

이화 작용(catabolism)은 에너지를 사용해서 분자량이 큰 물질을 간단한 물질로 분해하는 반응을 일컫는다. (O, X)

12

이당류(disaccharides)는 2분자의 단당류가 결합할 때 1분자의 물이 빠지면서 새로이 결합을 형성하는데 이것을 ________결합이라고 한다.

13

그림은 DNA나 RNA와 같은 ________(을)를 만드는데 사용되는 구성 단위로 염기(A), 당(B), 인산기(P)를 가진다. 이 물질을 무엇이라고 하는가?

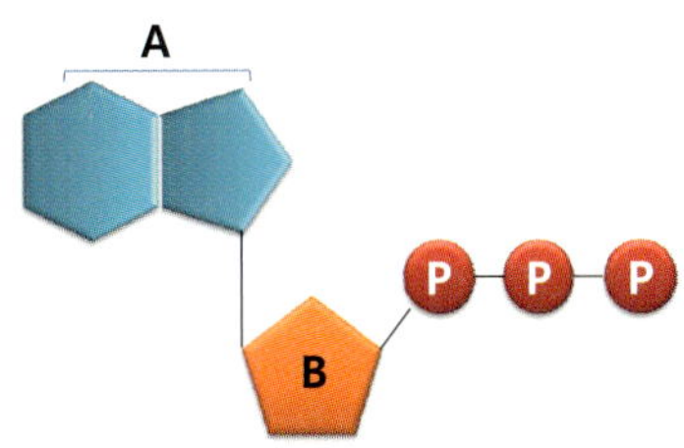

14

인체를 구성하는 유기물 중에서 물이 가장 큰 비중(약 70%)을 차지한다. (O, X)

15

다당류의 대표적인 예로서는 **녹말**, **셀룰로스**, **갈락토스**, **글리코젠** 등이 있다. (O, X)

16

글리코젠(glycogen)은 동물의 저장 탄수화물이며 **섬유소**라고도 한다. (O, X)

17

다음 중 인체를 구성하는 **원소** 중 가장 <u>**적은**</u> 비율을 차지하고 있는 것은?

① 탄소 ② 나트륨 ③ 수소
④ 산소 ⑤ 칼슘

18

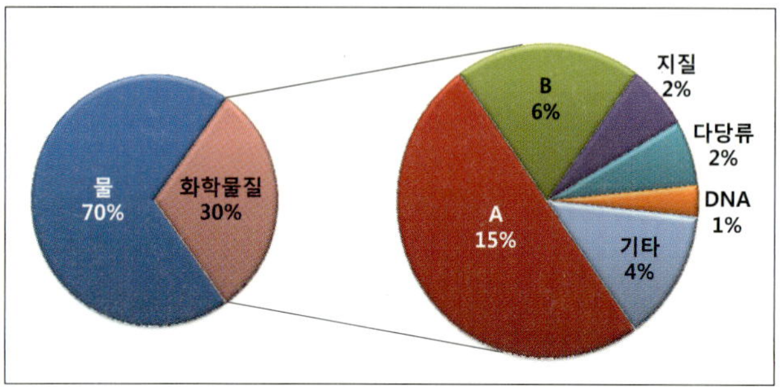

그림은 인체를 구성하는 성분을 비율로 나타낸 것이다. A와 B에 대한 설명 중 옳은 것은?

① A는 유전 정보의 전달에 관여한다.
② B는 삼투압을 유지하고 pH를 조절한다.
③ A는 세포 내 화학 반응을 일으키는 주체이다.
④ B는 세포막 투과성의 조절 기능이 있다.
⑤ A와 B는 하나의 특정한 입체 구조를 가진다.

19

생물체에 존재하는 모든 **유기물**의 공통적인 특징을 다음 보기에서 올바르게 고른 것은?

보기	
1. 탄소를 포함한다.	2. 질소를 포함한다.
3. 수소 결합을 가진다.	

① 1 ② 2 ③ 1, 3
④ 2, 3 ⑤ 1, 2, 3

20

단백질의 3차 구조를 결정하는 요인은 무엇인가?

① 펩타이드 결합의 개수
② 구성 아미노산의 배열 순서
③ 여러 개의 폴리펩타이드 결합
④ 필수 아미노산의 개수
⑤ 단백질과 유전자와의 상호작용

21

모든 아미노산에는 존재하나, 탄수화물에는 <u>**없는**</u> 원소는 다음 중 무엇인가?

① 황(S) ② 탄소(C) ③ 산소(O)
④ 수소(H) ⑤ 질소(N)

22

어떤 물질의 화학 구조가 그림과 같다고 할 때, 이 물질이 발견되지 <u>**않는**</u> 곳을 다음에서 모두 고르시오.

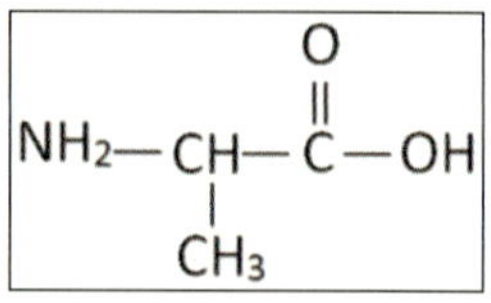

① 산화 · 환원 효소 ② Na^+-K^+ 펌프 ③ 글리코젠
④ 인슐린 ⑤ 세포막 ⑥ DNA

23

그림의 달걀 단백질에 대한 설명으로 옳지 <u>**않은**</u> 것은?

① 단백질의 3차 구조가 파괴된다.
② 단백질은 열에 의해 변성된다.
③ 단백질은 기능을 잃는다.
④ 단백질의 입체 구조는 열에 의해 변한다.
⑤ 단백질의 아미노산 개수는 감소한다.

24

단백질과 아미노산에 대한 일반적인 내용으로 옳지 <u>**않은**</u> 것은?

① 단백질의 아미노산 배열 순서는 유전자가 결정한다.
② 단백질은 효소의 주성분으로 체내에서 화학 반응을 일으킨다.
③ 아미노산은 에너지원으로 쓰일 수 있다.
④ 아미노산의 구성 원소는 C, H, O, N, P 등이다.
⑤ 아미노산이 연결되면 펩타이드 결합을 만든다.

25

단백질에 대한 설명으로 옳지 <u>**않은**</u> 것은?

① 단백질은 고분자이므로 물에 용해되지 않는다.
② 단백질은 척추 동물의 뼈나 근육의 구성 성분이다.
③ 단백질은 생물체에서 화학 반응을 촉매할 수 있다.
④ 단백질은 세포 내에서 분해되어 에너지를 발생시킨다.
⑤ 단백질의 기능은 입체 구조에서 비롯된다.

26

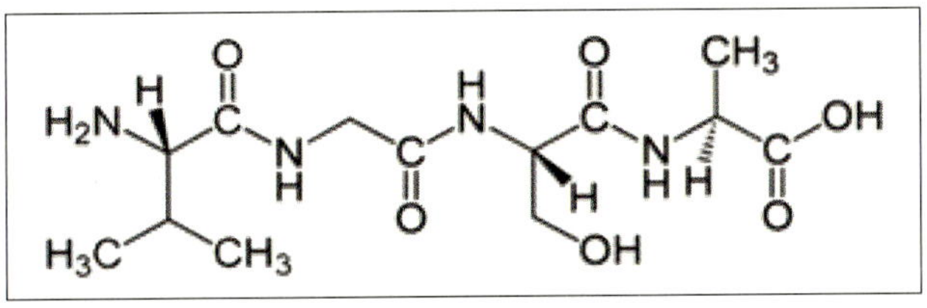

그림은 아미노산이 **펩타이드 결합**으로 연결된 것을 화학 구조로 나타낸 것이다. 몇 개의 아미노산이 서로 연결되어 있는가?

① 3개 ② 4개 ③ 5개
④ 6개 ⑤ 7개

27

위 그림에 대한 설명으로 옳지 **않은** 것은?

① 펩타이드 결합 개수는 아미노산 개수와 같다.
② 아미노산이 결합할 때 물 1분자가 빠져 나온다.
③ 아미노기와 카복시기를 가지고 있다.
④ 아미노산 배열을 단백질의 1차 구조라 한다.
⑤ 3개의 펩타이드 결합으로 구성되어 있다.

28

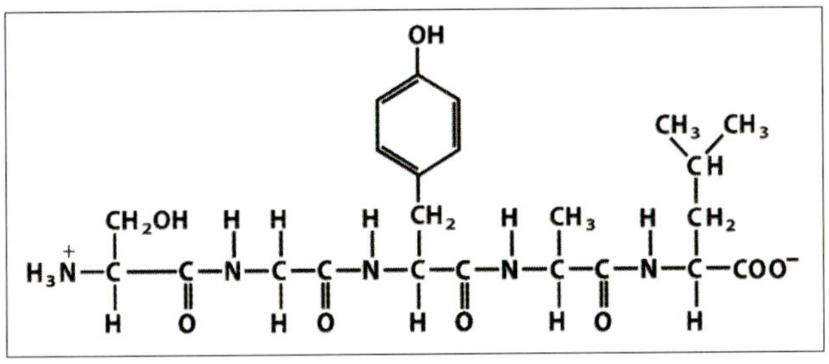

그림은 어떤 폴리펩타이드의 화학 구조를 나타낸 것이다. 이에 대한 설명으로 옳은 것은?

① 4개의 아미노산으로 구성되어 있다.
② 곁사슬의 화학구조는 동일하다.
③ 단백질의 2차 구조가 나타나 있다.
④ 4개의 펩타이드 결합이 존재한다.
⑤ 트라이펩타이드와 같은 화학 구조이다.

29

다음 중 **폴리펩타이드**(polypeptide)에 대한 일반적인 설명으로 옳은 것은?

① 아미노산 단위체들이 서로 연결된 형태이다.
② 여러 개의 단백질이 특정 기능을 수행하기 위해 모인 형태이다.
③ 뉴클레오타이드가 사슬 형태로 연결된 형태이다.
④ 포도당이 글리코사이드 결합으로 연결된 형태이다.
⑤ C, N, H, O, P 등의 구성 원소로 이루어져 있다.

30

다음은 헤모글로빈의 구조를 설명한 것이다. (가), (나)의 단백질 구조를 올바르게 짝지은 것은?

> 헤모글로빈은 (가)4개의 폴리펩타이드가 서로 비공유 결합으로 연결된 구조를 가지고 있으며, 각각의 폴리펩타이드는 (나)α-나선과 β-병풍 구조를 포함한다.

① 1차 구조-2차 구조 ② 3차 구조-2차 구조
③ 3차 구조-4차 구조 ④ 4차 구조-2차 구조
⑤ 2차 구조-3차 구조

31

단백질에서 발견되는 β-병풍 구조는 다음 중 어디에 속하는가?

① 1차 구조 ② 2차 구조 ③ 3차 구조
④ 4차 구조 ⑤ 나선 구조

32

다음 중 단백질의 3차 구조(입체 구조)에 관한 예로서 가장 적절한 것은?

① 아미노산의 배열 순서
② 수소 결합에 의한 나선형 구조 형성
③ 단백질 합성 후, 사슬의 접힘
④ 여러 개의 폴리펩타이드의 집합
⑤ 뉴클레오타이드의 배열 순서

33

아미노산에는 존재하나 핵산에는 존재하지 **않는** 원소는 다음 중 무엇인가?

① 황(S) ② 탄소(C) ③ 산소(O)
④ 수소(H) ⑤ 질소(N)

34

피리미딘(pyrimidine)계 염기로만 짝지은 것은?

① 아데닌-티민 ② 사이토신-구아닌
③ 구아닌-티민 ④ 사이토신-티민
⑤ 아데닌-구아닌

35

보기에서 DNA를 구성하는 비율이 언제나 1인 것은?

> **보기**
> 1. A/G　　2. C/T
> 3. (A+C)/(G+T)　　4. (A+G)/(C+T)
> 5. (A+T)/(G+C)

① 1 ② 2, 3 ③ 3, 4
④ 4, 5 ⑤ 1, 2, 5

36

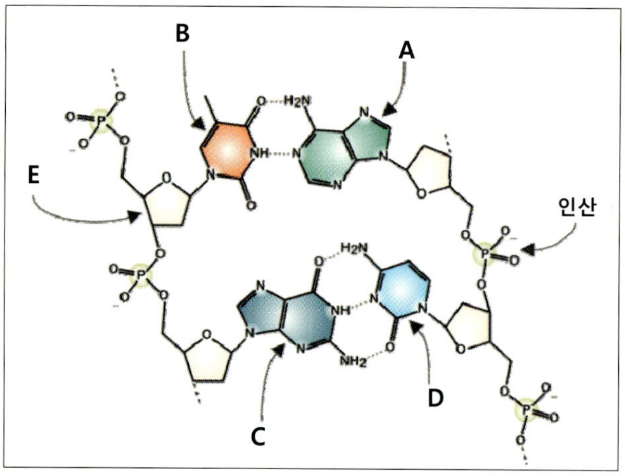

위 그림은 DNA 이중 사슬(가닥)의 일부 구조를 나타낸 것이다. 이에 대한 설명으로 옳지 **않은** 것은?

① A는 아데닌 염기이다.
② (A+C)/(B+D)의 비율은 1이다.
③ D는 사이토신 염기이다.
④ A와 C는 퓨린 염기이다.
⑤ E는 디옥시리보스이다.

37

어떤 이중 나선 DNA의 아데닌(A) 구성 비율이 24%일 때, 퓨린계 염기의 전체 비율은 몇 %인가?

38

어떤 이중 나선 DNA의 아데닌(A) 구성 비율이 24%일 때, 구아닌(G)의 구성 비율은 얼마인가?

39

다음 중 DNA와 RNA의 차이점으로 옳지 **않은** 것은?

① 분자 구조　　② 5탄당의 화학 구조
③ 구성 원소　　④ 세포 내 역할(기능)
⑤ 구성 염기 종류

40

단일 가닥의 RNA에는 존재하나, 이중 가닥의 DNA에는 없는 구성 요소로 옳은 것은?

① 인산기　　② 디옥시리보스　　③ 사이토신
④ 우라실　　⑤ 염기

41

다음 보기에서 **다당류**에 해당하는 것을 모두 고르시오.

보기
① 셀룰로스　　② 포도당　　③ 글리코젠
④ 과당　　⑤ 엿당

42

다음 중 탄수화물의 예와 역할을 **잘못** 짝지은 것은?

① 포도당: 에너지원
② 글리코젠: 동물의 저장 탄수화물
③ 녹말: 식물의 저장 탄수화물
④ 셀룰로스: 식물 세포벽의 구성 성분
⑤ 엿당: 간 세포에서의 저장 에너지원

43

다음에서 탄수화물에 대한 일반적인 설명으로 **잘못된** 것은?

① 탄수화물은 세포의 구조를 담당해 세포를 지지하는 역할이 있다.
② 탄수화물은 에너지원으로 사용되며 1 g 당 단백질과 비슷한 열량을 낸다.
③ 탄수화물은 모두 탄소, 수소, 산소, 질소 등의 원소로 구성되어 있다.
④ 체내에서 여분의 탄수화물은 다당류로 전환되어 간, 근육 등에 저장된다.
⑤ 탄수화물 중 일부는 핵산의 구성 성분으로 쓰인다.

44

동물과 식물은 여분의 포도당이 있을 때, 포도당 분자를 서로 연결해 각각 글리코젠과 녹말로 합성한 후, 저장한다. 이 반응에서 **부산물**로 생성되는 물질은 무엇인가?

① 물 분자　　② 이산화탄소　　③ 산소
④ ATP　　⑤ ADP와 P_i

45

중성 지방에 대한 설명으로 옳은 것은?

① 글리세롤 뼈대를 바탕으로 인지질과 에스터 결합을 한다.
② 2분자의 지방산, 1분자의 인산기를 가지고 있다.
③ 1 g당 단백질과 유사한 열량을 낸다.
④ 체내 주요한 에너지원이며 체온 유지에도 중요한 역할을 한다.
⑤ 세포막을 비롯해 막 구조에 참여한다.

46

다음 중 지질의 종류가 **아닌** 것은?

① 지방산　　② 콜레스테롤
③ 글리세롤　　④ 스테로이드
⑤ 중성 지방

47

인지질의 일반적인 구성 요소로만 묶인 것은?

① 1인산, 1글리세롤, 1콜레스테롤
② 1인산, 1글리세롤, 1지방산
③ 1인산, 1글리세롤, 2지방산
④ 1인산, 1글리세롤, 3지방산
⑤ 1인산, 1글리세롤, 2콜린

48

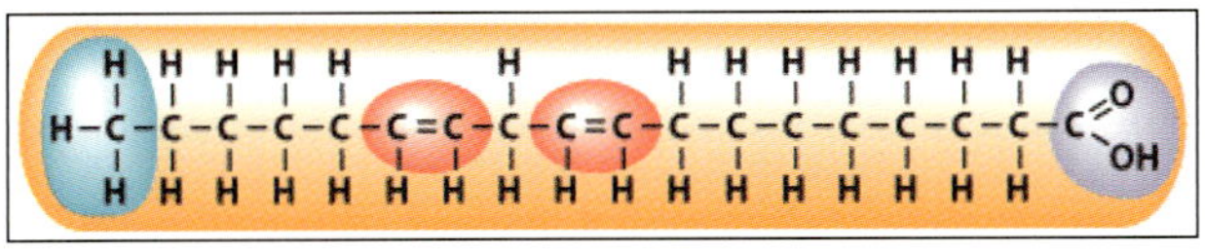

위 그림은 어떤 지질의 화학 구조를 나타낸 것인가?

① 중성 지방　② 인지질　③ 글리세롤
④ 콜레스테롤　⑤ 불포화 지방산

49

지방산에 대한 설명으로 옳지 **않은** 것은?

① 탄소의 이중 결합이 있으면 불포화 지방산이다.
② 식물성 지방은 포화 지방산을 많이 함유하고 있다.
③ 중성 지방의 합성에 재료로 사용된다.
④ 카복시기를 가지고 있다.
⑤ 극성과 비극성 분자를 모두 가진 양극성 물질이다.

50

그림은 인지질의 화학 구조를 나타낸 것이다. (가)와 (나)에 관한 설명으로 옳은 것은?

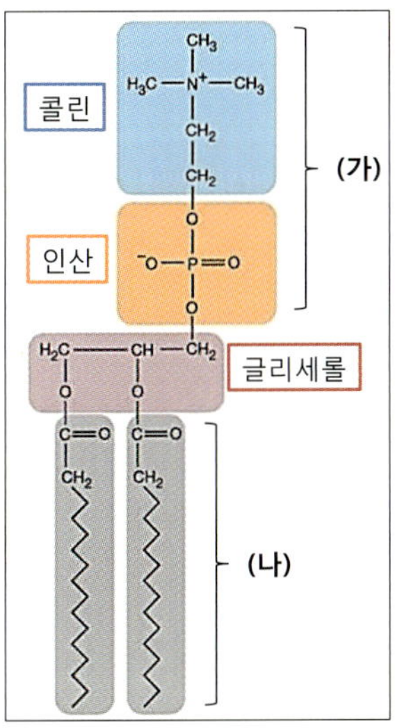

① 인지질 2중층의 중간 부분에서는 (가)만이 발견된다.
② 인지질 2중층의 중간 부분에서는 (나)만이 발견된다.
③ 인지질 2중층의 중간 부분에서는 (가)와 (나) 둘 다 발견된다.
④ (나)는 친수성의 성질을 나타낸다.
⑤ (가)는 소수성의 성질을 나타낸다.

51

세포를 구성하는 물질의 종류와 그 예를 짝지은 것 중 올바르지 **않은** 것은?

① 중성 지방: 지질　② 녹말: 다당류
③ 콜레스테롤: 스테로이드　④ DNA: 핵산
⑤ 아데닌: 뉴클레오타이드

52

다음 중 생물체의 **동화 작용**에 있어 기본 재료로 사용되는 물질이 **아닌** 것은?

① 리보스　② 구아닌　③ 아밀레이스
④ 포도당　⑤ 아미노산

53

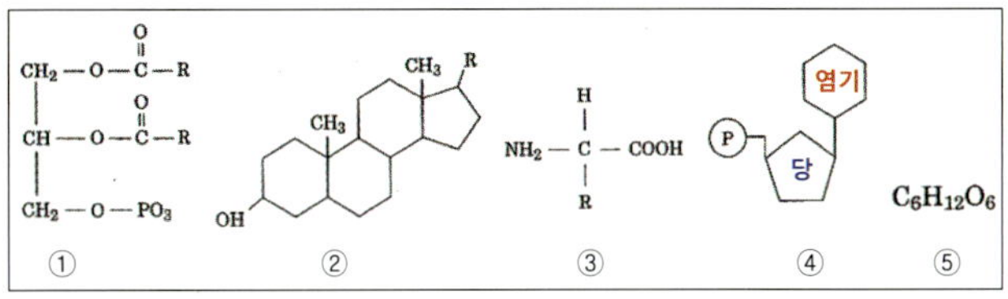

위 그림에서 세포막의 유동성을 조절하며, **성호르몬**(sex hormone)과 그 구조가 유사한 물질은 ①~⑤ 중 무엇인가?

54

위의 그림에서 ⑤를 재료로 사용해 합성할 수 있는 물질로 가장 거리가 **먼** 것은?

① 녹말　② 글리코젠　③ 셀룰로스
④ 리보스　⑤ 엿당

55

다음 중 고분자, 거대 분자를 만드는데 쓰이는 구성 단위가 **아닌** 것은?

① 리보스(ribose)　② 구아닌(guanine)
③ 아미노산(amino acid)　④ 포도당(glucose)
⑤ 아밀레이스(amylase)

56

모든 뉴클레오타이드 종류에는 존재하나, 탄수화물에는 **없는** 원소는 다음 중 무엇인가?

① 황(S)　② 탄소(C)　③ 산소(O)
④ 수소(H)　⑤ 질소(N)

57

무기 염류에 대한 설명으로 옳지 **않은** 것은?

① 단백질 성분의 일부로, 단백질 합성에 필수적이다.
② 체액에서 이온 상태로 존재한다.
③ 체액의 삼투압을 유지하는데 관여한다.
④ 수소, 탄소, 산소에 비해 생물체에서 차지하는 비율이 적다.
⑤ 생리 작용을 조절하는데 중요한 원소이다.

58

그림은 어떤 물질의 화학 구조를 나타낸 것이다. 이에 대한 설명으로 옳은 것은?

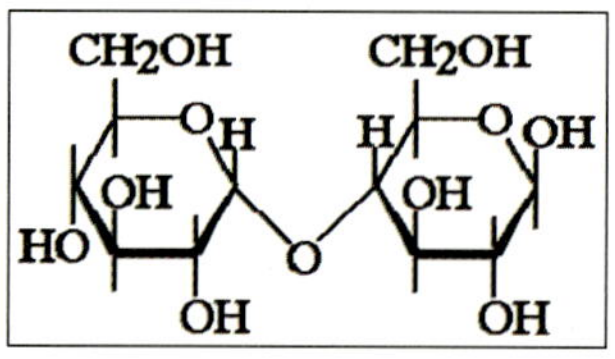

① 가수 분해되어 글리세롤이 된다.
② 단백질 합성에 필요한 구성 단위이다.
③ DNA 합성에 쓰인다.
④ 다당류를 나타낸 것이다.
⑤ 가수 분해된 후, 에너지원으로 쓰인다.

59

다음 짝지은 것 중 나머지 것들과 성질이 **다른** 하나는 무엇인가?

① 중성 지방: 지질
② 효소: 촉매
③ 셀룰로스: 탄수화물
④ RNA: 핵산
⑤ 녹말: 다당류

60

동물 세포와 식물 세포를 분쇄하여 각각의 구성 성분을 조사하였다. 다음 중 동물 세포보다 식물 세포에 더 많이, 우세하게 분포하고 있는 물질은 무엇인가?

① 포도당
② 디옥시리보스
③ 콜레스테롤
④ ATP
⑤ 셀룰로스

세포의 구조와 기능, 생물의 구성 단계

01

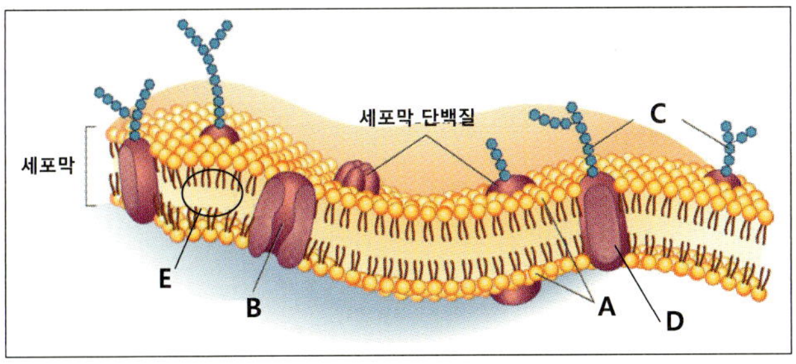

01-1 그림은 세포막 구조를 간략히 나타낸 것이다. C는 어떤 물질을 묘사한 것인가?

01-2 그림에서 콜레스테롤이 존재한다. (O, X)

01-3 위의 그림에서 A는 **친수성**, E는 **소수성**을 띤다. (O, X)

02

콜레스테롤은 세포막 인지질 층에 삽입되어 세포막의 유동성을 조절한다. (O, X)

03

DNA, RNA는 둘 다 5탄당의 탄수화물을 구성 성분으로 가진다. (O, X)

04

중성 지방(fat)은 피부의 지방층에 존재하며 단열 효과가 있어 체온 유지에 중요한 역할을 담당한다. (O, X)

05

중성 지방은 1분자의 글리세롤과 2분자의 지방산이 결합한 화합물이다. (O, X)

06

콜레스테롤, 부신 겉질 호르몬 등은 모두 스테로이드계 화합물이다. (O, X)

07

비타민(vitamin)도 무기 염류의 일종이다. (O, X)

08

생물체의 세포막을 구성하는 주요 **지질(lipid) 성분**은 무엇인가? (1종류)

09

염색사는 DNA와 ______ 단백질로 구성되어 있다.

10

염색체는 진핵 세포에 존재하는 유전 물질을 일컫는 용어이다. (O, X)

11

핵의 구조 중에서 **인**(nucleolus)은 단백질을 합성하는 장소이다. (O, X)

12

인(nucleolus)은 RNA, 단백질, 막의 3가지 성분으로 구성되어 있다. (O, X)

13

그림은 세포 내 어느 소기관의 구조를 나타낸 것이다. 그림과 같이 **내막**과 **외막**으로 둘러싸인 막구조를 가진 소기관에는 어떠한 것들이 있는가?

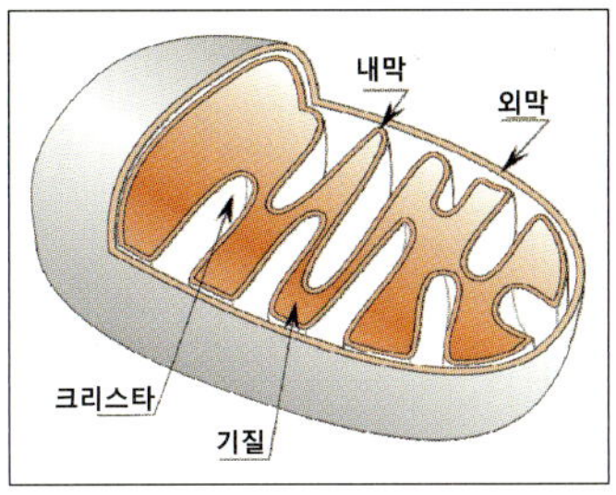

14

미토콘드리아(mitochondria)는 독자적으로 증식이 가능하며 단백질도 스스로 합성할 수 있다. (O, X)

15

엽록체는 빛 에너지를 ATP의 화학 에너지로 전환하며, 이렇게 생성된 ATP는 포도당 합성에 사용된다. (O, X)

16

소포체가 가진 3가지 주된 기능은 무엇인가?

17

골지체(Golgi complex)는 리보솜와 함께 작용하여 세포 내에서 합성된 단백질의 세포 안팎 분비에 관여한다. (O, X)

18

라이소좀(lysosome)은 세포 내 노폐물을 분해하는 역할을 담당한다. (O, X)

19

진핵 세포의 세포 분열 과정에서 염색체의 이동에 관여하는 세포 내 소기관은 무엇인가?

20

세포막의 유동성을 설명하기 위한 구조를 ______ (이)라고 한다.

21

세포막 단백질이 가진 3가지 주된 기능(역할)은 무엇인가?

22

생식계와 배설계는 동물에만 있는 생물체의 구성 단계이다. (O, X)

23

동물과 식물의 구성 단계에 있어서 가장 높은 **상위 단계**를 무엇이라고 하는가?

24

이것은 식물에서 **양분의 합성과 저장**을 담당하며 뿌리, 줄기, 잎이 여기에 해당한다. 이것을 무엇이라고 하는가?

25

다음 보기 중 1850년대 중반에 확립된 세포설(cell theory)에 대한 내용이 **아닌** 것을 모두 고르시오?

> **보기**
> ① 모든 생물은 세포로 구성되어 있다.
> ② 모든 세포는 유전 물질을 가지고 있다.
> ③ 세포는 생명 현상의 기본 단위이다.
> ④ 세포는 유전 물질로 핵산을 가지고 있다.
> ⑤ 모든 세포는 이미 존재하는 세포로부터 나온다.

26

진핵 세포에서 2중막 구조를 가진 세포 내 소기관으로 올바르게 짝지은 것은?

① 소포체-골지체　② 미토콘드리아-엽록체
③ 핵막-리보솜　④ 미토콘드리아-세포막
⑤ 소포체-엽록체

27

세포막의 기능과 구조적 특징에 관한 설명으로 옳지 **않은** 것은?

① 인지질의 2중층 구조를 가지고 있다.
② 세포 안팎으로 물질의 출입을 조절한다.
③ 세포막은 유동성이 있다.
④ 주요 구성 성분은 인지질과 단백질이다.
⑤ 핵막과 동일한 구조를 가지고 있다.

28

세포 내에서 합성된 단백질이 세포 밖으로 분비될 때, 여러 소기관이 관여한다. 이때 단백질의 이동 경로(순서)로 옳은 것은?

① 리보솜-골지체-리소좀-세포막
② 핵-골지체-소포체-세포막
③ 리보솜-소포체-골지체-세포막
④ 골지체-소포체-리소좀-세포막
⑤ 핵-소포체-리소좀-세포막

29

세포 내에서 **리보솜**을 생성하는 소기관은 다음 중 어디인가?

① 핵 속의 인　② 미토콘드리아
③ 세포질　④ 거친면 소포체
⑤ 골지체

30

보기에서 막 구조를 가지지 **않는** 세포 소기관을 모두 고르시오.

> **보기**
> ① 액포　② 라이소좀　③ 리보솜
> ④ 핵　⑤ 중심체　⑥ 세포벽

31

미토콘드리아와 **엽록체**의 공통점이 **아닌** 것은?

① 내막과 외막이 있다.
② 에너지 생산 능력이 있다.
③ 독자적으로 증식할 수 있다.
④ 자체 리보솜과 DNA를 가지고 있다.
⑤ 세포 호흡이 일어나는 곳이다.

32

다음 중 거친면 소포체에서 합성된 단백질의 이동과 재배치에 관여하는 소기관은 무엇인가?

① 미토콘드리아　② 세포 골격　③ 액포
④ 골지체　⑤ 리보솜

33

핵의 구조에 대한 다음 설명 중 **틀린** 것은 무엇인가?

① 핵막은 2중막 구조를 가지고 있다.
② 핵막에는 핵공이 있어 이를 통해 물질 출입이 가능하다.
③ 핵 속에는 DNA와 RNA가 서로 결합해 염색사 형태로 존재한다.
④ 소포체와 구조적으로 연결되어 있다.
⑤ 핵 속에 인이라는 구조물이 있다.

34

미토콘드리아에 관한 설명으로 옳지 **않은** 것은?

① 세포 내에서 세포 호흡을 담당하는 소기관이다.
② 2중막으로 둘러싸여 있다.
③ 세포에 필요한 대부분의 ATP를 생산한다.
④ 동물 세포에서만 발견되며 식물 세포에는 존재하지 않는다.
⑤ 진핵 세포에서만 발견되며 원핵 세포에는 존재하지 않는다.

35

다음 설명에 해당하는 세포 내 소기관은 무엇인가?

1. 단일막 구조이고 여러 층의 주머니가 포개진 모양이다.
2. 물질 이동에 관여한다.
3. 분비 작용이 활발한 세포에 발달해 있다.
4. 수송 소낭(소포)이 붙거나 떨어져 나간다.

36

그림은 어떤 소기관의 구조를 나타낸 것이다. 이 소기관의 특징에 대한 내용 중 옳지 **않은** 것을 모두 고르시오.

① 세포 호흡을 통해 ATP를 생성한다.
② 자체 DNA를 가지고 있어 독자적으로 증식한다.
③ 단백질 합성과 이동(분비)에 관여한다.
④ 삼투압 조절 기능이 있다.
⑤ 세포 내 여러 개가 존재한다.
⑥ 유기물을 분해한다.

37

어떤 세포가 하나의 원형 DNA를 가지고 있음이 밝혀졌다. 그러나 이 세포에서 핵(nucleus) 구조는 발견되지 않았다. 이 세포가 가지고 있을 것으로 예상되는 세포 내 구조를 보기에서 모두 고르시오.

보기
ㄱ. 라이소좀　　ㄴ. 세포벽　　ㄷ. 리보솜

① ㄱ　　② ㄴ　　③ ㄱ, ㄴ
④ ㄴ, ㄷ　　⑤ ㄱ, ㄴ, ㄷ

38

세포막 단백질의 기능이 **아닌** 것은?

① 물질이 이동할 때, 통로로 작용한다.
② 가수 분해 효소가 있어 노폐물을 분해한다.
③ 물질 대사에 관여하는 효소로서 작용한다.
④ 외부의 신호를 인식하는 수용체가 있다.
⑤ 세포 사이의 인식을 담당하는 단백질이 존재한다.

39

진핵 세포의 내부 구조에 있어서 핵산을 포함하지 **않는** 곳은?

① 인　　② 핵　　③ 엽록체
④ 골지체　　⑤ 미토콘드리아

40

엽록체의 구조와 기능에 대한 설명으로 **잘못된** 것은?

① 단일막 구조이다.
② 명반응과 암반응이 모두 일어난다.
③ DNA를 가지고 있다.
④ 세포 내 여러 개가 존재한다.
⑤ ATP나 포도당을 합성한다.

41

식물 세포 밖에 있는 물질이 엽록체의 **틸라코이드**(thylakoid) 내부로 이동하기 위해서는 몇 번의 인지질 이중층을 통과해야 하는가?

① 1　　② 2　　③ 3
④ 4　　⑤ 5

42

다음 중 물질의 합성이나 수송에 관여하는 세포 내 소기관이 **아닌** 것은?

① 라이소좀　　② 거친면 소포체
③ 매끈면 소포체　　④ 리보솜
⑤ 골지체

43

동물 세포와 식물 세포의 공통점이 **아닌** 것은?

① 2중막 구조를 가진 소기관이 있다.
② 삼투압을 조절하는 소기관이 있다.
③ 독자적 증식이 가능한 소기관이 있다.
④ 미토콘드리아가 공통으로 존재한다.
⑤ 세포막에서 물질의 통과를 조절한다.

44

원핵 세포와 진핵 세포의 차이점이 **아닌** 것은?

① 핵막의 유무
② 염색체의 모양
③ 세포벽의 성분
④ 리보솜의 유무
⑤ 막구조를 가진 소기관의 유무

45

세포의 구조에 대한 다음 설명 중 옳지 **않은** 것은?

① 식물세포는 동물세포에는 없는 세포벽이 있다.
② 리보솜은 단백질, 핵산, 지질 등을 포함하고 있다.
③ 식물세포는 동물세포에는 없는 엽록체가 있다.
④ 라이소좀은 가수 분해 효소를 포함하며 세포 내 소화를 담당한다.
⑤ 엽록체는 빛 에너지를 흡수하여 화학 에너지(ATP)로 전환한다.

46

보기에서 2중막 구조를 가진 세포 내 소기관을 모두 고르시오.

보기		
① 핵	② 라이소좀	③ 미토콘드리아
④ 엽록체	⑤ 소포체	⑥ 골지체
⑦ 세포막	⑧ 리보솜	

47

진핵 세포의 세포 내 소기관 중 DNA를 포함하는 것끼리 짝지은 것은?

① 핵, 소포체　② 엽록체, 골지체
③ 핵, 미토콘드리아　④ 엽록체, 소포체
⑤ 리보좀, 리소좀

48

다음 중 원핵 세포의 구성물이 **아닌** 것은 무엇인가?

① 미토콘드리아　② 유전 물질　③ 세포벽
④ 세포막　⑤ 리보솜

49

세포에 관한 다음 보기의 내용 중, 옳은 것을 모두 고르시오.

보기
1. 모든 세포는 세포막으로 둘러싸여 주변 환경과 물리적으로 구분된다.
2. 모든 세포는 DNA 형태로 유전 정보를 가지고 있으며 다음 세대로 정보를 전달한다.
3. 모든 세포는 생명 현상의 유지와 발현에 필수적인 핵(nucleus)을 가지고 있다.

① 1　② 2　③ 1, 2
④ 2, 3　⑤ 1, 2, 3

50

아래 그림은 엽록체의 **세포 내 공생설**(광합성 원핵 세포가 진핵 세포 내에서 엽록체로 분화)을 나타낸 것이다. 이를 뒷받침하는 내용으로 옳지 **않은** 것은?

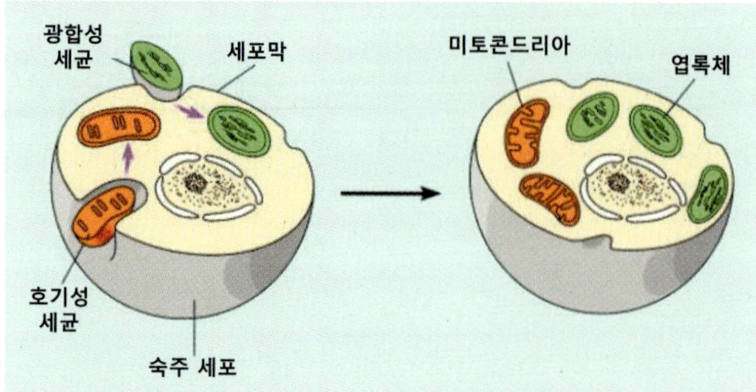

① 엽록체와 원핵 세포는 둘 다 2중막 구조이다.
② 엽록체는 자체의 DNA를 가지고 있다.
③ 엽록체는 독자적으로 증식할 수 있다.
④ 엽록체는 독립적으로 단백질 합성이 가능하다.
⑤ 엽록체의 DNA와 리보솜은 원핵 세포와 유사하다.

51

다음 중 식물에서 발견할 수 있는 **조직**(tissue)의 예로서 옳지 **않은** 것은?

① 표피 조직　② 영양 조직　③ 통도 조직
④ 기계 조직　⑤ 분열 조직

52

생물체의 구성 단계에 있어서 모든 생명체에 공통으로 적용되지 **않는** 것은?

① 분자　② 조직　③ 세포
④ 개체　⑤ 원자

53

다음 중 가장 많은 종류의 서로 다른 세포를 포함하고 있는 것은?

① 골격근　② 혈액　③ 운동 신경
④ 소장　⑤ 상피 조직

54

자작 나무의 나무 둘레가 매년 증가하기 위해서는 다음 중 식물의 어떤 구성 체제가 활발히 작용해야 하는가?

① 생장점　② 표피 조직　③ 형성층
④ 관다발 조직　⑤ 영구 조직

55

사람의 기관계와 그 기관계를 구성하는 기관의 예를 **잘못** 짝지은 것은?

① 면역계-뇌하수체, 갑상샘
② 순환계-심장, 혈관
③ 신경계-뇌, 척수
④ 소화계-위, 소장
⑤ 생식계-정소, 난소

56

동물과 식물의 구성 체제에 대한 설명으로 옳지 **않은** 것은?

① 사람의 심장, 위 등의 구성 단계는 식물체에 존재하지 않는다.
② 식물의 조직계는 동물의 구성 단계에 포함되지 않는다.
③ 식물의 잎, 줄기, 뿌리 등은 기관에 해당한다.
④ 동물의 기관계는 식물체에 존재하지 않는다.
⑤ 식물의 물관, 체관 등을 조직계에 해당한다.

57

식물의 구성 단계 중 기관에 대한 예로서 옳지 **않은** 것은?

① 꽃　② 관다발　③ 뿌리
④ 잎　⑤ 종자

58

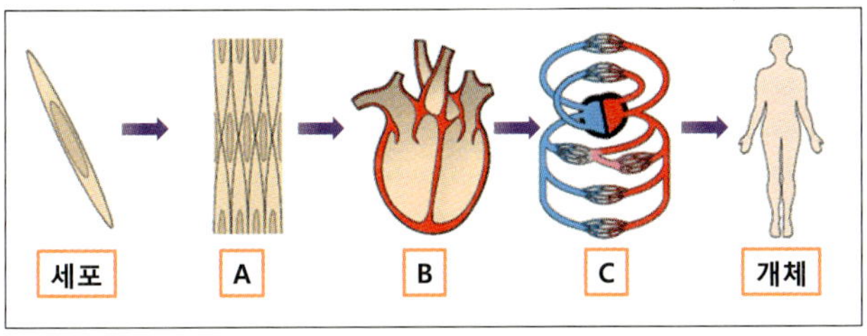

위 그림은 사람의 **구성 단계**를 모식적으로 나타낸 것이다. 이에 대한 설명으로 옳지 **않은** 것은?

① A를 구성하는 세포들의 기능은 동일하다.
② 식물체에는 B의 구성 단계가 존재하지 않는다.
③ 다양한 종류의 세포들이 모여 B를 구성한다.
④ 그림에서 C는 순환계를 나타낸다.
⑤ C는 공통의 목적을 가지고 여러 기관이 모인 구성 단계이다.

생명 과학의 탐구 방법

01

귀납적 탐구 방법에는 가설 설정과 가설 수정 과정이 없다. (O, X)

02

귀납적 탐구 방법에는 독립 변인(변화 요인)이 존재하지 않는다. (O, X)

03

탐구 수행 과정에서 연구 목적을 위해 의도적이고, 체계적으로 실험 조건을 변화시킬 때, 이를 무엇이라고 하는가?

04

탐구 수행 과정에서 실험 결과에 해당하는 **변인**(변화 요인)을 무엇이라고 하는가?

05

생명 과학을 연구하는데 귀납적 탐구 방법과 연역적 탐구 방법이 사용된다. 두 가지 방법의 가장 큰 **차이점**은 다음 중 무엇인가?

① 관찰의 유무　② 결론 도출의 유무
③ 가설 설정의 유무　④ 관찰 결과 해석의 유무
⑤ 연구 주제의 유무

06

문제 인식 → 가설 설정 ①→ 탐구 설계 ②→ 탐구 수행 ③→ 결과 해석 ④→ 결론 도출 ⑤→ 이론 정립

그림은 연역적 탐구 방법 과정을 나타낸 것이다. **가설 수정** 단계는 어디인가?

07

다윈(C. Darwin)은 갈라파고스 군도에 흩어져 사는 핀치(Finch)새들의 부리 모양이 서로 다르다는 사실을 관찰하였다. 다음의 설명 중 **귀납적 탐구 과정**으로 알맞은 것은?

① 자신이 제기한 자연 선택의 가설과 일치하는지 검토한다.
② 관찰 결과에 맞는 새로운 가설을 설정하고 이를 다시 검증한다.
③ 자연 선택과 진화를 자연 현상에 대한 결론으로 도출한다.
④ 구체적 실험을 통하여 관찰 결과를 다시 확인한다.
⑤ 관찰 주제를 바꾸고 새로운 관찰을 시작한다.

08

보기는 다윈(C. Darwin)이 제기한 **자연선택설**을 설명하는 대표적인 용어들이다. 다윈의 학설에 맞게 순서대로 배열한 것은?

보기
ㄱ 생존 경쟁　ㄴ 자연선택　ㄷ 적자 생존
ㄹ 개체 변이　ㅁ 유전과 진화

① ㄱ-ㄹ-ㄷ-ㄴ-ㅁ　② ㄹ-ㄱ-ㄷ-ㄴ-ㅁ
③ ㄹ-ㄱ-ㄷ-ㅁ-ㄴ　④ ㄱ-ㄷ-ㄹ-ㄴ-ㅁ
⑤ ㅁ-ㄹ-ㄱ-ㄷ-ㄴ

09

다음은 어떤 생명 과학 논문의 일부를 발췌한 것이다. 논문의 어느 부분에 해당하는가?

> 본 연구에서는 당뇨가 백혈구 세포의 산화와 단백질 발현 변화에 대한 효과를 분석하고자 하였다. 이를 위해 정상 쥐와 제 1형 당뇨가 유발된 쥐에서 백혈구 세포를 각각 분리하고 세포막 지질의 산화 정도와 산화, 환원 지표를 측정하였다. 그 결과, 당뇨가 유발된 쥐의 백혈구 세포는 정상 쥐보다 산화 정도가 60% 이상 증가하였다. 또한,...(중략)

① 서론　② 실험 재료와 방법
③ 결론　④ 요약
⑤ 논의

10

다음은 어떤 생명 과학 논문의 일부를 발췌한 것이다. 논문의 어느 부분에 해당하는가?

> 이상의 연구 결과를 바탕으로 다음 내용을 추정할 수 있었다. 첫째, 미생물 배양액의 탄소원 종류에 따라 이를 세포 내로 수송하기 위한 운반체 단백질이 새로이 발현되었을 것이다. 이러한 추정은 2008년도에 발표된 John Glomset 연구진의 연구 결과(참고문헌3)와도 일부 일치하는 것으로서...(중략)

① 서론　② 실험 재료와 방법
③ 결론　④ 요약
⑤ 논의

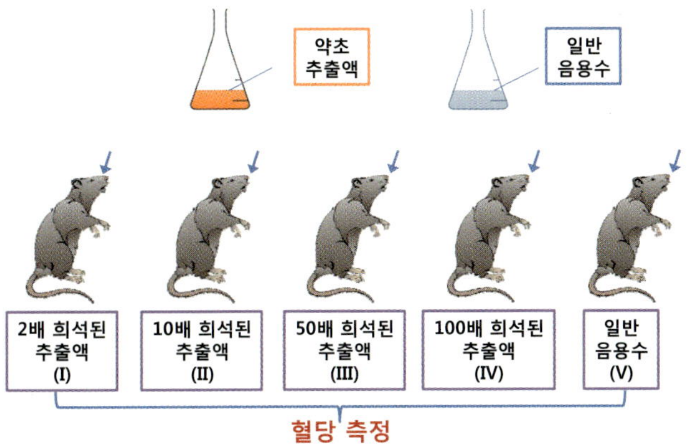

그림은 당뇨가 유발된 쥐를 대상으로, 어떤 약초 추출액이 혈당(혈액 내 포도당 농도)을 낮추는 효과를 실험한 것이다. 실험 조건은 다음과 같다.

1. 추출액은 2, 10, 50, 100배 희석한 다음, 4 그룹의 쥐에게 각각 투여하였다.
2. 한 그룹의 쥐에게는 일반 음용수만을 투여하였다.
3. 사육실의 온도는 섭씨 25도이며 하루 12시간씩 형광등을 켜 낮 환경을 맞추었다.
4. 모든 쥐에게는 동일한 양의 사료를 제공하였다.
5. 일정 시간이 지난 후, 쥐의 혈액 일부를 뽑아 혈당을 측정하였다.

11

위 실험의 1~5 과정에서 **조작 변인**을 포함하고 있는 것은?

12

위 실험에서 통제 변인에 해당하지 **않는** 것을 보기에서 모두 고르시오.

보기

① 사육실 온도	② 낮 환경 시간
③ 혈당	④ 추출액 희석 비율
⑤ 사료의 양	⑥ 투여한 음용수 양

13

위의 실험에서 **대조군**(control group)은 무엇인가?

14

위의 실험에서 대조군의 설정은 절대적으로 필요하다. 그 이유는 무엇인가?

① 통제 변인을 정확하게 정하기 위하여
② 조작 변인의 효과를 확인하기 위하여
③ 올바른 가설을 설정하기 위하여
④ 실험 결과의 원인을 분석하기 위하여
⑤ 가설을 일반화하기 위하여

15

비료의 식물 생장 촉진 효과를 알아보기 위하여 다음과 같은 실험을 수행하였다.

실험 과정

1. 4개의 화분 중 3개의 화분에는 일반 흙과 3종류의 서로 다른 비료를 섞어 넣었다.
2. 나머지 하나의 화분에는 일반 흙만을 넣었다.
3. 각각의 화분에 같은 개수의 토마토 씨를 심었다.
4. 매일 같은 양의 물을 공급하였으며 동일한 시간 동안 햇빛에 노출시켰다.
5. 씨앗이 싹을 틔운 후, 매일 토마토가 자란 높이를 측정하였다.

이와 같은 실험에서 **종속 변인**은 무엇인가?

① 식물이 자란 높이　　② 비료의 종류
③ 화분에 심은 씨앗　　④ 햇빛에 노출한 시간
⑤ 물의 양

16

위의 실험에서 (가)조작 변인과 (나)통제 변인을 올바르게 짝지은 것은?

① (가)식물이 자란 높이　(나)4 종류의 화분
② (가)비료의 종류　(나)식물이 자란 높이
③ (가)햇빛에 노출시킨 시간　(나)4 종류의 화분
④ (가)비료의 종류　(나)공급한 물의 양
⑤ (가)식물이 자란 높이　(나)비료의 종류

17

다음은 과학 탐구에서 설정하는 **대조군**에 대한 설명이다. 옳은 것은?

① 대조군은 귀납적 탐구 방법에서 가장 많이 이용된다.
② 결론 도출을 위한 자료로 사용되지 않는다.
③ 실험군과 동일한 통제 변인을 가진다.
④ 실험군과 종속 변인이 일치한다.
⑤ 실험군과 동일한 조작 변인을 가진다.

18

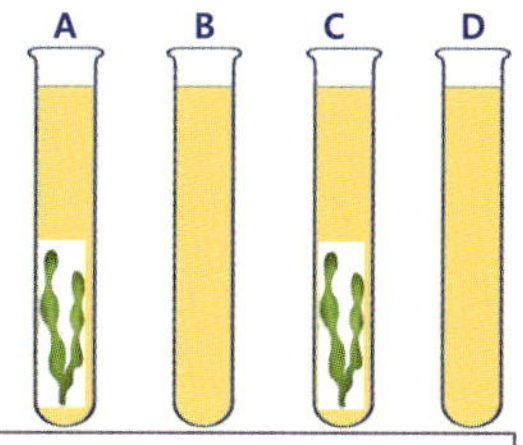

	A	B	C	D
수초	+	−	+	−
pH 지시약	+	+	+	+
빛	+	+	−	−

시험관	초기 색깔	24시간 후 색깔
A	노란색	파란색
B	노란색	노란색
C	노란색	노란색
D	노란색	노란색

그림과 같은 실험 조건에서 4개의 시험관 A, B, C, D를 24시간 방치한 후, pH 지시약인 bromothymol blue(산성에서는 노란색을 중성과 염기성에서는 파란색을 나타냄)의 색 변화를 관찰하였다. 수초는 시험관 A와 C에 들어있으며 시험관 C, D는 빛이 없는 암실에 보관하였다. 이 실험에 대한 설명으로 옳은 것은?

① 독립 변인은 각 시험관에서 나타난 pH 변화이다.
② 시간 경과는 조작 변인 중의 하나이다.
③ 시험관 C는 시험관 A의 대조군에 해당한다.
④ 수초의 존재 유무는 종속 변인에 해당한다.
⑤ 시험관 B, D에 대한 실험은 생략해도 결과 해석에 영향을 주지 않는다.

19

시험관 A의 색깔이 변한 이유는 다음 중 무엇인가?

① 수초의 세포 호흡으로 용해된 산소가 감소했기 때문이다.
② 수초의 세포 호흡으로 이산화탄소가 발생했기 때문이다.
③ 수초의 광합성으로 용해된 산소 농도가 증가했기 때문이다.
④ 수초의 광합성으로 용해된 이산화탄소의 농도가 감소했기 때문이다.
⑤ 수초의 이산화탄소 방출량이 흡수량보다 많아졌기 때문이다.

20

만일 시험관 A를 12시간 빛에 노출시킨 후, 12시간 암실에 방치한다면 방치 전과 후, 실험 결과에 어떠한 차이가 발생하겠는가?

① 시험관 용액의 색깔이 더욱 파랗게 변할 것이다.
② 용액의 산성도가 방치 전보다 증가할 것이다.
③ 용해된 이산화탄소의 농도가 암실 보관 전보다 감소할 것이다.
④ 용해된 산소의 농도가 암실 보관 전보다 증가할 것이다.
⑤ 수초의 광포화점이 높아질 것이다.

DNA, 유전자, 염색체

01

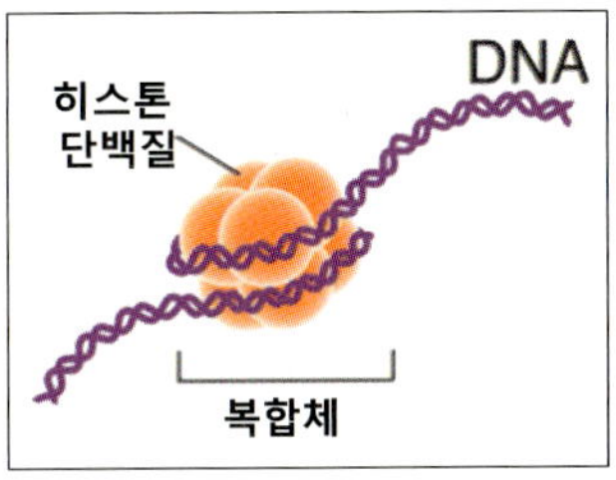

그림은 DNA와 히스톤 단백질의 **복합체**를 나타낸 것으로서, 염색체의 기본 단위를 구성한다. 이 복합체를 무엇이라고 하는가?

02

히스톤 단백질은 염색사 구조에서 DNA와 결합한 상태로 존재하나, 염색 분체에서는 관찰되지 않는다. (O, X)

03

정상 남자의 X, Y 염색체 핵형은 서로 **상동 염색체** 관계에 있다. (O, X)

04

상동 염색체는 체세포에만 존재하며, 생식 세포에는 존재하지 않는다. (O, X)

05

대립 유전자는 상동 염색체 상에서 동일한 위치에 있으며 발현되었을 때, 동일한 형질 특성을 나타낸다. (O, X)

06

이것은 한 생명체가 가진 **유전 정보의 모든 집합체**를 일컫는 말이다. 이것은 무엇인가?

07

그림은 DNA의 일반적인 구조를 나타낸 것이다. 이에 대한 설명으로 옳지 **않은** 것은?

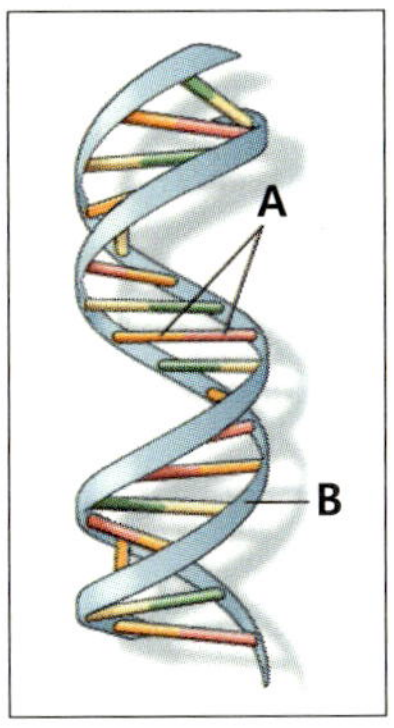

① A는 염기쌍이며 수소 결합으로 묶여 있다.
② B는 당과 인산 골격이다.
③ DNA는 2중 나선 구조를 가진다.
④ DNA는 인산, 6탄당, 염기를 포함한다.
⑤ DNA의 기본 구성 단위는 뉴클레오타이드이다.

08

다음 중 유전자에 대한 설명으로 옳은 것은?

① 유전자는 유전 형질을 결정하는 단위이다.
② 유전자는 생물체가 가진 전체 DNA를 의미한다.
③ 하나의 염색체에는 하나의 유전자만을 포함한다.
④ 유전자는 DNA와 히스톤의 복합체를 의미한다.
⑤ 히스톤 단백질 없이 유전자 발현이 불가능하다.

09

다음의 설명은 진핵 세포에 존재하는 DNA의 압축(응축) 단계를 나타낸 내용이다. A~D에 해당하는 용어를 쓰시오.

> DNA는 (A)단백질 둘레를 실처럼 감아 (B)라는 염색체의 기본 단위를 만든다. 이러한 (B)의 구조는 DNA를 압축시키는 역할을 한다. (B)는 다시 원통 모양으로 감겨 (C)를 형성한다. (C)는 세포 분열 시에 더욱 응축되어 DNA가 가장 압축된 (D)를 형성한다.

A: B:

C: D:

10

진핵 세포 내 유전 물질의 구조적 복잡 단계를 나타낸 것이다. 하위 단계에서 상위 단계를 순서대로 올바르게 배열한 것은?

① 뉴클레오타이드-DNA-염색사-뉴클레오솜-염색체
② 뉴클레오타이드-DNA-뉴클레오솜-염색체-염색사
③ 뉴클레오타이드-DNA-뉴클레오솜-염색사-염색체
④ DNA-뉴클레오타이드-뉴클레오솜-염색사-염색체
⑤ DNA-뉴클레오타이드-뉴클레오솜-염색체-염색사

11

그림은 진핵 세포의 DNA 구조 일부를 나타낸 것이다. 이에 대한 설명으로 옳지 **않은** 것은?

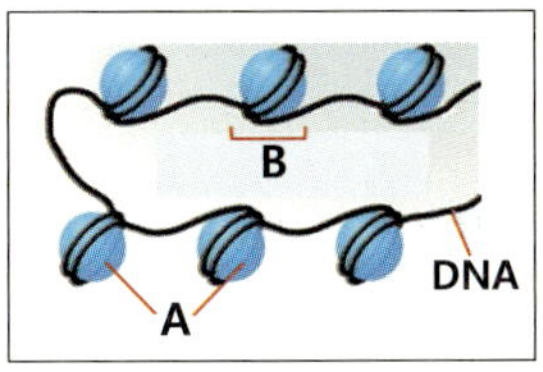

① A는 히스톤 단백질이다.
② B를 뉴클레오솜이라고 한다.
③ B는 염색체의 기본 단위 구조이다.
④ DNA를 응축하기 위한 방법이다.
⑤ 세포 분열 시에 B 구조가 해체된다.

12

DNA와 RNA는 둘 다 핵산이며 생명체를 구성하는데 있어 필수적인 물질이다. 다음 중 DNA와 RNA의 차이점에 대한 서술로 옳지 **않은** 것은?

① DNA는 이중 가닥이고 RNA는 단일 가닥 구조이다.
② DNA는 핵 내부에서 발견되는 반면, RNA는 주로 세포질에서 발견된다.
③ DNA는 티민 염기를 가지고 있고 RNA는 티민 대신 우라실 염기를 가지고 있다.
④ DNA와 RNA는 구성 단위인 뉴클레오타이드의 당 구조가 다르다.
⑤ DNA는 단백질과 결합하는 반면, RNA는 단백질과 결합하지 않는다.

13

이중 가닥 구조를 가진 어떤 DNA 시료들의 염기 조성을 분석했더니 다음과 같았다. 올바르게 분석한 것은?

① 아데닌 35%, 사이토신 10%
② 아데닌 20%, 구아닌 35%
③ 티민 15%, 구아닌 30%
④ 티민 20%, 사이토신 30%
⑤ 구아닌 25%, 사이토신 20%

14

어떤 동물의 체세포가 44개의 염색체를 갖는다고 할 때, 이 동물의 정자 세포에 들어있는 염색체의 수는 얼마인가?

① 22 ② 44 ③ 88
④ 11 ⑤ 2

15

사람의 체세포는 ________개의 **상염색체**와 ________개의 **성염색체**를 가지고 있다. 이때 밑줄 친 곳에 알맞은 숫자를 써 넣으시오.

16

이것은 염색체의 일부로서 유전 형질을 결정하는 정보를 가지고 있어, 유전 형질 발현의 단위라고 할 수 있다. 이것은 무엇인가?

① 뉴클레오솜 ② 염색사
③ 유전자 ④ 뉴클레오타이드
⑤ 염색 분체

17

다음은 사람의 체세포에 있는 염색체에 대한 설명이다. 옳지 **않은** 것은?

① 하나에 체세포에는 46개의 염색체가 들어 있다.
② 체세포에는 성염색체가 존재하지 않는다.
③ 염색체 2개씩 쌍으로 존재하며 이를 상동 염색체라 한다.
④ X 염색체와 Y 염색체는 크기가 서로 다르다.
⑤ 염색체는 세포 분열 시에 잠시 나타나는 구조이다.

18

다음 보기에서 사람의 유전자와 염색체에 대한 설명으로 옳지 **않은** 것은 무엇인가?

보기
1. 대립 유전자는 상동 염색체에서 대립된 형질을 결정한다.
2. XY 염색체는 상동 염색체가 아니다.
3. 염색체 수, 모양, 크기 등의 특징을 핵형이라 한다.
4. 체세포의 핵상은 $2n = 46$이고 생식 세포의 핵상은 $n = 23$이다.

① 1, 2 ② 1, 2, 3 ③ 1, 3, 4
④ 2, 3, 4 ⑤ 3, 4

19

사람의 **생식 세포**에 존재하는 염색체에 대한 설명으로 옳은 것은?

① 상염색체를 포함하지 않는다.
② 상동 염색체가 존재한다.
③ 대립 유전자가 존재한다.
④ 핵상은 $2n = 46$이다.
⑤ 모든 생식 세포의 핵상은 동일하다.

20

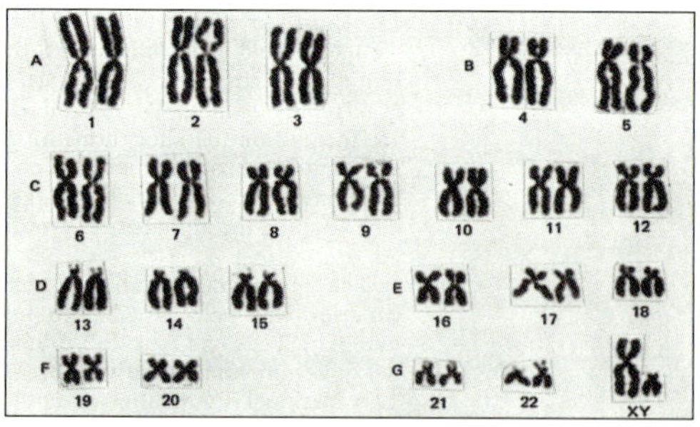

위 그림은 어떤 사람의 **핵형**을 나타낸 것이다. 이에 대한 설명으로 옳은 것은?

① DNA 복제가 이미 끝난 상태이다.
② 염색 분체가 존재하지 않는다.
③ 세포 분열이 끝난 직후의 핵형이다.
④ 22쌍의 상동 염색체가 존재한다.
⑤ 대립 유전자를 관찰할 수 있다.

예문: 바이러스의 구조는 보통 단백질 껍질과 그 내부에 유전 **예문:** 물질을 포함하는 간단한 형태이다. 바이러스는 스스로의 물질 대사를 통해 증식할 수 없기 때문에 박테리아를 숙주 세포로 이용한다. 먼저 바이러스는 숙주 세포에 부착한 후, 자신의 유전 물질(DNA나 RNA)만을 숙주 세포 내부로 들어 보낸다. 유전 물질은 숙주 세포의 대사 과정과 재료를 이용해 바이러스를 구성하는 단백질(껍질)을 합성하며 이후, 유전 물질과 껍질 단백질이 숙주 세포 내에서 다량 재조합된다. 이렇게 재조합된 바이러스는 숙주 세포를 파괴하고 나오며 이것이 바이러스의 전체 증식 과정이다.

황(S) 표지(시료 I)	방사능	인(P) 표지(시료 II)	방사능
박테리아	없음	박테리아	있음
상층액	있음	상층액	없음

1. 바이러스의 황(시료 I) 또는 인(시료 II) 성분을 방사성 물질로 각각 표지하였다.
2. 바이러스가 숙주 세포(박테리아)에 부착하도록 일정 시간 방치하였다.
3. 시료를 강하게 흔들어 바이러스가 숙주 세포로부터 떨어져 나가도록 하였다.
4. 원심 분리하여 바이러스보다 무거운 숙주 세포만을 침전시켰다.
5. 숙주 세포 침전물과 상층액의 방사능을 서로 비교하였다.

21

시료 I의 경우 상층액에서 방사능을 나타내는 이유는 무엇인가?

① 상층액이 방사성을 가진 바이러스의 유전 물질을 포함하기 때문이다.
② 상층액이 방사성을 가진 바이러스의 단백질 껍질을 포함하기 때문이다.
③ 숙주 세포가 방사성을 가진 바이러스의 단백질 껍질을 포함하기 때문이다.
④ 숙주 세포가 방사성을 가진 바이러스의 유전 물질을 포함하기 때문이다.
⑤ 바이러스가 숙주 세포를 파괴하고 대량으로 방출되었기 때문이다.

22

시료 II의 박테리아에서 방사능이 나타나는 이유는 무엇인가?

① 상층액이 방사성을 가진 바이러스의 단백질 껍질을 포함하기 때문이다.
② 상층액이 방사성을 가진 바이러스의 유전 물질을 포함하기 때문이다.
③ 숙주 세포가 방사성을 가진 바이러스의 단백질 껍질을 포함하기 때문이다.
④ 숙주 세포가 방사성을 가진 바이러스의 유전 물질을 포함하기 때문이다.
⑤ 바이러스가 숙주 세포를 파괴하고 대량으로 방출되었기 때문이다.

23

만일 위 실험에서 황(S)이나 인(P) 대신, 바이러스에 존재하는 **질소**(N)를 방사성 물질로 표지하고 위의 실험을 반복했다면 결과는 어떻게 달라졌겠는가?

① 침전물만 방사능을 나타낼 것이다.
② 상층액만 방사능을 나타낼 것이다.
③ 상층액과 침전물 모두에서 방사능을 나타낼 것이다.
④ 상층액과 침전물 둘 다 방사능을 나타내지 않을 것이다.
⑤ 위의 표와 동일한 결과를 얻었을 것이다.

24

그림은 바이러스의 한 종류인 박테리오파지의 구조를 모식적으로 나타낸 것이다. 박테리오파지를 숙주 세포에 감염시킨 후, 세포를 방사성 동위원소 ^{32}P를 포함하는 배지에서 배양하였다. 증식된 박테리오파지에서 방사능을 나타내는 부위는 (가)~(다) 중 어디인가?

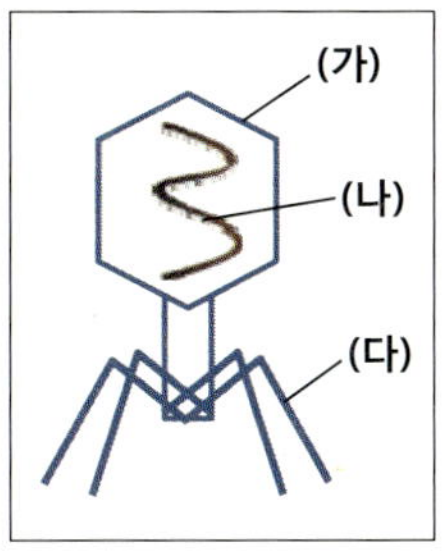

① (가) ② (나) ③ (다)
④ (가), (나) ⑤ (가), (나), (다)

25

어떤 생물체가 28개의 **반수체**(haploid)를 가진다고 한다. 이 생물체가 상동 염색체의 형태로 DNA를 가지고 있다면 염색체 쌍은 모두 몇 개인가?

① 7 ② 14 ③ 28
④ 42 ⑤ 56

세포 주기, 체세포 분열, 감수 분열

01

세포 주기는 크게 G_1기→G_2기→S기→M기의 시간 순서로 나뉜다. (O, X)

02

체세포 분열의 G_2기에 이미 **핵막**이 사라지고 **방추사**가 형성된다. (O, X)

03

그림과 같은 염색체의 **교차**는 세포 분열 과정 중 어느 시기에 일어나는가?

04

2가 염색체는 4개의 염색 분체로 이루어져 있고 **감수 분열**에서만 관찰되며, 체세포 분열에서는 관찰되지 않는다. (O, X)

05

제1정모 세포의 핵상은 $2n$이며 정자의 핵상은 n이다. (O, X)

06

염색 분체의 **교차**는 오로지 2가 염색체에서만 일어나는 현상이다. (O, X)

07

체세포 분열 과정에서 상동 염색체의 **접합** 현상이 일어난다. (O, X)

08

다음 중 인체의 **체세포 분열(mitosis)**에 대한 설명으로 옳지 **않은** 것은?

① 간기에서 DNA 복제가 일어난다.
② 세포 주기의 간기는 G_1, S, G_2기로 구성된다.
③ G_0기는 G_1기 이전에 존재하며 간기에 해당한다.
④ 핵분열과 세포질 분열은 독립적으로 일어난다.
⑤ 분열기에 핵막과 인이 모두 사라진다.

09

그림은 동물 세포의 세포 주기를 나타낸 것이다. DNA 복제가 일어나는 시기는 어디인가?

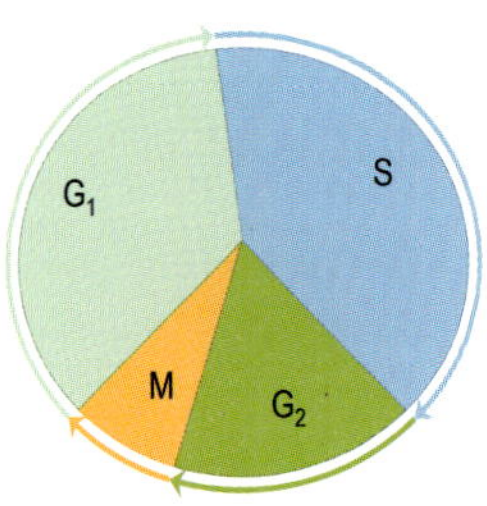

① G_1기 ② S기
③ G_2기 ④ 핵분열(M) 전기
⑤ 핵분열(M) 중기

10

어떤 세포를 대상으로 체세포 분열이 끝난 직후, 핵 속의 DNA 무게를 측정해보니 하나의 핵을 기준으로 8 피코그램(pg)이었다. 같은 세포를 가지고 G_1기와 G_2기에 DNA 무게를 다시 측정한다면 각각 몇 pg이 되겠는가?

① 8, 8 ② 8, 16 ③ 16, 8
④ 16, 16 ⑤ 12, 16

11

동물 세포의 체세포 분열 **후기**에서 일어나는 현상으로 옳은 설명은?

① 방추사에 의해 상동 염색체가 분리되어 세포의 양극으로 이동한다.
② 방추사가 염색체의 동원체에 붙는다.
③ 방추사에 의해 염색 분체가 분리되어 세포의 양극으로 이동한다.
④ 염색체가 염색사로 풀리고 핵막이 형성된다.
⑤ 2가 염색체가 세포 중앙에 배열되고 세포 양극에서 방추사가 형성된다.

12

어떤 정자 세포의 감수 분열(meiosis) 과정에서 DNA의 무게를 측정하였다. 감수 1분열의 전기에 하나의 핵을 기준으로 DNA의 무게가 4 피코그램(pg)이었다면, 감수 1분열이 끝난 후의 무게와 감수 2분열이 끝난 후 DNA의 무게는 각각 몇 pg이 되겠는가?

① 4, 2 ② 2, 1 ③ 4, 1
④ 2, 2 ⑤ 4, 4

13

아래 그림은 **감수 분열** 과정을 순서 없이 나열한 것이다. 순서대로 올바르게 나열하시오.

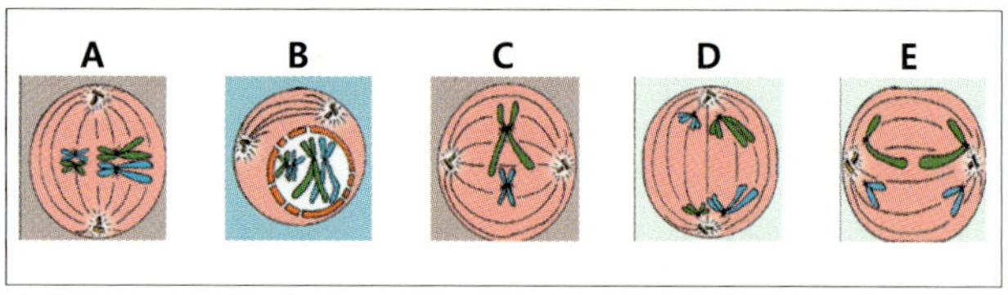

14

위의 감수 분열 그림에서 염색체 교차가 일어나는 과정[1], 염색체의 염색 분체가 분리[2]되는 과정은 각각 무엇인가?

1: 2:

15

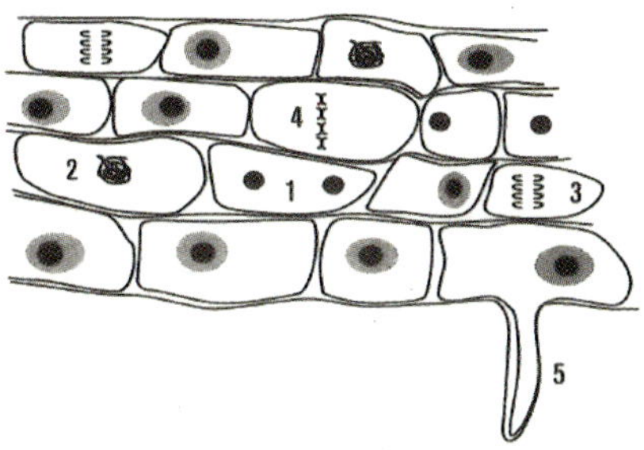

염색한 양파 뿌리 끝의 종단면을 현미경으로 관찰한 후, 그림으로 나타낸 것이다. 그림에서 체세포 분열의 후기에 해당하는 세포는 모두 몇 개인가?

① 0 ② 1 ③ 2
④ 4 ⑤ 5

16

그림에서 1로 표시된 세포는 **체세포 분열** 과정 중 어디에 해당하는가?

① 전기 ② 중기 ③ 후기
④ 말기 ⑤ 세포질 분열

17

양파는 16의 이배체 수를 가진다. 위의 그림에서 3으로 표시된 세포는 몇 개의 염색체를 가지고 있는가?

① 4 ② 8 ③ 16
④ 32 ⑤ 64

18

체세포 분열과 감수 1분열을 전기, 중기, 후기로 나눌 때, 전기에 나타나는 공통 현상으로 옳지 **않은** 것은?

① 염색사가 응축한다.
② 방추사가 형성된다.
③ 핵막이 사라진다.
④ 2가 염색체가 분리되기 시작한다.
⑤ 각 염색체가 2개의 염색 분체를 가진다.

19

감수 분열에 대한 설명이다. 옳지 **않은** 것은?

① 감수 1분열이 끝나면 DNA의 양은 분열 전기에 비해 ½로 감소한다.
② 감수 1분열이 끝나면 염색체 수는 분열 전기에 비해 ½로 줄어든다.
③ 감수 2분열 동안 DNA 양이 분열 전기에 비해 ½로 감소하는 과정이 존재한다.
④ 감수 2분열 동안 염색체 수가 분열 전기에 비해 ½로 감소하는 과정이 존재한다.
⑤ 감수 분열이 끝나면 모세포의 염색체 핵상은 $2n \rightarrow \mathrm{n}$으로 변한다.

20

다음 중 감수 분열에 대한 설명으로 옳지 **않은** 것은?

① 염색체 교차에 의한 새로운 유전자 조합은 감수 2분열 단계에서 일어난다.
② 염색체 분리는 감수 1분열에서, 염색 분체 분리는 감수 2분열에서 일어난다.
③ 동원체에 붙은 방추사에 의해 염색체 분리와 염색 분체 분리가 일어난다.
④ 감수 1분열, 2분열에서 2개의 딸세포가 각각 생긴다.
⑤ 감수 2분열에서는 DNA 복제 없이 핵분열과 세포질 분열이 일어난다.

21

어떤 생물 종의 체세포 핵형 분석을 통해 하나의 세포 안에 46개의 염색체가 있음을 밝혀냈다. 이 정보를 바탕으로 내릴 수 있는 결론 중 가장 타당한 것은 다음 중 무엇인가? (이 생물 종은 유성 생식으로 번식한다.)

① 이 생물 종은 동물일 것이다.
② 세포 분열 S기에 염색체 수는 92개로 늘어날 것이다.
③ 이 생물 종의 생식 세포 하나에는 23개의 염색체가 존재할 것이다.
④ 이 체세포는 분화가 완전히 끝난 세포일 것이다.
⑤ 하나의 세포에 상염색체가 23쌍 존재할 것이다.

22

체세포 분열 결과 새로 생긴 딸세포가 다시 G_2기 상태에 있다고 가정하자. 이때 딸세포와 모세포의 염색체수와 DNA양을 비교한 것으로 옳은 것은?

① 딸세포는 모세포에 비해 염색체수와 DNA양이 각각 ½이다.
② 딸세포는 모세포와 같은 수의 염색체를 가지나 DNA 양은 ½이다.
③ 딸세포는 모세포에 비해 DNA는 2배이나 염색체수는 동일하다.
④ 딸세포는 모세포와 염색체수, DNA양 등이 동일하다.
⑤ 딸세포는 모세포에 비해 염색체수, DNA가 2배이다.

23

어떤 세포가 체세포 분열 과정의 분열기에서 92개의 **염색 분체**를 가지고 있다면, 세포 분열이 완전히 끝났을 때 하나의 핵 안에는 몇 개의 염색체가 존재하겠는가?

① 12 ② 16 ③ 23
④ 46 ⑤ 92

24

어떤 세포가 체세포 분열 과정에서 20개의 **동원체**를 가지고 있다면, 세포 분열이 완전히 끝났을 때 새로 형성된 딸세포 하나에는 몇 개의 염색체가 존재하는가?

① 5 ② 10 ③ 20
④ 30 ⑤ 40

25

(단위: 시간)

세포유형	G_1	S	G_2	분열기(M)
A	18	24	12	16
B	100	0	0	0
C	18	48	14	20

위 표는 3종류의 진핵 세포 A, B, C를 대상으로 세포 주기의 각 단계별로 소요되는 시간을 측정한 것이다. A와 C 세포의 S기에 대한 결과를 비교하여 내린 결론 중 가장 타당한 것은 무엇인가? (단, A, B, C 모두 DNA 합성 속도는 동일하다고 가정한다.)

① C는 A보다 더 많은 양의 DNA를 가지고 있다.
② A와 C가 가지고 있는 DNA양은 동일하다.
③ A는 식물 세포이고 C는 동물 세포이다.
④ C의 DNA양은 A의 절반에 해당한다.
⑤ C는 A보다 단백질 합성 속도가 느리다.

26

B 세포에 대한 결론으로 가장 타당한 것은?

① 암세포로서 세포 주기 조절에 이상이 있다.
② 텔로미어가 없는 세포이다.
③ 여러 종류의 세포로 분화되고 있다.
④ 세포 사멸(세포의 죽음) 단계에 있다.
⑤ 완전히 분화된 세포로 G_0기에 있다.

27

핵상이 $2n=16$인 진핵 세포에 대한 설명 중 가장 알맞은 것은?

① 세포의 핵 안에는 총 32개의 염색체가 존재한다.
② 이 세포는 생식 세포이다.
③ 이 세포로부터 만들어지는 생식 세포에는 4개의 염색체가 있다.
④ 세포 분열의 S기에는 32개의 염색체가 발견된다.
⑤ 이 세포에는 상동 염색체 8쌍을 가진다.

28

그림은 체세포 분열 동안 DNA양의 변화를 나타낸 것이다. A~E 과정에 대한 다음 설명으로 옳지 **않은** 것은?

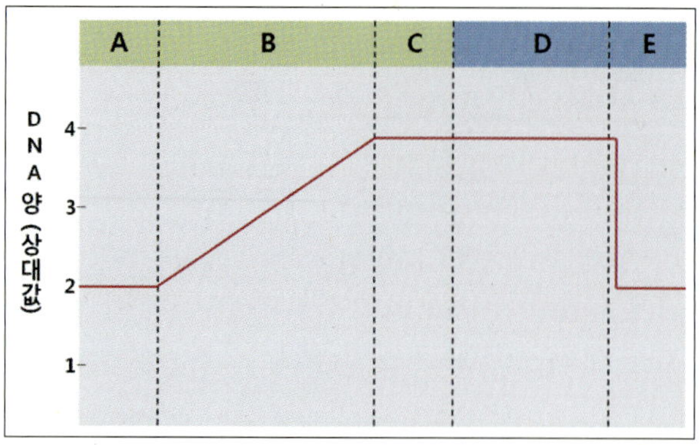

① A: 물질 대사가 활발히 일어난다.
② B: 염색체 수가 2배로 늘어난다.
③ C: 핵막과 인이 관찰된다.
④ D: 중심립으로부터 방추사가 형성된다.
⑤ E: 세포질 분열이 일어난다.

29

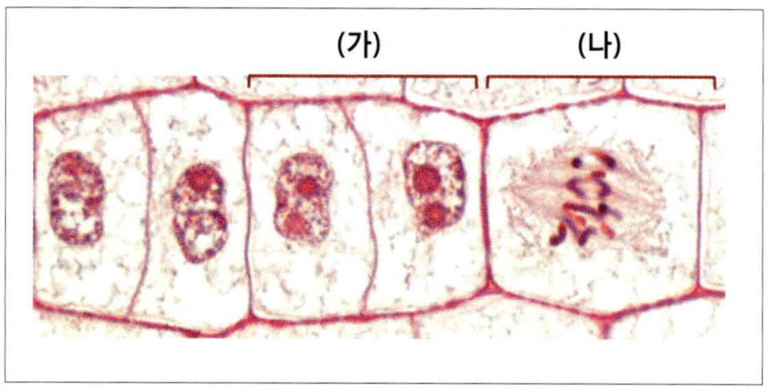

위 그림에서 핵분열은 A~E 어느 단계에서 일어나는가?

30

그림은 양파 뿌리 세포의 체세포 분열을 현미경으로 관찰한 것이다. (가)와 (나)는 위 그림의 A~E 과정 중 각각 어디에 해당하는가?

(가): (나):

31

정상 세포와는 다른 암세포만의 특성에 대한 설명으로 옳지 **않은** 것은?

① 지속적인 세포 분열이 가능하다.
② 주변 세포와 접촉해도 접촉 저해가 일어나지 않는다.
③ 세포 분열 시에 간기(G_1, S, G_2)가 나타나지 않는다.
④ 세포 주기 조절 기능에 이상이 나타난다.
⑤ 혈액이나 림프를 따라 다른 조직으로 전이가 일어난다.

32

진핵 세포 DNA에 존재하는 **텔로미어**(telomere)에 대한 설명으로 옳지 **않은** 것은?

① DNA의 양쪽 끝에 존재한다.
② 뉴클레오타이드 염기 서열이 반복되는 형태이다.
③ 세포 분열 때마다 불완전하게 복제된다.
④ 전사 과정을 거쳐 단백질로 번역된다.
⑤ 세포 분열 시에 길이가 짧아진다.

33

세포가 세포 분열을 통해 유전적으로 서로 다른 2개의 딸세포가 되었다. 이것은 어떤 세포 분열과 과정에 적용되는가?

① 체세포 분열에만 적용
② 감수 1분열에만 적용
③ 감수 2분열에만 적용
④ 체세포 분열과 감수 1분열에 적용
⑤ 체세포 분열과 감수 2분열에 적용

34

염색 분체가 분리되는 현상이 나타나는 세포 분열과 과정은?

① 체세포 분열에만 일어난다.
② 감수 1분열에만 일어난다.
③ 감수 2분열에만 일어난다.
④ 체세포 분열과 감수 1분열에 일어난다.
⑤ 체세포 분열과 감수 2분열에 일어난다.

35

보기
1. 4개의 핵이 만들어졌으며 각각의 핵에는 모세포의 ½ 염색체수가 들어있다.
2. 2가 염색체가 세포 중앙의 적도면에 배열된다.
3. 염색 분체가 분리된다.
4. 방추사에 의해 상동 염색체가 서로 분리되어 이동한다.
5. 상동염색체의 접합(synapsis)이 일어난다.

위의 내용은 세포 분열 과정을 순서 없이 나열한 것이다. 감수 분열 과정에 맞게 재배열한 것은?

① 1-2-4-3-5　② 5-4-2-1-3　③ 5-3-2-4-1
④ 4-5-2-1-3　⑤ 5-2-4-3-1

36

체세포 분열과 감수 분열 과정에서 공통으로 일어나는 과정은 보기에서 어느 것인가?

① 2　② 3　③ 5　④ 2, 3　⑤ 2, 4

37

인체 내 어떤 세포의 핵형을 조사해보니 22개의 상염색체와 하나의 Y 염색체를 가지고 있었다. 어떤 세포인가?

① 정자　② 난자
③ 수정란　④ 남성의 체세포
⑤ 여성의 체세포

38

생식 세포의 감수 분열 과정에서 유전적 다양성이 생성된다. 그 원인으로 올바른 것을 보기에서 모두 고르시오. (2개)

보기
1. 감수분열의 DNA 복제 과정에서 변이가 나타날 확률이 높다.
2. 감수 분열 동안 상동염색체의 교차가 일어난다.
3. 감수 분열 과정에서 염색체 분배 조합이 다양하다.
4. 감수 분열 과정에서 염색체수가 감소한다.
5. 감수 분열을 통해 하나의 모세포로부터 4개의 딸세포가 만들어진다.

39

그림과 같은 염색체의 변화가 일어나는 세포 분열 단계는 무엇인가?

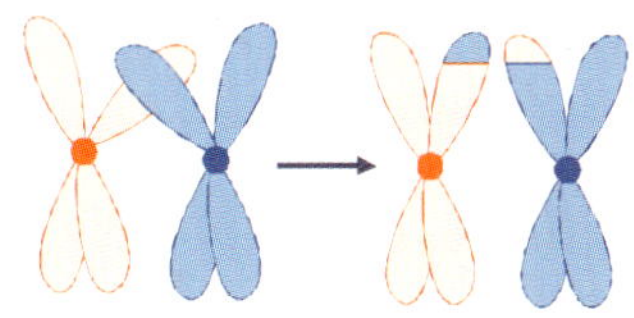

① 체세포 분열의 전기
② 감수 1 분열의 전기
③ 감수 1 분열의 말기
④ 감수 2 분열의 전기
⑤ 감수 2 분열의 말기

40

감수 1분열에서 나타나는 2가 염색체는 무엇을 의미하는가?

① 2개의 염색분체를 가진 하나의 염색체
② 4개의 염색 분체를 가진 2개의 서로 다른 염색체
③ 4개의 염색분체를 가진 한 쌍의 상동 염색체 접합
④ 2개의 염색분체를 가진 한 쌍의 상동 염색체 접합
⑤ 4개의 염색분체를 가진 2쌍의 상동 염색체 접합

멘델의 유전 법칙

01

세포가 가진 유전자형의 발현에 따라 세포의 **표현형**이 결정된다. (O, X)

02

생물체의 대립 유전자는 언제나 서로 다른 형질 특성을 결정한다. (O, X)

03

유전 법칙에서 특정 형질의 순종은 그 형질을 결정하는 **대립 유전자**가 서로 같은 상태를 의미한다. (O, X)

04

멘델(Mendel)의 **독립의 법칙**을 설명하기 위해서는 반드시 2쌍 이상의 대립 형질이 동시에 유전되어야 한다. (O, X)

05

멘델의 **양성 잡종 교배 실험**에서 완두가 잡종 2대를 위한 생식 세포를 만들 때, 멘델이 제안한 독**립의 법칙**은 나타나지 않는다. (O, X)

06

초파리는 보통 빨간색 눈과 정상 날개를 우성 형질로, 흰색 눈과 퇴화된(쭈그러진) 날개를 열성 형질로 가진다. F_0 세대에서 빨간색 눈과 정상 날개를 가진 암컷과 흰색 눈에 퇴화된 날개를 가진 수컷을 교배하여 다음 표와 같은 결과를 얻었다.

형질	F_1수컷	F_1암컷	F_2수컷	F_2암컷
빨간색 눈, 정상 날개	20	21	61	122
흰색 눈, 정상 날개	0	0	59	0
빨간색 눈, 퇴화된 날개	0	0	20	39
흰색 눈, 퇴화된 날개	0	0	21	0

위의 결과를 바탕으로 다음 중 어떤 형질이 성염색체와 연관이 있는가? (초파리의 수컷은 XY, 암컷은 XX 성염색체를 가진다고 가정한다.)

① 눈 색깔 ② 날개 모양
③ 눈 색깔과 날개 모양 ④ 퇴화된 날개
⑤ 빨간색 눈

07

만일 흰색 눈을 결정하는 유전자가 우성이라면 160마리의 수컷 개체 중에서 대략 몇 마리가 흰색 눈을 가지겠는가?

① 20 ② 40 ③ 60
④ 80 ⑤ 120

08

현대 생물학의 관점에서 **유전자형**(genotype)을 서술한 것이다. 옳지 <u>**않은**</u> 것은?

① 유전자형은 표현형을 결정한다.
② 유전자형은 개체가 가지고 있는 유전 정보이다.
③ DNA 염기 서열이 유전자형을 결정한다.
④ 두 개체의 표현형이 동일하면 유전자형도 같다.
⑤ 유전자형에 돌연변이가 생기면 표현형이 변할 수 있다.

예문: 그림과 같이 둥글고 녹색인 완두와 주름지고 황색인 완두를 교배하여 F_1 세대에서 둥글고 녹색인 완두를 얻었다. 이때 둥근 모양과 녹색은 각각 주름진 모양과 황색에 대하여 우성이다. 또한, F_0 세대는 순종이라고 가정한다.

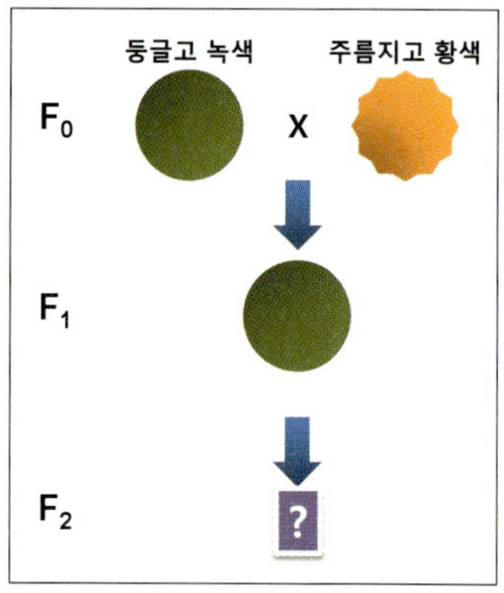

09

위 그림에서 만일 F_1 세대를 자가 교배하여 32그루의 F_2 세대를 얻었다면 이 중 주름지고 녹색인 완두는 몇 그루인가? (실험에서 멘델의 독립의 법칙은 유효하다.)

① 0 ② 3 ③ 6
④ 10 ⑤ 15

10

위 실험에서 F_2 세대 중 주름지고 녹색인 완두가 색깔을 결정하는 동형(순종)의 대립 유전자를 가지고 있는지 확인하고자 한다. 이를 위해 주름지고 황색인 완두와 교배하여 F_3 세대를 얻었는데, 다음 중 어떤 결과가 F_2 세대의 동형 대립 유전자임을 증명하는가?

① 주름지고 녹색인 완두와 주름지고 황색인 완두의 비율이 1:1이어야 한다.
② F_3 세대의 모든 개체가 녹색이어야 한다.
③ F_3 세대의 모든 개체가 황색이어야 한다.
④ 주름지고 녹색인 완두와 둥글고 황색인 완두의 비율이 1:1이어야 한다.
⑤ 주름지고 황색인 완두와 둥글고 녹색인 완두의 비율이 1:1이어야 한다.

11

위 실험에서 F_2 세대 중 무작위로 하나를 선택해 둥글고 녹색인 F_0 세대와 교배했을 때 새로이 생긴 자손이 둥글고 녹색일 확률은 몇 %인가?

① 6% ② 19% ③ 56%
④ 94% ⑤ 100%

12

어떤 집단에서 단성 교배 실험을 통해 잡종 1대를 자가 교배시켰을 때, 잡종 2대의 표현형이 3:1 (우성:열성)의 비율로 분리되어 나타낸다고 가정하자. 이에 대한 설명 중 옳은 것은?

① 대립 유전자는 불완전 우성을 나타낸다.
② 대립 유전자는 감수 분열에 의해 다른 생식 세포로 분리되었다.
③ 잡종의 대립 유전자는 우성이다.
④ 잡종의 대립 유전자는 열성이다.
⑤ 감수 분열 시에 유전자 교차가 일어났다.

13

다음에서 멘델이 제안하거나 발견한 법칙이 **아닌** 것은?

① 중간 유전 ② 우성과 열성
③ 독립의 법칙 ④ 분리의 법칙
⑤ 대립 형질

14

멘델의 단성 잡종 교배 실험에서 F_1 세대에 우성의 표현형이 나타나는 비율은 몇 %인가?

① 0% ② 25% ③ 33%
④ 75% ⑤ 100%

15

다음 중 검정 교배 실험을 의미하는 것은? (T는 우성이며 키가 큰 형질을, t는 열성의 키가 작은 형질을 나타낸다.)

① Tall × *TT* ② Tall × *Tt*
③ Tall × *tt* ④ TT × *Tt*
⑤ short × *tt*

16

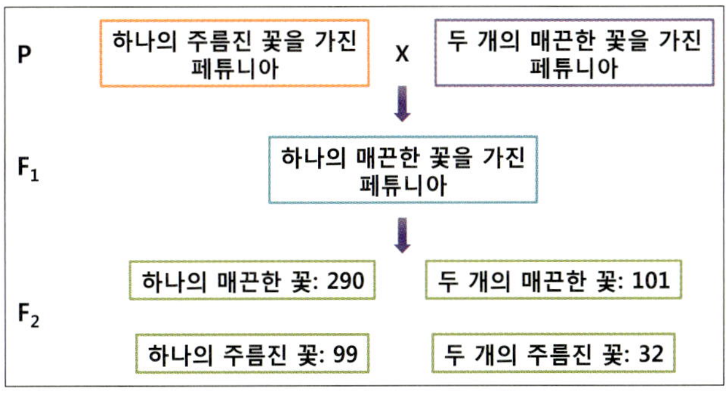

위 그림의 교배 실험으로부터 **부모 세대(P)**에 대한 설명으로 옳은 것은?

① 둘 다 꽃의 개수와 모양에 대한 이형(잡종)의 대립 유전자를 가지고 있다.
② 하나는 꽃의 개수와 형태에 대해 동형(순종)의 우성 유전자를, 또 다른 하나는 두 개의 형질에 대해 동형의 열성 유전자를 가지고 있다.
③ 하나는 꽃의 개수와 형태에 대해 각각 동형의 우성 유전자와 동형의 열성 유전자를 가지고 있는 반면, 다른 하나는 각각 동형의 열성 유전자와 동형의 우성 유전자를 가지고 있다.
④ 하나는 두 개의 형질에 대해 동형의 우성 유전자를, 다른 하나는 이형의 우성 유전자를 가지고 있다.
⑤ 하나는 두 개의 형질에 대해 동형의 열성 유전자를, 다른 하나는 이형의 열성 유전자를 가지고 있다.

17

위 실험 결과로부터 꽃의 개수와 형태를 조절하는 유전 인자에 대해 옳은 것은?

① 한 쌍의 대립 유전자에 의해 조절된다.
② 하나의 염색체에 연관된 2쌍의 대립 유전자에 의해 조절된다.
③ 하나의 염색체에 존재하는 4쌍의 대립 유전자에 의해 조절된다.
④ 각각 다른 염색체에 존재하는 2쌍의 대립 유전자에 의해 조절된다.
⑤ 각각 다른 염색체에 존재하는 4쌍의 대립 유전자에 의해 조절된다.

18

분홍색의 분꽃은 순종의 붉은색 분꽃과 순종의 흰색 분꽃을 교배하여 얻는다. 이러한 교배 실험을 유전 법칙에 따라 가장 올바르게 설명하고 있는 것은?

① 붉은색의 형질은 우성이다.
② 흰색의 형질은 우성이다.
③ 분홍색의 형질은 우성이다.
④ 붉은색과 흰색의 형질은 공동 우성이다.
⑤ 붉은색과 흰색의 형질은 불완전 우성이다.

19

위의 문제에서 만일 흰색의 분꽃을 분홍색의 잡종 1대와 교배하면 잡종 2대의 결과는 어떠하겠는가?

① 붉은색:분홍색=50:50 ② 100% 분홍색
③ 분홍색:흰색=50:50 ④ 붉은색:흰색=50:50
⑤ 100% 흰색

20

분꽃의 색깔 이외에 크기를 결정하는 형질은 색깔 유전자와는 다른 염색체에 위치하며 키가 큰 형질이 작은 형질에 대해 우성이다. 순종의 키가 큰 붉은색 분꽃과 순종의 키가 작은 흰색 분꽃을 교배하여 F_1을 얻은 후, 이를 자가교배하여 160그루의 F_2 세대를 얻었다면 키가 작고 분홍색의 분꽃의 수는 몇 개가 되겠는가?

① 10 ② 20 ③ 30
④ 40 ⑤ 60

21

검은색의 암탉과 흰색의 수탉을 교배하여 얻은 자손(F_1)은 모두 회색이라고 가정하자. 만일 회색의 자손 한 쌍을 교배했을 때, 흰색의 자손을 얻을 확률은 몇 %인가?

① 0% ② 25% ③ 50%
④ 75% ⑤ 100%

22

두 쌍의 형질이 모두 이형 접합자인 한 쌍의 개체를 교배하면 자손은 어떤 비율의 표현형을 나타낼 것인가? (두 쌍의 형질을 결정하는 유전자는 각각 다른 염색체에 존재한다.)

① 3:1 ② 1:2:1 ③ 3:3:1
④ 9:3:3:1 ⑤ 6:4:4:2

23

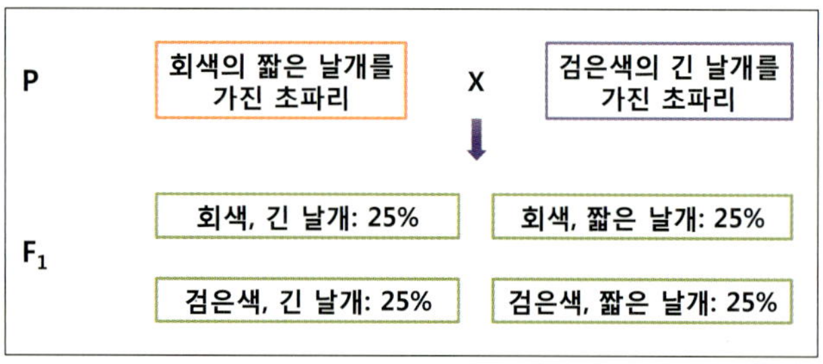

회색(G)의 몸 색깔과 긴 날개(L)는 검은색(g)의 몸 색깔과 짧은 날개(l)에 대하여 각각 우성이다. 위의 그림에서 부모 세대의 **유전자형**은 각각 무엇인가?

① *Ggll*, *ggLl* ② *Ggll*, *GgLl*
③ *GGll*, *ggLl* ④ *GGll*, *GgLl*
⑤ *Ggll*, *ggLL*

24

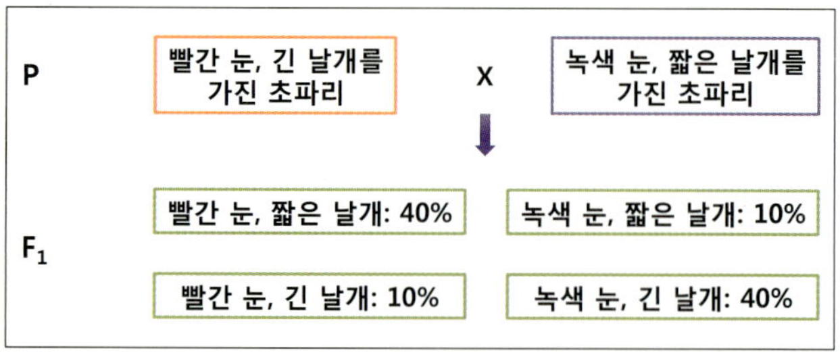

위의 그림에서 빨간 눈 색깔(R)과 긴 날개(L)는 녹색 눈(r)과 짧은 날개(l)에 대하여 각각 우성이다. 부모 세대의 **유전자형**은 무엇인가?

① $RrLl \times rrLl$ ② $rrLl \times rrll$
③ $RrLl \times rrll$ ④ $RRLL \times rrll$
⑤ $RRLl \times Rrll$

25

말(horse)에게 있어 갈색의 털과 흰색 털은 **공동 우성**의 유전자에 의해 결정된다고 한다. 동형 접합자의 갈색 털을 가진 말과 동형 접합자의 흰색 털을 가진 말을 교배하면 어떤 형질의 자손을 얻을 수 있는가?

① 자손은 모두 흰색 털을 가진다.
② 자손은 모두 갈색 털을 가진다.
③ 한 개체에 갈색과 흰색 털을 둘 다 가진다.
④ 갈색 털:황금색 털:흰색 털=1:2:1의 비로 나타난다.
⑤ 자손은 모두 황금색 털을 가진다.

26

다음 중 멘델의 **분리의 법칙**을 현대 생물학의 관점으로 올바르게 설명한 것은?

① 두 쌍 이상의 형질을 결정하는 유전자는 각각 서로 다른 염색체상에 존재한다.
② 양성 잡종의 개체를 자가 교배하면 9:3:3:1의 서로 다른 표현형을 얻을 수 있다.
③ 두 쌍 이상의 형질이 동시에 유전될 때 각각의 유전자는 서로 영향을 주지 않는다.
④ 단성 잡종의 개체를 자가 교배하면 1:2:1의 서로 다른 표현형을 얻을 수 있다.
⑤ 한 쌍의 대립 유전자는 각기 서로 다른 생식 세포로 나뉘어 들어간다.

27

멘델이 제안한 유전 원리 중 **독립의 법칙**을 가장 잘 설명하고 있는 것은?

① 잡종 2대의 완두는 둥글거나 주름지고 또한 황색이거나 녹색이다.
② 잡종 2대에는 둥근 완두와 주름진 완두가 3:1의 비율로 나타난다.
③ 순종과 잡종의 교배에서 잡종 1대에는 순종의 형질만이 나타난다.
④ 한 쌍의 대립 유전 인자는 각각 다른 생식 세포에 나뉘어 들어간다.
⑤ 대립 유전 인자 사이의 우열이 불완전할 때, 잡종 1대에서 중간 형질이 나타난다.

28

부모 세대의 한 개체는 우성의 동형 접합자이고 다른 개체는 열성의 동형 접합자이다. F_1 세대에는 나타나지 않고 F_2 세대에서만 나타나는 특징은 다음 중 무엇인가?

1. 이형 접합자의 유전자형 2. 우성의 표현형 3. 열성의 표현형

① 1　② 2　③ 3
④ 1, 2　⑤ 2, 3

29

초파리의 정상 날개(W)를 결정하는 대립 유전자는 퇴화된 날개(w)에 대하여 우성이다. 정상 날개를 가진 두 마리의 초파리를 교배하여 76마리의 정상 날개와 23마리의 퇴화된 날개를 가진 초파리를 얻었을 때, 부모 세대의 유전자형으로 옳은 것은?

① ***WW*, *ww***　② ***WW*, *Ww***　③ ***Ww*, *ww***
④ ***Ww*, *Ww***　⑤ ***WW*, *WW***

30

검은색 털과 흰색 털을 가진 실험용 쥐를 서로 교배하여 낳은 새끼는 모두 검은색 털을 가지고 있었다. 이와 관련된 **유전학적 용어**는 다음 중 무엇인가?

① 분리의 법칙　② 우열의 원리
③ 독립의 법칙　④ 불완전 우성
⑤ 반성 유전

31

유성 생식을 하는 어떤 생명체가 $AabbCcDD$의 유전자형을 가지고 있다면, 이로부터 몇 개의 서로 다른 생식 세포를 만들어낼 수 있는가? (유전자는 각각 서로 다른 염색체에 분포한다)

① 4　② 6　③ 8
④ 10　⑤ 12

32

초파리는 붉은 눈(R)과 정상 날개(N)를 우성 형질로 가지고 있다. 유전 원리를 연구하기 위해 F_0 세대에서 우성 형질의 초파리와 열성(흰색 눈: W, 퇴화된 날개: D) 형질의 초파리를 서로 교배하여 다음 표와 같은 F_1, F_2 세대의 결과를 얻었다.

표현형	F_1수컷	F_1암컷	F_2수컷	F_2암컷
R, N	21	20	62	123
W, N	0	0	59	0
R, D	0	0	18	39
W, D	0	0	21	0

이 표의 결과를 바탕으로 성 염색체(X 또는 Y)와 연관된 형질은 다음 중 무엇인가?

① 날개 모양　② 눈 색깔
③ 붉은 눈　④ 날개 모양과 눈 색깔
⑤ 퇴화된 날개

33

위의 실험에서 초파리의 흰색 눈 형질이 우성이며 성 염색체와 연관되어 있다고 가정할 때, F_2 세대에서 흰색 눈을 가진 수컷은 대략 몇 마리이겠는가?

① 20　② 40　③ 60
④ 80　⑤ 120

34

멘델은 완두콩의 단성 잡종 교배 실험을 통해 잡종 1대에 키 큰(T, 우성) 완두와 키 작은(t, 열성) 완두를 동시에 얻을 수 있었다. 이때 부모 세대의 **유전자형**으로 가능한 것을 보기에서 모두 고르시오.

보기 1. $TT \times tt$　2. $Tt \times tt$　3. $Tt \times Tt$ 4. $Tt \times TT$　5. $TT \times TT$

사람의 유전

01

적록 색맹은 **반성 유전**의 한 예이다. 이에 대한 설명으로 옳지 **않은** 것은?

① 색맹을 결정하는 유전자가 X 염색체 상에 있다.
② 아버지가 정상이면 딸은 반드시 정상이다.
③ 정상에 대해 열성으로 작용한다.
④ 어머니가 색맹이면 아들은 반드시 색맹이다.
⑤ 남자보다 여자에게서 더 많이 색맹이 나타난다.

02

사람의 **적록 색맹**에 대한 일반적인 설명이다. 옳은 것은?

① 순종의 열성 대립 유전자에 의해 나타난다.
② 여성이 잡종의 대립 유전자를 가지고 있으면 색맹이 나타난다.
③ 남성이 X 염색체에 유전자를 가지고 있으면 색맹이 나타난다.
④ 남성이 잡종의 대립 유전자를 가지고 있으면 색맹이 나타나지 않는다.
⑤ 잡종의 대립 유전자를 가지고 있으면 남, 녀 모두에서 색맹이 나타난다.

03

정상인 여성의 아버지는 적록 색맹이며 남성의 어머니는 적록 색맹이다. 이 여성과 남성이 결혼해 첫째 자녀를 낳았을 때, **적록 색맹인 딸을 낳을 확률은** 몇 %인가?

① 0% ② 12.5% ③ 25%
④ 50% ⑤ 100%

04

위의 문제에서 여성과 남성이 결혼해 첫째 자녀를 낳았을 때, 이 자녀가 색맹일 확률은 몇 %인가?

① 0% ② 12.5% ③ 25%
④ 50% ⑤ 100%

05

적록 색맹이 아닌 여성의 아버지는 색맹이다. 이 여성이 색맹인 남성과 결혼하여 첫째 자녀를 얻었을 때 이 자녀가 색맹일 확률은 몇 %인가?

① 0% ② 25% ③ 50%
④ 75% ⑤ 100%

06

성염색체와 연관된 적록 색맹 형질의 유전에 있어서 여성보다 남성에게 발현 빈도가 더 높다. 다음 중 그 이유를 가장 적절하게 설명하고 있는 것은?

① 남성은 X 염색체에 있는 열성 유전자를 억제하는 Y 염색체상의 우성 유전자가 없다.
② 남성은 Y 염색체에 있는 열성 유전자를 보완하는 X 염색체상의 대립 유전자가 없다.
③ 남성은 Y 염색체에 모든 열성의 유전자가 존재한다.
④ 여성은 열성 유전자의 발현을 억제하는 대립 유전자가 상동 염색체에 존재한다.
⑤ 여성은 열성 유전자의 발현을 억제하는 유전자가 같은 염색체 내에 함께 존재한다.

07

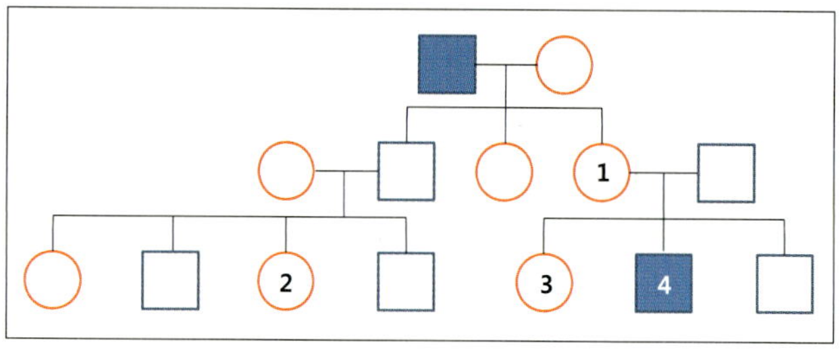

그림은 어떤 특정 형질에 대한 가계도를 나타낸 것이다. 네모는 남성을, 원은 여성을 의미한다. 파란색으로 채워진 남성의 형질에 대한 설명으로 옳은 것은?

① 이 형질은 공동 우성이다.
② 형질 결정 유전자는 Y 염색체에 있다.
③ 형질 결정 유전자는 상염색체에 있으며 우성이다.
④ 형질 결정 유전자는 X 염색체에 있으며 열성이다.
⑤ 형질 결정 유전자는 X 염색체에 있으며 우성이다.

08

4번 남성이 다음의 어떤 여성과 결혼해야 형질을 나타내는 아들이 태어날 확률이 있는가?

1. 보인자인 여성	2. 형질이 나타난 여성
3. 보인자가 아닌 여성	

① 1의 경우에만 해당 ② 2의 경우에만 해당
③ 3의 경우에만 해당 ④ 1, 2의 경우에만 해당
⑤ 1, 2, 3 모두 가능

09

2번과 3번의 여성이 **보인자**(carrier)일 확률은 각각 몇 %인가?

① 0%	② 25%	③ 50%
④ 75%	⑤ 100%	

2번: 3번:

10

어떤 어린이의 혈액형은 B형이고 어머니는 AB형이다. 아버지의 혈액형은 무엇인가?

① A형 ② B형 ③ AB형
④ O형 ⑤ 모든 혈액형 가능

11

위 문제에서 어린이의 아버지가 가질 수 **없는** 유전자형은 다음 중 무엇인가?

① 대립 유전자 둘 다 응집원 A에 대한 유전자를 가지고 있다.
② 대립 유전자 중 하나에만 응집원 B에 대한 유전자를 가지고 있다.
③ 대립 유전자 중 하나에만 응집원 A에 대한 유전자를 가지고 있다.
④ 대립 유전자에 응집원에 대한 유전자가 없다.
⑤ 대립 유전자 둘 다 응집원 B에 대한 유전자를 가지고 있다.

12

위 문제에서 어린이가 **수혈**을 받아야 될 상황이라면 고려해야 할 내용 중 옳은 것은?

① 어린이는 반드시 혈액형이 같은 가족이나 친척으로부터 수혈 받아야 한다.
② B형 이외의 다른 혈액을 수혈 받으면 그 혈액의 응집원에 대한 항체가 생성된다.
③ A형 혈액을 수혈 받으면 항 A 혈청이 만들어져 혈액 응집 반응이 일어난다.
④ 응집원 B에 대한 유전자만을 가지고 있는 사람의 혈액은 수혈 받을 수 없다.
⑤ 응집원이 없는 혈액을 가진 사람도 제공자로서 적합하지 않다.

13

대립 유전자에 응집원 A와 B 유전자가 존재할 때, 이에 대한 내용으로 옳지 **않은** 것은?

① 유전자 발현에 있어서 공동 우성이라 할 수 있다.
② 항 A 혈청에 의해 응집 반응이 일어난다.
③ 항 B 혈청에 의해 응집 반응이 일어난다.
④ 복대립 유전자이다.
⑤ 다인자 유전에 의해 자손의 혈액형이 결정된다.

14

어떤 사람의 표현형을 결정하는 유전자형은 *AaBbCcDd*라고 가정하자. 이로부터 몇 개의 서로 다른 생식 세포를 만들어낼 수 있는가?

① 4 ② 8 ③ 12 ④ 16 ⑤ 20

15

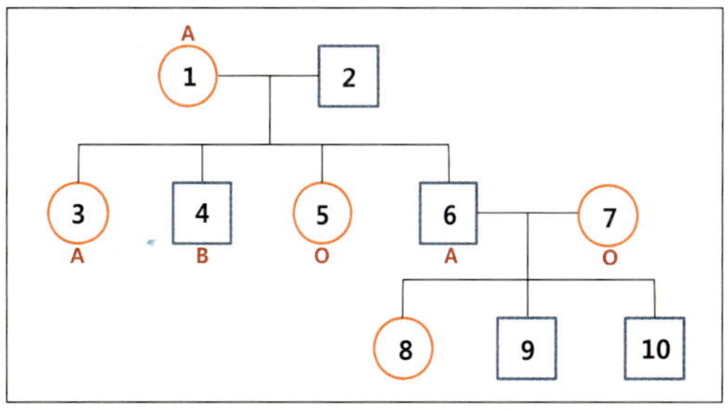

그림은 혈액형의 유전을 나타내는 가계도이며 네모는 남성을, 원을 여성을 의미한다. 혈액형의 유전에 대한 설명으로 다음 중 옳은 것은?

① A형은 B형에 대해 우성이다.
② B형은 A형에 대해 우성이다.
③ O형은 A형에 대해 우성이다.
④ O형은 A, B형에 대해 우성이다.
⑤ O형은 열성이다.

16

위 문제에서 2번 남성의 **유전자형**은 무엇인가?

① AO ② AA ③ BO
④ BB ⑤ AB

17

위의 문제에서 6번 남성과 7번 여성이 결혼하여 O형의 자녀를 낳을 확률은 몇 %인가?

① 0% ② 25% ③ 50%
④ 75% ⑤ 100%

18

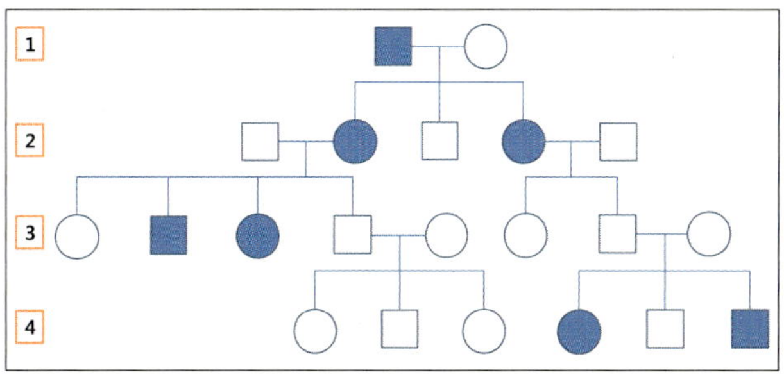

그림은 어떤 특정 형질에 대한 가계도를 나타낸 것이다. 네모는 남성을, 원은 여성을 의미한다. 파란색으로 채워진 특정 형질은 열성 유전자에 의한 것이다. 다음 중 이에 대한 설명으로 옳은 것은?

① 그림에서 형질을 나타내지 않는 사람의 대립 유전자는 모두 이형 접합자이다.
② 형질을 나타내는 대립 유전자는 X 염색체에 존재한다.
③ 2세대 남성 대립 유전자는 모두 이형 접합자이다.
④ 4세대 이후에서는 특정 형질이 발현되지 않는다.
⑤ 4세대에서 형질이 발현되지 않은 사람의 대립 유전자는 모두 동형 접합자이다.

19

색맹인 남성이 색맹이 아닌 여성과 결혼하여 자식을 낳았을 때, 다음 중 옳은 설명은? (이 여성은 보인자도 아니라고 가정한다.)

① 아들은 모두 정상이고 딸은 모두 보인자이다.
② 아들은 모두 정상이고 딸은 모두 색맹이다.
③ 아들은 모두 색맹이고 딸은 모두 정상이다.
④ 아들은 모두 색맹이고 딸은 모두 보인자이다.
⑤ 아들은 색맹 여부를 알 수 없으며 딸은 모두 보인자이다.

20

사람의 키, 피부색, 머리카락 색깔 등의 형질 유전과 가장 관련 있는 **유전학적 용어**는 다음 중 무엇인가?

① 불완전 우성　　② 복대립 유전
③ 공동 우성　　④ 반성 유전
⑤ 다인자 유전

21

어떤 특정 형질이 아버지에게서 아들에게로만 유전된다고 한다. 이 형질을 결정하는 **유전자**에 관한 설명으로 옳은 것은?

① 상염색체에 존재하며 열성이다.
② 상염색체에 존재하며 우성이다.
③ 공동 우성의 특징을 나타낸다.
④ Y 염색체와 연관되어 있다.
⑤ X 염색체와 연관되어 있다.

염색체 이상, 유전자 이상

01

낭포성 섬유증은 가장 흔한 유전 질환 중의 하나이다. 이 병은 특정 유전자의 염기 서열 하나가 탈락된 돌연변이에 의해 발생하며 상염색체와 연관되어 있다. 또한, 이 유전자는 열성이다. 만일 이 병을 앓고 있는 어떤 환자가 변이를 가진 유전자를 부모 세대에게서 물려 받았다면, 다음 중 옳은 것은 무엇인가?

① 어머니가 변이 유전자를 가지고 있다.
② 아버지가 변이 유전자를 가지고 있다.
③ 환자가 남성일 경우, 어머니가 변이 유전자를 가지고 있다.
④ 부모 중 한 명이라도 변이 유전자를 가지고 있으면 자식에게서 질환이 발병한다.
⑤ 부모 모두 변이 유전자를 가지고 있다.

02

다음 보기에서 DNA 염기 서열 상에 변이가 나타날 수 있는 세포 내 반응을 모두 고르시오. (2개)

보기

① DNA 전사	② 단백질 합성
③ 감수 분열	④ DNA 복제

03

다음 중 염색체 수의 이상에 의해 나타나는 유전병이 <u>**아닌**</u> 것은?

① 묘성 증후군　② 클라인펠터 증후군
③ 터너 증후군　④ 다운 증후군
⑤ 에드워드 증후군

04

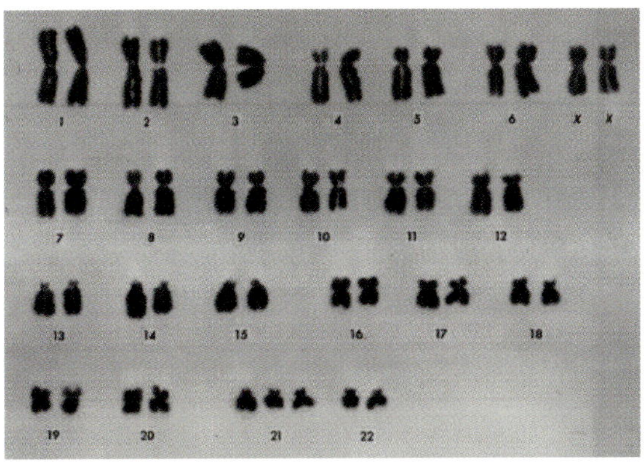

그림은 유전병을 가지고 있는 어떤 사람의 핵형을 나타낸 것이다. 이 유전병은 무엇인가?

① 다운 증후군　② 터너 증후군
③ 에드워드 증후군　④ 클라인펠터 증후군
⑤ 헌팅턴 무도병

05

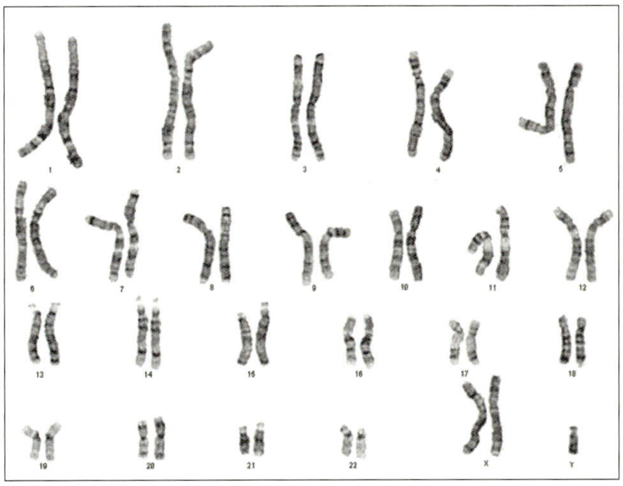

위 그림은 유전병을 가지고 있는 어떤 사람의 **핵형**을 나타낸 것이다. 이 유전병은 무엇인가?

① 다운 증후군　② 터너 증후군
③ 에드워드 증후군　④ 클라인펠터 증후군
⑤ 헌팅턴 무도병

06

나이 41세의 이 환자는 경련성 발작과 움직임을 조절할 수 없는 증상을 가지고 있다. 또한, 음식을 씹고 삼키는데 어려움이 있으며 얼굴, 손, 발, 혀 등의 근육이 비정상적으로 움직인다. 검사 결과 신경계 기능이 손상되었으며 이 환자의 부모 중 한 분도 비슷한 증상을 나타내다 44세에 사망했다. 이 환자의 병명은 무엇으로 판단되는가?

① 터너 증후군　② 클라인펠터 증후군
③ 헌팅턴 무도병　④ 에드워드 증후군
⑤ 페닐케톤뇨증

07

낫 모양 적혈구 빈혈증에 대한 설명으로 옳지 <u>**않은**</u> 것은?

① 헤모글로빈 유전자의 염기 서열 이상으로 생기는 유전병이다.
② 유전자 변이는 열성이므로 이형 접합자는 빈혈증을 유발하지 않는다.
③ 헤모글로빈의 산소 결합 능력이 떨어져 빈혈이 유발된다.
④ 빈혈증 대립 유전자가 동형 접합자일 경우 심한 빈혈로 일찍 사망한다.
⑤ 비정상 헤모글로빈은 서로 응집하여 적혈구의 모양을 변형시킨다.

08

다운 증후군(Down syndrome)과 터너 증후군(Turner syndrome)에 대한 설명으로 옳지 **않은** 것은?

① 다운 증후군은 상염색체 이상으로, 터너 증후군은 성염색체 이상으로 생긴다.
② 다운 증후군은 염색체 과다로, 터너 증후군은 염색체 부족으로 발병한다.
③ 다운 증후군은 지적 장애가 나타나지만 터너 증후군은 대부분 정상 지능을 나타낸다.
④ 둘 다 표현형에 큰 영향을 준다.
⑤ 다운 증후군은 남 · 녀 같은 비율이지만, 터너 증후군은 남성에서만 나타난다.

09

어떤 유전병 환자의 핵형을 조사해보니 염색체 1번의 일부가 염색체 22번에 붙어있었다. 이러한 **염색체 구조의 이상**을 무엇이라고 하는가?

① 결실　② 전좌　③ 역위
④ 중복　⑤ 재조합

10

페닐케톤뇨증(PKU)은 상염색체에 있는 열성의 대립 유전자에 의해 발생하는 유전병이다. 만일 어떤 남성이 보인자이고 여성이 보인자가 아닌 정상의 대립 유전자를 가지고 있다면, 이 남녀가 결혼해 얻은 자녀는 PKU 유전병에 대해 어떠한 결과를 나타내겠는가?

① 아들의 50%는 발병하며, 딸은 100% 보인자이다.
② 아들이 보인자일 확률은 0%이며 딸은 100% 보인자이다.
③ 자녀의 50%는 발병하며 다른 50%는 보인자이다.
④ 자녀 중 50%는 보인자이며 발병하는 경우는 없다.
⑤ 자녀 중 50%는 발병하며 나머지 50%는 정상의 동형 접합자이다.

11

X 염색체와 연관된 열성의 대립 유전자에 의한 유전병의 경우 여성보다 남성에게서 더 높게 나타나는 이유로 옳지 **않은** 것은?

① X 염색체에 있는 대부분의 유전자가 Y 염색체에는 없기 때문이다.
② 여성은 2개의 X 염색체를 가지기 때문에 발병 확률이 낮다.
③ X 염색체 이상은 한성 유전으로 항상 남자에게만 형질이 유전되기 때문이다.
④ 남자는 하나의 X 염색체만을 가지기 때문에 보인자가 존재하지 않는다.
⑤ 남자는 X 염색체의 열성 유전자 기능을 상쇄하는 우성 대립 유전자가 없기 때문이다.

12

정상의 표현형을 가진 부부의 첫째 아들이 X 염색체와 연관된 열성의 유전병을 가지고 있다. 이 부부가 둘째 아이를 낳았을 때 같은 유전병이 발병할 확률은 다음 중 무엇인가?

① 둘째 아이가 남자이면 발병 확률은 50%이다.
② 둘째 아이가 여자이면 발병 확률은 25%이다.
③ 둘째 아이 발병 확률은 성별에 관계없이 0%이다.
④ 둘째 아이 발병 확률은 성별에 관계없이 50%이다.
⑤ 둘째 아이가 남자면 100%, 여자이면 발병 확률은 0%이다.

13

X 염색체와 연관된 열성의 유전자가 아버지로부터 아들에게 유전될 확률은 몇 %인가?

① 0%　② 25%　③ 50%
④ 75%　⑤ 100%

14

남녀가 모두 열성의 유전병 유전자를 이형 접합자로 가지고 있는 상태에서 결혼을 했을 때, 자녀가 **보인자**(carrier)일 확률은 몇 %인가? (단, 이 유전병은 단일 인자 유전이다.)

① 0%　② 5%　③ 50%
④ 75%　⑤ 100%

15

정상의 동형 접합자를 가진 여성과 열성의 유전병 유전자를 이형 접합자로 가진 남성이 결혼해 정상 표현형의 자녀를 낳을 확률은 몇 %인가? (단, 이 유전병은 단일 인자 유전이다.)

① 0%　② 25%　③ 50%
④ 75%　⑤ 100%

16

어떤 여성이 임신한 상태에서 태아의 다운 증후군 발병 가능성을 알고자 한다. 어떤 검사나 분석을 수행해야 하는가?

① 초음파 검사
② 태아 세포의 핵형 분석
③ 태아 세포의 대사 이상 검사
④ 보인자 검사
⑤ 가계도 분석

17

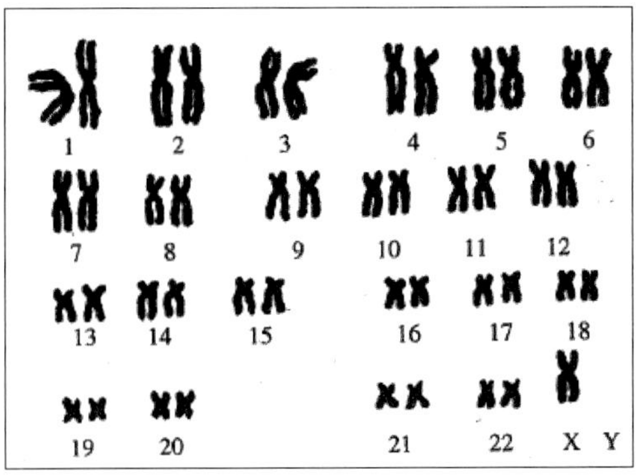

그림의 핵형에 대한 설명으로 옳은 것은?

① 정상인 여성의 핵형이다.
② 정상인 남성의 핵형이다.
③ 다운 증후군을 앓고 있는 사람의 핵형이다.
④ 유전자 돌연변이를 가진 사람의 핵형이다.
⑤ 감수 분열 때 염색체 분리 이상이 생긴 사람의 자녀 핵형이다.

18

혈우병을 앓고 있는 남성이 그렇지 않은 여성과 결혼해 혈우병을 가진 딸을 낳았다. 혈우병 유전자는 열성이며 X 염색체에 연관되어 있다. 이와 관련해 다음 중 옳은 설명은?

① 여성은 혈우병 보인자(carrier)이다.
② 아들을 낳을 경우 언제나 정상이다.
③ 또 다른 딸을 낳을 경우에도 반드시 혈우병을 가지고 태어난다.
④ 아들을 낳을 경우에도 반드시 혈우병을 가지고 태어난다.
⑤ 한성 유전의 법칙을 따른다.

19

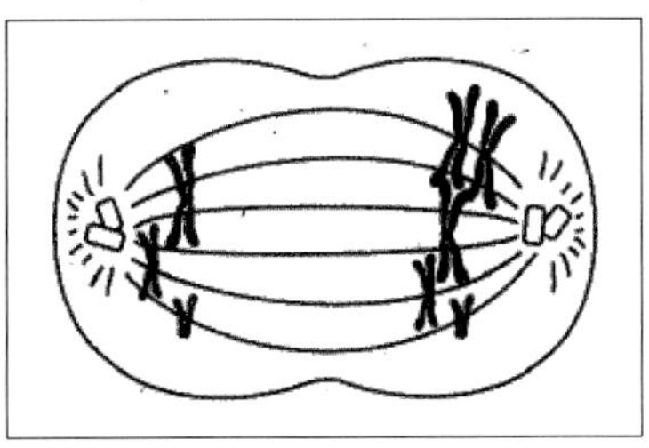

그림은 생식 세포의 감수 분열 과정 중 어느 단계를 나타낸 것이다. 만일 정상적인 정자가 그림의 감수 분열 결과로 생성된 난자와 결합, 수정된다면 어떠한 **유전병**이 나타날 것으로 예상할 수 있는가?

① 낫 모양 적혈구 빈혈증
② 헌팅턴 무도병
③ 다운 증후군
④ 페닐케톤뇨증
⑤ 묘성 증후군

세포의 생명 활동과 에너지

01

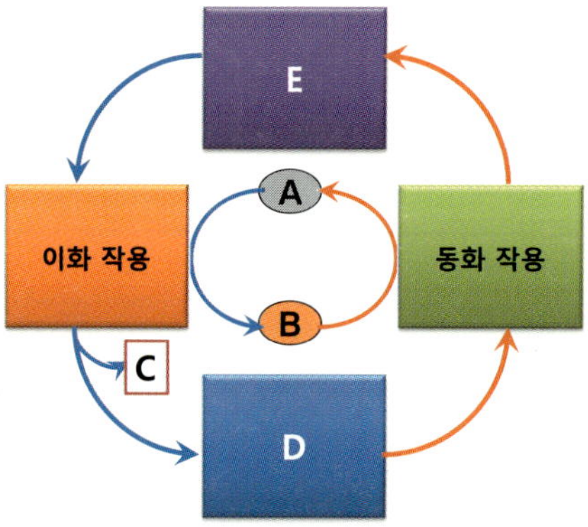

01-1 그림에서 A와 B에 해당하는 물질은 각각 무엇인가?

01-2 C는 생물체의 호흡을 통해 생태계 밖으로 나가 **순환하지 않는다**. C는 무엇인가?

01-3 E는 탄수화물로서 글리코젠, 셀룰로스 등의 **중합체**를 만드는데 재료로 사용된다. E는 무엇인가?

01-4 D에 해당하는 물질 2종류는 각각 무엇인가?

02

동화 작용은 에너지를 ____하는 반응이며 **이화 작용**은 에너지를 ____하는 반응이다.

03

ATP에 저장된 화학 에너지는 인산 결합과 5탄당인 리보스에 들어있다. (O, X)

04

유기 호흡의 반응 생성물(산물)로 이산화탄소가 발생하지만 산소를 이용하지 않는 **무기 호흡**에서는 반응 산물로 이산화탄소가 발생되지 않는다. (O, X)

05

사람과 동물의 몸을 구성하는 세포에서는 **발효 반응**이 일어나지 않는다. (O, X)

06

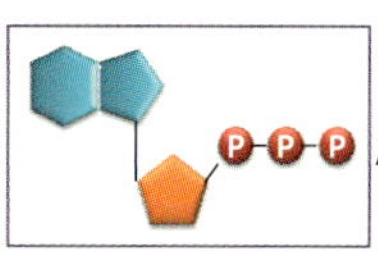

ATP $\underset{(나)}{\overset{(가)}{\rightleftarrows}}$ ADP + P_i

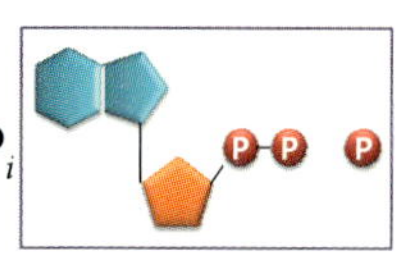

위 그림은 ATP의 분해를 나타낸 것이다. (가)와 (나)의 설명으로 옳지 <u>**않은**</u> 것은?

① (가)는 에너지가 방출되는 반응이다.
② 포유류는 (가)의 반응으로 열을 발생시킬 수 있다.
③ 영양소의 산화 과정에서는 (나) 반응이 우세하게 일어난다.
④ (나)의 반응은 세포의 이화 작용을 통해 일어난다.
⑤ 세포에서 물질을 합성하기 위해서는 (나)의 반응이 필수적이다.

07

이화 작용에 대한 설명으로 옳은 것은?

① 발효 등의 무산소 호흡을 포함한다.
② ATP 등의 에너지를 소비하는 반응이다.
③ 저분자 물질로 고분자 물질을 합성한다.
④ 생성물의 에너지 수준이 반응물보다 증가한다.
⑤ 동화 작용으로부터 에너지를 공급받는다.

08

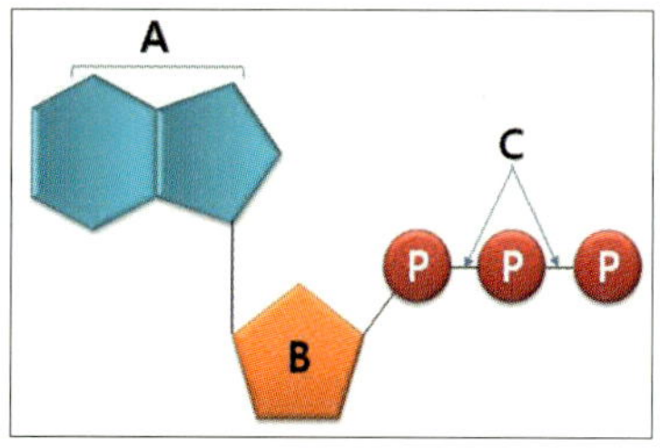

그림은 ATP의 구조를 모식적으로 나타낸 것이다. 이에 대한 설명으로 <u>**틀린**</u> 것은?

① A는 아데닌 염기이다.
② B는 5탄당으로 디옥시리보스이다.
③ C는 고에너지 인산 결합이다.
④ 대부분의 에너지는 인산 결합에 저장된다.
⑤ C는 물에 의해 가수분해될 수 있다.

09

생명체 내에서 ATP의 역할에 대한 설명으로 옳지 <u>**않은**</u> 것은?

① ATP는 호흡을 통해서만 발생된다.
② ATP는 빛에너지로도 전환된다.
③ 근육 수축, 이완 등의 기계적 에너지 발생에도 ATP가 사용된다.
④ 물질이 합성될 때 ATP의 에너지가 생성물의 화학 에너지로 저장된다.
⑤ 어떤 생물체는 체온 유지를 위해 ATP를 열에너지로 전환시킨다.

10

발효에 대한 설명으로 옳지 <u>**않은**</u> 것은?

① 무산소 호흡(무기 호흡)의 일종이다.
② 산소 없이 ATP를 합성하는 방식이다.
③ 알코올이나 젖산은 발효 생성물의 일종이다.
④ 유기 호흡과 비슷한 효율로 ATP를 생성한다.
⑤ 인체에서도 발효 반응이 일어날 수 있다.

11

알코올 발효와 젖산 발효의 차이점으로 옳은 것은?

① 포도당을 기질로 사용했을 때, 알코올 발효가 더 많은 ATP를 생성한다.
② 둘 다 발효 생성물로 기체를 발생시킨다.
③ 인체에서 모두 일어날 수 있는 반응이다.
④ 둘 다 미토콘드리아의 관여 없이 일어난다.
⑤ 둘 다 반응 생성물로 H_2O가 만들어진다.

12

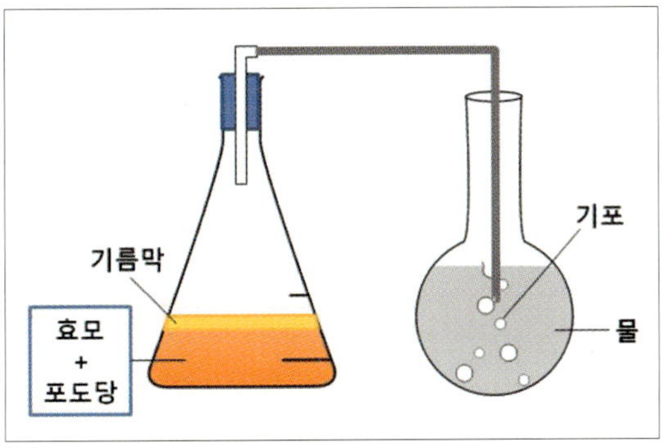

위의 그림은 효모에 의한 포도당 용액의 발효(fermentation)를 검증하기 위한 간단한 장치이다. 다음 물음에 답하시오.

12-1 효모와 포도당을 섞은 용액 내에서 만들어지는 대표적인 반응 생성물은 무엇인가?

12-2 기포의 성분은 무엇이며 기포가 발생하는 이유는?

12-3 반응 용액 위에 기름막을 놓는 이유는 무엇인가?

13

위 실험에 대한 설명으로 옳지 **않은** 것은?

① 포도당의 농도가 높을수록 기체(기포) 발생량이 많아진다.
② 시간이 지남에 따라 용액에서 알코올 냄새가 난다.
③ 물은 시간이 지남에 따라 산성이 강해진다.
④ 발생하는 기체는 수산화칼륨 용액과 반응한다.
⑤ 요구르트를 만들 때도 이 반응을 이용한다.

14

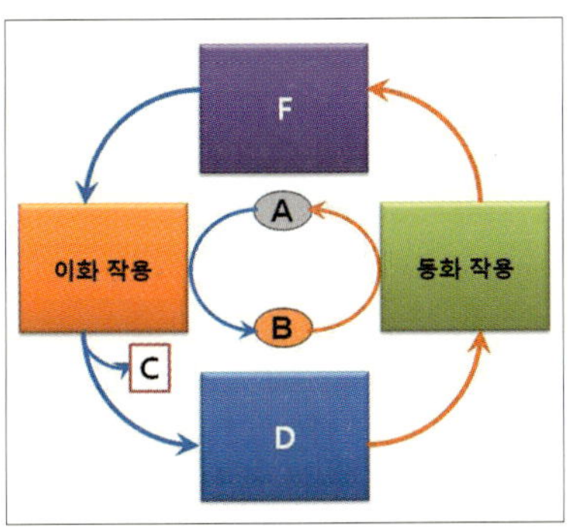

그림에서 B는 이화 작용을 통해 A로 부터 만들어지는 반응 생성물이며 B는 다시 동화 작용을 일으키는데 이용된다. A와 B는 각각 무엇인가?

15

C는 이화 작용을 통해 생성되는 에너지의 한 종류이다. 화학 에너지와는 다른 형태이며 동물 세포에서 주로 발생하는 이것은 무엇인가?

16

위 그림에서 D는 이화 작용의 생성물이다. 포도당을 반응 기질로 사용했을 때 D에 대한 예로서 옳지 **않은** 것은?

① CO_2 ② H_2O ③ O_2
④ 알코올 ⑤ 젖산

17

위의 그림에서 F는 동화 작용의 생성물이다. 예로서 옳지 **않은** 것은?

① 단백질 ② 지방 ③ 핵산
④ 탄수화물 ⑤ 비타민

18

다음 중 '**물질 대사**(metabolism)'를 가장 정확하게 설명하고 있는 것은?

① 세포에서 일어나는 물질의 합성과 분해 등의 모든 화학 반응
② 세포의 생명 활동에 필요한 에너지
③ 세포의 항상성 유지에 필요한 에너지 소모량
④ 세포의 활동으로 만들어내는 모든 물질의 총량
⑤ 물질의 분해로 얻을 수 있는 에너지의 총량

19

무기 호흡과 **유기 호흡**에 대한 설명으로 옳은 것은?

① 같은 기질을 사용하면, 에너지 생성 효율은 같다.
② 둘 다 ATP를 합성하기 때문에 동화 작용이다.
③ 둘 다 반응물에 저장된 에너지가 ATP 에너지로 전환되는 화학 반응이다.
④ 강한 근육 운동을 위해서 유기 호흡은 필수적이다.
⑤ 무기 호흡의 생성물은 H_2O, CO_2, ATP 등이다.

20

다음 보기에서 세포 호흡에 대한 설명으로 옳지 **않은** 것을 모두 고르시오. (3개)

보기
① 세포 호흡은 주로 미토콘드리아에서 일어나는 반응이다.
② 포도당 등의 영양소를 분해하는 대사 과정이다.
③ 열에너지를 화학 에너지로 바꾸는 반응이다.
④ 근육에서는 유기 호흡의 결과 유기산(젖산)이 만들어진다.
⑤ 포도당의 탄소는 세포 호흡을 통해 완전 산화되면 H_2O로 바뀐다.

21

$C_6H_{12}O_6 + 6O_2 + 6H_2O \rightarrow 6CO_2 + 12H_2O +$ 에너지

위 반응에 대한 설명으로 옳은 것은?

① 동물 세포에서만 일어나는 반응이다.
② 화학 에너지의 형태로만 에너지가 방출된다.
③ 탄수화물이 산화되는 반응이며 발열 반응이다.
④ 발효 과정의 반응식과 동일하다.
⑤ 무기 호흡의 일종이며 유기 호흡과 구분된다.

22

다음 중 세포 호흡에 관한 설명으로 옳지 **않은** 것은?

① 진핵 세포에서 미토콘드리아는 세포 호흡이 일어나는 주된 세포 내 소기관이다.
② 세포 호흡에 가장 많이 이용되는 영양소는 포도당이다.
③ 세포 호흡은 동물 세포에서 주로 일어나는 산화 반응이다.
④ 세포 호흡으로 발생되는 에너지는 동물 세포에서 ATP나 열에너지로 전환된다.
⑤ 탄수화물, 단백질, 지방 등은 호흡 기질로 사용된다.

23

산소가 없는 상태에서의 세포 호흡을 **발효**라고 한다. 다음 중 동물 세포가 아닌, 미생물에서 만들어지는 고유 **발효 생성물**은 무엇인가?

① 포도당 ② 알코올 ③ 이산화탄소
④ 물(H_2O) ⑤ 젖산

24

다음 중 1일 총대사량에 영향을 미치는 요인이 **아닌** 것은?

① 성별 ② 나이 ③ 체표면적
④ 물리적 활동량 ⑤ 음식물

25

다음 중 **기초 대사량**에 포함되지 **않는** 것은?

① 체온 유지에 소모되는 에너지
② 혈액 공급에 필요한 에너지
③ 세포 분열에 필요한 에너지
④ 전해질의 능동 수송에 필요한 에너지
⑤ 물리 활동량을 높이는데 필요한 에너지

26

인체의 에너지 대사에 대한 설명으로 옳은 것은?

① 활동량이 많아지면 기초 대사량이 증가한다.
② 몸무게가 무거울수록 기초 대사량이 증가한다.
③ 일반적으로 1일 총대사량에서 활동 대사량이 가장 큰 비중을 차지한다.
④ 항상성 유지에 필요한 에너지는 기초 대사량에 속한다.
⑤ 하루 권장 에너지량에서 지방이 차지하는 비중이 가장 크다.

소화, 호흡, 순환, 배설

01

3대 영양소 중에서 **탄수화물**과 **지방**에는 질소(N)가 구성 원소로 포함되지 않고 오로지 단백질에만 포함된다. (O, X)

02

에너지원으로 사용되지는 않지만, 몸을 구성하거나 생리 작용을 조절하는 물질을 통칭해서 무엇이라고 하는가?

03

물은 영양소에 포함되지 않는다. (O, X)

04

사람의 음식물 소화에 필요한 소화 효소를 분비하는 기관으로는 **침샘**, **위**, **간**, **이자**, **소장** 등이 있다. (O, X)

05

사람의 소화계에는 **간**(liver)이 포함된다. (O, X)

06

아밀레이스(amylase)는 탄수화물, **트립신**(trypsin)은 단백질, **라이페이스**(lipase)는 지방의 소화에 필요한 소화 효소들이다. (O, X)

07

지방의 소화와 흡수는 전적으로 **소장**에서만 이루어진다. (O, X)

08

소장의 융털에서 흡수된 **지용성 영양소**는 간(liver)과 심장을 거쳐 온몸의 세포로 보내져 생명 활동에 사용된다. (O, X)

09

호흡계에서 일어나는 **기체 교환**은 기체의 분압차에 의한 **확산** 현상에 의한 것이며 기체 교환을 위해 ATP 에너지가 사용되지는 않는다. (O, X)

10

림프관은 인체의 순환계에 포함되지 않는다. (O, X)

11

모세 혈관에서 조직 세포로의 산소 이동은 **순환계**의 역할에 해당한다. (O, X)

12

조직 세포에서 생성된 대부분의 **이산화탄소**는 적혈구 내에서 탄산수소 이온으로 전환된 후, 적혈구를 통해 폐로 이동한다. (O, X)

13

심장이 스스로 박동하는 성질을 심장 박동의 ________이라고 한다.

14

폐동맥은 폐에서 산소를 공급받은 혈액이 심장의 우심방으로 들어오는 통로 역할을 담당한다. (O, X)

15

세포 호흡 과정에서 단백질 영양소의 분해 때문에 **암모니아**가 생성되며 탄수화물, 지방 등의 영양소 분해에는 암모니아가 생성되지 않는다. (O, X)

16

콩팥의 구조적·기능적 단위인 **네프론**(nephron)은 사구체, 보먼주머니, 세뇨관, 집합관 등으로 구성되어 있다. (O, X)

17

콩팥의 네프론 모세 혈관에서 **요소**도 일부 **재흡수**된다. (O, X)

18

콩팥에서 포도당, 아미노산, 무기 염류의 재흡수는 ________과정을 통해 이루어지며, 물은 ________작용 등으로 재흡수된다. (2가지)

19

단백질 소화에 대한 설명으로 옳은 것은?

① 단백질 소화는 입에서부터 시작된다.
② 소화 효소로는 트립신, 펩티데이스 등이 있다.
③ 단백질은 펩타이드 수준으로 분해된 후, 흡수된다.
④ 단백질 소화에는 쓸개즙의 도움이 필수적이다.
⑤ 위에서는 단백질의 기계적 소화만이 일어난다.

20

지방의 소화에 대한 설명으로 옳지 **않은** 것은?

① 지방의 소화는 소장에서 주로 이루어진다.
② 쓸개즙은 지방의 소화를 돕는 작용을 한다.
③ 소장의 상피 세포에서 흡수된 후, 분해된다.
④ 지방은 지방산과 모노글리세리드로 분해된다.
⑤ 지방의 분해는 라이페이스 효소가 담당한다.

21

보기에서 인체에서 탄수화물의 소화와 관련된 내용 중 옳은 것을 모두 고르시오. (2개)

> **보기**
> ① 탄수화물의 소화는 입, 위, 소장 등에서 모두 이루어진다.
> ② 소장에서는 탄수화물 소화 효소가 작용한다.
> ③ 탄수화물은 입, 위, 소장 등에서 골고루 흡수된다.
> ④ 탄수화물은 단당류로 분해된 다음 세포에 흡수된다.
> ⑤ 탄수화물 소화 효소는 비활성 상태로 분비된 후, 소화관에서 활성화된다.

22

다음 중 탄수화물, 지방, 단백질 등 3대 영양소의 소화에 필요한 소화 효소를 공통으로 합성, 분비하는 기관은 어디인가?

① 간　② 이자　③ 쓸개
④ 소장　⑤ 위

23

영양소의 종류와 분해 효소, 분해 산물, 분해 장소를 올바르게 짝지은 것은?

① 녹말 - 말테이스 - 엿당 - 소장
② 단백질 - 트립신 - 다이펩타이드 - 소장
③ 지방 - 쓸개즙 - 지방산 - 소장
④ 단백질 - 펩신 - 폴리펩타이드 - 소장
⑤ 녹말 - 아밀레이스 - 엿당 - 위

24

그림에서 지방의 화학적 소화와 흡수에 직·간접적으로 관련된 기관을 모두 고르시오. (4군데)

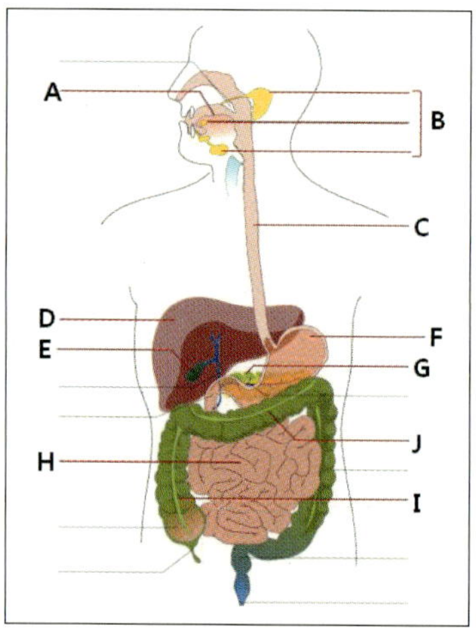

25

탄수화물의 화학적 소화와 흡수에 직·간접적으로 관련된 기관을 모두 고르시오. (4군데)

26

아밀레이스(amylase) 소화 효소가 분비되는 기관 2개의 기호를 각각 쓰시오.

27

영양소를 소화시키기 위하여 **쓸개즙**이 이용될 때가 있다. 쓸개즙을 만드는 기관은 인체 내 어디인가?

① 간　② 이자　③ 소장
④ 위　⑤ 쓸개

28

소장에서 흡수된 영양소의 이동 경로에 대한 그림이다. A에 들어갈 기관은 무엇인가?

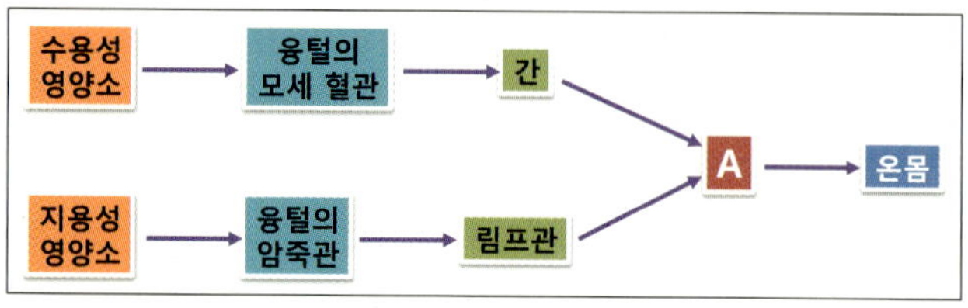

29

쓸개즙에 대한 설명으로 옳은 것은?

① 지방을 직접 소화시킨다.
② 지방을 유화시킨다.
③ 라이페이스 효소를 포함하고 있다.
④ 이자에서 라이페이스의 분비를 촉진한다.
⑤ 지방산과 모노글리세리드의 결합을 촉진한다.

30

어떤 사람이 과량의 **제산제**(pH를 감소시키는 약)을 복용했을 때 가장 심각한 영향을 받는 **소화 효소**는 다음 중 무엇인가?

① 아밀레이스　② 트립신　③ 말테이스
④ 라이페이스　⑤ 펩신

31

인체에서 영양소, 산소, 호르몬 등을 세포로 운반하고, 이산화탄소와 노폐물 등을 세포 밖으로 운반하는 역할을 담당하는 **기관계**는 무엇인가?

① 순환계　② 호흡계　③ 소화계
④ 내분비계　⑤ 신경계

32

소화계와 소화 작용에 관한 설명으로 옳지 <u>**않은**</u> 것은 다음 중 무엇인가?

① 염산은 펩신 효소 활성화에 관여하여 단백질 소화 작용을 돕는다.
② 쓸개즙에는 지방 소화를 돕는 효소를 포함하고 있으며 지방의 유화에도 작용한다.
③ 이자에서 생성되는 소화 효소에는 아밀레이스, 트립신, 라이페이스 등이 있다.
④ 침샘과 간, 대장 등은 소화계의 일부분이다.
⑤ 지방의 소화는 주로 소장에서 쓸개즙과 라이페이스에 의해 이루어진다.

33

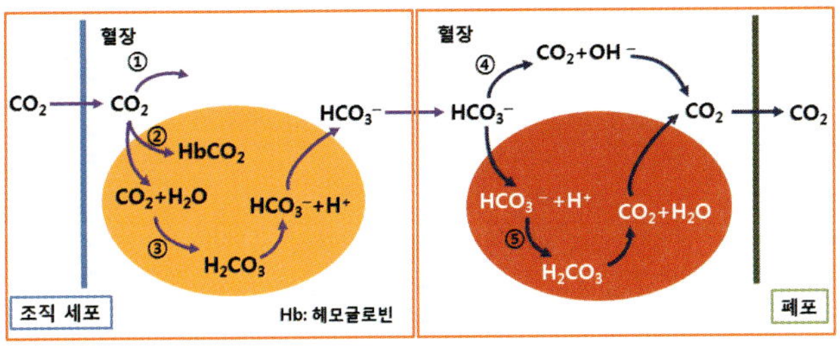

위 그림은 조직에서 생긴 이산화탄소를 혈액을 통해 폐까지 운반하는 과정을 나타낸 것이다. 다음 설명 중 옳지 **않은** 것은?

① 이산화탄소가 혈장에 녹아 폐까지 운반된다.
② 이산화탄소가 헤모글로빈과 직접 결합하여 폐까지 운반된다.
③ 이산화탄소는 적혈구 내에서 탄산으로 전환된다.
④ 폐 조직 근처에서 탄산수소 이온은 이산화탄소와 수산화 이온으로 해리된다.
⑤ 탄산수소 이온은 적혈구 내에서 탄산이 된 후, 이산화탄소로 전환된다.

34

인체의 심장에 대한 설명으로 옳지 **않은** 것은?

① 심장은 폐와 함께 호흡계에 속한다.
② 심장은 혈액의 온몸 순환과 폐순환을 동시에 담당한다.
③ 심장은 스스로 수축과 이완을 반복하는 성질이 있다.
④ 심장은 자율 신경계의 조절을 받는다.
⑤ 심방은 정맥과, 심실은 동맥과 연결되어 있다.

35

조직에서 생성된 이산화탄소가 혈장으로 이동하거나 혈장의 이산화탄소가 폐포로 이동할 때 사용되는 **물질 운반 방식**은 무엇인가?

① 확산 ② 삼투 ③ 능동 수송
④ 여과 ⑤ 분비

36

다음은 호흡계에서 원활한 기체 교환이 이루어지기 위한 조건들이다. 옳지 **않은** 것은?

① 체표면적 대비 폐포의 넓은 표면적
② 얇은 모세 혈관벽 세포
③ 모세 혈관 속에서 혈액의 빠른 흐름
④ 모세 혈관의 넓은 단면적
⑤ 조직과 모세 혈관, 모세 혈관과 폐포 사이의 기체 분압차

37

혈액의 **체순환**(온몸 순환) 경로로 옳은 것은?

① 우심방 → 동맥 → 조직 → 정맥 → 좌심실
② 우심실 → 동맥 → 조직 → 정맥 → 우심방
③ 좌심실 → 동맥 → 조직 → 정맥 → 우심실
④ 좌심방 → 동맥 → 조직 → 정맥 → 우심실
⑤ 좌심실 → 동맥 → 조직 → 정맥 → 우심방

38

혈관과 심장을 통한 **혈액 순환**의 설명으로 옳지 **않은** 것은?

① 정맥혈은 우심방을 통해 심장으로 들어온다.
② 정맥혈은 좌심실을 통해 폐동맥으로 나간다.
③ 동맥혈은 폐정맥을 통해 좌심방으로 들어온다.
④ 동맥혈은 대동맥을 통해 모세 혈관으로 이동한다.
⑤ 심장의 좌심실과 우심실은 모두 동맥과 연결되어 있다.

39

혈액의 폐순환에 대한 설명으로 옳지 **않은** 것은?

① 심장에서 폐동맥을 통해 혈액을 폐로 보낸다.
② 우심실의 박동으로 혈액이 폐로 이동한다.
③ 폐로 간 혈액은 심장의 좌심실로 다시 들어온다.
④ 폐로 이동하는 혈액은 이산화탄소의 농도가 높다.
⑤ 이산화탄소와 산소의 기체교환이 폐순환의 목적이다.

40

콩팥의 사구체와 세뇨관에서 일어나는 물질의 이동으로 옳지 **않은** 것은?

① 혈액 속의 단백질은 사구체에서 여과되지 않는다.
② 혈액 속의 아미노산은 사구체에서 여과된 후, 세뇨관에서 재흡수 된다.
③ 혈액 속의 물, 요소 등은 사구체에서 여과된 후, 세뇨관에서 일부 재흡수 된다.
④ 혈액 속의 크레아틴은 사구체에서 여과된 후, 오줌으로 배출된다.
⑤ 혈액 속의 무기 염류는 사구체에서 여과된 후, 세뇨관에서 일부 재흡수 된다.

41

콩팥의 세뇨관에서 모세 혈관으로 물질이 이동(재흡수)할 때, 물질과 운반 방식을 **잘못** 짝지은 것은?

① 포도당 – 능동 수송 ② 물 – 삼투
③ 요소 – 단순 확산 ④ 무기 염류 – 확산
⑤ 아미노산 – 능동 수송

42

만일 어떤 사람이 격렬한 운동 후에 많은 땀을 흘린 상태로 충분한 양의 물을 마시지 않았다면 이 사람의 몸 속에서는 어떤 반응이 일어나겠는가?

① 콩팥에서 물의 재흡수가 억제된다.
② 뇌하수체 후엽에서 항이뇨 호르몬이 분비된다.
③ 오줌의 요소 농도가 묽어진다.
④ 더 많은 양의 요소가 재흡수된다.
⑤ 부신에서 에피네프린 분비가 증가한다.

43

그림은 콩팥의 단면을 나타낸 것이다. (가)는 콩팥 동맥이며 (나)는 콩팥 정맥이다. (다)는 콩팥에서 생성된 오줌이다. (가)와 (나) 혈액 속의 농도가 동일한 물질들로 짝지은 것은?

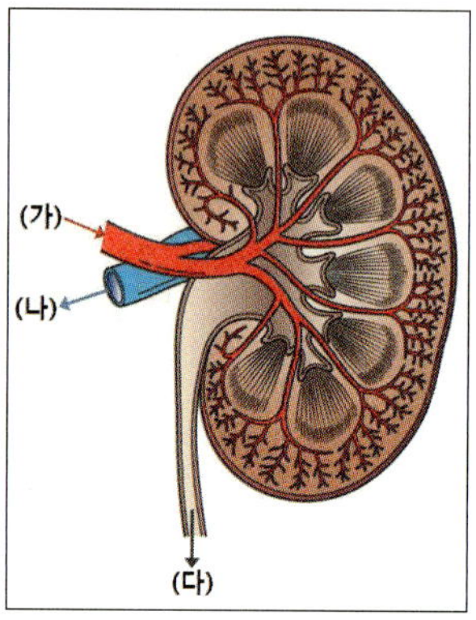

① 무기 염류 - 물
② 아미노산 - 단백질
③ 포도당 - 크레아틴
④ 물 - 요소
⑤ 지방 - 요소

44

다음 중 혈액에서 콩팥의 보먼 주머니 또는 세뇨관으로 이동하지 **않는** 물질은?

① 지방　② 포도당　③ 무기 염류
④ 물　⑤ 아미노산

45

배설계(오줌)와 기능적으로 가장 밀접하게 상호 작용하는 기관계는 무엇인가?

① 신경계　② 호흡계　③ 골격계
④ 소화계　⑤ 근육계

46

혈액 속의 포도당이 콩팥을 통과할 때의 이동 경로로 옳은 것은?

① 콩팥 동맥 - 사구체 - 모세 혈관 - 보먼 주머니 - 세뇨관 - 콩팥 정맥
② 콩팥 동맥 - 모세 혈관 - 사구체 - 보먼 주머니 - 세뇨관 - 콩팥 정맥
③ 콩팥 동맥 - 사구체 - 보먼 주머니 - 세뇨관 - 모세 혈관 - 콩팥 정맥
④ 콩팥 동맥 - 모세 혈관 - 세뇨관 - 보먼 주머니 - 사구체 - 콩팥 정맥
⑤ 콩팥 동맥 - 사구체 - 보먼 주머니 - 모세 혈관 - 세뇨관 - 콩팥 정맥

47

그림은 콩팥의 일부를 모식적으로 나타낸 것이다. A~C까지 각 부분의 명칭을 쓰시오.

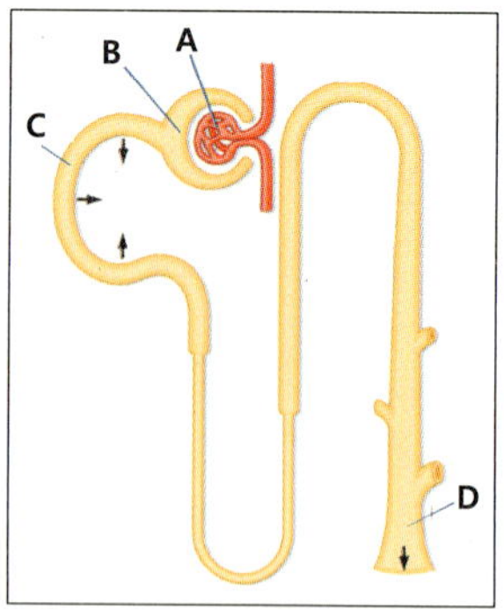

A:

B:

C:

48

그림의 A~C는 오줌을 생성하는 구조적 · 기능적 단위이다. 이를 무엇이라 하는가?

49

그림에서 C의 기능에 가장 큰 영향을 미치는 **호르몬과** 이 호르몬을 **분비**하는 기관의 명칭을 각각 쓰시오.

50

그림의 A로부터 B로 이동하지 **않는** 물질은 다음 중 무엇인가?

① 물　② 요소　③ 지방
④ 아미노산　⑤ 무기 염류

51

그림에 대한 설명으로 옳은 것은?

① A~C는 콩팥의 속질에 위치한다.
② B에서 물, 염류, 요소, 포도당 등이 여과된다.
③ 단백질은 C를 지나면서 재흡수된다.
④ 혈장의 포도당 농도가 100 mg/dL 이상이면 D에서 포도당이 검출된다.
⑤ C에서 물질이 재흡수되는 원리는 농도차에 의한 확산과 삼투이다.

52

위 그림의 C에 대한 설명으로 옳은 것은?

① 능동 수송에 의해 물이 C 내부로 이동한다.
② 확산에 의해 크레아틴 분비가 일어나는 곳이다.
③ 혈액의 노폐물 일부는 C로 분비된 후, 오줌으로 배출된다.
④ 뇌하수체 전엽에 의해 C의 기능이 조절된다.
⑤ 원뇨가 만들어지는 곳으로 콩팥 모세 혈관과 붙어있다.

53

다음 중 콩팥의 기능이 **아닌** 것은?

① 요소의 여과와 배출 ② 크레아틴의 생성과 분비
③ 체액의 삼투압 조절
④ 배출되는 무기 염류의 농도 조절
⑤ 포도당과 아미노산의 여과

54

다음 중 콩팥의 세뇨관으로부터 **부분적으로** 재흡수되는 물질은 무엇인가?

① 포도당 ② 아미노산 ③ 핵산
④ 단백질 ⑤ Na^+ 이온

55

다음 표는 콩팥의 기능을 검사하기 위한 실험 결과표이다. 물음에 답하시오.

검사물질	보먼주머니에서의 농도	오줌에서의 농도
A	0.1 g/L	0.1 g/L
B	0.0 g/L	1.0 g/L
C	1.3 g/L	0.0 g/L

검사 물질 A에 대한 설명으로 옳은 것은?

① 세뇨관에서 재흡수된다.
② 사구체에서 여과되지 않는다.
③ 재흡수되지도 않고 오줌으로 배출되지도 않는다.
④ 재흡수되지 않고 오줌으로 배출된다.
⑤ 재흡수된 후, 배출된다.

56

위 표에서 검사 물질 B에 대한 설명으로 옳은 것은?

① 세뇨관에서 재흡수된다.
② 사구체에서 여과되지 않는다.
③ 재흡수되지도 않고 배출되지도 않는다.
④ 재흡수되지 않고 배출된다.
⑤ 재흡수된 후, 배출된다.

57

검사 물질 C는 다음 중 어느 것에 해당하는가?

① 포도당 ② 요소 ③ 단백질
④ 지방 ⑤ 무기 염류

58

위의 표에서 검사 물질 C의 경우, 보먼 주머니에서의 농도는 높은 반면 오줌에서는 검출되지 않았다. 그 이유는 무엇인가?

59

인체의 소화계, 호흡계, 순환계, 배설계에 대한 설명으로 옳지 **않은** 것은?

① 소화계에서 흡수된 영양분은 순환계의 혈장을 통해 운반된다.
② 소화계에서 흡수된 모든 영양소는 온몸을 전달되기 전에 간으로 들어간다.
③ 순환계가 조직에서 흡수한 노폐물은 호흡계와 배설계로 전달된다.
④ 호흡계에서 일어나는 기체 교환은 기체 압력 차이에 의한 확산 작용 때문이다.
⑤ 소화계, 호흡계, 순환계, 배설계는 혈액을 통해 서로 연결되어 있다.

60

간(liver)이 소화계, 순환계, 배설계와 상호 작용하는 방식으로 옳지 **않은** 것은?

① 소화계-흡수된 여분의 단당류가 간에서 글리코젠으로 전환된다.
② 순환계-혈액을 통해 암모니아가 간으로 이동, 요소로 전환된다.
③ 소화계-소장에서 흡수된 아미노산이 간을 거쳐 심장으로 이동한다.
④ 배설계-간에서 만들어진 요소는 콩팥에서 여과된 후, 배설된다.
⑤ 순환계-간에서 전해질 농도를 조절하여 혈압이 일정하게 유지된다.

61

다음 중 순환계의 생명체 내 기능이 **아닌** 것은?

① 심장 박동과 혈액의 체순환으로 영양소를 조직까지 운반한다.
② 세포 호흡을 위해 조직으로 산소를 전달한다.
③ 바이러스나 외부 병원체의 침투로부터 몸을 방어한다.
④ 질소 노폐물을 폐포까지 이동시켜 체외로 배출되도록 돕는다.
⑤ 삼투압, pH, 체온 등을 조절한다.

62

배설계와 순환계의 상호 작용에 대한 설명으로 옳은 것은?

① 콩팥의 탄산수소 이온 농도 조절로 혈액의 pH가 조절된다.
② 혈액의 삼투압에 따라 콩팥에서 재흡수되는 무기 염류의 양이 조절된다.
③ 혈당량을 적절히 유지하기 위해 콩팥에서 재흡수되는 포도당의 양이 조절된다.
④ 혈액의 삼투압은 콩팥에서 재흡수되는 물의 양에 따라 결정된다.
⑤ 혈장의 단백질 농도는 콩팥의 사구체에서 여과되는 단백질의 양에 따라 결정된다.

자극의 전달(뉴런의 구조와 기능)

01

신경계를 통한 자극의 전달에서 감각 뉴런(neuron)은 구심성 뉴런에 속하고 운동 뉴런은 원심성 뉴런에 해당한다. (O, X)

02

연합 뉴런을 통한 자극의 전달 방향은 감각기에서 반응기로, 또는 반응기에서 감각기로 전달이 가능하다. (O, X)

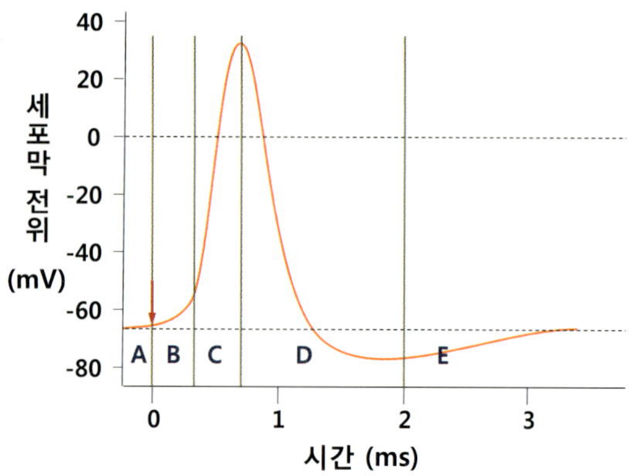

03

그림은 뉴런에서 자극(화살표)에 의한 활동 전위 발생을 그래프로 나타낸 것이다.

03-1 A ~ E 중에서 거의 대부분의 Na^+ 통로가 열리는 곳은 어디인가?

03-2 A ~ E 중에서 Na^+-K^+ 펌프가 작동하는 곳은 어디인가?

04

자극이 없는 상태에서 뉴런의 세포막을 사이에 두고, -60 ~ -90 mV의 세포막 전위차가 유지되는 근본 원인은 Na^+-K^+ 펌프가 세포막에서 작동하기 때문이다. (O, X)

05

뉴런에서 **활동 전위**가 생성될 때, 나트륨 이온(Na^+)은 나트륨 통로를 통해 세포 안으로 들어오고 칼륨 이온(K^+)은 칼륨 통로를 통해 세포 밖으로 빠져 나간다. (O, X)

06

뉴런의 **탈분극**(depolarization)은 세포 밖이 세포 안쪽보다 양이온(+) 수가 상대적으로 훨씬 많은 상태를 의미한다. (O, X)

07

뉴런에서 막전위의 **재분극**이 일어나기 위해서는 Na^+ 통로가 닫혀 Na^+의 유입이 차단되고 K^+ 통로가 열려 K^+가 세포 밖으로 이동해야 한다. (O, X)

08

뉴런이 자극되었을 때, 활동 전위가 뉴런의 축색 돌기 세포막을 따라 축색 말단으로 이동하는 것을 자극(흥분)의 ________(이)라고 한다.

09

뉴런이 받는 자극의 세기가 강하면 강할수록 약한 자극을 받았을 때보다 활동 전위의 발생 빈도가 증가한다. (O, X)

10

뉴런이 역치 이상의 자극을 받았을 때, 축색 돌기를 따라 활동 전위가 이동하는 속도는 **자극의 세기에 비례**한다. (O, X)

11

시냅스 전 뉴런에서 방출된 **신경 전달 물질**이 시냅스 후 뉴런의 수용체와 결합하면 수용체를 통해 Na^+이 세포 안으로 유입되며 그 결과 활동 전위가 만들어진다. (O, X)

12

이것은 시냅스 전 뉴런과 시냅스 후 뉴런 사이의 신경 전달을 담당하며 아세틸콜린을 담고 있다. 이것은 무엇인가?

13

그림은 뉴런의 구조를 나타낸 것이다. A ~ E 각 부위의 명칭을 쓰시오.

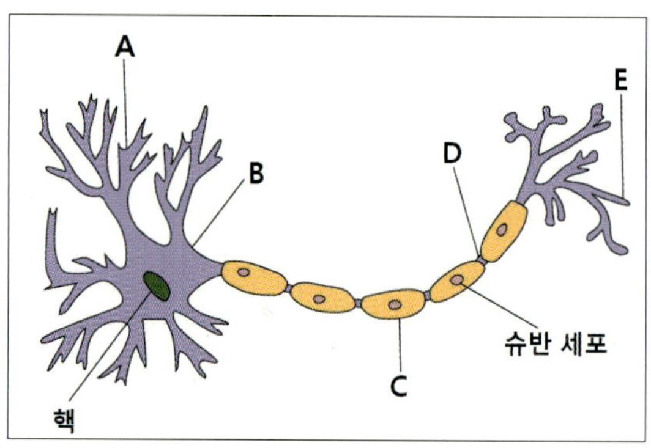

A: B: C:

D: E:

14

그림에서 **아세틸콜린 수용체**와 **아세틸콜린**이 가장 많이 분포되어 있는 곳의 기호를 각각 쓰시오.

15

그림을 **원심성 뉴런**이라고 가정할 때, **구심성 뉴런**에서 그 구조가 원심성 뉴런과 가장 큰 차이를 보이는 곳은 A~E 중 어느 곳인가?

16

위 그림에 대한 다음 설명 중 옳지 **않은** 것은?

① A는 감각 수용기로부터 오는 자극을 받아들이는 부위이다.
② B에서는 물질 대사가 일어난다.
③ C는 주로 단백질 성분으로 구성되어 있다.
④ D는 신경의 도약 전도가 일어난다.
⑤ E를 통해 다른 뉴런으로 신경이 전달된다.

17

뉴런의 이 부위는 다른 뉴런으로부터 온 신호를 받은 후, 뉴런 세포 내로 자극을 전도한다. 이 부위는 어디인가?

① 축색 돌기 ② 축색 말단 ③ 가지 돌기
④ 랑비에 결절 ⑤ 반 세포

18

그림은 뉴런을 통한 자극의 전달 과정을 나타낸 것이다. 이에 대한 설명으로 옳지 **않은** 것은?

① A는 감각기 자극을 B로 전달한다.
② B는 중추 신경계이다.
③ C는 B의 신호를 반응기로 전달한다.
④ 자극의 전달 방향은 A→B→C이다.
⑤ 자극은 C→B→A 방향으로도 전달된다.

19

A~C 각 뉴런의 명칭을 쓰시오.

A:

B:

C:

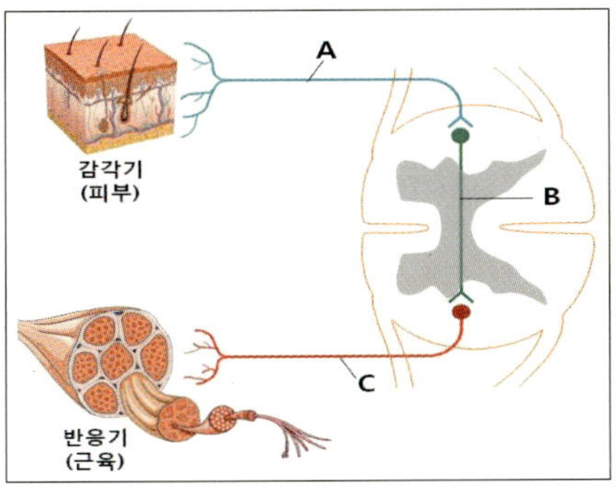

20

위 그림에서 자극의 전달에 있어 **아세틸콜린**이 이용되지 **않는** 곳은?

① 감각기와 A 사이
② A와 B 사이
③ B와 C 사이
④ C와 반응기 사이
⑤ A~C 전부 이용된다.

21

압정에 손을 찔렸을 때, 뉴런을 통한 자극의 전달 과정을 올바르게 나열한 것은?

① 감각기-구심성 뉴런-원심성 뉴런-연합 뉴런
② 감각기-구심성 뉴런-연합 뉴런-원심성 뉴런
③ 감각기-연합 뉴런-구심성 뉴런-원심성 뉴런
④ 감각기-연합 뉴런-원심성 뉴런-구심성 뉴런
⑤ 감각기-원심성 뉴런-연합 뉴런-구심성 뉴런

22

다음은 뉴런의 특정 부위에 대한 설명이다. 내용에 해당하는 용어를 쓰시오.

이곳은 세포막이 길게 연장된 구조이며 뉴런의 축색 돌기를 감싸고 있다. 지질 성분으로 이루어져 있어 뉴런을 통한 전기적 신호 전달에 있어 절연체 역할을 수행한다.

23

말이집 신경은 민말이집 신경보다 흥분의 전달 속도가 더 빠르다. 이것은 말이집 신경의 축색 돌기에 있는 랑비에 결절 때문인데 자극의 전달은 랑비에 결절로부터 다음 랑비에 결절로 점프하듯 일어나기 때문이다. 이러한 방식의 **자극 전달**을 무엇이라고 하는가?

24

뉴런에서 자극의 세기와 전달에 대한 설명으로 옳지 **않은** 것은?

① 하나의 뉴런 내에서 자극의 전달은 전기적 신호를 통해서만 이루어진다.
② 자극의 세기가 역치 수준 이하에서는 활동 전위가 발생하지 않는다.
③ 역치 이상에서 자극의 세기가 크면 클수록 뉴런 내에서 흥분의 전달 속도도 빨라진다.
④ 역치 이상에서 자극에 세기에 따라 활동 전위의 발생 빈도가 달라진다.
⑤ 막전위에 관여하는 이온 통로 단백질은 전압 개폐성을 가지고 있다.

25

보기에서 뉴런의 구조와 기능에 대한 설명으로 옳은 것을 모두 고르시오. (2개)

보기
① 슈반 세포는 뉴런을 통한 자극의 전달 속도를 빠르게 한다.
② 원심성 뉴런은 감각기의 자극을 중추 신경계로 전달한다.
③ 뉴런을 통한 자극의 전달은 전기적 신호와 화학적 신호, 2종류이다.
④ 뉴런 자체를 한 개의 세포만으로 구성할 수는 없다.
⑤ 뉴런에서 근육(반응기)으로 자극이 전달될 때는 전기적 신호를 이용한다.

26

뉴런에 대한 설명으로 옳은 것은?

① 가지 돌기는 신경 세포체로부터 멀어지는 방향으로 자극을 전달한다.
② 축색 돌기는 신경 세포체로부터 뻗어 나온 돌기로 흥분 전달의 통로이다.
③ 가지 돌기는 흥분 전달 속도를 빠르기 하기 위해 절연체 성분으로 싸여 있다.
④ 시냅스는 신경세포체와 축색 돌기 사이를 의미한다.
⑤ 자극은 축색 돌기로부터 신경세포체로 전달된다.

27

그림은 뉴런 세포의 막전위 변화를 나타낸 것이다. 빨간 화살표는 자극이 전달된 시점을 나타낸다. C 단계에 대한 설명으로 옳지 **않은** 것은?

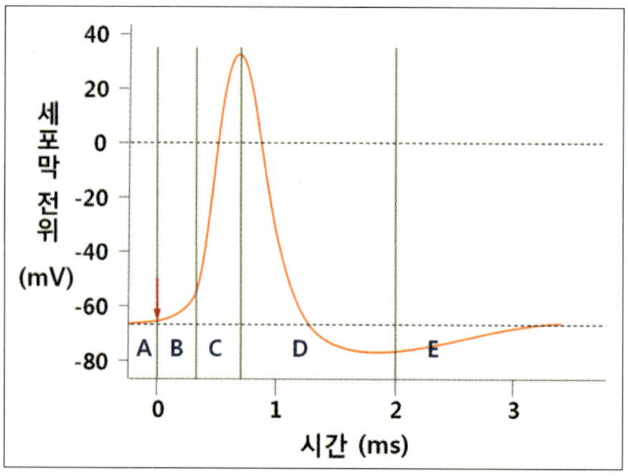

① 활동 전위가 생성된다.
② Na^+ 이온의 이동이 일어나고 있다.
③ Na^+-K^+ 펌프가 여전히 작동하고 있다.
④ 분극(polarization) 상태이다.
⑤ 축색 돌기를 따라 연속적으로 같은 현상이 일어난다.

28

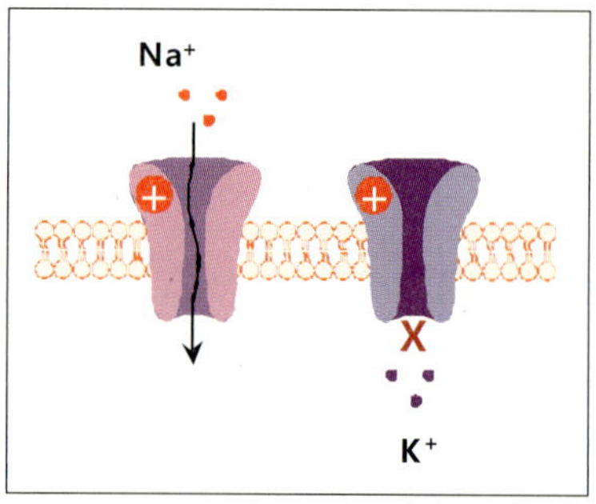

뉴런 세포막에서 대부분의 Na^+ 통로는 열려 Na^+ 이온이 세포 안으로 유입되고 K^+ 통로는 닫힌 상태는 그림의 A ~ E 중 어디에 해당하는가?

29

뉴런 세포막의 Na^+ 통로는 닫히고 K^+ 통로는 열린 상태는 그림의 A ~ E 중 어디에 해당하는가?

30

이것은 뉴런 세포막에 있는 단백질로서 활동 전위 생성 이후, 세포막 전위를 다시 휴지 전위 상태로 회복하는 역할을 담당한다. 이 단백질은 무엇인가?

31

활동 전위의 생성 과정을 순서에 맞도록 보기의 내용을 재배열하시오.

보기
① 뉴런의 가지 돌기에 자극이 전달된다.
② K^+ 통로가 열리고 Na^+ 통로는 닫힌다.
③ K^+ 통로가 닫히고 대부분의 Na^+ 통로는 열린다.
④ K^+ 통로와 Na^+ 통로가 모두 닫히고 Na^+-K^+ 펌프에 의해 막전위의 변화가 생긴다.
⑤ 뉴런 세포 안쪽으로 Na^+의 유입이 시작된다.

32

뉴런과 뉴런 사이의 자극 전달과 아세틸콜린에 대한 설명으로 옳지 **않은** 것은?

① 시냅스 소포와 시냅스 전 뉴런 세포막과의 융합에 의해 아세틸콜린이 방출된다.
② 시냅스 틈에서는 아세틸콜린의 확산을 통해 자극이 전달한다.
③ 시냅스 후 뉴런의 세포막은 아세틸콜린 수용체를 가지고 있다.
④ 아세틸콜린은 시냅스 틈에서 시냅스 전 뉴런에 의해 흡수되고 재활용된다.
⑤ 시냅스 후 뉴런은 자극 전달을 위해 화학 개폐성 이온 통로를 가지고 있다.

33

신경 전달 물질인 **아세틸콜린**의 작용에 관한 설명으로 올바른 것은?

① 시냅스 후 뉴런에 작용하며 K^+ 통로가 열려 이온이 세포 안으로 유입된다.
② 모든 뉴런에는 아세틸콜린 수용체가 존재한다.
③ 시냅스 틈에서 가수 분해된 후, 시냅스 후 뉴런으로 재흡수된다.
④ 아세틸콜린에 의해 시냅스 후 뉴런의 화학 개폐성 이온 통로가 열린다.
⑤ 시냅스 전 뉴런의 가지 돌기에서 시냅스 소포를 통해 시냅스 틈으로 방출된다.

34

말이집에 대한 설명으로 옳은 것은?

① 가지 돌기를 여러 겹으로 싸고 있는 단백질이다.
② 신경 자극을 통합하는 역할을 한다.
③ 축색돌기를 둘러싸고 있는 슈반세포의 세포막이다.
④ 축색돌기에서 신경전달 물질을 저장하는 장소이다.
⑤ 신경세포체를 보호하는 역할을 담당한다.

35

뉴런의 세포막이 **휴지 전위**상태에 있을 때, 이온의 흐름에 대한 설명으로 옳은 것을 모두 고르시오.

① K^+ 이온이 세포 밖으로 이동한다.
② Na^+ 이온이 세포 밖으로 이동한다.
③ K^+ 이온이 세포 안으로 들어온다.
④ Na^+ 이온이 세포 안으로 들어온다.
⑤ K^+ 이온의 이동이 중지된다.
⑥ Na^+ 이온의 이동이 중지된다.

36

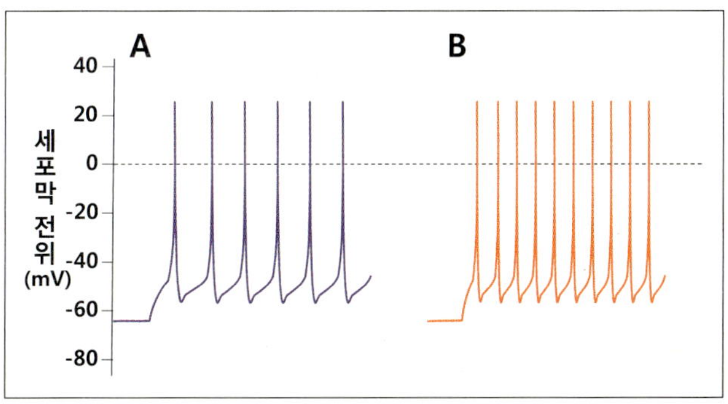

위 그림은 자극에 대한 뉴런의 막 전위 변화를 나타낸 것이다. 다음 설명 중 옳은 것은?

① A는 B보다 자극을 준 횟수가 많았을 때 나타나는 막 전위 변화이다.
② B는 A보다 자극을 준 횟수가 많았을 때 나타나는 막 전위 변화이다.
③ A는 B보다 자극의 세기가 강할 때 나타나는 막 전위 변화이다.
④ B는 A보다 자극의 세기가 강할 때 나타나는 막 전위 변화이다.
⑤ A는 민말이집 신경이고 B는 말이집 신경이다.

37

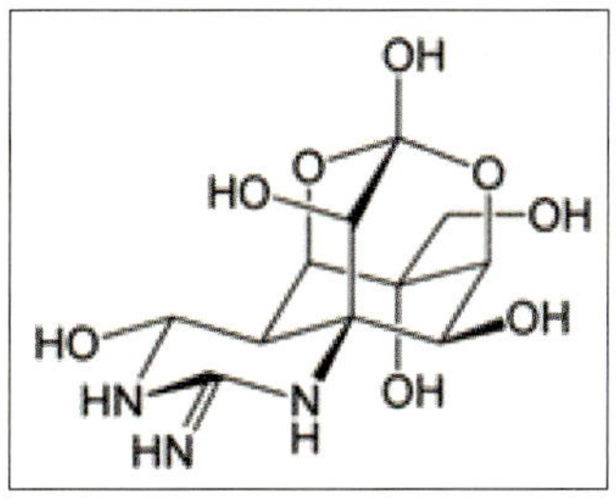

그림은 **테트로도톡신**의 화학 구조를 나타낸 것으로 일명 복어 독으로 잘 알려져 있다. 이 독은 뉴런에 작용해 Na^+ 이온 통로가 열리는 것을 차단한다. 테트로도톡신이 체내에 들어왔을 때 뉴런에 어떠한 영향을 미치겠는가?

① 뉴런에서 흥분 전달이 이루어지지 않는다.
② 활동 전위가 발생한 후, 재분극이 되기까지 시간이 오래 걸린다.
③ 활동 전위가 발생하기까지 시간이 오래 걸린다.
④ 독이 없을 때보다 더 빨리 막전위가 탈분극된다.
⑤ 막전위의 과분극 현상이 사라진다.

38

만일 **테트로도톡신**이 K^+ 이온 통로가 열리는 것을 차단하는 작용이 있다면 뉴런에 어떠한 영향을 미치겠는가?

① 뉴런에서 활동 전위가 발생하지 않는다.
② 막전위의 탈분극에 오랜 시간이 걸린다.
③ 활동 전위 발생 후, 재분극이 일어나지 않는다.
④ 활동 전위가 발생하기까지 시간이 오래 걸린다.
⑤ 활동 전위 발생 후, 과분극이 더 크게 일어난다.

39

자극이 없는 상태에서 뉴런의 Na^+-K^+ 펌프가 작동하지 않는다면 다음 중 어떠한 현상이 발생하겠는가?

① 뉴런 세포 밖의 K^+ 이온 농도가 감소할 것이다.
② 세포 안의 Na^+ 이온 농도가 감소할 것이다.
③ 세포막 안쪽이 정상 상태보다 더 강한 (-)전하를 띨 것이다.
④ Na^+ 이온 통로가 열리고 K^+ 이온 통로는 닫힐 것이다.
⑤ 뉴런 세포막의 이온 농도차가 사라질 것이다.

40

다음 중 뉴런 막 전위의 탈분극과 재분극에 대한 설명으로 옳지 **않은** 것은?

① 탈분극은 세포 밖의 Na^+ 이온이 빠르게 세포 안으로 들어와 생기는 현상이다.
② 탈분극이 일어날 때에는 세포 안의 K^+ 이온이 세포 밖으로 이동하지 않는다.
③ 재분극이 일어날 때에는 세포 안의 K^+ 이온이 세포 밖으로 이동한다.
④ 재분극이 일어날 때에는 세포 안으로 들어온 Na^+ 이온이 세포 밖으로 이동한다.
⑤ 탈분극과 재분극 때에도 Na^+-K^+ 펌프는 계속해서 작동한다.

41

뉴런 세포막에 존재하는 Na^+-K^+ 펌프의 작동으로 발생하는 결과가 **아닌** 것은?

① 세포막을 경계로 이온 농도 기울기가 발생한다.
② ATP가 소비된다.
③ 활동 전위가 생성된다.
④ 뉴런의 자극 후, 재분극이 가능해진다.
⑤ 휴지 전위가 음(-)의 값을 가지게 된다.

42

뉴런의 세포막에서 **활동 전위**(action potential)가 생성되었다. 이때 세포막의 바깥쪽(O_m)과 세포 안쪽(I_m)에 대한 설명으로 옳은 것은?

① I_m은 음(-)전하를, O_m은 양(+)전하를 띠고 있다.
② O_m은 I_m보다 Na^+ 농도가 훨씬 높은 상태이다.
③ 양이온의 농도는 I_m이 높고, 음이온의 농도는 O_m이 높다.
④ Na^+ 통로는 닫힌 상태이고 K^+ 통로는 열린 상태이다.
⑤ Na^+-K^+ 펌프가 작동을 멈춘 상태이다.

43

뉴런의 **탈분극**을 일으키기 위한 이온 통로의 상태와 이온의 이동으로 올바른 것은?

① Na^+ 통로는 닫히고 K^+ 통로는 열려 K^+가 세포 밖으로 유출된다.
② Na^+ 통로가 열려 Na^+가 세포 안으로 유입되며 K^+ 통로는 닫힌 상태이다.
③ Na^+, K^+ 통로가 모두 닫혀 이온의 이동이 일어나지 않는다.
④ Na^+, K^+ 통로가 모두 열려 Na^+는 유출, K^+는 유입된다.
⑤ Na^+, K^+ 통로가 모두 열려 Na^+는 유입, K^+는 유출된다.

44

뉴런과 뉴런 사이의 흥분 전달 과정 중 **시냅스**(synapse)에서 일어나는 현상으로 옳지 **않은** 것은?

① 시냅스 전 뉴런-시냅스 소포와 세포막이 융합한다.
② 시냅스 틈-효소 작용에 의해 아세틸콜린이 분해된다
③ 시냅스 후 뉴런-아세틸콜린 수용체가 작동한다
④ 시냅스 후 뉴런-가지 돌기에서 탈분극이 일어난다.
⑤ 시냅스 후 뉴런-K^+ 이온 통로 열리고 K^+ 이온이 세포 밖으로 유출된다.

45

중추 신경계에서 보통 때보다 특별히 더 강한 자극을 느끼는 경우는 다음 중 무엇인가?

① 감각 뉴런에서 보통 때보다 더 큰 활동 전위를 생성했을 때
② 감각 뉴런에서 보통 때보다 더 자주 활동 전위를 생성했을 때
③ 감각 뉴런에서 보통 때보다 더 오래 지속되는 활동 전위를 생성했을 때
④ 감각 뉴런에서 보통 때보다 더 빨리 활동 전위를 생성했을 때
⑤ 감각 뉴런보다 연합 뉴런에서 활동 전위를 생성했을 때

근수축의 원리

01

근육 섬유가 수축할 때에는 ATP와 결합한 마이오신의 작용에 의해 액틴 필라멘트의 길이가 짧아진다. (O, X)

02

운동 뉴런에서 방출된 신경 전달 물질은 근육 섬유 세포막에서 활동 전위를 일으키고 이는 다시 근육 섬유의 소포체에서 Ca^{2+} 방출을 유도한다. (O, X)

03

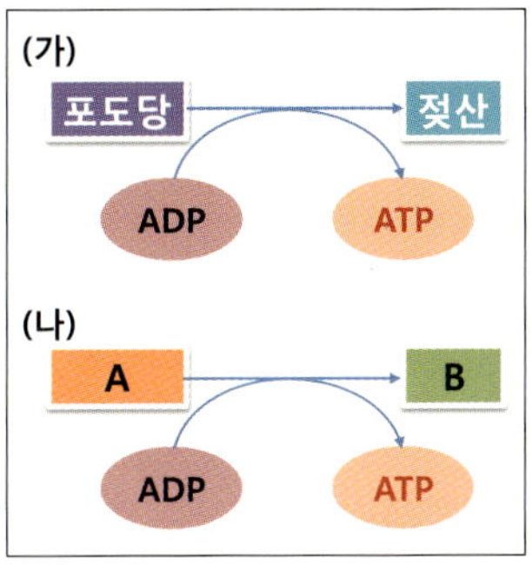

03-1 그림은 산소가 없는 상태에서 근수축에 필요한 에너지 (ATP)를 공급하기 위한 과정을 나타낸 것이다. (가)의 반응 또는 과정을 무엇이라고 하는가?

03-2 그림 (나)는 근육 내에서 포도당의 분해와 상관없이 ATP를 생성하는 반응을 나타낸 것이다. A와 B에 알맞은 물질은 각각 무엇인가?

04

근육의 종류에 대한 설명으로 옳지 **않은** 것은?

① 심장근은 심장의 박동을 담당하며 불수의근이다.
② 골격근은 교감과 부교감 신경의 조절로 수축, 이완되는 수의근이다.
③ 내장근은 민무늬근이며 골격근보다 지속적인 운동에 더 유리하다.
④ 혈관은 내장근으로 이루어져 있으며 불수의근이다.
⑤ 심장근과 골격근은 가로무늬근에 해당한다.

05

골격근에 대한 설명으로 옳지 **않은** 것은?

① 수의근이다.
② 피로하지 않고 오랜 시간 운동할 수 있다.
③ 짧은 시간 동안 강하게 수축할 수 있다.
④ 가로무늬가 선명한 가로무늬근이다.
⑤ 다른 근육에 비해 강한 힘을 낼 수 있다.

06

다음 보기에서 골격근의 **근수축 과정**과 직접적으로 관련 있는 화학 물질을 모두 고르시오. (3개)

보기	
1. 당질 코르티코이드	2. 아세틸콜린
3. 크레아틴인산	4. ATP
5. 글루카곤	6. 리보스

07

근수축의 **활주-필라멘트 모델**에 대한 내용으로 올바른 것은?

① 근육 원섬유 마디의 길이가 짧아진다.
② 마이오신의 길이는 변함없고 액틴 필라멘트의 길이만 짧아진다.
③ 액틴 필라멘트의 길이는 변함없고 마이오신의 길이만 짧아진다.
④ 근육 원섬유 마디의 A대 길이가 짧아진다.
⑤ 액틴 필라멘트와 마이오신의 길이 모두 짧아진다.

08

근육 운동 후, 근육 섬유 내 농도가 감소하는 물질을 보기에서 모두 고르시오. (2개)

보기		
① ATP	② 핵산	③ 아세틸콜린
④ 포도당	⑤ 글리코젠	

09

근육 운동 후, 근육 섬유 내 농도가 증가하는 물질을 보기에서 모두 고르시오. (2개)

보기		
① ATP	② 젖산	③ 크레아틴
④ 크레아틴인산	⑤ 액틴 필라멘트	

10

근육이 지속적으로 운동하고 있을 때 근육 섬유 세포 내에서 비교적 농도가 일정하게 유지되는 물질은 위의 보기 중에서 무엇인가?

11

근수축 과정에서 Ca^{2+}이 결합하는 부위는 어디인가?

① 근육 섬유 세포막 ② 아세틸콜린 수용체
③ 마이오신 ④ 근소포체 막
⑤ 액틴 필라멘트

12

근육 세포 내에서 근수축에 필요한 ATP를 합성하기 위한 반응식이다. 옳지 **않은** 것은?

① 포도당 → 젖산 + ATP
② 포도당 + 산소 → 이산화탄소 + 물 + ATP
③ 젖산 + 산소 → 포도당 + 물 + ATP
④ 크레아틴인산 + ADP → 크레아틴 + ATP
⑤ 지방산 + 산소 → 이산화탄소 + 물 + ATP

13

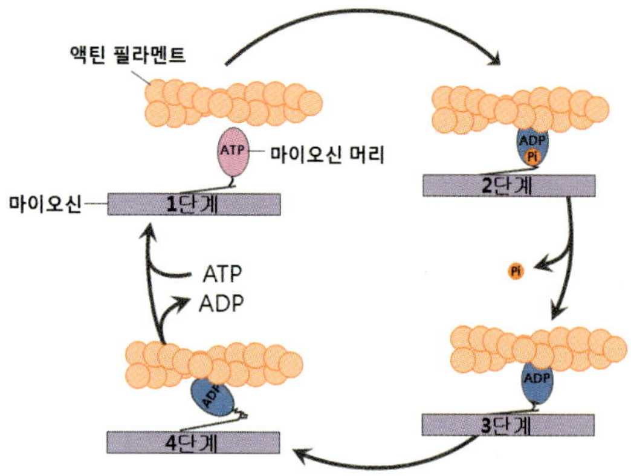

그림은 액틴과 마이오신과의 상호 작용에 의해 근수축이 일어나는 과정을 모식적으로 나타낸 것이다. 이 그림으로부터 유추할 수 있는 **액틴과 마이오신 사이의 상호 작용**을 보기에서 모두 고르시오. (2개)

보기
① 마이오신 머리에 ATP가 결합하면 액틴과 마이오신 사이의 결합이 일어난다.
② 4단계에서 실제 근육 섬유 마디가 짧아진다.
③ 그림과 같은 작용이 일어나기 위해서는 Ca^{2+}이 절대적으로 필요하다.
④ 액틴 필라멘트가 움직이고 마이오신은 움직이지 않는다.
⑤ 마이오신이 움직이고 액틴 필라멘트는 움직이지 않는다.

14

근수축 시 에너지 공급에 대한 설명으로 옳지 **않은** 것은?

① 근육 섬유에는 ATP가 어느 정도 저장되어 있다.
② ATP는 혈액을 통해 근육 세포에 계속 공급된다.
③ 포도당뿐만 아니라 지방산도 근수축의 에너지원으로 이용된다.
④ 포도당의 분해는 산소 호흡과 무산소 호흡 과정에서 모두 일어난다.
⑤ 글리코젠은 포도당으로 분해된 후에 에너지원으로 이용된다.

15

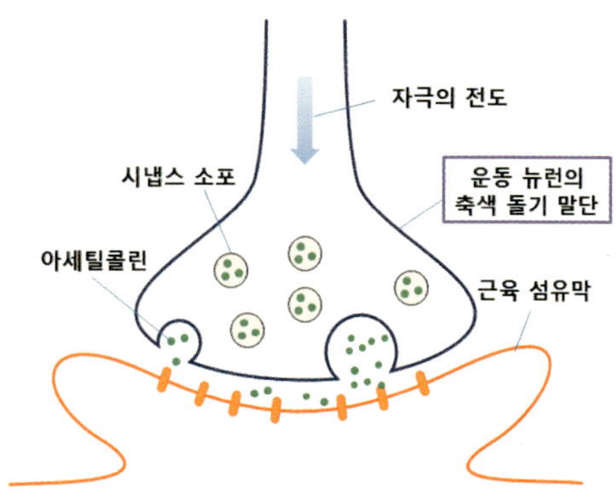

그림은 운동 뉴런의 축색 돌기 말단에서 신경 전달 물질인 아세틸콜린의 방출을 나타낸 것이다. 이후, 다음의 근수축 과정을 올바른 순서대로 나열하시오.

① 근소포체에서 Ca^{2+} 방출
② 근육 섬유막의 탈분극
③ 운동 뉴런 말단에서 아세틸콜린 방출
④ 마이오신과 액틴 필라멘트 결합
⑤ 액틴 필라멘트의 활주

16

근수축 과정에서 Ca^{2+} 이온의 역할을 올바르게 서술한 것은?

① 근육 섬유 세포의 활동 전위를 일으킨다.
② 액틴 필라멘트와 마이오신의 결합을 돕는다.
③ 근육에 충분한 산소가 전달되도록 돕는다.
④ 아세틸콜린과 수용체의 결합을 유도한다.
⑤ 마이오신과 액틴 필라멘트의 단백질 합성을 촉진한다.

17

보기의 내용은 **근수축 과정**을 순서 없이 나열한 것이다. 올바르게 재배열하시오.

보기
① 근섬유 세포막의 탈분극
② 마이오신이 액틴 필라멘트에 결합
③ Ca^{2+}이 액틴 필라멘트에 결합
④ 운동 뉴런에서 아세틸콜린 분비
⑤ 근소포체에서 Ca^{2+} 방출

18

근육 이완 과정 동안 일어나는 현상으로 옳은 것은?

① 근육 섬유의 막전위가 +30 ~ +40 mV로 상승한다.
② 근원 섬유 마디의 A대 길이가 늘어난다.
③ Ca^{2+} 이온이 근소포체 내부로 능동 수송된다.
④ 액틴과 마이오신의 길이가 늘어난다.
⑤ 액틴의 마이오신 결합 부위가 노출된다.

19

신경계로부터 근육 세포로 자극이 전달되어 근육의 수축과 이완이 일어난 후, Ca^{2+} 이온은 어떻게 처리되는가?

① 효소 작용으로 분해된다.
② 세포 외부로 방출된다.
③ 소포체 내부로 이동하여 재사용된다.
④ 액틴/마이오신 단백질에 흡수된다.
⑤ 세포막과 결합한 상태로 존재한다.

신경계

01

교감 신경과 부교감 신경은 반응기에서 서로 반대의 작용을 일으키는데 이것은 신경절 이후 뉴런에서 분비되는 신경 전달 물질이 서로 다르기 때문이다. (O, X)

02

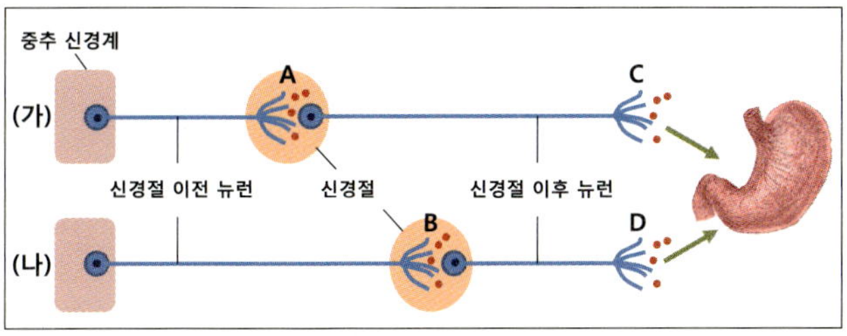

교감 신경(가)과 부교감 신경(나)의 신경절 이후 뉴런 말단(C와 D)에서 분비되는 신경 전달 물질은 각각 **노르에피네프린**과 **아세틸콜린**이다. (O, X)

03

부교감 신경도 하나의 신경절 이전 뉴런이 신경절에서 2개 이상의 신경절 이후 뉴런과 시냅스를 형성할 수 있다. (O, X)

04

다음 중 말초 신경계에 해당하지 **않는** 것은?

① 뇌 신경 ② 구심성 신경
③ 연수 ④ 척수 신경
⑤ 체성 신경계

05

보기에서 **말초 신경계**에 해당하는 것을 모두 고르시오. (3개)

> **보기**
> ① 자율 신경계 ② 소뇌
> ③ 교감 신경계 ④ 척수
> ⑤ 뇌하수체 ⑥ 부교감 신경계

06

보기에서 **중추 신경계**에 해당하지 **않는** 것을 모두 고르시오. (3개)

> **보기**
> ① 뇌 신경 ② 연수
> ③ 교감 신경계 ④ 척수
> ⑤ 뇌교 ⑥ 척수 신경

07

중추 신경계의 기능이 **아닌** 것은 다음 중 무엇인가?

① 감각 뉴런으로부터 들어온 자극을 받아들인다.
② 항상성 유지에 필요한 정보를 처리한다.
③ 운동 뉴런으로 정보를 보낸다.
④ 반응기에 신경 전달 물질을 방출한다.
⑤ 내장 기관과 분비선에 조절 명령을 보낸다.

08

그림은 사람의 뇌를 모식적으로 나타낸 것이다. 다음 물음에 답하시오. 기호 A~F 중에서 체온, 혈당량, 삼투압 등을 조절하여 몸의 항상성을 유지하는 부위는 어디인가?

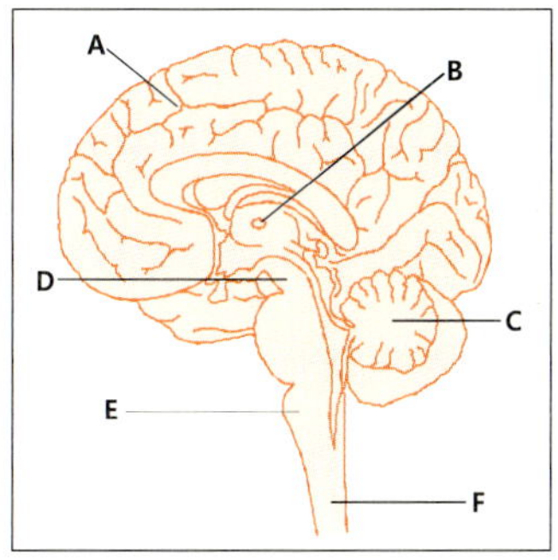

09

위 그림의 A~F 중에서 심장 박동, 호흡 운동, 소화 운동 등을 조절하는 부위는 어디인가?

10

위 그림의 A에 대한 설명으로 옳지 **않은** 것은?

① 수의 운동을 담당한다.
② 의식적인 반응에 관여한다.
③ A의 각 부분은 길항 작용을 나타낸다.
④ A의 겉질은 신경 세포체가 모여 있다.
⑤ 각 부위의 기능에 따라 감각령, 연합령, 운동령 등으로 나뉜다.

11

다음 중 **체성 신경계**에 대한 설명으로 옳지 **않은** 것은?

① 자극에 대한 반사를 담당한다.
② 대뇌의 지배를 받는다.
③ 골격근의 운동에 관여한다.
④ 의식적인 조절 명령을 전달한다.
⑤ 의지에 따라 움직이는 반응에 관여한다.

12

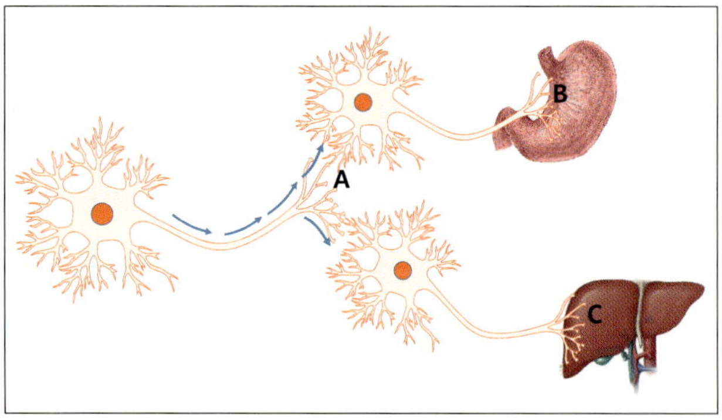

위 그림은 어떤 신경계를 통한 자극의 전달 과정 일부를 나타낸 것이다. 이에 대한 설명으로 옳지 **않은** 것은?

① 신경절 이전 뉴런의 말단 A에서 아세틸콜린이 방출된다.
② 신경절 이후 뉴런의 말단 B와 C에서 노르에피네프린이 방출된다.
③ 그림은 교감 신경을 나타낸 것이다.
④ 그림은 자율 신경계에 속한다.
⑤ 자극의 전달은 연수의 지배를 받는다.

13

뇌사에 대하여 올바르게 설명하고 있는 것은?

① 자율 신경에 의한 신체의 항상성 유지는 일어난다.
② 연수의 정상적인 기능으로 호흡 조절은 가능한 상태이다.
③ 대뇌와 뇌줄기까지 기능을 상실한 상태이다.
④ 뇌의 손상과 기능 상실에서 식물 인간과 유사하다.
⑤ 대뇌 겉질은 살아있어 정신 활동은 가능하다.

14

다음의 내용을 읽고 대뇌가 작용하는 부분을 모두 고르시오.

> 어떤 운전자가 운전 도중 옆 차선에서 (가)빠른 속도로 지나가는 차량을 보았다. 곧이어, (나)심한 타이어 마찰음이 들렸으며 다른 두 대의 차량이 서로 부딪히는 것을 목격했다. 운전자는 이것을 보고 크게 놀라 (다)심장이 두근거렸으며 (라)브레이크를 밟아 차량의 속도를 줄였다. 충돌한 두 대의 차를 보니 (마)식은 땀이 흘렀다.

15

자율 신경계에 대한 설명으로 옳지 **않은** 것은? (2개)

① 반사 과정을 담당한다.
② 의식적인 반응을 담당한다.
③ 부교감 신경은 자율 신경계에 속한다.
④ 대뇌의 직접적인 지배를 받는다.
⑤ 불수의적 운동을 통제한다.

16

부교감 신경의 자극에 대한 결과로 옳은 것은?

① 호흡이 빨라진다.
② 소화 운동이 억제된다.
③ 혈관이 수축되어 소름이 돋는다.
④ 침 분비가 촉진된다.
⑤ 세포 호흡이 촉진된다.

17

아래 그림은 교감 신경과 부교감 신경을 모식적으로 나타낸 것이다. 다음 설명 중 옳지 **않은** 것은?

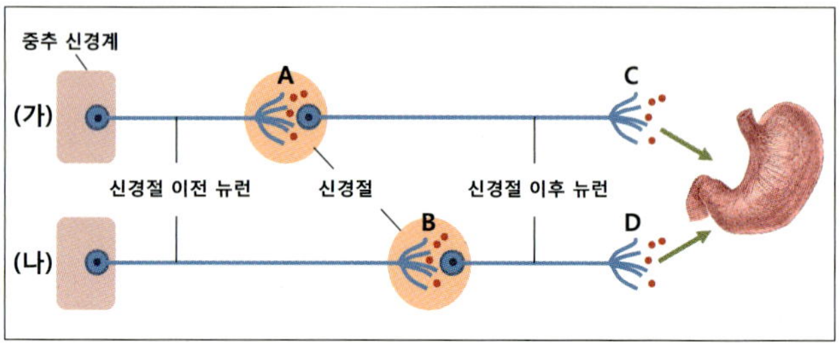

① (가)는 교감 신경이고 (나)는 부교감 신경이다.
② (가)와 (나) 모두 척수가 중추 신경계로서 작용한다.
③ (가)와 (나)의 신경절에서 작용하는 물질은 아세틸콜린이다.
④ (가)와 (나)는 서로 반대되는 기능을 나타낸다.
⑤ (가)와 (나)는 말단 신경계에 속한다.

18

위 그림의 A~D 중 **신경 전달 물질**로 그 종류가 나머지 것들과 **다른** 하나는 무엇인가?

19

척수에 대한 설명으로 옳지 **않은** 것은?

① 부교감 신경을 조절하는 중추이다.
② 도피 반사가 일어나는 중추이다.
③ 감각 정보는 척수를 통해 뇌로 전달된다.
④ 운동 명령은 척수를 통해 반응기로 전달된다.
⑤ 중추 신경계를 구성한다.

20

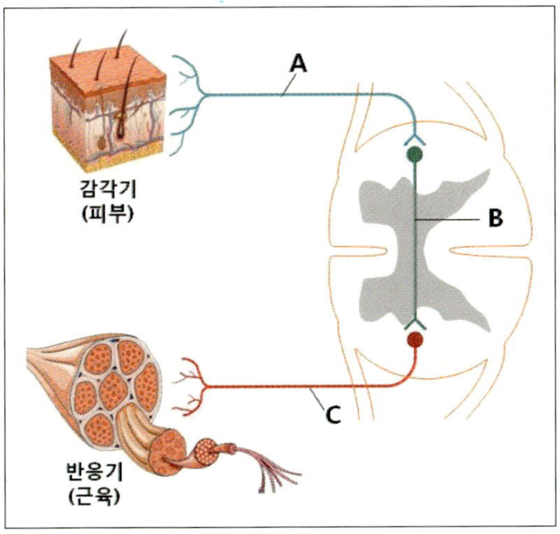

그림은 인체에서 일어나는 신경 전달 과정을 모식적으로 나타낸 것이다. 이에 대한 설명으로 옳지 **않은** 것은?

① 자극에 대하여 반사 반응을 나타낸다.
② 척수가 반응의 중추이다.
③ 자극의 전달은 A→B→C의 순서이다.
④ 의식적인 반응 속도보다 빠르다.
⑤ C→B→A의 순서로도 자극이 전달된다.

21

다음 중 교감 신경의 작용에 의한 생리적 현상이라고 할 수 **없는** 것은?

① 글리코젠을 분해해 혈당량을 높인다.
② 침 분비를 촉진시킨다.
③ 심장 박동을 촉진시킨다.
④ 노르에피네프린 분비가 증가한다.
⑤ 동공이 확대된다.

호르몬과 내분비계

01

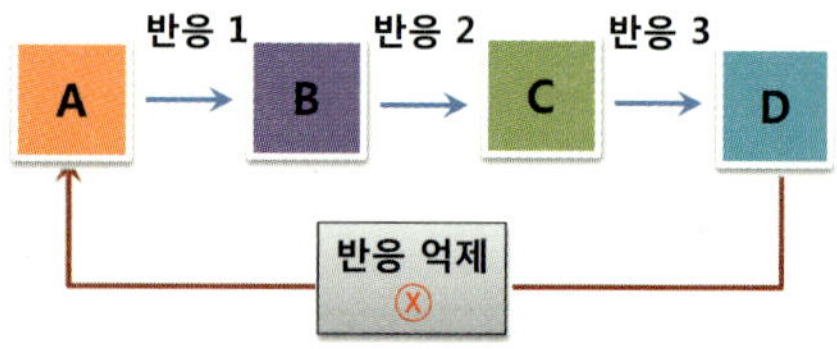

01-1 내분비샘에서 분비되는 호르몬은 그림과 같은 원리에 의해 작용이 조절되는 공통적인 특징이 있다. (O, X)

01-2 위 그림은 **음성 피드백 현상**을 나타낸 것으로 호르몬의 **길항 작용**과 함께 생물체의 항상성 유지에 기여한다. (O, X)

02

호르몬(hormone)이 표적 세포 또는 표적 기관에서 작용하기 위해서는 반드시 혈액에 의해 운반되어야만 한다. (O, X)

03

스테로이드(steroid)계 호르몬은 지용성이기 때문에 세포막이 아닌, 세포질이나 핵 내부에 수용체가 존재한다. (O, X)

04

가장 많은 종류의 호르몬을 합성, 분비하는 내분비계는 **뇌하수체**이다. (O, X)

05

파라토르몬은 혈액 내 Ca^{2+} 농도가 낮을 때 부갑상샘에서 분비되며, 콩팥에서 Ca^{2+}의 재흡수를 억제하여 혈액의 Ca^{2+} 농도를 높인다. (O, X)

06

에피네프린, 노르에피네프린 등의 호르몬을 분비하는 내분비계는 부신이다. (O, X)

07

이자(pancreas)는 외분비샘과 내분비샘의 기능을 모두 가진 기관이다. (O, X)

08

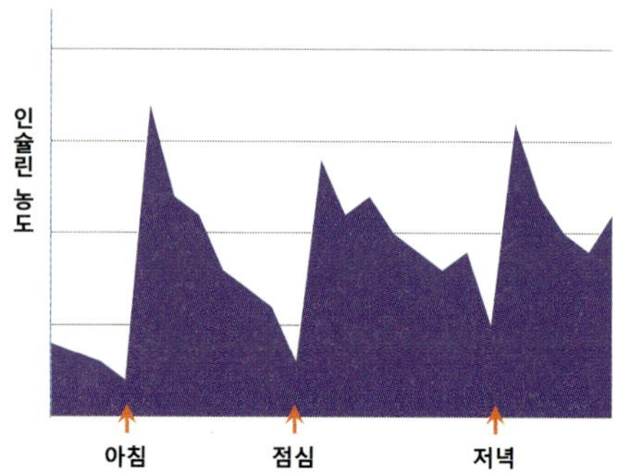

그림은 음식물 섭취와 혈액 내 인슐린(insulin) 농도 변화를 나타낸 것이다. 식사 후, 인슐린 농도가 감소하는 이유는 글루카곤에 의한 **길항 작용** 때문이다. (O, X)

09

이자는 교감 신경과 부교감 신경, 둘 다에 의해 조절되는 기관으로 혈당량 조절에 관여한다. (O, X)

10

간(liver)은 내분비계 및 표적 기관으로서의 기능을 모두 가지고 있다. (O, X)

11

제1형 당뇨병은 이자 세포의 파괴로 인해 인슐린 합성, 분비가 저하되었을 때 발생하는 질환이다. (O, X)

12

다음 중 **호르몬**의 특징으로 옳지 **않은** 것은?

① 특정 기관이나 세포에서 합성, 분비된다.
② 혈액이나 조직액에 직접 분비된다.
③ 몸을 구성하는 세포 전체에 작용한다.
④ 매우 적은 양으로도 생리 활성을 나타낸다.
⑤ 결핍증 또는 과다증이 나타난다.

13

다음 중 호르몬의 작용 방식에 대한 설명으로 옳지 **않은** 것은?

① 하나의 호르몬은 특정 표적 기관(또는 세포)에만 작용한다.
② 호르몬은 수용체와 결합 후에 기능을 나타낸다.
③ 호르몬은 높은 특이성을 가진다.
④ 호르몬은 세포 내에서 신호 전달 과정을 일으킨다.
⑤ 호르몬은 항상 길항 작용에 의해 조절을 받는다.

14

인체에서 호르몬을 합성, 분비하는 기관이 **아닌** 것은 다음 중 무엇인가?

① 부신 ② 난소 ③ 뇌하수체
④ 대뇌 겉질 ⑤ 이자

15

호르몬의 화학 구조와 작용 방식에 대한 설명이다 옳지 **<u>않은</u>** 것은?

① 펩타이드계 호르몬은 수용성 호르몬이다.
② 스테로이드계 호르몬의 수용체는 세포막 표면에 존재한다.
③ 지용성 호르몬은 핵 내에서 작용한다.
④ 가장 많은 호르몬의 화학 구조는 펩타이드계이다.
⑤ 성호르몬은 스테로이드계 호르몬이다.

16

다음 중 뉴런 말단에서 분비되는 신경 전달 물질과 내분비계에서 분비되는 호르몬 사이의 공통점이라고 할 수 **<u>없는</u>** 것은?

① 단백질 성분으로 구성되어 있다.
② 수용체와 결합한 후에 기능을 나타낸다.
③ 세포와 세포 사이의 의사 소통에 이용된다.
④ 표적 세포의 생리 활성을 변화시킨다.
⑤ 일정 시간 작용 후, 기능이 사라진다.

17

그림의 (가)와 같이 호르몬이 세포막 수용체와 결합한 후에 일어나는 현상으로 옳은 것은?

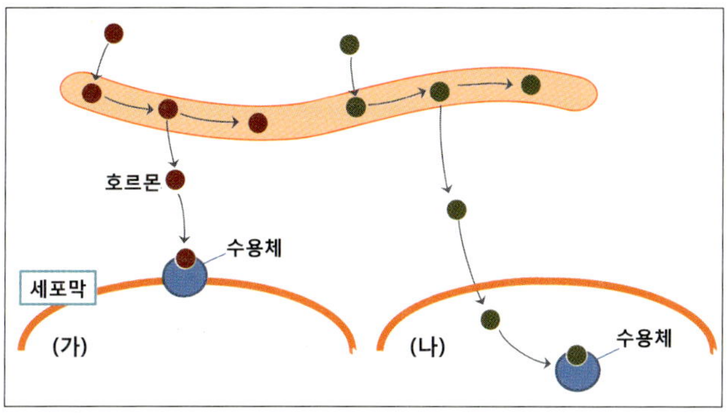

① 호르몬-수용체가 핵 안으로 이동한다.
② 수용체가 가수 분해되어 호르몬 작용이 억제된다.
③ 세포 내에서 신호 전달 과정이 일어난다.
④ 호르몬이 혈액으로 재흡수된다.
⑤ 호르몬-수용체가 DNA와 직접 결합한다.

18

(나)와 같이 호르몬이 세포막을 통과해 세포 안으로 들어왔을 때 나타나는 일반적인 현상으로 옳은 것은?

① 세포질에 있는 효소의 활성이 조절된다.
② 핵 안에서 유전자 발현이 조절된다.
③ 세포막에서 신호 전달 물질이 만들어진다.
④ 세포막의 활동 전위가 나타난다.
⑤ 세포의 물질 분비 작용이 활발해진다.

19

위 그림의 (가)와 (나)에 대한 설명으로 옳지 **<u>않은</u>** 것은?

① (가)의 호르몬은 수용성이며 (나)는 지용성이다.
② (가)와 (나)는 서로 길항 작용을 한다.
③ (가)는 아미노산 유도체, 단백질성 화학 구조를 가진다.
④ (나)는 고리 모양의 화학 구조를 가진 스테로이드 호르몬이다.
⑤ (가)에 비해 (나)는 호르몬 작용의 지속 시간이 더 길다.

20

다음 중 호르몬에 의한 생리 작용 변화의 예가 **<u>아닌</u>** 것은?

① 시상 하부를 통해 혈당량 증가가 일어난다.
② 뼈에서 혈액으로 칼슘을 방출하거나 이를 억제한다.
③ 시상 하부에서 혈관 수축이나 확장에 필요한 정보를 보낸다.
④ 식사 후, 높은 혈당량은 간에서 글리코젠 합성을 촉진한다.
⑤ 콩팥에서 수분 재흡수가 증가하거나 감소한다.

21

옆의 그림은 인체의 내분비계를 간단히 나타낸 것이다. 다음 물음에 답하시오.

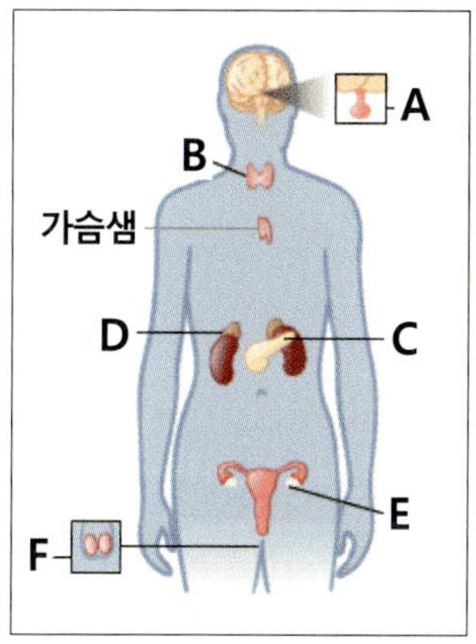

21-1 가장 많은 종류의 호르몬을 생성하며 내분비계의 중심을 이루는 곳은 A~F 중 어디인가?

21-2 세포의 물질 대사와 혈중 Ca^{2+} 농도를 조절하는 곳은 A~F 중 어디인가?

21-3 혈당량의 조절에 관여하는 내분비계를 모두 고르시오.

21-4 수정, 임신과 출산 등 생식과 관련된 내분비계를 모두 고르시오.

22

호르몬의 종류와 호르몬을 생성하는 내분비 기관이 옳지 **<u>않게</u>** 짝지어진 것을 모두 고르시오. (2개)

보기

① 항이뇨 호르몬-부신	② 생장 호르몬-뇌하수체
③ 티록신-갑상샘	④ 황체형성 호르몬-뇌하수체
⑤ 에피네프린-이자	⑥ 에스트로젠-난소

23

호르몬과 신경계의 특성을 비교한 것이다. 다음 표에서 옳지 **않은** 것은?

	호르몬	신경계
①지속 효과	비교적 오래 지속된다.	일시적이다.
②작용 범위	국소적으로 작용한다.	넓은 범위에 걸쳐 작용한다.
③자극 전달	혈액을 통해 전달된다.	뉴런을 통해 전달된다.
④전달 속도	신경계에 비해 느리다.	매우 빠르다.
⑤신호 종류	화학적신호만을 이용한다.	화학적, 전기적신호 이용한다.

24

호르몬은 분비량이 적으면 결핍증이, 많으면 과다증이 나타난다. 호르몬의 종류, 결핍과 과다 등이 질환과 **잘못** 짝지어진 것은?

① 티록신 결핍-갑상샘종
② 인슐린 결핍-제1형 당뇨
③ 파라토르몬 결핍-골다공증
④ 생장 호르몬 결핍-왜소증
⑤ 갑상샘자극호르몬 과다-갑상샘종

25

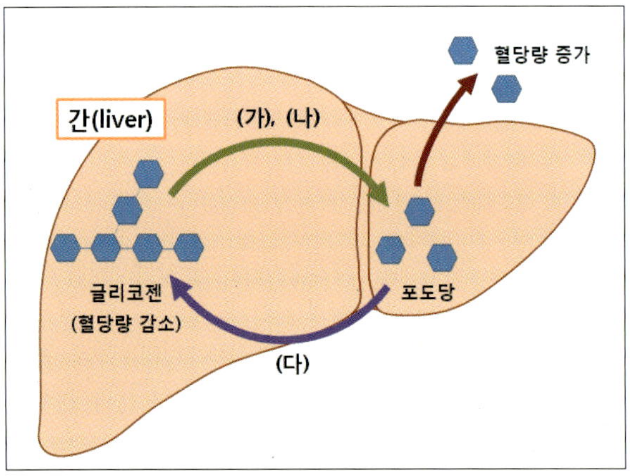

그림은 간 세포에서 호르몬 작용에 의한 혈당량 변화를 나타낸 것이다. 다음 물음에 답하시오.

25-1 (가)와 (다)는 같은 내분비샘에서 합성, 분비되며 (나)는 다르다. (가), (나), (다) 호르몬의 이름을 쓰시오.

25-2 (가), (나), (다) 호르몬이 생성되는 내분비샘의 명칭을 각각 쓰시오.

26

(가)~(다) 호르몬에 대한 설명으로 옳지 **않은** 것은?

① (가)와 (다)는 서로 길항 작용을 나타낸다.
② (나)는 부교감 신경을 통해 분비된다.
③ (다)는 체세포의 포도당 흡수를 증가시킨다.
④ (가)~(다)는 교감 신경 또는 부교감 신경을 통해 분비가 촉진된다.
⑤ (가)~(다)는 세포막 표면에 수용체가 존재한다.

27

다음 보기는 **호르몬**을 합성, 분비하는 기관들이다.

보기
1. 부신 겉질(피질)　　2. 부신 속질
3. 이자(췌장)　　4. 갑상샘
5. 뇌하수체 전엽

26-1 **물질대사, 체온 상승, 심장 박동 증가** 등의 기능을 담당하는 호르몬이 분비되는 곳은?

26-2 **난소와 정소를 자극**하는 호르몬이 분비되는 곳은?

26-3 교감 신경에 의해 **에피네프린**과 **노르에피네프린** 호르몬이 분비되는 곳은?

28

어떤 여자 아이가 교통 사고로 인해 **시상 하부**가 손상되었다고 한다. 나이가 들어감에 따라 이 아이가 겪을 수 있는 예상 후유증으로 알맞지 **않은** 것은?

① 물질 대사의 조절 기능에 문제가 발생한다.
② 정상적인 생장, 발육에 지장이 생긴다.
③ 생리 불순, 배란 장애 등 생리 과정에 문제가 발생한다.
④ 혈압 조절에 문제가 생긴다.
⑤ 혈당량을 조절할 수 없어 당뇨 등의 질환이 유발된다.

29

어떤 어린 여성이 외과적 수술로 **뇌하수체 전엽**을 제거하는 수술을 받았다. 이로 인해, 합성과 분비에 있어 가장 영향을 **적게** 받는 호르몬은 다음 중 무엇인가?

① 티록신　　② 파라토르몬
③ 여포 자극 호르몬　　④ 생장 호르몬
⑤ 프로락틴

30

다음 보기에서 호르몬과 그것의 체내 작용에 대하여 옳게 짝지어진 것을 모두 고르시오. (2개)

보기

① 항이뇨 호르몬(ADH) - 혈관을 수축시켜 혈압을 상승시킨다.
② 옥시토신 - 콩팥에서 물의 재흡수를 촉진한다.
③ 파라토르몬 - 뼈에서 혈액으로 칼슘을 방출시킨다.
④ 에피네프린 - 간에서 글리코젠 합성을 촉진한다.
⑤ 무기질 코르티코이드 - 콩팥의 세뇨관에서 Na^{+}의 재흡수를 촉진한다.
⑥ 티록신 - 더운 날 발열량을 감소시켜 체온을 떨어뜨린다.

31

갑상샘과 부갑상샘에서 혈중 Ca^{2+} 농도를 조절하는 방식으로 옳은 내용은?

① 혈중 Ca^{2+} 농도가 높으면 칼시토닌이 뼈로부터 Ca^{2+} 방출을 자극한다.
② 혈중 Ca^{2+} 농도가 낮으면 파라토르몬이 뼈로부터 Ca^{2+} 방출을 자극한다.
③ 혈중 Ca^{2+} 농도가 높으면 파라토르몬이 뼈로부터 Ca^{2+} 방출을 억제한다.
④ 혈중 Ca^{2+} 농도가 낮으면 칼시토닌이 콩팥에서 Ca^{2+} 재흡수를 촉진한다.
⑤ 혈중 Ca^{2+} 농도가 높으면 파라토르몬이 콩팥에서 Ca^{2+} 재흡수를 억제한다.

32

그림은 호르몬의 길항 작용을 모식적으로 나타낸 것이다. **길항 작용**의 호르몬을 올바르게 짝지은 것은? (2개)

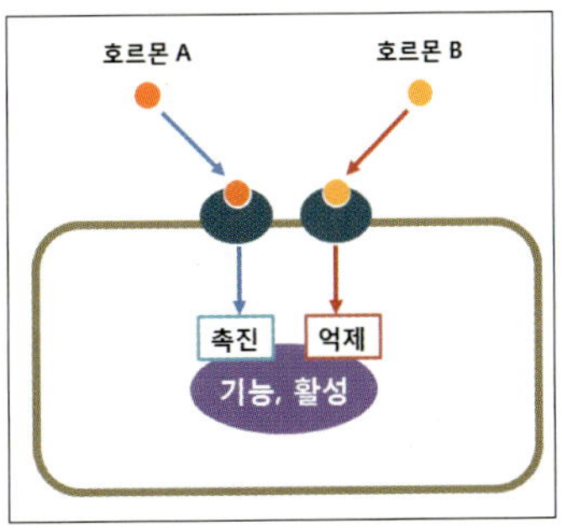

① 인슐린-글루카곤
② 칼시토닌-파라토르몬
③ 티록신-칼시토닌
④ 항이뇨 호르몬-옥시토신
⑤ 글루카곤-에피네프린

33

위 그림의 길항 작용에 대한 설명으로 옳은 것은?

① 호르몬 A와 B는 동일한 수용체를 이용한다.
② 모든 호르몬은 짝을 지어 길항 작용을 나타낸다.
③ 호르몬 A와 B는 동시에 기능을 나타낼 수 있다.
④ 길항 작용은 음성 피드백 조절 방식의 예이다.
⑤ 길항 작용의 조절 중추는 시상 하부이다.

34

다음 중 여성의 배란을 촉진하는 호르몬은 무엇인가?

① 황체 형성 호르몬　② 프로락틴
③ 프로게스테론　④ 에스트로젠
⑤ 에피네프린

35

다음 설명에 해당하는 호르몬은 무엇인가?

이 호르몬은 부신 겉질에서 분비되며 지방이나 단백질을 포도당으로 전환시키는 과정을 촉진하여 혈당량을 증가시킨다. 스트레스를 받게 되면 이 호르몬이 많이 생성되기 때문이 일명 **스트레스 호르몬**으로 불린다.

36

아래 그림 (가)는 어떤 물질의 혈액 내 농도에 따른 호르몬 A와 B의 상대적 분비량 변화를 나타낸 것이다. 보기에서 그래프에 해당하는 예를 모두 고르시오. (2개)

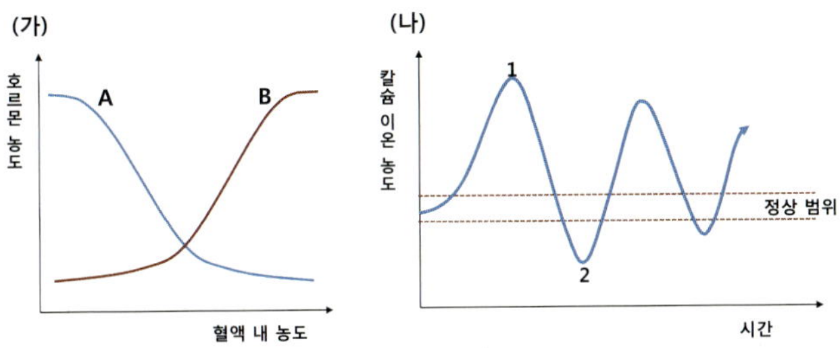

보기

① 칼시토닌-파라토르몬　② 인슐린-항이뇨 호르몬
③ 글루카곤-인슐린　④ 옥시토신-항이뇨 호르몬
⑤ 티록신-칼시토닌　⑥ 글루카곤-에피네프린

37

위의 그림 (나)는 혈액 내 칼슘 이온(Ca^{2+}) 농도 변화를 시간에 따라 나타낸 것이다. 1의 상태에 대한 설명으로 옳은 것은?

① 부갑상샘 호르몬의 분비가 증가한다.
② 신경 세포에서 활동 전위가 발생한다.
③ 콩팥에서 칼슘의 재흡수가 억제된다.
④ 티록신이 작용하여 2단계로 진행된다.
⑤ 소장에서 칼슘의 흡수가 촉진된다.

38

2의 상태에 대한 설명으로 옳지 **않은** 것은?

① 칼시토닌 호르몬의 분비가 증가한다.
② 부갑상샘 호르몬의 분비가 증가한다.
③ 콩팥에서 칼슘의 재흡수가 촉진된다.
④ 뼈로부터 칼슘 방출 속도가 증가한다.
⑤ 근육 경련이 일어날 수 있다.

호르몬과 항상성 유지

01

사람의 **체온 조절**에 관여하는 3종류의 호르몬으로는 (A), (B), (C) 등이 있다. 괄호 안의 알맞은 용어는 각각 무엇인가?

02

사람 체액의 수분량을 조절하는 호르몬은 항이뇨 호르몬(ADH)와 알도스테론(무기질 코르티코이드) 등이 있다. (O, X)

03

체액의 삼투압을 조절하기 위해 수분량과 무기 염류의 양을 감지하는 기관은 시상 하부이다. (O, X)

04

다음 설명 중 호르몬 작용의 **양성 피드백**(positive feedback)에 해당하는 것은?

① 옥시토신이 분비되어 자궁이 수축되면 더 많은 옥시토신의 분비를 자극한다.
② 혈압이 떨어지면 ADH가 분비되어 콩팥에서 물의 재흡수를 촉진한다.
③ 추운 날 열 발생량을 늘리기 위해 티록신 분비가 증가한다.
④ 체액의 Na^+ 농도가 감소하면 부신에서 알도스테론 분비가 증가한다.
⑤ 혈당량 변화에 따라 이자에서 분비되는 호르몬의 종류가 변화한다.

05

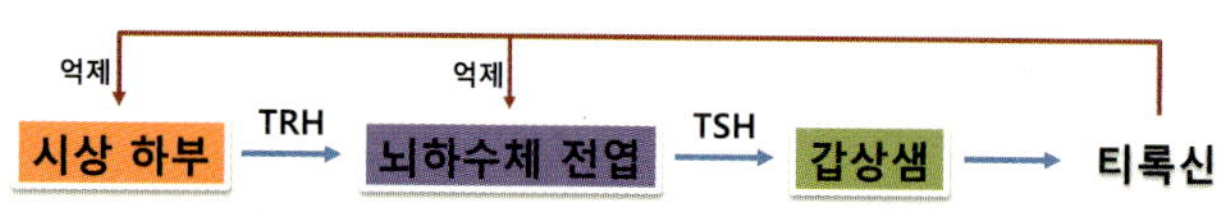

그림은 갑상샘 호르몬의 분비와 조절을 나타낸 것이다. 이에 대한 설명으로 옳은 것은?

① 티록신은 TSH 또는 TRH와 길항 작용을 나타낸다.
② 티록신의 분비는 음성 피드백에 의해 조절된다.
③ 티록신의 혈액 내 농도가 낮으면 TRH의 분비가 억제된다.
④ 티록신의 혈액 내 농도가 높으면 TSH의 분비가 촉진된다.
⑤ TSH의 농도가 높으면 TSH가 TRH의 분비를 억제한다.

06

다음은 남성 3명의 생리적 상태를 10일간 관찰한 후 얻은 통계표이다. 물음에 답하시오.

검사 항목	남자 1	남자 2	남자 3
오줌 생성량/일	1.5 L	10 L	0.2 L
체액 삼투압	정상	정상보다 높음	정상보다 낮음
갈증도	정상	심하게 갈증을 느낌	갈증을 느끼지 않음

위 표의 결과는 시상 하부에서 합성, 분비되는 호르몬 중 어떤 것과 밀접한 관련이 있는가?

07

표에서 남자 1을 정상 범주라고 가정할 때, 호르몬의 합성 · 분비와 관련하여 남자 2와 3은 각각 시상 하부의 기능에 어떤 문제가 있다고 판단되는가?

08

삼투압 조절에 대한 다음 설명 중 옳지 **않은** 것을 보기에서 모두 고르시오. (2개)

> **보기**
> ① 삼투압 조절의 중추는 시상 하부이다.
> ② 삼투압이 높을 때는 항이뇨 호르몬의 분비가 증가한다.
> ③ 삼투압이 낮을 때는 부신에서 알도스테론의 분비가 촉진된다.
> ④ 삼투압이 높을 때는 콩팥에서 수분의 재흡수가 촉진된다.
> ⑤ 생리 식염수가 체내로 들어오면 항이뇨 호르몬의 분비가 감소한다.

09

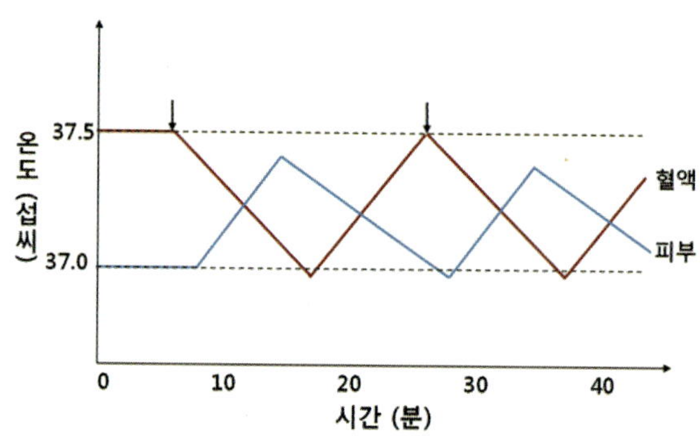

그림은 어떤 사람이 얼음물을 마신 후, 혈액과 피부의 온도 변화를 시간에 따라 관찰한 그래프이다. 화살표는 얼음물을 마신 시점을 나타낸다. 그림을 참고하여 다음 물음에 답하시오. 그림에서 얼음물을 마신 후, 피부의 온도가 상승하였는데 이를 호르몬의 작용이 없다고 가정하고 신경계만의 작용으로 설명하시오.

10

위의 그림에서 얼음물을 마신 후, 피부의 온도가 상승하였는데 이를 호르몬만의 작용으로 설명하시오.

11

항이뇨 호르몬(ADH)를 분비하는 기관은 어디인가?

① 부신 겉질 ② 갑상샘 ③ 부갑상샘
④ 뇌하수체 ⑤ 이자

12

오줌의 Na^+ 이온 농도가 감소하는 주된 이유는 다음 중 어느 것인가?

① 부신에서 알도스테론 분비가 증가했을 때
② Na^+ 농도가 높은 음식을 섭취했을 때
③ 혈압이 감소했을 때
④ 항이뇨 호르몬 분비가 증가했을 때
⑤ 땀 생성량이 증가했을 때

13

아래 그림 중에서 **당뇨병**을 앓고 있는 사람의 그래프는 어느 것인가?

①
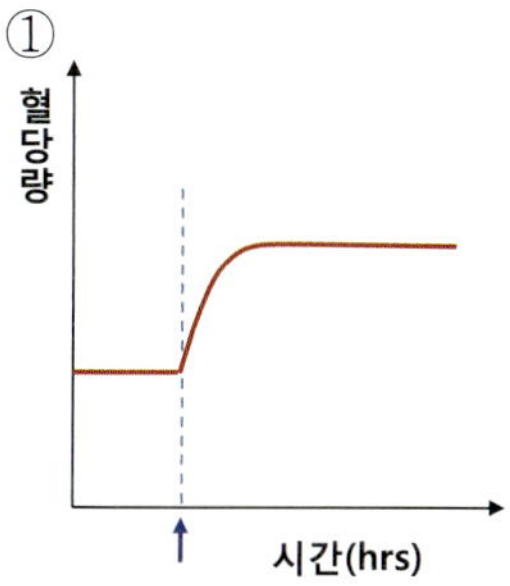

②
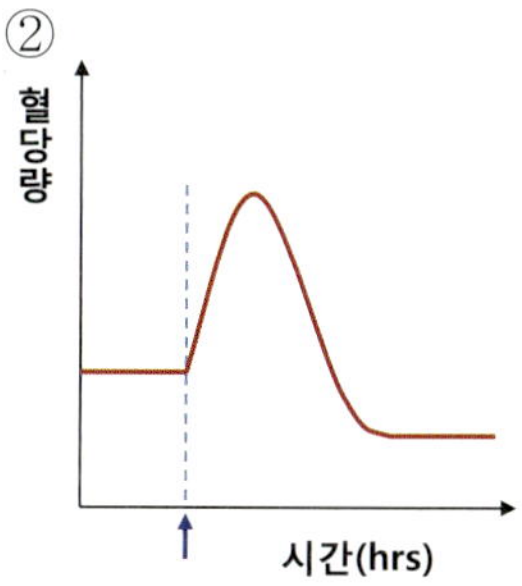

③
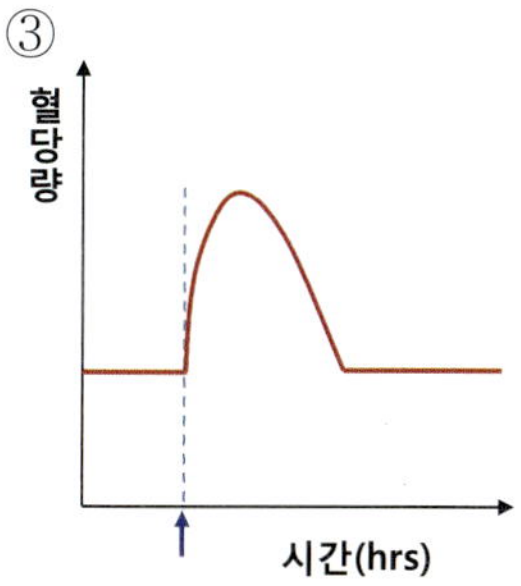

④
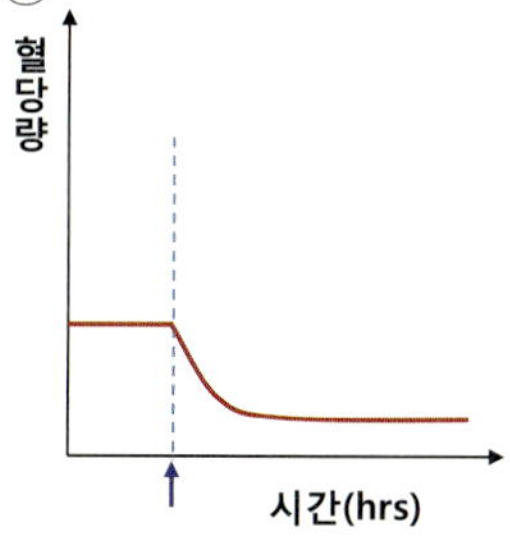

⑤
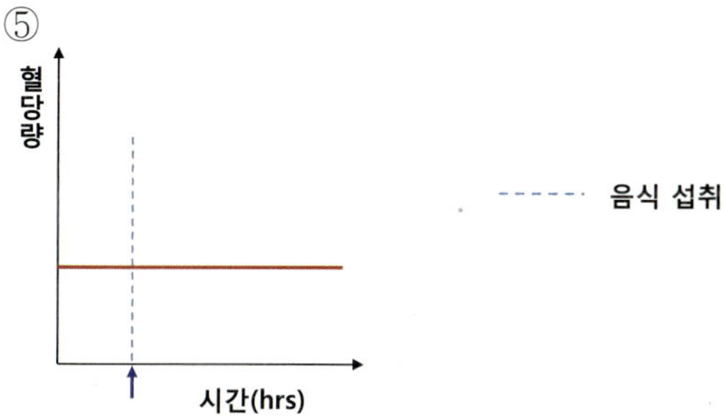

(위 그래프에서 음식 섭취 이전의 직선은 정상 상태의 혈당량을 의미한다.)

14

위 그림 중에서 **글루카곤**의 분비가 정상 수치보다 적은 사람의 그래프는 어느 것인가?

15

당뇨병을 앓고 있는 환자의 소변에서는 과량의 포도당이 검출된다. 그 이유는 무엇인가?

① 환자의 기초 대사량이 감소했기 때문이다.
② 콩팥의 보먼 주머니에서 포도당이 여과되지 않기 때문이다.
③ 세포가 포도당을 흡수, 이용하지 못하기 때문이다.
④ 과량의 인슐린이 합성, 분비되었기 때문이다.
⑤ 체내 티록신 호르몬이 부족하기 때문이다.

16

인체에서 **부신**(adrenal gland)과 가장 가까이 있는 기관은 무엇인가?

① 간 ② 심장 ③ 콩팥
④ 방광 ⑤ 이자

17

부신에서 만들어지는 **에피네프린**(아드레날린)에 관한 설명으로 옳지 **않은** 것은?

① 간에서 글리코젠의 분해를 촉진한다.
② 교감 신경을 통해 작용한다.
③ 글루카곤과 함께 길항 작용을 나타낸다.
④ 심박수를 증가시키고 혈관을 수축시킨다.
⑤ 추위를 느끼거나 저혈당일 때 합성, 분비가 증가한다.

질병과 병원체

01

진핵 생물(세포)로서 사람에게 질병 유발의 병원체로 작용할 수 있는 대표적 2종류에는 **원생동물**과 **곰팡이**가 있다. (O, X)

02

DNA 바이러스는 증식 과정에서 돌연변이가 발생할 확률이 RNA 바이러스보다 높기 때문에 이에 대한 항바이러스 치료제 개발이 어렵다. (O, X)

03

프라이온(prion)이 병원체로 작용하는 이유는 프라이온 단백질의 유전적 정보를 가진 유전자의 변형(변이) 때문이다. (O, X)

04

바이러스 중에는 독립적(독자적)인 물질 대사가 가능한 종류도 있다. (O, X)

05

인플루엔자, SARS, 조류 독감, 크로이츠펠트 · 야콥병 등은 모두 바이러스 병원체에 의해 발병하는 질환들이다. (O, X)

06

정상 프라이온은 변형 프라이온과의 접촉만으로도 병원체로 전환될 수 있다. (O, X)

07

다음 중 질병의 원인이 되는 **병원체**에 속하지 **않는** 것은?

① 세균　② 원핵 생물
③ 바이러스　④ 프라이온
⑤ 곰팡이

08

바이러스의 일반적인 특징이 **아닌** 것은?

① 독립적인 물질 대사가 불가능하다.
② 단백질 성분의 껍질을 가지고 있다.
③ 피막은 지질 성분을 포함한다.
④ 핵산을 유전 물질로 가지고 있다.
⑤ 기생 생활을 한다.

09

다음 보기에서 바이러스의 일반적 특징이 **아닌** 것을 모두 고르시오. (2개)

> **보기**
> ① 모든 바이러스는 유전 물질로 DNA를 가진다.
> ② 특정 바이러스에 대해 여러 가지 돌연변이 종이 존재한다.
> ③ 식물 세포를 숙주로 삼는 바이러스는 존재하지 않는다.
> ④ 모든 바이러스는 증식을 위해 반드시 숙주 세포를 이용한다.
> ⑤ 바이러스는 생물과 무생물의 중간 단계로 분류한다.

10

바이러스와 세균의 **공통점**으로 옳은 것은?

① 단백질 껍질을 가지고 있다.
② 유전 물질로 핵산을 가지고 있다.
③ 숙주 세포를 이용하여 증식한다.
④ 독립적인 물질 대사가 가능하다.
⑤ 이분법으로 분열한다.

11

다음 중 **프라이온**(prion)에 대한 설명으로 옳지 **않은** 것은?

① 건강한 인체나 동물체 내에는 존재하지 않는다.
② 바이러스보다 크기가 작다.
③ 병원성 프라이온은 신경 세포를 파괴한다.
④ 소 광우병은 프라이온에 의한 질병의 한 예이다.
⑤ 병원성 프라이온으로 감염된 음식물 섭취를 통해 전염된다.

12

다음 중 바이러스에 의한 질병이 **아닌** 것은?

① 천연두　② 에이즈(AIDS)　③ 독감
④ B형 간염　⑤ 결핵

13

프라이온에 대한 설명으로 옳은 것은?

① 정상 프라이온의 구조가 변하면 병원성 변형 프라이온이 된다.
② 변형 프라이온은 정상 프라이온을 병원성으로 바꿀 수 없다.
③ 변형 프라이온은 항생제 처리로 파괴할 수 있다.
④ 변형 프라이온은 RNA를 핵산 성분으로 가진다.
⑤ 변형 프라이온을 열처리하여 제거할 수 있다.

14

다음 중 **프라이온**에 관한 일반적인 설명으로 옳지 **않은** 것은?

① 변형 프라이온에 의해 주로 신경 조직이 파괴된다.
② 사람에게는 크로이츠펠트 · 야콥병이 나타난다.
③ 프라이온은 단백질과 핵산으로 구성되어 있다.
④ 변형 프라이온과 정상 프라이온은 구조가 서로 다르다.
⑤ 변형 프라이온은 고온에 끓여도 병원성이 사라지지 않는다.

15

일반적으로 바이러스를 파괴할 수 있는 항바이러스제를 개발하기 어렵다고 한다. 그 이유에 해당하지 **않는** 것은?

① 숙주 세포의 효소 체계를 이용해 물질 대사를 일으킨다.
② 숙주 세포 내에서만 증식이 가능하다.
③ 증식 과정에서 돌연 변이가 잘 일어난다.
④ 세포 밖에서는 어떤 생명 활동도 나타내지 않는다.
⑤ 모든 바이러스는 단단한 단백질 껍질을 가진다.

16

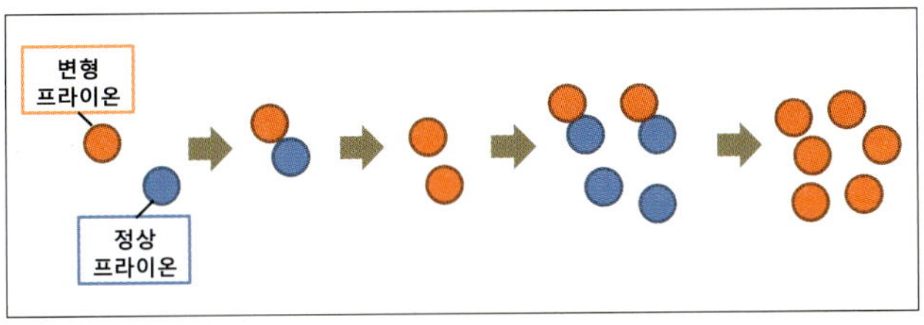

그림은 정상 프라이온과 변형 프라이온 사이의 상호 작용을 나타낸 것이다. 다음 설명으로 옳은 것은?

① 변형 프라이온은 건강한 생물체 내에 언제나 존재한다.
② 변형 프라이온과 정상 프라이온의 구조는 동일하다.
③ 변형 프라이온의 유전 정보가 정상 프라이온으로 전달된다.
④ 변형 프라이온은 어떠한 도움 없이 스스로 복제, 증식한다.
⑤ 변형 프라이온은 접촉만으로 정상 프라이온의 구조를 변형시킨다.

17

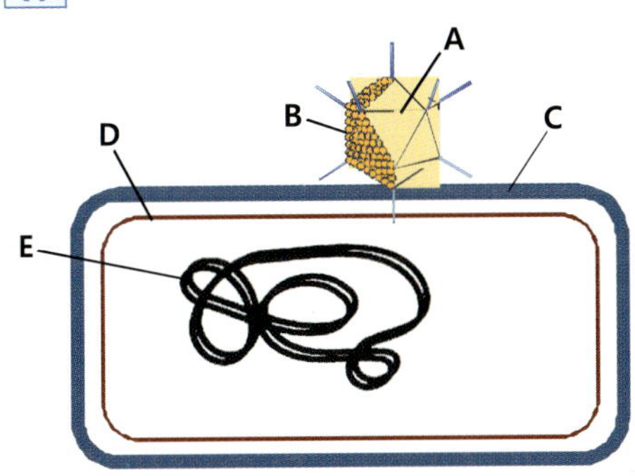

17-1 그림은 어떤 바이러스가 숙주 세포에 부착한 모습을 나타낸 것이다. RNA 성분을 발견할 가능성이 제일 높은 곳은 A~E 중 어디인가?

17-2 단백질 성분의 비율이 가장 높은 곳은 A~E 중 어디인가?

17-3 뉴클레오타이드 성분을 포함하는 곳을 2군데 고르시오.

18

다음은 세균의 어떤 구성 성분에 대한 설명이다. 이에 해당하는 알맞은 용어는 무엇인가?

이것은 주 DNA와는 다른, 별도의 부수적인 DNA이다. 고리 모양이며 종종 항생제 내성 유전자를 가지고 있다. 접합(conjugation) 등을 통해 다른 세균으로 전달되기도 하며 세포 분열 시에 독자적으로 복제된다.

19

세균의 일반적 특징이라 할 수 **없는** 것은?

① 대부분 펩티도글리칸 성분의 세포벽을 가진다.
② 유전 물질은 응축된 형태로 세포질에 존재한다.
③ 이분법으로 빠르게 증식한다.
④ 대부분 항생제 저항성을 가지고 있다.
⑤ 구균, 간균, 나선균 등 여러 형태가 있다.

20

세균과 바이러스의 종류를 분류하기 위한 기준으로 옳게 짝지은 것은?

① 세균-세포의 형태, 바이러스-피막의 성분
② 세균-세포벽의 구성, 바이러스-숙주 세포의 종류
③ 세균-세포의 모양, 바이러스-유전 물질의 종류
④ 세균-유전 물질의 종류, 바이러스-모양
⑤ 세균-핵의 유무, 바이러스-유전 물질의 종류

21

다음 보기에서 세포 수준의 병원체에 의해 발생하는 질병이 **아닌** 것을 2가지 고르시오.

보기

① 말라리아 ② 조류 독감
③ 무좀 ④ 매독
⑤ 크로이츠펠트 · 야콥병

22

그림은 원생동물의 배양과 빛의 영향을 나타낸 그래프이다. 이와 같은 결과로부터 가장 적절한 결론은 다음 중 무엇인가?

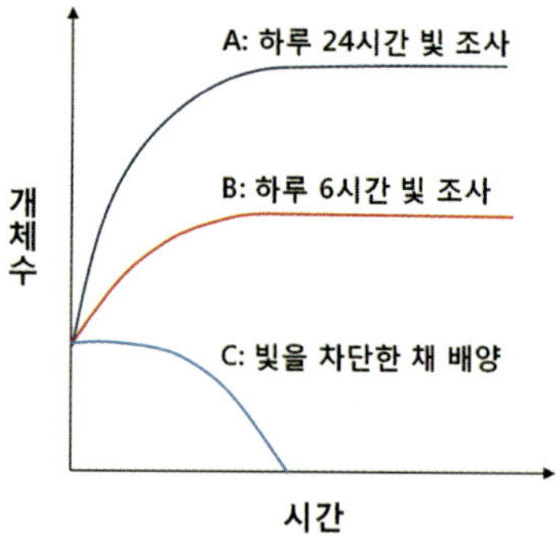

① 종속 영양 생물이다.
② 독립 영양 생물이다.
③ 빛에 의해 이분법으로 분열한다.
④ 독립적인 증식이 불가능하다.
⑤ 독립적인 물질 대사가 불가능하다.

23

원생동물의 일반적인 특징이 **아닌** 것은? (2개)

① 단세포 생물이다.
② 종속 영양 생물이다.
③ 원핵 세포이다.
④ 말라리아 원충을 예로 들 수 있다.
⑤ 숙주 세포 내에서만 증식한다.

24

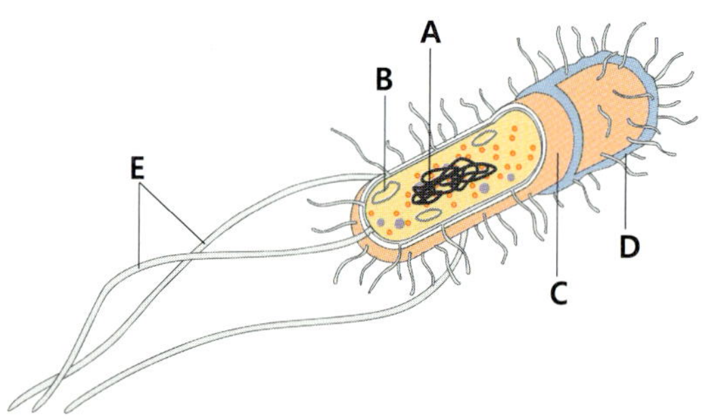

그림은 세균의 구조를 모식적으로 나타낸 것이다. A~E에 대한 설명으로 옳지 **않은** 것은?

① A는 대부분의 유전 정보를 가지고 있다.
② B는 독자적으로 복제될 수 있다.
③ C의 주성분은 펩티도글리칸이다.
④ D는 점착성 성분으로 이루어진 피막이다.
⑤ E는 숙주 세포와 결합하는 부위이다.

25

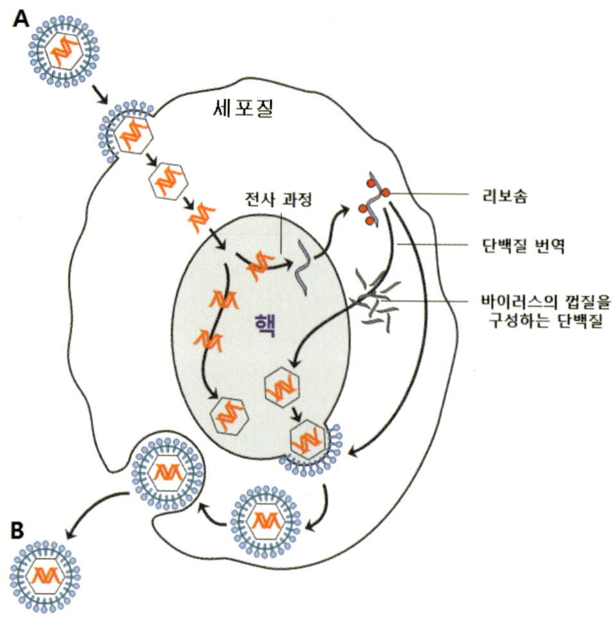

그림은 어떤 바이러스의 증식 과정을 나타낸 것이다. 그림에 대한 설명으로 옳지 **않은** 것은?

① 이 바이러스는 DNA 바이러스이다.
② 바이러스를 구성하는 단백질의 합성을 숙주세포에 의존한다.
③ 새로 방출되는 B는 A와 다른 구성성분을 가진다.
④ 바이러스 증식을 위해 유전물질 복제가 필요하다.
⑤ 바이러스의 유전물질은 증식에 필요한 정보를 가지고 있다.

26

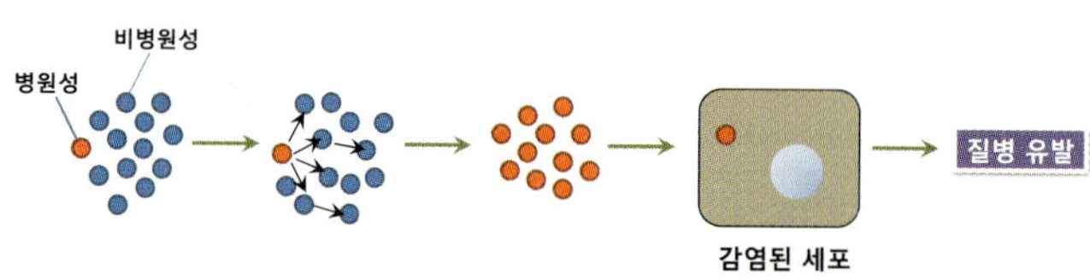

위 그림과 같은 방식으로 질병을 일으키는 병원체는 무엇인가? (2종류)

보기

① 세균 ② 바이러스
③ 프라이온 ④ 원생동물

① ㄱ, ㄴ ② ㄱ, ㄷ ③ ㄱ, ㄹ
④ ㄴ, ㄷ ⑤ ㄷ, ㄹ

인체의 방어 작용(면역계)

01

염증 반응은 선천성 면역의 일종으로 비만 세포에 의해 일어나며 **히스타민**, **인터페론** 등이 반응에 관여한다. (O, X)

02

보체 단백질은 선천성 면역뿐만 아니라 후천성 면역에도 참여한다. (O, X)

03

세포성 면역은 후천성 면역의 일종으로 보조 T 세포의 도움 없이 세포독성 T 세포에 의해 일어나는 반응이다. (O, X)

04

체액성 면역은 바이러스, 세균, 곰팡이 등의 병원체에 대항하기 위한 반응으로 B 림프구에서 생성된 항체가 주된 역할을 담당한다. (O, X)

05

후천성 면역 반응의 첫 단계는 대식 세포가 병원체를 식세포 작용으로 분해한 후, 항원 조각을 세포 표면에 노출시키는 것이다. 이를 무엇이라고 하는가?

06

이 물질은 면역 세포(대식 세포, 보조 T 세포 등)가 분비하는 **단백질**로서 면역 세포들 사이의 정보를 전달하여 면역 기능을 조절한다. 이 단백질을 무엇이라고 하는가?

07

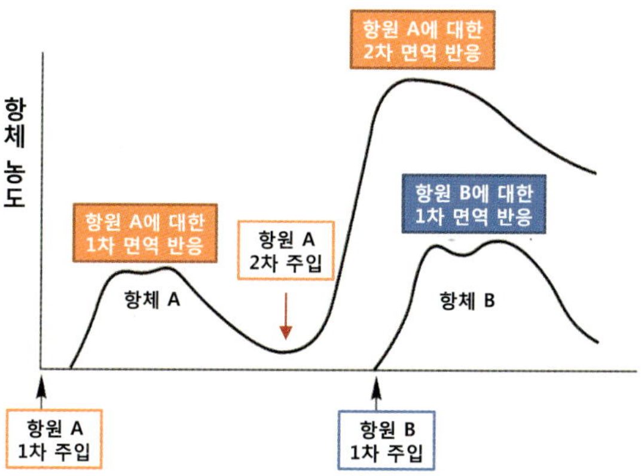

항체에 의한 면역 반응에서 동일한 항원이 2차로 침투했을 때 신속하게 항체를 생성하여 대처할 수 있는 것은, 항원의 1차 침입 후에 ________ 세포가 체내에서 만들어졌기 때문이다.

08

동일한 클론을 가진 **형질 세포**(활성화된 B 세포)는 오로지 한 종류의 항체만을 생성할 수 있다. (O, X)

09

후천성 면역 결핍증(AIDS)은 사람 면역 결핍 바이러스(HIV)가 ________(을)를 숙주 세포로 삼아 파괴하기 때문이다.

10

알레르기는 알레르겐에 의해 비만 세포에서 히스타민을 과량 방출하기 때문에 일어나는 반응으로 항체나 B 세포가 관여하지 않는다. (O, X)

11

혈액에 응집원 A와 B가 없는 사람은 AB형의 혈액형이다. (O, X)

12

응집소 α가 있는 혈액은 A형의 혈액과 섞었을 때, **응집 반응**이 나타난다. (O, X)

13

Rh^-의 혈액형을 가진 사람은 Rh^+ 혈액을 수혈 받을 수 있다. (O, X)

14

다음 중 **선천성 면역**의 예라고 할 수 **없는** 것은?

① 피부는 병원체의 침입을 막는 1차적 방어벽이다.
② 점액의 라이소자임(lysozyme)은 세균을 분해한다.
③ 엄마의 항체가 태아로 전달된다.
④ 인터페론은 바이러스의 증식을 억제한다.
⑤ 백신 주사를 접종하여 질병을 예방한다.

15

선천성 면역에 대한 설명으로 옳지 **않은** 것은?

① 후천성 면역보다 병원체에 대한 반응이 빠르다.
② 보체 단백질에 의한 미생물의 파괴는 선천성 면역에 해당한다.
③ 선천성 면역은 특정 항원에 대해서만 반응을 나타낸다.
④ 백혈구에 의한 식세포 작용은 선천성 면역이다.
⑤ 병원체의 침입에 대한 기억(memory) 작용이 없다.

16

다음 중 **염증 반응**에 대한 설명으로 옳은 것은?

① 히스타민은 염증 반응을 유도하는 화학 물질이다.
② 비만 세포의 식세포 작용이 관여한다.
③ 병원체 침투 후에 일어나므로 후천성 면역이다.
④ 항미생물 단백질이 관여하는 반응이다.
⑤ 침투한 병원체의 종류에 대해 특이적으로 일어나는 반응이다.

17

그림에 나타난 **면역 반응**의 종류는 무엇인가?

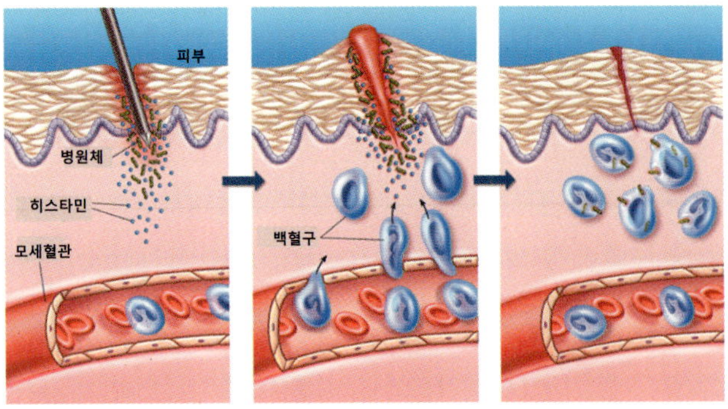

① 염증 반응 ② 체액성 면역
③ 세포성 면역 ④ 항원-항체 반응
⑤ 후천성 면역

18

인체의 **특이적 면역**에 관한 설명으로 옳은 것은?

① 라이소자임은 특이적 면역 반응에 관여한다.
② 보조 T 세포는 특이적 면역 반응을 조절한다.
③ 염증 반응은 특이적 면역의 한 종류이다.
④ 특이적 면역은 모든 동물에 공통적으로 존재하는 선천성 면역이다.
⑤ 히스타민은 특이적 면역에만 작용하는 화학 물질이다.

19

그림은 인체의 **염증 반응**이 일어나는 과정을 나타낸 것이다. A~C에 알맞은 순서로 나열된 것은?

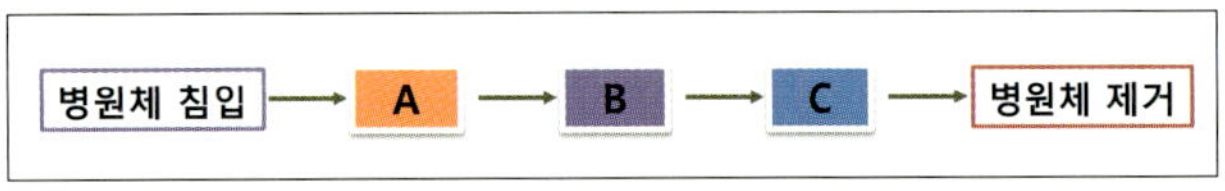

① 비만 세포의 히스타민 분비 - 혈관 확장 - 백혈구의 식세포 작용
② 혈관 확장 - 비만 세포의 히스타민 분비 - 백혈구의 식세포 작용
③ 백혈구의 히스타민 분비 - 혈관 확장 - 비만 세포의 식세포 작용
④ 혈관 확장 - 백혈구의 히스타민 분비 - 비만 세포의 식세포 작용
⑤ 혈관 확장 - 백혈구의 식세포 작용 - 비만 세포의 히스타민 분비

20

인체의 면역계에서는 자기 자신의 세포를 파괴하는 면역 작용이 일어날 수 있다. 이것은 다음 중 어떤 반응을 통해서인가?

① 염증 반응 ② 항원-항체 반응
③ 식세포 작용 ④ 세포독성 T 세포 작용
⑤ 보체 단백질의 작용

21

다음 중 세포독성 T 세포의 기능으로 옳은 것은?

① 사이토카인을 분비해 B 세포를 자극한다.
② 병원체에 감염된 세포를 파괴한다.
③ 라이소자임을 분비해 세균의 세포벽을 파괴한다.
④ 후천성 면역 반응의 발생을 억제한다.
⑤ 식세포 작용으로 세균을 제거한다.

22

후천성 면역에 대한 설명으로 옳지 **않은** 것은?

① 자기 물질과 비자기(non-self) 물질을 구분한다.
② 특정 항원에 대한 항체 생성은 후천성 면역이다.
③ 세포는 후천성 면역 반응으로 파괴되지 않는다.
④ 백신은 후천성 면역을 이용한 것이다.
⑤ 한번 침투한 병원체에 대해 기억 능력을 가진다.

23

다음 보기에서 **후천성 면역**에 관련된 요소만을 고르시오.

보기

1. 히스타민	2. 인터페론
3. 보체 단백질	4. B 림프구
5. 기억 세포	6. 항체

24

다음 보기에서 **특이적 면역**에만 관여하는 세포들을 모두 고르시오.

보기

1. B 세포	2. 비만 세포
3. 자연 살생 세포	4. 보조 T 세포
5. 대식 세포	6. 점막 상피 세포

25

다음 중 자연살생 세포와 세포독성 T 세포의 공통점은?

① 보조 T 세포의 도움을 받는다.
② 둘 다 식세포 작용을 가지고 있다.
③ 병원체에 감염된 세포를 파괴한다.
④ 후천성 면역을 담당하는 세포들이다.
⑤ 항원-항체 반응을 일으킨다.

26

보체 단백질에 대한 설명으로 옳은 것은?

① 후천성 면역에만 특이적으로 관여한다.
② 미생물만을 선택적으로 파괴한다.
③ 항원-항체 반응을 일으킨다.
④ 용균, 용혈 반응을 일으킨다.
⑤ 혈액에는 없고 림프액에 존재한다.

27

그림과 같이 보체 단백질을 이용해 미생물을 파괴하는 인체 내 세포는 무엇인가?

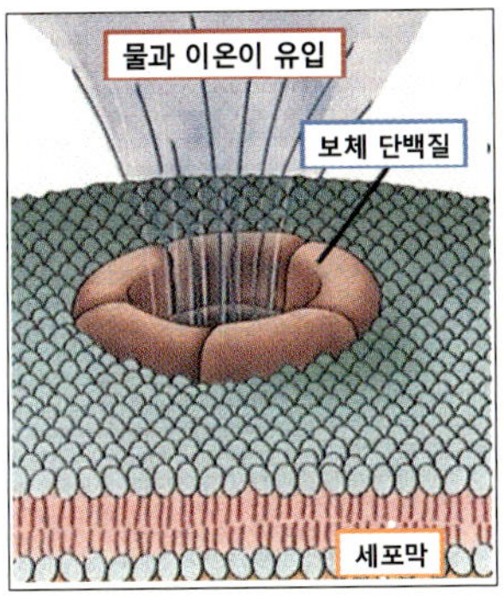

① 비만 세포
② 보조 T 세포
③ B 세포
④ 세포독성 T 세포
⑤ 대식 세포

28

염증과 알레르기 반응의 공통점이 **아닌** 것은? (2개)

① 둘 다 B 세포가 관여한다.
② 항체가 관여하는 반응이다.
③ 비만 세포가 관여하는 반응이다.
④ 히스타민이 관여하는 반응이다.
⑤ 혈관 확장을 유발하는 반응이다.

29

인체의 **특이적 면역**에 관한 설명으로 옳은 것은?

① 라이소자임은 특이적 면역 반응에 관여한다.
② 보조 T 세포는 특이적 면역 반응을 조절한다.
③ 염증 반응은 특이적 면역의 한 종류이다.
④ 특이적 면역은 모든 동물에 공통적으로 존재하는 선천성 면역이다.
⑤ 히스타민은 특이적 면역에만 작용하는 화학 물질이다.

30

바이러스에 감염된 세포에서 직접 분비되는 **면역 물질**이나 **면역 단백질**은 무엇인가?

① 히스타민 ② 항체 ③ 라이소자임
④ 보체 단백질 ⑤ 인터페론

31

비특이적 면역계에 포함되지 **않는** 것은?

① 피부와 점막 ② 자연살생 세포
③ 보조 T 세포 ④ 분비액
⑤ 염증 반응

32

보조 T 세포의 도움으로 항원을 제거하는 단백질은 다음 중 무엇인가?

① 인터페론 ② 라이소자임
③ 보체 단백질 ④ 히스타민
⑤ 항체

33

알레르기 반응에 대한 설명으로 옳은 것은?

① 알레르겐에 대해 항체가 과량 만들어졌을 때 나타나는 반응이다.
② 대식 세포의 식세포 작용으로 나타나는 반응이다.
③ 비만 세포에서 히스타민을 과량 방출했을 때 나타나는 반응이다.
④ B 세포는 관여하지 않는, 선천성 면역 반응의 일종이다.
⑤ 염증 반응과 동일한 과정으로 일어나나 항원의 종류만 다르다.

34

> 어떤 남자가 바이러스에 감염되어 독감을 심하게 앓고 있었다. 얼마 후, 목에 연쇄상 구균(strep)이 침투해 목에 심한 통증을 느꼈다. 만일 독감 바이러스에 대한 항체가 남자의 몸에서 만들어졌다면 이 항체는 목에 침투한 연쇄상 구균에도 반응할 수 있을까?

① 그렇다. 모든 B 세포는 모든 병원체와 결합해 제거할 수 있기 때문이다.
② 그렇다. B 세포는 바이러스와 세균 같이 비슷한 병원체에 반응할 수 있기 때문이다.
③ 아니다. B 세포는 바이러스에 대항하고 T 세포가 세균에 대항하기 때문이다.
④ 아니다. 각각의 B 세포는 하나의 항원에 특이적으로 결합, 반응하기 때문이다.
⑤ 아니다. B 세포는 바이러스에 대항하는 항체를 만든 후, 몸 안에서 죽기 때문이다.

35

세포성 면역에 대한 설명으로 옳지 **않은** 것은?

① 대식 세포가 병원체에 감염된 세포를 파괴한다.
② 보조 T 세포가 관여하는 반응이다.
③ 세포독성 T 세포가 바이러스와 결합, 파괴한다.
④ 세포의 증식과 분화 과정을 포함한다.
⑤ 돌연변이나 손상된 세포를 파괴하는데도 쓰인다.

36

세포성 및 체액성 면역의 공통점이 **아닌** 것은? (2개)

① 둘 다 보조 T 세포가 관여하는 반응이다.
② 둘 다 항체가 관여하는 반응이다.
③ 대식 세포의 식세포 작용이 필수적이다.
④ 세포의 활성화와 분화 과정을 포함한다.
⑤ 면역 반응을 통해 기억 세포가 만들어진다.

37

다음 중 면역 세포 중에서 **백신 요법**에 가장 중요한 세포는 무엇인가?

① 보조 T 세포　② 대식 세포
③ 세포독성 T 세포　④ 기억 세포
⑤ 비만 세포

38

후천성 면역 결핍증(AIDS)에 대한 설명을 옳은 것은?

① 에이즈를 일으키는 HIV는 DNA 바이러스이다.
② HIV는 세포 독성 T 세포를 공격한다.
③ 임신한 산모로부터 태아로의 수직 감염은 일어나지 않는다.
④ HIV에 의한 면역 세포의 파괴가 죽음의 1차적 원인이다.
⑤ HIV에 감염되는 면역 세포는 HIV에 대한 수용체를 가지고 있다.

39

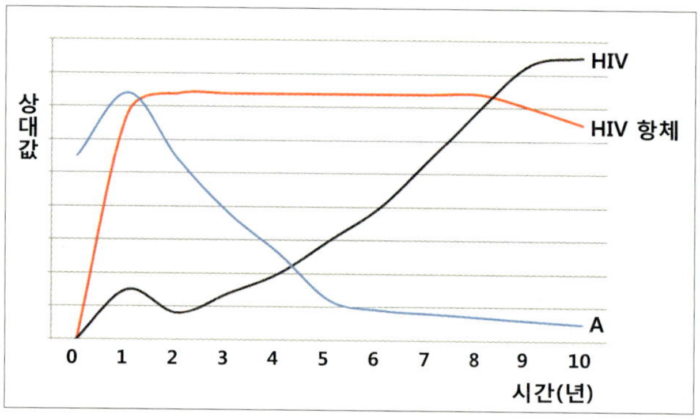

그래프는 HIV 바이러스와 HIV에 대한 항체, 면역 세포 수의 시간에 따른 변화를 나타낸 것이다. A는 어떤 면역 세포인가?

① 보조 T 세포　② 세포 독성 T 세포
③ 형질 B 세포　④ 기억 B 세포
⑤ 조혈 모세포

40

보기의 내용은 미생물의 침입에 대한 체액성 면역의 활성화 과정을 순서 없이 나열한 것이다. 올바르게 재배열하시오.

보기
① 대식 세포의 식세포 작용
② B 세포가 형질 세포와 기억 세포로 분화
③ 사이토카인에 의한 B 세포 활성화
④ 보조 T 세포의 활성화
⑤ 항체 분비

41

그림은 인체의 HIV 감염 후, HIV 개체수, HIV에 대한 항체, 보조 T 세포수에 대한 상대값을 나타낸 것이다. 이에 관한 설명으로 옳은 것은?

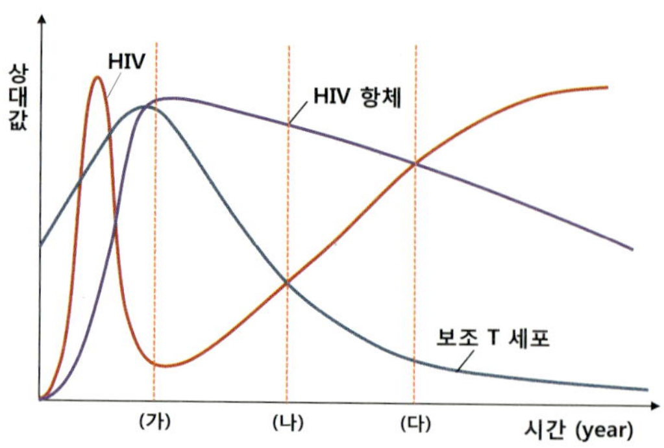

① (가) 이후부터 체액성 면역이 활성화된다.
② (나) 이후부터 세포성 면역이 나타난다.
③ (다)시점 이후부터 면역 결핍이 나타난다.
④ (가) 이후부터 형질 세포가 활성화된다.
⑤ 초기 HIV 수가 감소하는 이유는 보조 T 세포가 HIV를 파괴하기 때문이다.

42

보기에서 바이러스 병원체 침입 후, 이를 제거하기 위한 반응과 관련된 단백질을 모두 고르시오. (3개)

보기
① 보체 단백질　② 인터페론　③ 항체
④ 라이소자임　⑤ 히스타민

43

그림은 항체의 구조를 나타낸 것이다. 이에 대한 설명으로 옳은 것은?

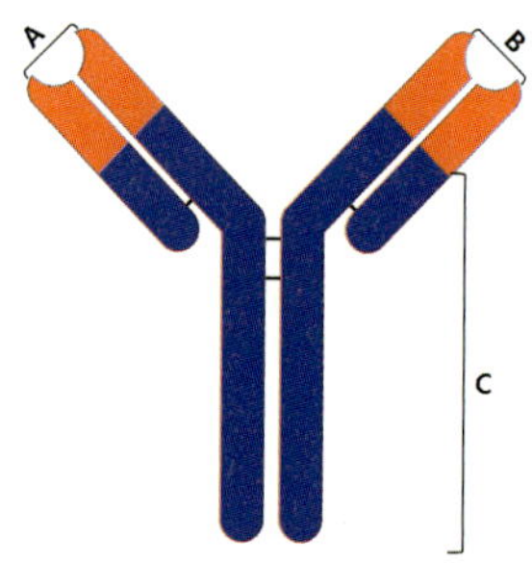

① 한 종류의 폴리펩타이드로 구성되어 있다.
② A와 B는 항원과 직접 결합하는 부위이다.
③ C의 구조는 항체에 따라 매우 다양하다.
④ A와 B의 구조는 서로 다르다.
⑤ 하나의 항체는 2개의 서로 다른 항원과 동시에 결합한다.

44

항체의 구조와 특성에 대한 일반적인 설명으로 옳지 <u>**않은**</u> 것은?

① 두 개의 폴리펩타이드가 연합해 하나의 항체를 구성한다.
② 하나의 항체에는 한 종류의 항원 결합 부위가 있다.
③ 항원과 결합했을 때, 항체는 효소 활성을 나타낸다.
④ 항원 결합 부위의 구조는 항체의 종류에 따라 다르다.
⑤ B 림프구(세포)만이 항체를 생성할 수 있다.

45

항체와 **항원-항체 반응**에 대한 설명으로 옳지 **<u>않은</u>** 것은?

① 항체는 중요 혈장 단백질 중의 하나이다.
② 항체는 병원체에 감염된 B 세포에서 만들어진다.
③ 특정 항체는 특정 항원하고만 결합한다.
④ 체액성 면역에 관여한다.
⑤ 항체의 항원 결합 부위 구조는 항체마다 다르다.

46

항체의 기능에 대한 설명으로 옳지 **<u>않은</u>** 것은?

① 바이러스와 결합하여 이를 분해한다.
② 보체 단백질을 활성화시킨다.
③ 항원과 결합하여 응집 반응을 일으킨다.
④ 세균의 독소와 결합하여 생물학적 기능을 중성화시킨다.
⑤ 용해된 상태의 항원과 결합하여 이를 침전시킨다.

47

체내에서 항원-항체의 결합에 의해 유도되는 반응이 **<u>아닌</u>** 것은?

① 항원의 침전
② 백혈구에 의한 식균 작용
③ 항원의 중성화
④ 보체 단백질의 활성화
⑤ 보조 T 세포의 활성화

48

B 세포에 대한 설명으로 옳지 **<u>않은</u>** 것은?

① 보조 T 세포에 의해 활성화된다.
② 활성화된 B 세포는 형질 세포와 기억 세포로 분화한다.
③ 활성화된 B 세포가 분열하면 유전적으로 다양한 클론이 만들어진다.
④ 하나의 형질 세포는 한 종류의 항체만을 만든다.
⑤ 일부 기억 세포는 평생 유지된다.

49

면역계에서 **가슴샘**의 역할로 옳은 것은?

① 활성화된 B 세포가 형질 세포로 분화, 성숙되는 곳이다.
② 미성숙 림프구가 T 세포로 분화, 성숙되는 곳이다.
③ 염증반응을 일으키는 히스타민이 분비되는 곳이다.
④ 병원체를 포식한 대식 세포가 보조 T 세포와 상호 작용하는 곳이다.
⑤ 세포성 면역 작용이 활발히 일어나는 곳이다.

50

다음 중 보조 T 세포의 기능이 **<u>아닌</u>** 것은?

① 대식 세포와 상호 작용한다.
② B 세포를 활성화시킨다.
③ 세포 독성 T 세포를 활성화시킨다.
④ 사이토카인을 분비한다.
⑤ 기억 세포를 형질 세포로 전환시킨다.

51

다음 중 **자가 면역**과 관련 없는 질환은 무엇인가?

① 루푸스 ② 류마티스성 관절염
③ 제1형 당뇨병 ④ 다발성 경화증
⑤ 알레르기

52

다음 설명에 해당하는 용어를 쓰시오.

이것은 면역 세포가 분비하는 단백질의 총칭이다. 이것은 분비된 후, 분비 세포 자신이나 다른 세포에게 작용해 증식이나 분화 등을 일으킨다. 이것은 무엇인가?

53

후천성 면역 반응이 일어나기 위한 첫 단계는?

① 보조 T 세포에 의한 B 세포의 활성화
② 보조 T 세포에 의한 세포 독성 T 세포의 활성화
③ 비만 세포에 의한 히스타민의 분비
④ 대식 세포에 의한 항원 제시
⑤ 병원체에 감염된 세포의 인터페론 분비

54

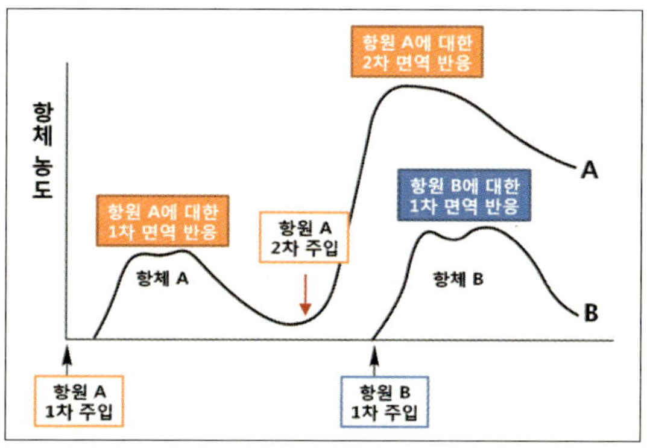

그림은 항원 주입에 따른 항체의 농도 변화를 나타낸 것이다. 항원 A를 2차 주입했을 때 면역 반응이 크게 나타나는 이유로 가장 알맞은 것은?

① 보조 T 세포에 의해 B 세포가 분화되기 때문에
② 기억 세포가 형질 세포로 분화, 증식하기 때문에
③ 세포독성 T 세포에 의해 B 세포가 분화되기 때문에
④ 대식 세포가 항체를 대량으로 분비하기 때문에
⑤ 골수 조혈 모세포가 B 세포로 분화하기 때문에

55

ABO식 혈액형에 대한 다음의 설명으로 옳은 것은?

① 응집원에는 서로 다른 3종류가 존재한다.
② 적혈구 막표면의 항원에 따른 분류 방법이다.
③ 응집소에는 서로 다른 3종류가 존재한다.
④ AB형은 2개의 서로 다른 응집소를 가지고 있다.
⑤ O형의 혈액에는 응집소가 없다.

56

ABO식 혈액형 판정을 위해 다음 표에 +(응집을 의미), -(응집 안 함)를 삽입하여 표를 완성하시오.

혈청	A형	B형	AB형	O형
항 A 혈청				
항 B 혈청				

57

ABO식 혈액형과 수혈에 관한 내용으로 옳은 것은?

① 수혈하는 혈액의 응집원과 수혈받는 혈액의 응집소 관계가 중요하다.
② 수혈하는 혈액의 응집소와 수혈받는 혈액의 응집원 관계가 중요하다.
③ 수혈하는 혈액의 응집원과 수혈받는 혈액의 응집원 관계가 중요하다.
④ O형인 사람은 응집소가 없어 다른 사람에게 소량의 수혈이 가능하다.
⑤ AB형인 사람은 응집원이 없어 다른 사람으로부터 소량의 혈액을 받을 수 있다.

58

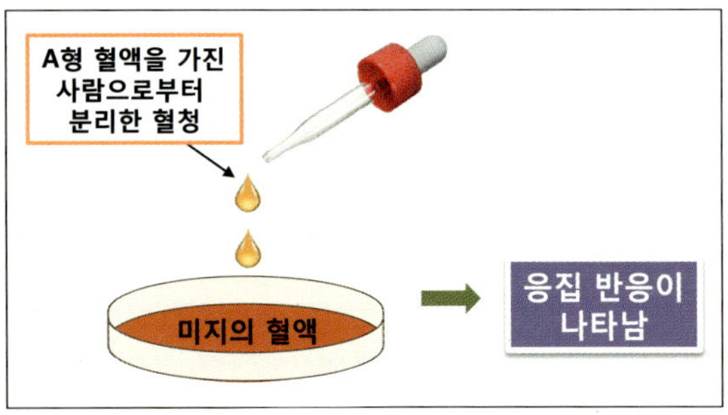

혈액형을 판정하기 위하여 그림과 같이 A형 혈액을 가진 사람의 혈청을 혈액형을 모르는 미지 시료 위에 떨어뜨렸더니, **응집 반응**이 나타났다. 미지 시료의 혈액형은 무엇인가?

① A형 또는 B형
② B형 또는 O형
③ A형 또는 AB형
④ B형 또는 AB형
⑤ AB형 또는 O형

59

위의 그림에서 O형을 가진 사람의 혈청으로 같은 검사를 반복해 응집 반응이 나타났다면, 미지 시료의 혈액형은 무엇이라고 판단되는가?

60

Rh식 혈액형에 관한 내용으로 옳은 것을 보기에서 모두 고르시오. (2개)

보기

① Rh식 혈액형은 적혈구에 있는 Rh 항원의 유무로 판단한다.
② Rh^- 혈액형을 가진 사람의 혈장에는 Rh 항원에 대한 항체가 항상 존재한다.
③ 혈액과 항 Rh 혈청을 섞었을 때 응집 반응이 일어나면 그 혈액은 Rh^-형이다.
④ Rh^-형 혈액을 가진 사람은 Rh^+ 혈액을 가진 사람에게 수혈할 수 있다.
⑤ Rh식 혈액형 판정에서 항 Rh 혈청을 응집원으로 이용한다.

61

다음 표를 보고 갑, 을, 병, 정 네 사람의 ABO형 혈액형과 Rh식 혈액형을 판정하시오. 표에서 +는 응집 반응이 일어나고, -는 응집 반응이 일어나지 않음을 의미한다.

	항 A 혈청	항 B 혈청	항 Rh 혈청	혈액형
갑	+	−	+	
을	+	+	−	
병	−	−	+	
정	−	+	−	

생물과 환경의 상호 관계

01

생물이 생존하는데 있어 견딜 수 있는 환경의 범위를 ______(이)라 하고, 가장 활발하게 활동할 수 있는 환경 조건을 ______(이)라고 한다.

02

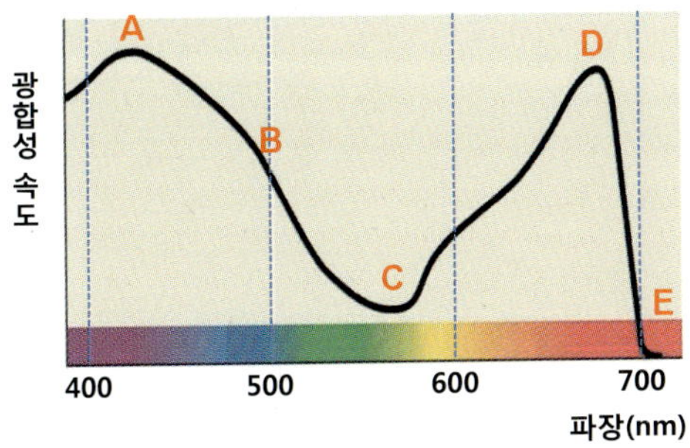

그림은 어느 육상 식물에서 빛의 파장에 따른 광합성 속도를 그래프로 나타낸 것이다. 바닷속에 서식하는 **홍조류**의 경우 A~E 중 어느 파장의 빛을 광합성에 이용하겠는가?

03

생태계를 구성하는 생물적 요인과 그 예를 **잘못** 짝지은 것은?

① 생산자 - 독립 영양 생물
② 소비자 - 종속 영양 생물
③ 분해자 - 독립 영양 생물
④ 생산자 - 식물
⑤ 소비자 - 동물

04

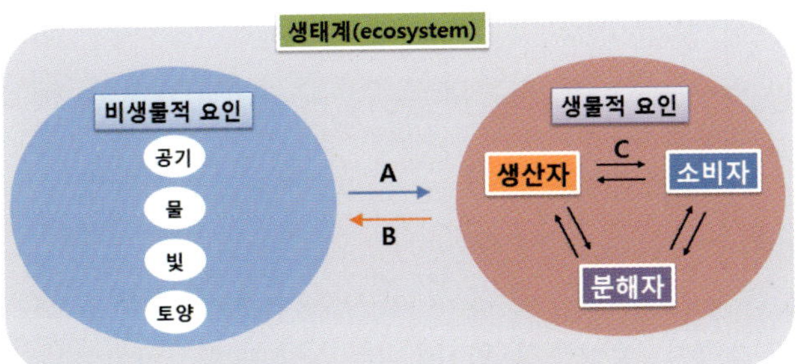

위 그림은 생태계를 구성하는 요소들과 이들 사이의 관계를 나타낸 것이다. A, B, C에 해당하는 알맞은 용어를 쓰시오.

A:

B:

C:

05

다음 중 A의 예에 해당하지 **않는** 것은?

① 양지 식물은 음지 식물보다 잎이 두껍다.
② 토양 미생물에 의해 영양 염류가 풍부하게 된다.
③ 추운 날에는 체내 티록신 분비량의 증가한다.
④ 바다 깊이에 따라 서식하는 해조류의 종류가 다르다.
⑤ 대기오염으로 회색무늬 나방의 개체수가 감소하였다.

06

위의 그림에서 C의 예에 해당하는 것은?

① 애기 장대는 빛에 대해 굴광성을 나타낸다.
② 숲이 울창할수록 숲속의 습도가 높아진다.
③ 육식성 어종이 증가할수록 동물성 플랑크톤의 양이 늘어난다.
④ 지렁이는 토양의 염류 농도는 낮추는 효과가 있다.
⑤ 선인장은 잎이 가시처럼 변해 수분 증발을 최소화한다.

07

다음 중 서로 다른 종(species) 사이의 상호 작용을 나타내는 용어가 **아닌** 것은?

① 분서 ② 포식과 피식 ③ 경쟁
④ 공생 ⑤ 텃세

08

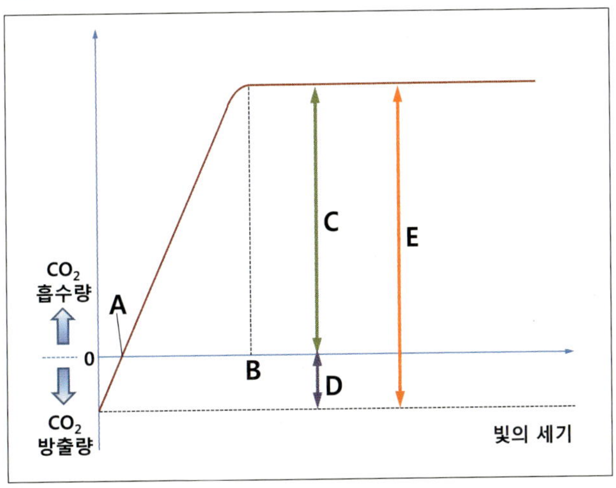

위 그림은 식물에서 일어나는 광합성의 어느 한 특징을 나타낸 것이다. A~E에 대한 설명으로 옳지 **않은** 것은?

① A는 빛의 세기가 약해 광합성이 일어나지 않는 지점이다.
② B점 이상의 강한 빛을 쬐어도 광합성 속도는 증가하지 않는다.
③ C는 순 광합성량을 의미한다.
④ D는 식물의 호흡에 의해 방출되는 CO_2의 양을 의미한다.
⑤ E는 총 광합성량을 나타낸다.

09

09-1 위 그림에서 빛의 세기가 약할 경우, A~E 중 음지 식물에서 x축 또는 y축의 크기가 증가하는 것은 무엇인가?

09-2 그림에서 A와 B점을 각각 무엇이라고 하는가?

10

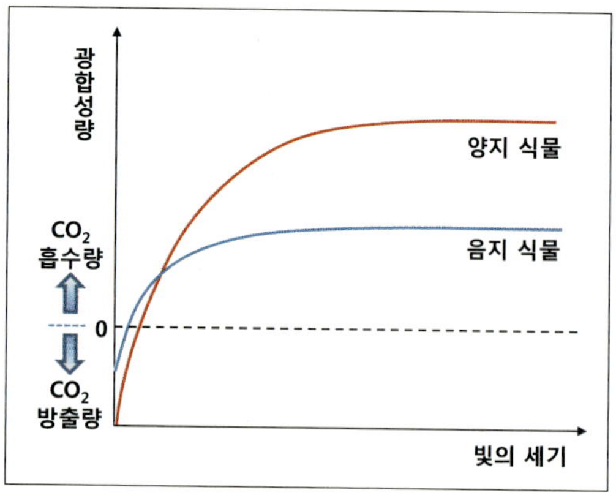

위의 그림은 빛의 세기에 대한 양지 식물과 음지 식물의 광합성량을 비교한 것이다. 이에 대한 설명으로 옳지 **않은** 것은?

① 빛의 세기가 약할 때는 음지 식물의 순광합성량이 양지 식물보다 더 많다.
② 양지 식물은 음지 식물보다 보상점이 더 높다.
③ 보상점 이하의 빛의 세기에서는 양지, 음지 식물 모두 잘 자라지 못한다.
④ 양지 식물은 음지 식물보다 광포화점이 더 낮다.
⑤ 빛의 세기가 약할 때는 음지 식물이 양지 식물보다 잘 자란다.

11

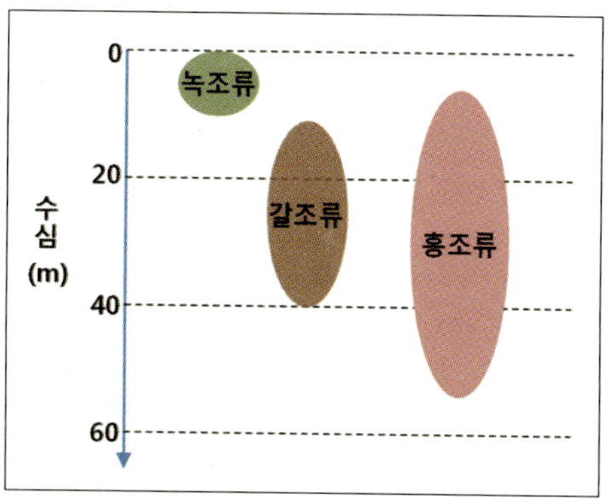

그림은 바다의 깊이에 따른 해조류의 분포를 모식적으로 나타낸 것이다. 이와 같은 생물 서식에 가장 큰 영향을 미치는 요인은 다음 중 무엇인가?

① 바닷물의 온도 분포
② 해수 염분 농도차
③ 수심에 따른 질소원의 변화
④ 수심에 따른 산소 용해도
⑤ 투과되는 빛의 파장

12

온도가 생명체에 미치는 영향을 서술한 것이다. 옳지 **않은** 것은?

① 동물이 겨울잠을 자는 것은 에너지 소비를 줄이기 위한 것이다.
② 가을에 식물이 나뭇잎을 떨어뜨리는 것은 수분 손실을 막기 위함이다.
③ 추운 지역에 사는 동물일수록 몸집이 커져 표면적/체적 비율이 증가한다.
④ 더운 지역에 사는 포유류의 경우 몸의 말단부가 커 열 방출에 유리하다.
⑤ 철새나 어류의 계절에 따른 이동 현상은 온도 변화에 대한 적응이다.

13

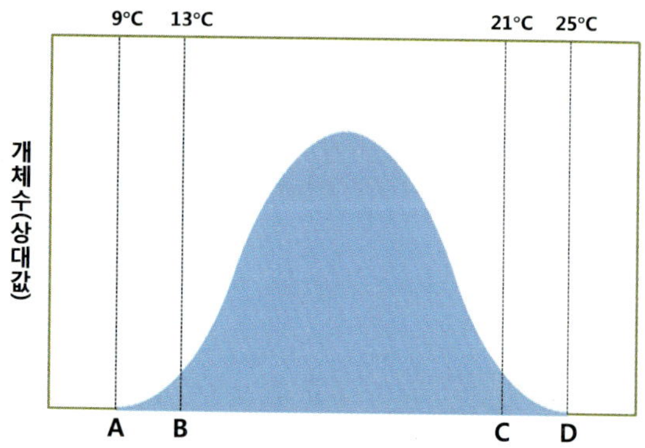

위 그림은 해수 온도에 따른 철갑 상어의 개체수 변화를 나타낸 것이다. 다음 중 옳은 설명은?

① 환경과 생물 사이의 반작용 예에 해당한다.
② 내성 범위는 B~C 사이의 온도(13~21℃)이다.
③ A~D 사이는 철갑 상어의 활동에 필요한 최적 조건이라 할 수 있다.
④ 해수 온도는 철갑 상어의 환경 적응에 대한 한정 요인이 된다.
⑤ 바다의 깊이에 따른 해조류의 분포 변화도 같은 예에 해당한다.

14

생태계에서 개체수의 증가, 감소, 유지 등에 영향을 미치는 생물적, 무생물적 원인을 무엇이라고 하는가?

① 한정 요인　② 내성 범위
③ 최적 조건　④ 상호 작용
⑤ 작용과 반작용

15

비생물적 환경이 생물에 미치는 영향을 조사하기 위해 바다의 수심에 따른 O_2와 CO_2의 용해도를 측정하였다. 바다 생물의 광합성, 호흡과 관련하여 가장 타당한 그래프는 어느 것인가?

①
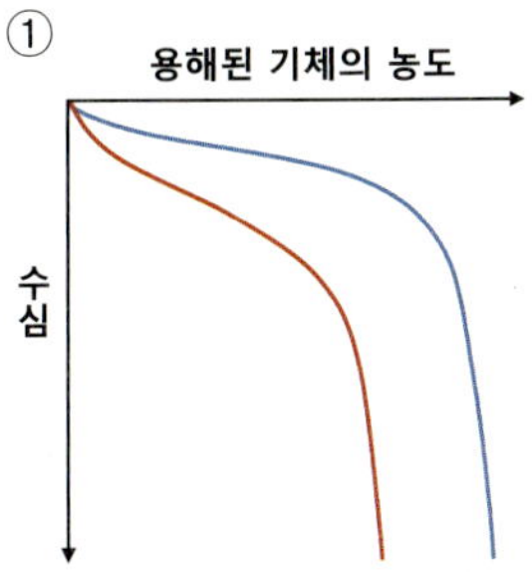

②
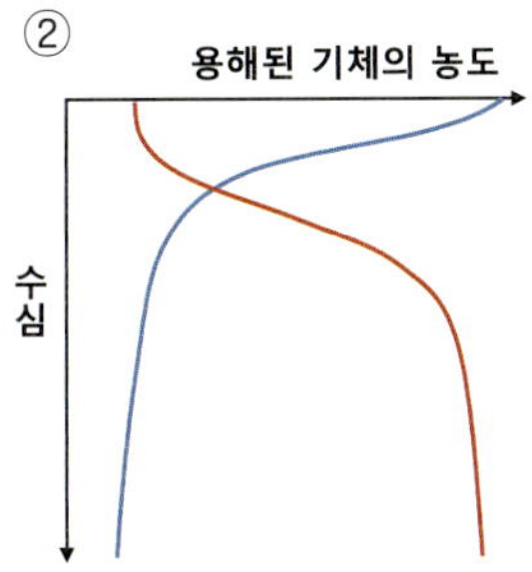

③
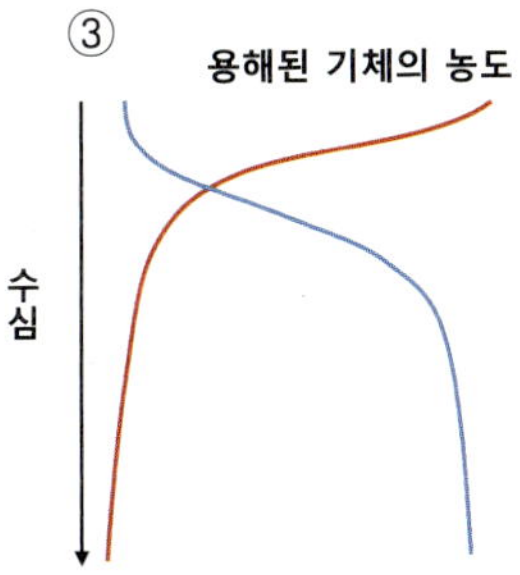

④
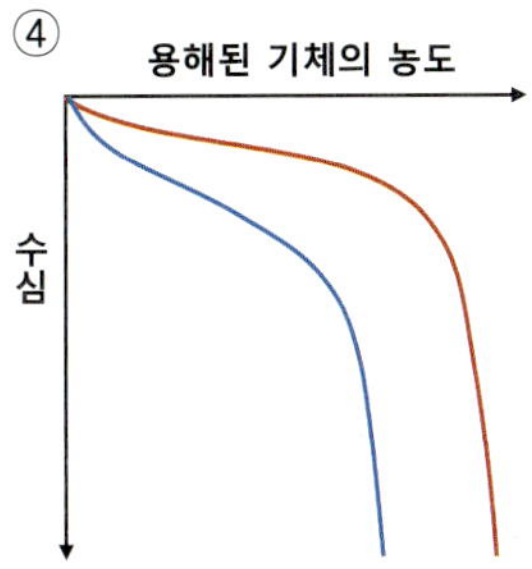

⑤
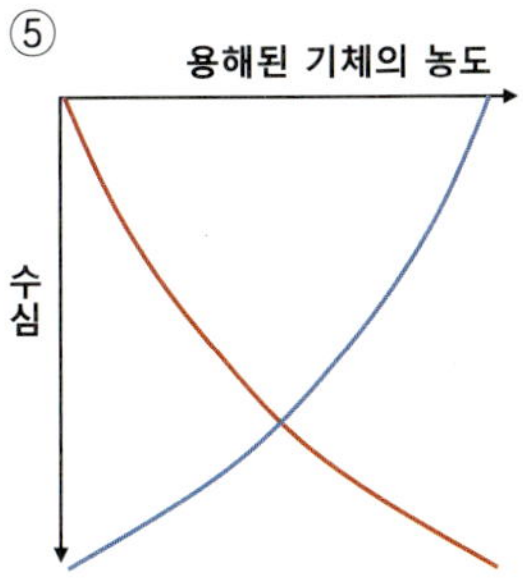

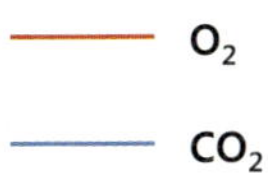

개체군과 군집

01

개체군의 **생장 곡선**이 S자 모양을 보이는 이유는 개체군 밀도의 증가에 따른 먹이와 공간의 부족, 노폐물 증가 등이 생장을 방해하기 때문이다. 이러한 환경의 부정적 영향을 ______(이)라고 한다.

02

개체군 내에서도 생산자, 1차 소비자, 2차 소비자, 최종 소비자 등의 **먹이 사슬** 관계가 형성될 수 있다. (O, X)

03

생산자, 1차 소비자, 2차 소비자 등 먹이 사슬의 각 단계를 ______(이)라고 한다.

04

군집 내에서 개체군 사이의 **상호 작용**으로는 경쟁, 분서, 피식과 포식, 공생 관계 등이 있다. (O, X)

05

경쟁 관계에 있는 두 개체군이 동일한 장소에 서식하게 되면 **분서**의 상호 작용이 나타날 수 있다. (O, X)

06

어떤 섬에 서식하는 동물의 종류를 조사했다. 그 결과 곰, 독수리, 사슴, 고라니, 여우 등이 다수 살고 있는 것으로 밝혀졌다. 이러한 사실을 하나의 용어로 표현하고자 할 때 다음 중 가장 적당한 것은?

① 종(species) ② 개체군 ③ 군집
④ 서식지 ⑤ 생태계

07

어떤 버려진 농장에 서식하는 생물들을 조사한 결과이다: 이 농장에는 잡초가 무성했으며 들쥐, 메뚜기, 거미, 새와 뱀 등이 서식하는 것으로 밝혀졌다. 이 농장의 토양과 풀을 포함하여 열거한 여러 생물 등은 다음 중 무엇의 구성 요소에 해당하는가?

① 종(species) ② 개체군 ③ 군집
④ 서식지 ⑤ 생태계

08

따개비는 혹등고래의 몸에 붙어서 새로운 서식지로 이동하는데 도움을 받는다. 이 과정에서 고래에게는 어떠한 이익이나 손해도 발생하지 않는다. 이 경우 따개비와 고래의 관계를 규정할 수 있는 용어는 다음 중 무엇인가?

① 기생 ② 편리 공생 ③ 상리 공생
④ 상호 작용 ⑤ 분서

09

다음 중 **개체군**의 예로서 가장 알맞은 것은?

① 북아메리카에 서식하는 모든 너구리
② 휴양림 숲 속에 있는 모든 나무
③ 하천에서 살아가는 모든 민물고기
④ 휴양림 숲 속에 서식하는 모든 고라니
⑤ 여의도 공원에 둥지를 튼 모든 새들

10

다음 중 **군집**의 예로서 가장 알맞은 것은?

① 북아메리카에 서식하는 모든 동물 종
② 휴양림 숲 속에서 자라는 모든 식물 개체군
③ 세렝게티 초원에 있는 모든 영양들
④ 호수 안에서 살아가는 모든 민물고기 종
⑤ 여의도 공원에서 살고 있는 모든 곤충들

11

다음 중 **군집**의 예로서 가장 알맞은 것은?

① 서울 지역에 서식하는 모든 비둘기
② 화천강에 서식하는 모든 산천어
③ 지구의 열대 우림에 살고 있는 모든 생명체
④ 독도에 서식하는 식물, 곤충, 설치류와 포식자
⑤ 도심 공원에 살고 있는 개미 집단

12

기생 관계의 예로서 가장 알맞은 것은 다음 중 무엇인가?

① 콩과 식물 뿌리에 서식하는 질소 고정 세균
② 혹등 고래 몸에 붙어 사는 따개비
③ 서식지가 같은 2종류의 짚신벌레
④ 생태계에서 4차 소비자로 살아가는 독수리
⑤ 말라리아를 일으키는 원생동물

13

분서에 대한 설명으로 옳지 **않은** 것은?

① 개체군 내에서 개체 사이의 생존 방식에 해당한다.
② 분서는 생태적 지위가 서로 비슷한 상태에서 발생한다.
③ 먹이나 서식지를 달리해 경쟁을 피하는 방법이다.
④ 한정된 생태 공간 내에서 일어나는 현상이다.
⑤ 생태계 구성 요소들 사이의 상호 작용을 나타낸다.

14

어떤 한정된 공간 안에 여러 종류의 새들이 서식하고 있으나, 이들 사이에 경쟁 관계는 존재하지 않는다고 가정한다. 이러한 새들의 관계를 가장 논리적으로 해석한 것은 다음 중 무엇인가?

① 서식지를 서로 달리 하여 살고 있다.
② 종은 서로 다르지만 새들은 같은 종류의 먹이를 먹는다.
③ 서로 상호 작용이 긴밀하게 이루어지고 있다.
④ 새들 사이의 생태적 지위가 비슷한 상태이다.
⑤ 새들 사이에 포식과 피식 관계가 뚜렷하다.

15

다음 보기에서 개체군 내 개체들 사이의 상호 관계를 나타내는 용어가 아닌 것을 모두 고르시오. (2개)

보기		
① 텃새	② 순위제	③ 분서
④ 포식과 피식	⑤ 사회 생활	⑥ 분업

16

그림은 시간에 따른 개체군 내의 개체수 증가를 나타낸 것이다. A~D의 설명으로 옳지 **않은** 것은?

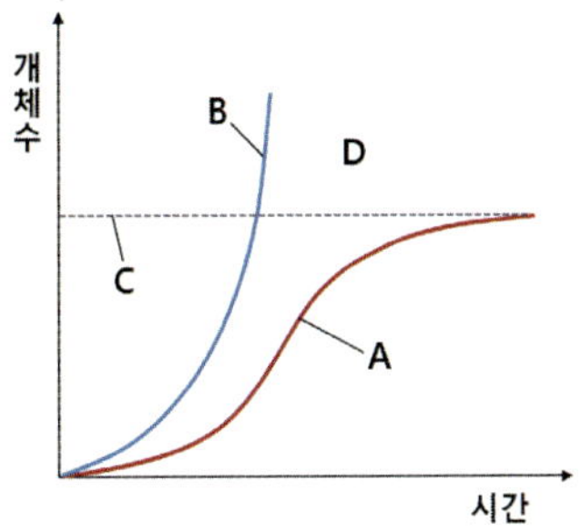

① A는 개체수의 실제 생장 곡선이다.
② B는 개체군의 이론적 생장 곡선이다.
③ C선은 환경이 유지할 수 있는 최대 개체수이다.
④ D 영역은 개체수 증가에 대한 저항 요인이다.
⑤ A가 C에 접근할수록 사망률이 출생률보다 커진다.

17

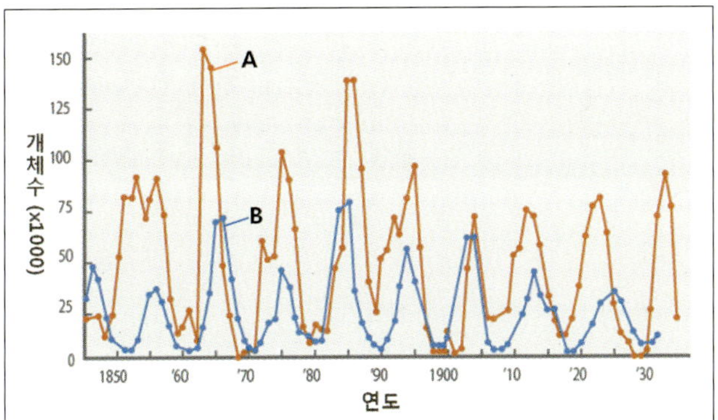

그림은 군집에 서식하는 두 동물 개체군(A와 B)의 개체수 변동을 연도별로 나타낸 것이다. 이에 대한 설명 중 옳은 것을 보기에서 모두 고르시오. (3개)

보기
① A와 B는 서로 경쟁 관계에 있다.
② A는 피식자, B는 포식자이다.
③ B는 A의 천적이다.
④ A와 B의 개체수 변화는 서로에게 영향을 끼친다.

18

그림은 어떤 개체군의 시간에 따른 개체 밀도 변화를 나타낸 것이다. 이 그래프에 대한 해석으로 옳은 것은?

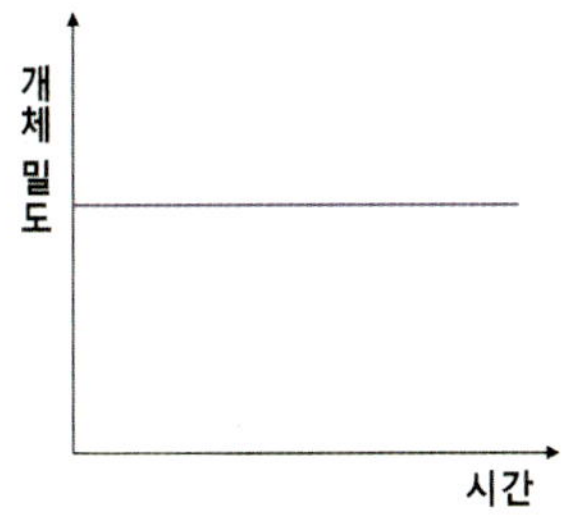

① 개체군의 서식지가 점점 감소하고 있다.
② 개체군이 멸종 위기에 처해 있다.
③ (출생률 + 이입) = (사망률 + 이출) 상태에 있다.
④ 생태계가 환경 수용력 상태에 놓여 있다.
⑤ 출생률과 사망률이 같다.

19

공생에 대한 다음 예시 중 옳지 **않은** 것은?

① 두 종의 개체군이 서로 이익을 주면서 살아간다.
② 한 개체군이 다른 개체군에 붙어 살며 양분을 빼앗는 등 피해를 준다.
③ 하나의 개체군이 다른 개체군을 천적의 공격으로부터 보호한다.
④ 하나의 개체군은 이익을 얻지만 다른 개체군은 이익도 손해도 없다.
⑤ 하나의 개체군은 양분을, 다른 개체군은 서식지를 서로에게 제공한다.

20

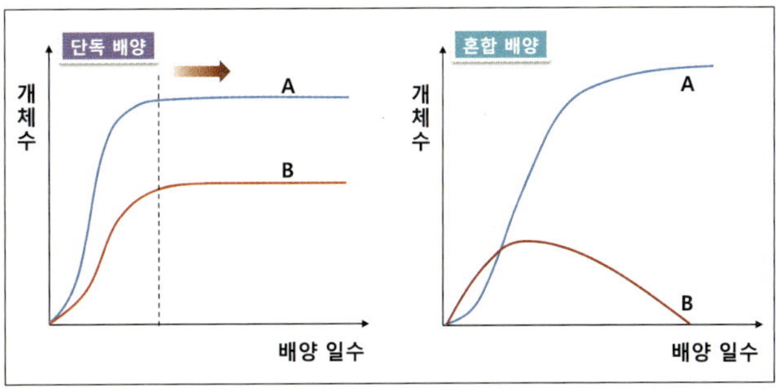

위의 그림은 군집 내 개체군 사이의 상호 관계를 알아보기 위해 두 종류의 개체군 A와 B를 단독 배양과 혼합 배양한 후, 결과를 그래프로 나타낸 것이다. 이에 대한 설명으로 옳은 것은?

① A는 포식자, B는 피식자의 관계이다.
② A와 B는 경쟁 관계에 있다.
③ A는 B보다 생태적 지위가 높은 위치에 있다.
④ A는 B의 천적이라고 할 수 있다.
⑤ A는 B보다 상위의 영양 단계에 있다.

21

위 그래프를 2종류의 서로 다른 짚신 벌레에 대한 배양 결과라고 가정할 때, 다음 설명 중 옳은 것은?

① 2종류의 짚신 벌레는 먹이가 서로 동일하다.
② 위 그래프는 편리 공생의 예라고 할 수 있다.
③ 짚신 벌레 종 사이에 상호작용이 존재하지 않는다.
④ 짚신 벌레는 서로 다른 먹이를 먹고 산다.
⑤ 군집의 1차 천이 현상을 설명하는 예이다.

22

위 그림의 단독 배양 그래프에서 점선으로 표시한 시점 이후부터 개체수 증가가 중단되었다. 그 원인으로 적당하지 **않은** 것을 다음 보기에서 모두 고르시오. (2가지)

보기	
① 먹이의 부족	② 경쟁자 출현
③ 노폐물 증가	④ 서식 공간의 부족
⑤ 돌연변이 발생	

23

어떤 생태계의 먹이 그물이 그림과 같다고 가정할 때, 다음 내용 중 옳지 **않은** 것은?

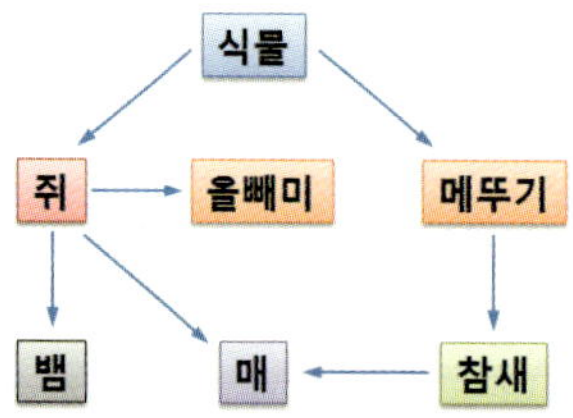

① 메뚜기는 1차 소비자이다.
② 그림에는 3개의 영양 단계만이 존재한다.
③ 쥐와 메뚜기는 같은 영양 단계에 있다.
④ 식물은 생산자이다.
⑤ 뱀과 참새는 이 생태계에서 먹이 지위가 같다.

24

그림은 개체군의 생존 곡선을 A, B, C 세 종류의 유형별로 나타낸 것이다. 다음 물음에 답하시오.

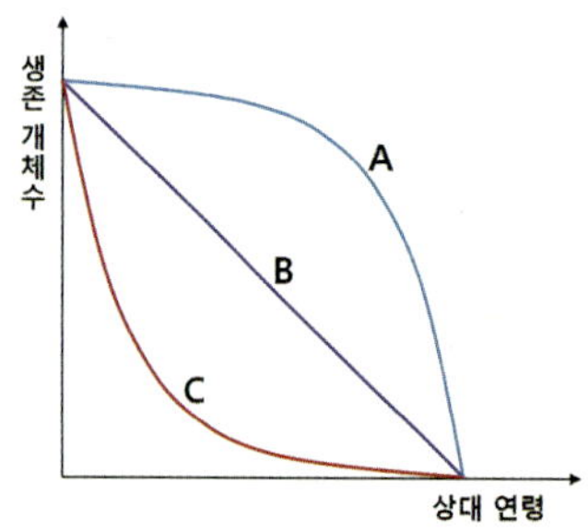

24-1 수생 환경에서 체외 수정을 통해 번식하는 생물종의 생존 곡선은 A~C 중 무엇인가?

24-2 어릴 때 대량 피식으로 사망률이 높은 개체의 생존 곡선은 A~C 중 어느 것인가?

25

위 그래프에서 A~C에 대한 설명으로 옳은 것은?

① 생태적 수명/생리적 수명 비가 제일 큰 것은 A이다.
② B 유형은 출생률과 사망률이 동일한 개체에서 흔히 나타난다.
③ C 유형은 특별한 천적이 없어 포식과 피식 관계가 성립하지 않는다.
④ 인간의 생존 곡선은 B에 해당한다.
⑤ 생태계가 안정될수록 B 유형에 해당하는 개체군이 많이 존재한다.

26

생태적 지위가 비슷한 두 종류의 개체군이 같은 서식지에서 살아갈 때, 발생할 수 있는 현상으로 옳지 **않은** 것을 보기에서 모두 고르시오. (2개)

보기
1. 포식과 피식의 관계가 생겨난다.
2. 둘 중 어느 한 개체군이 멸종할 수 있다.
3. 두 개체군이 평화롭게 공존한다.
4. 분서가 발생할 수 있다.
5. 한쪽의 개체수는 증가하고 다른 한쪽은 감소한다.

① 1, 2 ② 1, 3 ③ 1, 4
④ 2, 3 ⑤ 2, 4

27

다음 중 개체군과 종(species)과의 관계를 올바르게 설명한 것은?

① 개체군은 종에 속하는 부분 집합의 개념이다.
② 하나의 개체군 내에는 여러 개의 서로 다른 종이 존재할 수 있다.
③ 개체군과 종은 같은 개념으로 서로 바꾸어 쓸 수 있는 용어이다.
④ 종은 개체군에 속하는 부분 집합의 개념이다.
⑤ 개체군과 종은 독립적인 개념으로 관계성이 없다.

28

군집 내 개체군의 상호 작용을 연구하기 위하여 쥐 개체군을 세 개의 그룹으로 나누고 각각의 그룹에 서로 다른 세 종류의 진드기를 도입하였다. 2주 후, 쥐 개체군의 특성과 개체수 변화를 관찰하여 다음 표로 나타내었다.

	특성	개체수 변화
그룹 1	건강하고 활동량 증가	증가
그룹 2	변화 없음	변화 없음
그룹 3	병약하고 활동량 감소	감소

그룹 1, 2, 3에서 나타난 진드기와 쥐와의 **상호 작용**을 순서대로 올바르게 나타낸 것은?

① 편리공생-기생-상리 공생
② 상리 공생-편리 공생-기생
③ 상리 공생-기생-포식과 피식
④ 편리 공생-상리 공생-포식과 피식
⑤ 기생-상리 공생-편리 공생

29

고양이가 살지 않는 작은 섬에 집고양이를 옮겨 놓았다. 처음 몇 년 동안 고양이는 섬의 설치류를 잡아 먹으며 개체수가 빠르게 증가하다가 어느 순간 그 증가 속도가 정체에 머물렀다. 이때 섬으로 이주한 고양이에 대한 설명으로 옳은 것은?

① 고양이는 최대 에너지 효율을 가진 영양 단계에 위치해 있다.
② 고양이 개체수는 섬의 환경 수용력에 도달했다.
③ 고양이는 먹이 사슬에서 3차 소비자 단계에 있다.
④ 섬의 생태계는 고양이로 인해 극상을 이루었다.
⑤ 설치류 부족으로 멸종 단계에 들어설 것이다.

30

관찰 햇수 (년)	식물의 개체수/km^2				
	식물 A	식물 B	식물 C	식물 D	식물 E
1	3,825	4,950	553	10	368
2	1,633	2,504	1,325	74	860
3	752	110	2,467	850	1,743

위 표는 오랜 시간 동안 방치된 경작지에서 자라는 식물의 개체 분포를 3년 동안 조사한 후, 얻은 결과이다. 이에 대한 해석으로 옳은 것은?

① 식물 A와 B는 개척자에 속한다.
② 햇수 3년차에 관찰 지역은 극상 상태에 도달했다.
③ 1차 건성 천이가 일어났다.
④ 식물 C, D, 또는 E는 지의류나 선태류이다.
⑤ 환경의 온도 변화로 인해 서식하는 식물의 종류와 개체수 변화가 일어났다.

31

먹이 사슬은 대부분 4~5개의 영양 단계로 구성되며 그 이상을 넘지 않는다. 그 이유로 타당한 것은 다음 중 무엇인가?

① 먹이 사슬에서 상위 단계로 올라가면서 에너지 손실이 발생하기 때문이다.
② 먹이 사슬에서 피식과 포식의 관계가 존재하기 때문이다.
③ 생산자가 언제나 먹이 사슬에서 가장 낮은 단계를 차지하기 때문이다.
④ 소비자들 사이에 경쟁 관계가 있기 때문이다.
⑤ 먹이 사슬에 있는 생물종이 많지 않기 때문이다.

32

천이에 대한 일반적인 설명으로 옳은 것은 다음 중 무엇인가?

① 연못에서 일어나는 습성 천이는 궁극적으로 건성 천이의 극상에 도달한다.
② 2차 천이는 풍화에 의한 토양 생성을 포함한다.
③ 극상에 도달하면 에너지 흐름이 일어나지 않는다.
④ 2차 천이는 인위적으로 일어나며 자연 상태에서는 발생하지 않는다.
⑤ 1차 천이와 2차 천이의 개척자는 동일한 경우가 대부분이다.

33

1차 건성 천이의 **개척자**(pioneer)가 담당하는 역할로 옳은 것은?

① 유기 물질을 분해해 나무가 자랄 수 있는 양분을 제공한다.
② 암석의 풍화를 촉진해 토양 형성을 돕는다.
③ 공기 중의 질소를 고정해 토양에 식물이 자랄 수 있도록 돕는다.
④ 광합성을 통해 영양분을 만들어 상위 영양 단계에게 제공한다.
⑤ 개척자의 사체가 분해자에 의해 분해되어 토양 양분이 증가한다.

34

다음 중 1차 건성 천이 과정을 올바르게 나열한 것은?

① 지의류-선태류-초원-관목-음수림-양수림
② 선태류-지의류-관목-초원-음수림-양수림
③ 지의류-선태류-관목-초원-양수림-음수림
④ 선태류-지의류-초원-관목-음수림-양수림
⑤ 지의류-선태류-초원-관목-양수림-음수림

35

다음 중 1차 건성 천이의 개척자가 나타날 환경으로 가장 알맞은 것은?

① 산불로 잿더미가 된 산허리
② 봄에 눈이 녹아 드러난 산의 초원 지대
③ 오래된 낙엽이 수북히 쌓인 숲속
④ 화산 폭발 후, 용암으로 뒤덮힌 땅
⑤ 퇴적물이 쌓여 육지화된 연못

물질 순환과 에너지 흐름

01

생태계에서 **에너지가 순환하지 않는 이유**는 생태계를 구성하는 생물체들의 호흡으로 생성된 열에너지가 생태계 밖으로 방출되기 때문이다. (O, X)

02

생태계의 에너지 흐름에 있어서, **에너지양과 에너지 효율**은 상위 영양 단계로 올라갈수록 증가한다. (O, X)

03

다음 빈 공란에 알맞은 용어를 써 넣으시오.

> 생산자가 광합성을 통해 생산한 유기물의 총량을 ①______ 이라고 하며, 총광합성량에 해당한다. 이 중에서 생산자의 호흡량을 뺀 나머지를 ②______ 이라고 한다.
> 생산자의 순생산량 중 말라 죽거나 낙엽으로 소실되는 양과 소비자에게 잡아 먹히는 양을 뺀 후, 생산자에 남아 있는 유기물의 양을 ③______ 이라고 한다.
> 현재 식물 군집이 가지고 있는 유기물의 총량을 ④______ 또는 ⑤______ 이라고 한다.

04

다음은 생산자에 의한 물질 생산과 소비를 수학적으로 나타낸 것이다. 옳지 **않은** 것은?

① 순생산량 = 총생산량 - 호흡량
② 생장량 = 순생산량 - (피식량 + 고사량)
③ 섭식량 = 동화량 - 배출량
④ 식물의 생산량 > 동물의 동화량
⑤ 육상 생태계의 순생산량 > 해양 생태계의 순생산량

05

다음의 예 중에서 가장 많은 에너지양을 가지고 있는 영양 단계는 무엇인가?

① 생산자 ② 1차 소비자 ③ 분해자
④ 2차 소비자 ⑤ 3차 소비자

06

다음의 내용 중 생태계의 **탄소 순환**(carbon cycle)에 관한 예로 적절하지 **않은** 것은?

① 식물은 광합성을 통해 대기 중의 이산화탄소를 유기물로 바꾼다.
② 생산자에 의해 동화된 탄소는 소비자로 전달된다.
③ 동·식물의 사체나 배설물 속의 탄소는 분해자의 작용에 의해 환경으로 되돌아간다.
④ 탄소는 탄화 작용으로 화석 연료가 되었다가 연소에 의해 대기 중으로 되돌아간다.
⑤ 대기 중의 이산화탄소는 바닷물에 녹아 저장되거나 바닷물로부터 방출된다.

07

생산자에게 이용 가능한 에너지양이 455,000 kcal/m^2이고 각 영양 단계에서 상위로 올라갈 때마다 90%의 에너지 손실이 일어난다고 한다. 이때 2차 소비자에게로 들어가는 에너지양은?

① 455 kcal/m^2 ② 4,550 kcal/m^2
③ 45,500 kcal/m^2 ④ 500,500 kcal/m^2
⑤ 455,000 kcal/m^2

08

생태학적 용어와 그 정의가 **잘못** 짝지어진 것은?

① **영양 단계**: 생물 군집이 생태계의 먹이 사슬에서 차지하는 위치
② **에너지 효율**: 각 영양 단계로 들어오는 에너지양과 호흡으로 사용되는 에너지의 비율
③ **질소 동화**: 토양의 암모늄 이온, 질산 이온 등이 유기 질소 화합물로 전환되는 작용
④ **에너지 피라미드**: 영양 단계의 에너지양이 상위 단계로 올라갈수록 감소하는 모양
⑤ **부영양화**: 수중 생태계에 유기물이 과량 유입되어 조류가 급속히 자라는 현상

09

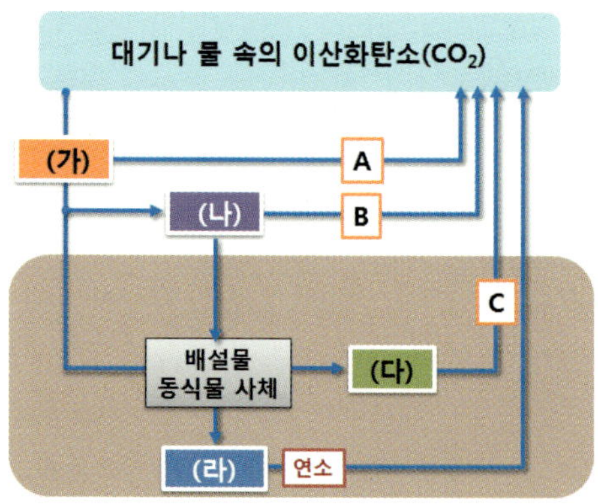

그림은 생태계에서 일어나는 탄소 순환을 나타낸 것이다. 옳은 설명을 보기에서 모두 고르시오. (2개)

> **보기**
> ① (가)에서 (나)로의 탄소 이동은 에너지 흐름을 동반하지 않는다.
> ② (나)는 (가)보다 상위의 영양 단계에 위치한다.
> ③ (가)의 총생산량에서 A의 양을 뺀 나머지를 순생산량이라고 한다.
> ④ (나)가 음식물을 통해 실제 획득한 에너지의 총량을 생장량이라고 한다.
> ⑤ (다)에서 (라)로 전환되는 과정을 동화 작용이라고 한다.

10

위 그림에서 A, B, C에 공통으로 들어갈 용어는 무엇인가?

11

위의 (가), (나), (다), (라)에 알맞은 용어를 쓰시오.

(가): (나):
(다): (라):

12

생태계의 **질소 순환**에서 식물이 직접적으로 이용할 수 있는 질소 형태로 전환되는 과정을 다음 보기에서 모두 고르시오.

보기	
1. 질화 작용	2. 질소 고정 작용
3. 탈질소 작용	4. 질소 동화 작용

① 1, 2 ② 1, 3 ③ 1, 3, 4
④ 2, 3, 4 ⑤ 2, 4

13

질소의 순환 과정에서 생물체에 의한 반응의 종류와 예를 잘못 짝지은 것은?

① 질소 고정: $N_2 \rightarrow NH_4^+$
② 질소 동화: $NO_3^- \rightarrow$ 아미노산
③ 질소 동화: $NO_3^- \rightarrow$ 핵산
④ 탈질소: 아미노산 $\rightarrow NH_4^+$
⑤ 질화 작용: $N_2 \rightarrow NO_3^-$

14

다음 중 뿌리혹 박테리아나 아조토박터(*Azotobacter*) 등의 미생물에 의한 **질소 고정** 과정을 올바르게 나타낸 것은?

① $NH_4^+ \rightarrow NO_3^-$ ② $NH_4^+ \rightarrow NO_2^-$
③ $N_2 \rightarrow NH_4^+$ ④ $N_2 \rightarrow NO_3^-$
⑤ 단백질 $\rightarrow NH_4^+$

15

다음 보기 중 생태계에서 순환하지 않는 것을 모두 고르시오. (2개)

보기		
① 에너지	② 황	③ 인
④ 물	⑤ 이산화탄소	

16

영양 단계와 에너지 흐름에 대한 설명으로 옳은 것은?

① 영양 단계가 올라갈수록 총개체수는 증가한다.
② 상위 영양 단계로 갈수록 총에너지양은 증가한다.
③ 영양 단계에서 분해자가 가장 많은 개체수를 차지한다.
④ 상위 영양 단계로 갈수록 에너지 효율은 증가한다.
⑤ 생산자는 가장 높은 생물 농축도를 나타낸다.

17

2012년 청평 호수에서 잡히는 물고기의 개체수가 2011년에 비해 급격히 감소하는 현상이 발생했다. 이에 정부에서는 조사단을 파견해 그 이유를 파악하도록 지시하였다. 조사단은 여러 가지 실험을 거쳐 청평 호수의 질소 농도가 2011년에 비해 크게 증가한 결과를 얻었다. 이러한 실험 결과는 호수에서 어떤 현상이 벌어졌음을 간접적으로 의미하는가?

① 생물 농축 ② 부영양화
③ 수온 상승 ④ 용존 산소량 증가
⑤ 플랑크톤 농도 감소

18

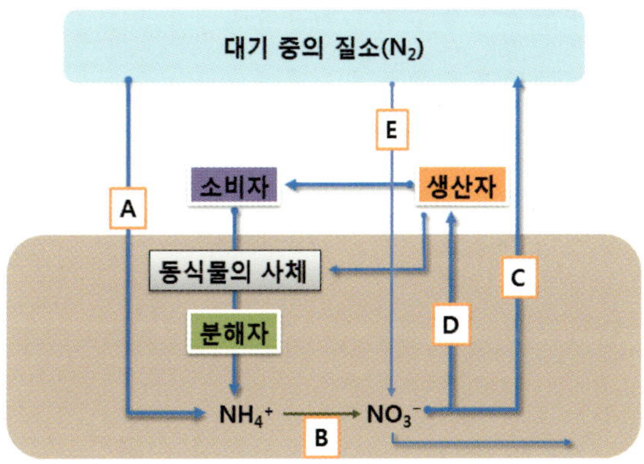

위 그림은 생태계에서 일어나는 **질소 순환 과정**을 나타낸 것이다. 이에 대한 설명으로 옳지 않은 것은?

① A는 질소 고정 작용이며 뿌리혹박테리아 등에 의해 일어난다.
② B는 질화 작용으로 질화 세균에 의해 일어난다.
③ C는 탈질소 작용으로 분해자에 의해 일어난다.
④ D는 질소 동화 작용이며 주로 식물체에서 일어나는 반응이다.
⑤ E는 질소의 산화 반응이며 질소 고정 세균에 의해 일어난다.

19

인간의 활동이 생태계에 미치는 영향에 대한 서술로서 **틀린** 것은?

① 비료의 과잉 사용으로 생물체의 질소 고정 작용이 감소하면서 질소 순환이 깨졌다.
② 인간이 만든 화학물이 상위 영양 단계로 이동하면서 생물 농축 현상이 발생했다.
③ 화석연료의 사용 증가는 온실 효과로 인한 지구 온난화를 가속화하고 있다.
④ 인간의 인위적인 동·식물 개체수 조절로 생태계 먹이그물 평형이 파괴되었다.
⑤ 경작지 확대로 생태계 서식지 면적이 감소하면서 특정 생물종이 멸종되고 있다.

20

그림은 4종류 영양 단계의 생태 피라미드를 나타낸 것이다. 이 중에서 가장 많은 양의 에너지를 저장하고 있는 영양 단계와 가장 많은 생물량, 가장 높은 에너지 효율을 나타내는 **영양 단계**는 각각 무엇인가?

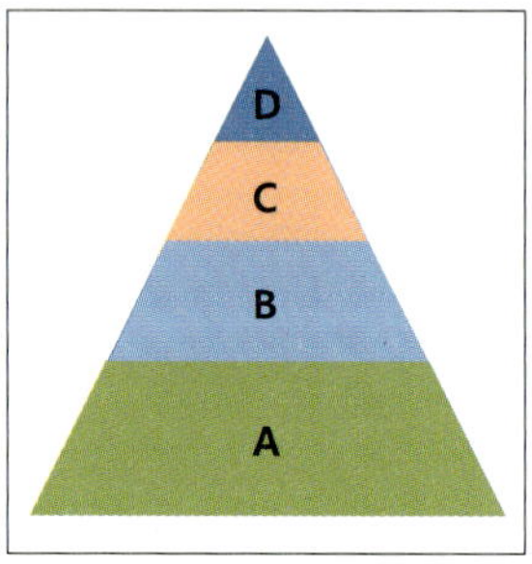

① A-A-A ② A-A-D ③ A-B-C
④ D-D-A ⑤ D-A-A

21

그림은 생태계의 각 영양 단계에 대한 에너지 흐름을 나타낸 것이다. 가장 많은 생물량을 차지하는 영양 단계는 A~E 중 어디인가?

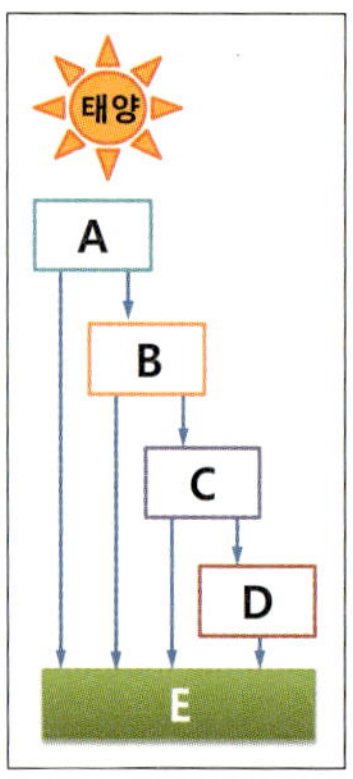

① A ② B
③ C ④ D
⑤ E

22

그림에서 가장 적은 개체수를 가진 영양 단계는?

① A ② B ③ C
④ D ⑤ E

23

다음 중 E 단계에 해당하는 생물종은 무엇이겠는가?

① 세균 ② 뱀 ③ 독수리
④ 소 ⑤ 사람

24

다음 개체 중 생태계에서 **생산자**(producer)의 지위에 있지 **않는** 것은?

① 식물성 플랑크톤 ② 녹조류 ③ 이끼류
④ 균(fungi)류 ⑤ 남세균

25

다음 중 **분해자**(decomposer)의 특징과 일치하는 용어는 무엇인가?

① 1차 생산자 ② 독립 영양 생물
③ 종속 영양 생물 ④ 1차 소비자
⑤ 3차 소비자

26

생물량(biomass)에 대한 설명으로 옳은 것은 다음 중 무엇인가?

① 생물량을 보통 g/m 또는 kg/m 단위로 나타낸다.
② 각 영양 단계의 생물량은 생태 피라미드의 구성 요소이다.
③ 생물량은 특정 지역 안에 있는 생산자의 총 질량을 나타낸다.
④ 일반적으로 소비자의 생물량은 생산자의 생물량보다 훨씬 크다.
⑤ 생물량은 상위 영양 단계로 올라갈수록 증가한다.

27

어떤 생태계 안에 생산자, 1차, 2차, 3차, 4차 소비자 등이 먹이 사슬을 형성해 살고 있다고 가정하자. 상위 영양 단계로 올라갈 때 에너지 효율은 각 단계마다 약 10%로 계산되었다. 그런데, 3차와 4차 소비자 사이에는 약 30%의 에너지 손실이 발생하는 것으로 예측되었다. 그 이유로서 가장 타당한 것은 다음 중 무엇인가?

① 4차 소비자가 경우에 따라 2차와 3차 소비자 둘 다 잡아 먹기 때문이다.
② 4차 소비자가 3차 소비자를 많이 잡아 먹기 때문이다.
③ 3차 소비자가 다른 영양 단계보다 더 많은 양의 에너지를 가지고 있기 때문이다.
④ 4차 소비자가 모든 영양 단계의 개체들을 잡아 먹기 때문이다.
⑤ 3차 소비자가 4차 소비자를 잡아 먹는 경우가 발생하기 때문이다.

28

다음 중 식물의 물질 생산과 가장 거리가 **먼** 용어는 무엇인가?

① 동화량 ② 생장량 ③ 총생산량
④ 생물량 ⑤ 순생산량

29

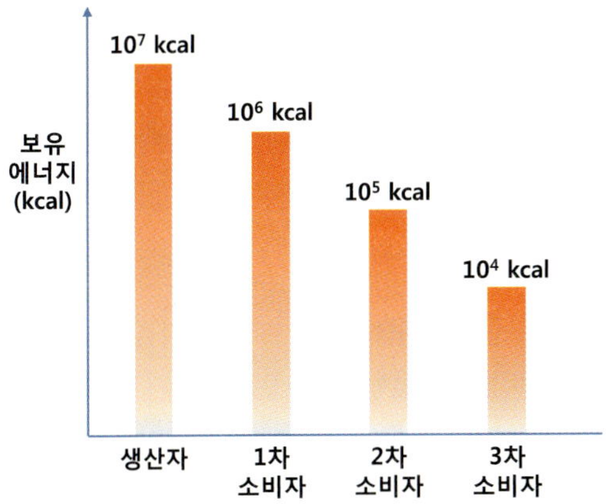

그림은 한정된 생태계에서 생산자와 소비자가 보유한 **에너지양**을 나타낸 것이다. 상위 영양 단계로 이동할수록 보유 에너지가 감소하는 이유는 다음 중 무엇인가?

① 각 영양 단계의 호흡으로 에너지가 일부 쓰이기 때문이다.
② 분해자로 에너지가 대부분 이동하기 때문이다.
③ 에너지가 탄소 순환에 사용되기 때문이다.
④ 에너지가 질소 순환에 사용되기 때문이다.
⑤ 먹이 사슬의 균형이 파괴되었기 때문이다.

30

다음 보기에서 생태계의 에너지 흐름에 관한 설명 중 **틀린** 것을 모두 고르시오. (2개)

보기
1. 생태계에서 생산자가 가장 많은 에너지를 가지고 있다.
2. 생태계에서 에너지는 탄소, 질소와 마찬가지로 순환한다.
3. 생태계에서 상위 영양 단계로 갈수록 에너지 효율은 감소한다.
4. 생태계에서 상위 영양 단계로 갈수록 이동하는 에너지양은 감소한다.

① 1, 2　　② 1, 3　　③ 1, 4
④ 2, 3　　⑤ 2, 4

생물 다양성

01

다음 중 생태계 다양성에 영향을 미치는 비생물적 요인이 **아닌** 것은?

① 연 평균 강수량　② 연 평균 기온
③ 토양의 산성도　④ 천이 단계
⑤ 토양의 수분 함유량

02

생물 다양성(bio-diversity)과 가장 거리가 **먼** 것은 다음 중 무엇인가?

① 생태계 구성 요소들 사이의 다양한 상호 작용
② 생태계를 구성하는 생물 종의 다양성
③ 군집을 형성하는 개체군 종류의 다양성
④ 개체군이 가지고 있는 유전자의 다양성
⑤ 분서를 통한 생물 서식지의 다양성

03

개체군 내의 **유전자 다양성**이 중요한 이유를 보기에서 모두 고르시오. (3개)

> **보기**
> ① 급격한 환경 변화로부터 종을 보존할 수 있다.
> ② 먹이 사슬과 먹이 그물을 다양화하여 생태계 평형을 유지시킨다.
> ③ 환경적 요인에 의해 종 분화가 가능하다.
> ④ 다양한 형태의 진화 과정을 가능케한다.
> ⑤ 생태계의 물질 순환과 에너지 흐름이 원활히 일어난다.

04

다음 내용 중 생물 다양성 감소의 이유로서 타당하지 **않은** 것은?

① 도로 건설 등으로 동물들의 이동 경로에 단절이 생겼다.
② 지구 온난화로 전세계 해수면이 상승하고 있다.
③ 태안 반도의 기름 유출로 갯벌이 황폐화되었다.
④ 식육을 목적으로 미국으로부터 비육우를 대량 수입하고 있다.
⑤ 식량 증산을 위해 전세계에서 제초제를 대량 사용하고 있다.

05

다음 중 생물 다양성 감소와 생물군의 지속 가능성을 위협하는 가장 큰 요인은 무엇인가?

① 서식지 파괴　② 외래종 유입　③ 남획
④ 유전자 변형　⑤ 자연 재해

06

생물 다양성을 보전하기 위한 대책으로 옳지 **않은** 것은?

① 멸종 위기종을 자연으로 방사한다.
② 생태 통로를 건설하여 야생 동물의 이동을 돕는다.
③ 국가간 생물 자원의 교류를 활성화한다.
④ 화석 연료 사용을 줄이고 재생 에너지를 사용한다.
⑤ 멸종 위기종의 유전 자원을 확보한다.

07

1997년 일본 교토에서 합의된 **교토 의정서**와 가장 관계가 있는 내용은 다음 중 무엇인가?

① 생물 다양성 보존
② 지구 온난화 방지
③ 생태계의 지속 가능성 유지
④ 오존층 파괴 방지
⑤ 토양의 사막화 방지

08

오존층 파괴는 지구 생태계를 교란시키고 인류 건강에 심각한 문제로 대두되었다. 오존층 파괴를 방지하기 위한 국제 협약은 다음 중 무엇인가?

① 교토 의정서　② 몬트리올 의정서
③ 생물 다양성 협약　④ 바젤 협약
⑤ 기후 변화 협약

09

그림에 나타난 현상과 가장 밀접한 관련이 있는 용어는 다음 중 무엇인가?

① 유전자 다양성
② 종 분화
③ 종 다양성
④ 진화
⑤ 생태계 다양성

생명 현상의 특성

01 정답: ③

식사 후, 인슐린 농도가 급격히 증가했다가 서서히 감소하는 이유는 식사로 인해 증가한 혈액 내 포도당의 농도(혈당량)를 일정하게 유지하기 위함이다. 인슐린은 혈액 내 증가한 포도당 농도에 의해 이자(췌장)의 β-세포에서 합성, 분비된다. 따라서 그래프는 **항상성 유지**를 위한 생리 현상의 예라고 할 수 있다.

02 정답: ④

항상성 유지를 위해 세포의 형태 변화가 일어날 수는 있으나 이러한 변화가 항상성 유지 사이와 언제나 밀접한 관계가 있는 것은 아니다. 또한, 환경 변화에 대해 비교적 긴 시간에 걸쳐 항상성 유지가 일어날 수 있으나 체온 조절, 혈당량 조절 등과 같이 대부분 즉각적으로 짧은 시간 내에 반응이 나타난다.

03 정답: ④

유전은 부모 세대의 유전 정보가 다음 세대로 전해지는 것이고, **생식**은 유전을 통해 부모 세대와 닮은 자손이 만들어짐을 의미한다. 그림은 바이러스의 일종인 박테리오파지(bacteriophage) 유전 정보인 DNA가 숙주 세포로 들어간 후, 숙주 세포의 물질과 대사 과정을 이용해 다량의 박테리오파지가 복제되는 과정을 보여주고 있다.

04 정답: ①

발생은 수정란의 세포 분열을 통해 세포의 수가 증가하고 구조와 기능이 다양해지는 과정을 의미한다. 따라서 발생에는 기본적으로 세포의 개념이 필요하며 또한 다세포 생명체에 적용되는 용어이다. 바이러스는 생물과 무생물의 중간체에 해당하며 세포의 구조와 세포 수준의 물질대사와 생명 현상을 나타내지 않는다.

05 정답: ⑤

박테리오파지는 분열법으로 증식하는 것이 아니라, 숙주 세포 내에서 합성된 파지 자신의 유전 물질(DNA)과 단백질 껍질의 **재조합**을 통해 증식한다. 그림의 설명을 통해 DNA가 박테리오파지의 유전 물질임을 보여주고 있으나 만일 이러한 설명이 없다면 증식 과정만으로 파지의 유전 물질이 실제 무엇인지(DNA 또는 RNA) 알기는 어렵다. 참고로 바이러스는 가지고 있는 유전 물질의 종류에 따라 DNA 바이러스 혹은 RNA 바이러스로 나뉜다. 또한, 그림에서 직접적인 물질 대사 과정이 나타나 있지는 않지만 유전 물질이 복제되고 파지의 단백질 껍질이 만들어지는 모든 과정이 물질 대사에 해당한다.

06 정답: ②

진화는 생명 과학II에서 자세히 다루고 있는 내용이나, 생물학에서 가장 중요한 개념 중 하나이다. 진화는 개체 변이(동일한 종의 개체들이 가지고 있는 유전체의 차이)→생존 경쟁→적자생존→자연선택 등의 순서로 이루어진다. 즉, 환경에 가장 적합한 유전 정보를 가진 개체가 생존 경쟁에서 살아남아 새로운 종(species)으로 발전한다는 개념이다. 그림에서와 같이 항생제에 저항력을 가진 개체는 생존 경쟁에 있어 우월한 위치를 차지하며 이전 세대와는 다른 종으로 진화한다.

07 정답: ①

DNA는 모든 생명체의 생명 현상을 주관하는 핵심 물질이라 할 수 있다. 또한, DNA는 유전 물질로서 생명체의 생식과 유전을 가능케 한다. 즉, 생명체는 DNA를 통해 생명 현상을 유지하고 종으로서 존재할 수 있다. 자극에 대한 반응, 항상성 유지, 동화 작용 등도 모두 DNA가 담고 있는 정보와 기능을 통해 이루어지나 DNA와 가장 관련이 깊은 생명 현상은 **유전**이다.

08 정답: ②

세포 호흡은 유기 호흡(산소를 전자의 최종 수용체로 사용하여 영양분에 들어있는 에너지를 화학 에너지(ATP) 형태로 전환하는 화학 반응)과 무기 호흡(발효)으로 나뉜다. 세포는 유기 호흡을 통해 영양물질에 들어있는 에너지를 최대한으로 이용할 수 있으나, 모든 생명체들이 유기 호흡으로 에너지를 얻는 것은 아니며 무기 호흡 작용으로 에너지를 충당하는 생명체(예: 혐기성 세균)들도 많이 존재한다.

09 정답: ③

되먹임 저해(feedback inhibition)는 화학 반응을 조절하기 위해 생명체가 고안한 대표적 장치라고 할 수 있다. 즉, 반응의 최종 산물 농도가 필요 이상으로 증가하면 이것이 저해제로 작용해 처음 시작 반응을 간섭(저해)한다. 되먹임 저해를 통해 화학 반응의 속도와 생성물(product) 농도를 조절할 수 있다.

10 정답: ③, ⑤, ⑥

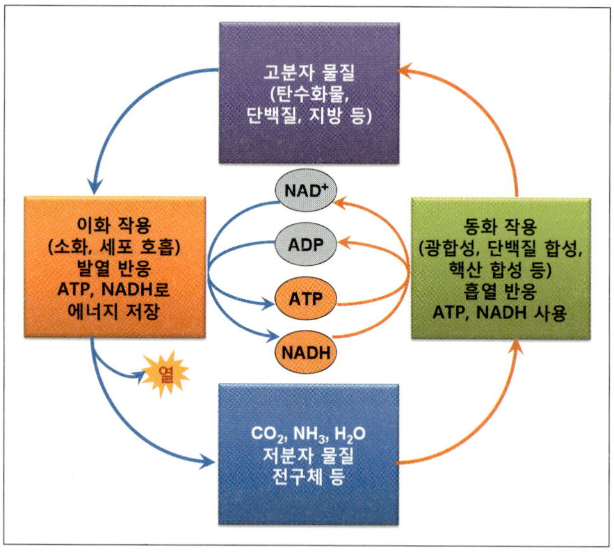

이화 작용은 동화 작용과 반대의 개념으로서 세포 내에서 비교적 큰 분자가 작은 분자로 분해되는 과정을 말한다. 효소의 작용으로 물질이 산화되는 반응이며 이때 에너지가 생성되는데(발열 반응) 세포는 이것을 화학 에너지(ATP) 형태로 전환한 후, 생명을 유지하는데 다시 사용한다. 따라서 이화 작용과 관계없는 것은 흡열 반응, 광합성(태양 에너지를 이용하여 ATP를 생성하고 이를 다시 포도당 합성에 이용하는 일련의 과정), 단백질 합성 등이다.

11 정답: ⑥

대사(metabolism)는 크게 이화 작용과 동화 작용으로 나뉜다. 세포는 물질대사를 통해 생명 현상을 유지하는데 필요한 에너지를 만들며, 이 에너지를 다시 세포를 구성하는 단백질, 핵산, 지질 등의 합성에 이용한다. 따라서 대사는 다른 생명 현상이 일어나고 유지되는데 필수적인 요소이며 모든 생명 현상에 있어 선행되어야 한다.

12 정답: ③

세포 호흡은 이화 작용을 통해 영양물질을 산화시키는 일련의 과정이며 산소를 이용하는 유기 호흡과 산소를 이용하지 않는 무기 호흡으로 나뉜다. 세포 호흡은 동·식물 세포를 포함, 모든 세포에서 일어나는 생명 현상이다(따라서 세포 호흡이라고 명명). 유기 호흡의 경우 산소는 최종 전자 수용체로 작용하며 영양물질로부터 전자를 받아 물(H_2O)로 전환된다.

13 정답: ①

모든 세포는 물질대사(이화 작용과 동화 작용)를 통해 생명 현상을 유지할 수 있다. 물질대사는 모든 생명 현상이 일어날 수 있는 이유이며 생명체의 생존에 절대적 필수 요소이다.

생물체를 구성하는 기본 물질

01 정답: 1 (X), 2 (X), 3 (O), 4 (X), 5 (O)

1. 인체를 구성하는 원소 중 산소가 가장 많은 비율(약 65%)을 차지한다.
2. 물 분자 사이에는 수소 결합이 존재하며 이를 통해 물의 응집력이 발생한다.
3. 인체를 구성하는 유기 화합물 중 단백질이 가장 큰 비중(약 15%)을 차지한다.
4. 무기 염류는 이름에서도 알 수 있듯이 유기 화합물(탄소 화합물)에 속하지 않는다.
5. 단백질, 핵산, 다당류는 고분자 물질이며 수많은 저분자 물질이 서로 연합한 형태이다.

단백질은 아미노산, 핵산은 뉴클레오타이드, 다당류는 단당류가 서로 결합하여 만들어진다. 탄수화물은 단당류와 다당류, 모두를 포함하며 지질도 저분자와 고분자 물질을 포함한다. 따라서 일부 참고서에서 탄수화물과 지질을 고분자 물질로 분류하고 있는데 이는 잘못된 것이다.

02 정답: **수소 결합**

03 정답: **아미노산**(amino acid)

04 정답: **펩타이드**(peptide)

05 정답: **물질 대사**

06 정답: **2차 구조**

07 정답: X

단백질의 구성 원소에는 **인**(P)이 없으며 뉴클레오타이드와 이를 구성 재료로 사용해서 합성된 **핵산**(DNA, RNA)에 존재한다.

08 정답: X

핵산은 세포의 **유전 정보를 저장, 전달하는 기능**을 가지고 있으며 에너지 저장 기능은 없다.

09

9-1: 수소 결합 9-2: O

10 정답: O

분자 내부적으로 염기 사이에 수소 결합을 형성하는 RNA 종류(예: tRNA와 일부 rRNA)도 있으나 일반적으로 RNA에는 염기 사이의 수소 결합에 의한 이중 구조는 존재하지 않는다.

11 정답: X

이화 작용은 분자량이 큰 물질을 간단한 물질로 분해하는 과정이며 에너지가 **방출**된다.

12 정답: **글리코사이드**(glycoside)

13 정답: **핵산, 뉴클레오타이드**

14 정답: X

물은 유기물이 아니다.

15 정답: X

갈락토스(galactose)는 **단당류**이다.

16 정답: X

셀룰로스(cellulose)를 섬유소라고 한다.

17 정답: ②

인체를 구성하는 원소의 비율은 산소(O)가 가장 크며 다음으로 탄소(C), 수소(H), 질소(N), 칼슘(Ca) 등의 순서이다. 따라서 보기에서는 ② 나트륨의 구성 비율이 가장 적다.

18 정답: ③

그림에서 A는 단백질, B는 RNA이다. 생체 내 화학 반응은 모두 효소의 촉매 작용으로 발생하는데 효소 대부분은 단백질로 구성되어 있으며 극히 일부(약 1% 미만)는 RNA가 효소로서 작용한다. 단백질은 대부분 특징적인 3차원적 구조(입체 구조)로 되어 있으나 RNA는 이와 반대로 일부만 입체 구조를 가질 뿐 대부분은 부정형의 구조(random structure)를 나타낸다. RNA의 주된 기능 중 하나는 유전 정보의 전달이다.

19 정답: ①

유기물 또는 **유기 화합물**은 탄소 원자를 기본 골격으로 사용하여 만들어진 화합물을 통칭해서 부르는 용어이다. 유기물의 종류에 따라 탄소 이외에 산소, 질소, 황 등을 포함하기도 하는데 모든 유기물에서 나타나는 공통적인 특성은 아니다. 따라서 정답은 ①이다.

20 정답: ②

단백질의 **1차 구조**(아미노산의 배열 순서)가 2차(α-나선구조, β-병풍 구조 등), 3차 구조(입체 구조) 등을 결정한다. 보기의 예에서 ③여러 개의 폴리펩타이드 결합은 단백질의 4차 구조를 의미하며 ①펩타이드 결합의 개수 또한 단백질의 3차 구조와 연관은 있으나 입체 구조를 결정하는 요인은 아니다.

21 정답: ⑤

아미노산은 기본적으로 탄소(C), 수소(H), 산소(O), 질소(N) 등의 원소로 구성되며 일부 아미노산 (시스테인, 메싸이오닌)은 황(S)을 원소로 포함한다. 질소는 아미노산과 핵산 등에는 풍부하나 탄수화물에는 존재하지 않는다. (참고로 질소 성분을 포함하는 탄수화물 유도체가 일부 존재한다. 그러나 고등학교 수준에서 질소가 탄수화물의 일반적인 원소라고 하지 않는다.)

22 정답: ③, ⑥

그림은 **아미노산** (알라닌)의 화학 구조를 나타낸다. 아미노산은 효소를 포함하는 모든 단백질 합성의 기본 재료이며 따라서 단백질성 호르몬(예: 인슐린)을 만드는데도 쓰인다.

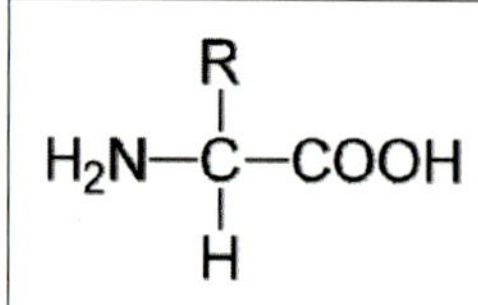

아미노산의 화학구조

글리코젠은 포도당이 집합적으로 연결된 다당류이기 때문에 아미노산을 재료로 사용하지 않으며 DNA는 뉴클레오타이드를 기본 재료로 사용한다. 문제에서 Na^+-K^+ 펌프 또한 단백질로 구성된다. 또한, 세포막에는 많은 양의 단백질이 존재한다.

23 정답: ⑤

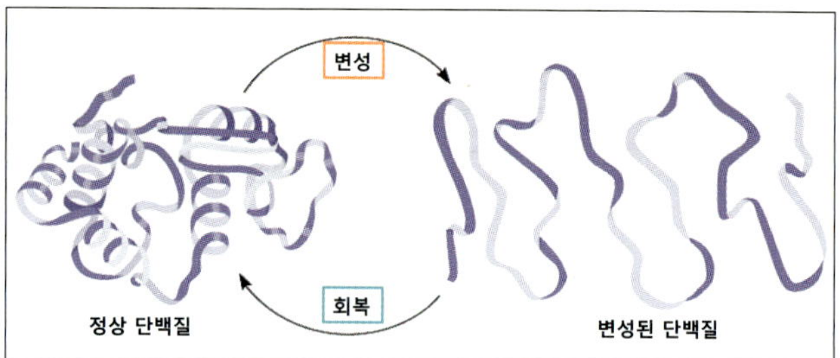

그림은 열에 의한 달걀 단백질의 **변성**을 보여주고 있다. 단백질은 일단 변성이 되면 입체 구조가 파괴되어 활성과 기능을 상실하게 된다. 또한, 대부분의 단백질 변성 과정은 비가역적이어서 변성 후, **회복**이 불가능하다. 그러나 단백질이 변성되더라도 1차 구조(아미노산 서열)는 변하지 않는다.

24 정답: ④

인(P)은 아미노산을 구성하는 원소가 아니다. 모든 단백질의 아미노산 배열 순서는 유전자의 염기 서열(또는 뉴클레오타이드의 배열 순서)에 의해 결정된다는 점을 반드시 알고 있어야 한다. 따라서 단백질의 기능과 생명체 내 역할은 유전자의 의해 결정된다.

25 정답: ①

단백질, 핵산 등은 고분자로서 분자량이 매우 크나 **친수성**을 띤 물질을 포함하고 있어 물에 대한 용해도가 높아 잘 용해된다. 예를 들어 효소는 단백질 성분으로 구성되며 물에 용해된 상태에서 화학 반응을 촉매한다. 그러나 모든 단백질이 물에 용해되는 것은 아니며, 세포막에 존재하는 단백질이나 효소는 **소수성**을 나타내며 지질에 용해된 상태로 반응을 촉매하거나 기능을 발휘한다.

26 정답: ②

아미노산이 서로 연결되면 **펩타이드 결합**(peptide bond, -CONH-)이 생긴다. 따라서 아미노산 개수를 알기 위해서는 펩타이드 결합을 파악하면 된다(아미노산 개수=펩타이드 결합+1). 그림에서 펩타이드 결합의 개수는 모두 3개이다. 그러므로 아미노산 개수는 4이다.

27 정답: ①

아미노산 개수=펩타이드 결합+1이다. 또한, 아미노산 결합이 생성될 때 1분자의 물이 탈락하며 단백질(또는 펩타이드)은 아미노기($-NH_2$)와 카복시기(-COOH)를 포함한다.

28 정답: ④

그림에서는 4개의 펩타이드 결합이 존재한다. 따라서 아미노산 개수는 모두 5개이며 서로 다른 화학 구조의 곁사슬(side chain)을 가지고 있다. 또한, 그림은 펩타이드의 1차 구조(아미노산 서열)만이 나타나 있으며 2차, 3차 구조(입체 구조)를 알 수는 없다. **트라이펩타이드**는 3개의 아미노산이 연결되어 만들어진다.

29 정답: ①

폴리펩타이드는 아미노산이 1차원적으로 연결된 사슬 형태이다. ②는 단백질의 4차 구조를, ③은 핵산, ④는 이당류나 다당류 등을 설명한 내용이다. 폴리펩타이드는 일반적으로 탄소(C), 질소(N), 수소(H), 산소(O) 등의 원소를 가지고 있으나 인(P)은 포함하지 않는다. 인을 포함하는 대표적인 생체 물질은 뉴클레오타이드이다.

30 정답: ④

폴리펩타이드가 서로 연합하여 단백질의 4차 구조를 형성하며 α-나선구조, β-병풍 구조 등은 단백질의 2차 구조를 의미한다. 모든 단백질이 4차 구조를 형성하는 것은 아니며 헤모글로빈은 4차 구조에 의해 기능을 나타내는 대표적인 예라고 할 수 있다. 따라서 (가)는 4차구조, (나)는 2차 구조에 해당한다.

31 정답: ②

α-나선구조, β-병풍 구조 등은 단백질의 2차 구조를 의미한다.

32 정답: ③

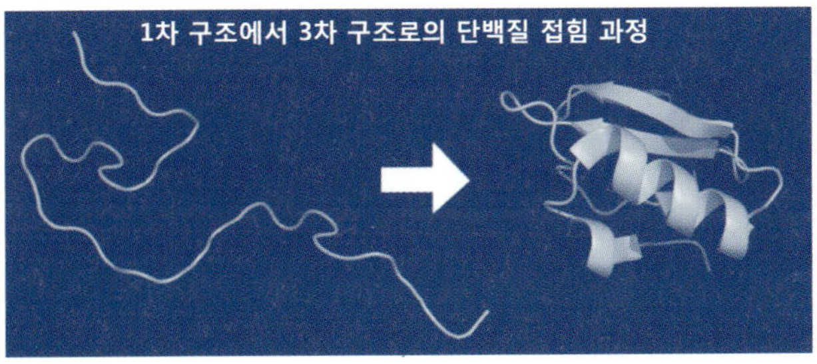

단백질의 3차 구조는 아미노산이 연결된 폴리펩타이드 사슬이 공간 상에서 어떠한 형태로 접혀있는지를 의미하는 **입체구조**이다. ①은 단백질의 1차 구조, ②는 2차, ③은 3차, ④는 헤모글로빈 등에서 관찰 할 수 있는 4차 구조를 나타낸다. ⑤의 뉴클레오타이드 배열 순서는 단백질의 구조와는 상관 없으며 DNA나 RNA 등의 핵산에서 중요한 의미를 가진다.

33 정답: ①

황(S)은 아미노산을 구성하는 원소이기 때문에 단백질, 펩타이드 등에서는 쉽게 발견되나 핵산에는 존재하지 않는다. 또한, 핵산을 구성하는 **인(P)**은 아미노산에 없는 원소이다. 이러한 구성 원소의 차이는 단백질과 핵산의 기능과 세포 내 역할 차이를 규명하는데 이용되고 있다. 그러나 모든 아미노산이 황 성분을 포함하는 것은 아니며 **시스테인**, **메싸이오닌** 등에서만 발견된다.

34 정답: ④

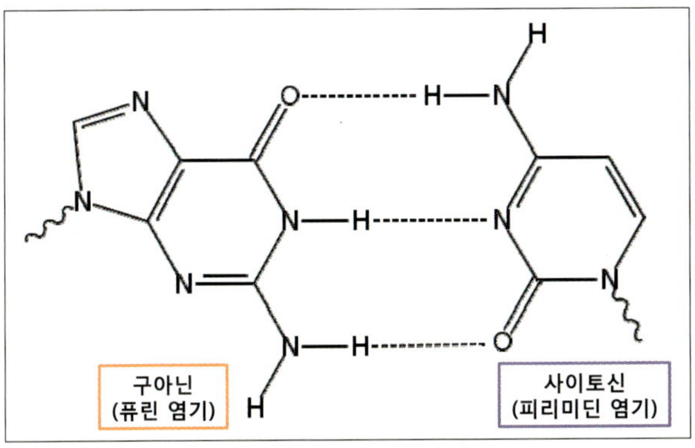

피리미딘(pyrimidine)은 화학적으로 육각형의 단일 고리 구조를 의미한다. 피리미딘으로 구성된 염기에는 사이토신(C), 티민(T), 우라실(U) 등이 있다. 반면, 아데닌(A), 구아닌(G)은 퓨린(purine) 구조를 가진다.

35 정답: ③

DNA에는 아데닌(A)과 티민(T), 구아닌(G)과 사이토신(C)이 수소 결합으로 염기쌍을 형성하고 있다. 그러므로 A/T, G/C, (A+C)/(G+T), (A+G)/(C+T) 등의 비는 모두 1이다.

36 정답: ④

그림에서 A와 B는 2개의 수소 결합을, C와 D는 3개의 수소 결합을 형성하고 있다. 그러므로 A는 아데닌, B는 티민, C는 구아닌, D는 사이토신 염기임을 알 수 있다. 그림에서 A와 C는 퓨린 염기이며 B와 D는 피리미딘 염기이다. 또한, DNA를 구성하는 5탄당(그림에서 E)은 디옥시리보스(또는 데옥시리보스)이다.

37 정답: 50%

아데닌(A)의 비율이 24%이면 티민(T)도 24%이다. 나머지 52%는 구아닌(G)과 사이토신(C) 염기쌍이 차지한다. 그러므로 구아닌의 비율은 26%이며 아데닌과 구아닌을 합친 50%는 퓨린 염기가 차지하는 비율이다.

38 정답: 26%

아데닌의 비율이 24%이면 티민도 24%이다. 나머지 52%는 구아닌과 사이토신 염기쌍이 차지한다. 그러므로 구아닌의 비율은 26%이다.

39 정답: ③

	DNA	RNA
분자 구조	이중 나선	단일 가닥(사슬)
5탄당	리보스	디옥시리보스
역할(기능)	유전정보의 저장	유전정보의 전달
구성 염기	A, T, G, C	A, U, G, C
구성 원소	C, H, O, N, P	C, H, O, N, P

40 정답: ④

우라실은 염기의 일종으로 RNA에는 존재하나, DNA에는 없다. 반면 티민은 DNA에는 존재하나 RNA에는 없다. 또한, 디옥시리보스 (또는 데옥시리보스)는 DNA를 구성하는 5탄당이나 RNA는 리보스가 이를 대신한다. 문제의 예에서 인산기, 사이토신(C), 염기 등은 공통으로 존재한다.

41 정답: ①, ③

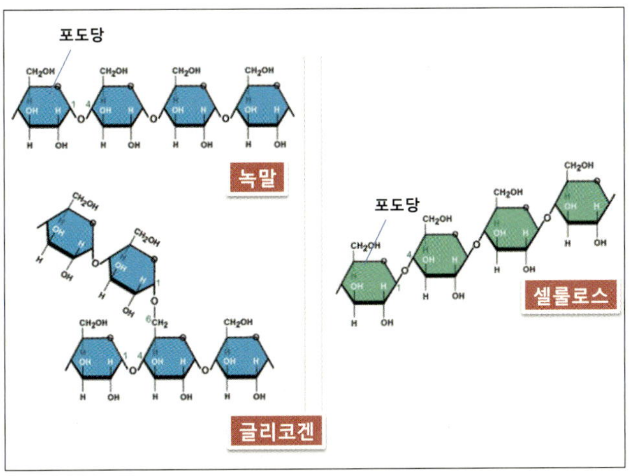

셀룰로스, 글리코겐은 각각 식물 세포와 동물 세포에서 발견되는 대표적 다당류이며 각각 식물 세포의 세포벽을 구성하거나 에너지 저장 물질로서의 역할을 담당한다. 과당과 엿당은 이당류, 포도당은 단당류에 해당한다.

42 정답: ⑤

포도당(또는 유사한 단당류)이 체내로 들어오면 세포는 이를 산화시켜 에너지를 만들어낸다. 그러나 유입된 포도당의 농도가 필요량보다 높으면 세포는 잉여분의 포도당을 다당류의 형태로 전환하여 저장하는데 식물 세포에서는 **녹말**이, 동물 세포에서는 **글리코젠**이 이에 해당한다. 글리코젠은 주로 간과 근육 세포에 저장된 후, 에너지가 필요한 상황에서 단당류(포도당)로 다시 분해된다.

43 정답: ③

생물체에서 탄수화물의 역할은 크게 구조를 담당하거나(식물 세포의 셀룰로스) 에너지원으로 쓰이는 것이다. 탄수화물은 분해, 산화되어 에너지원으로 쓰이는데 1g당 단백질과 유사한 열량을 발생한다. 탄수화물은 탄소, 수소, 산소 등의 원소로 구성되며 질소는 구성 원소가 아니다. (곤충의 껍질을 구성하는 탄수화물 유도체에서는 질소가 구성 원소로 참여한다.)

44 정답: ①

포도당을 화학적으로 연결(공유 결합)해 글리코젠, 녹말 등의 다당류를 합성할 수 있으며 이때 물 분자가 부산물로 생성된다.

45 정답: ④

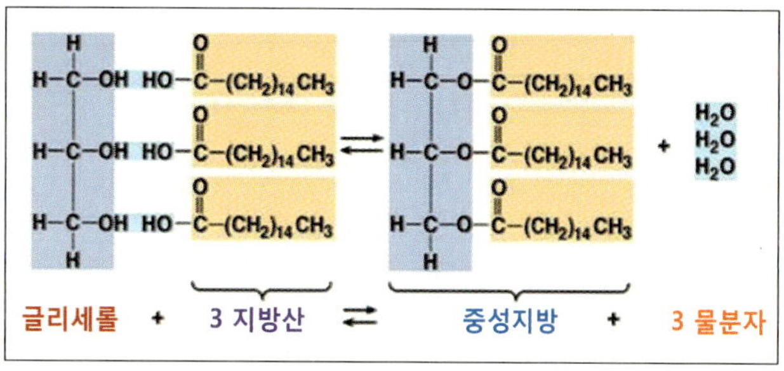

중성 지방은 글리세롤 뼈대에 3분자의 지방산이 에스터 결합으로 연결된 구조이다. 중성 지방은 탄수화물이나 단백질보다 훨씬 많은 열량을 발생시켜 동물체의 주요 에너지원으로 쓰이며 보온 기능이 있어 체온 유지에도 중요한 역할을 담당한다. 세포막에는 존재하지 않으며 체내에 잉여의 에너지가 있을 때 세포는 이를 중성 지방으로 전환해 저장한다(예: 지방 세포).

46 정답: ③

글리세롤은 지질을 합성할 때 사용되는 뼈대에 해당하며 지질의 종류에 속하지 않는다.

47 정답: ③

인지질은 글리세롤 뼈대에 2분자의 지방산과 인산기를 포함하는 기타 화학 구조(예: 콜린기, 에탄올아민기 등)가 결합한 형태이다. 기타 화학 구조의 종류에 따라 인지질의 종류가 결정된다.

48 정답: ⑤

그림은 **지방산**의 화학 구조를 나타낸다. 지방산은 이중 결합의 존재 여부에 따라 불포화 지방산(이중 결합 존재)과 포화 지방산(이중 결합 없음)으로 나뉜다. 지방산은 탄화수소(탄소와 수소로만 구성) 꼬리와 카복시기(-COOH, 산성을 나타냄)의 머리 부분으로 구성된다.

49 정답: ②

식물성 지방은 불포화 지방산을, 동물성 지방은 포화 지방산을 많이 함유하고 있다. 따라서 식물성 지방은 상온에서 유동성이 있는 액체로서 존재하며 동물성 지방은 고체의 성질을 나타낸다.

50 정답: ②

그림의 (가)는 인지질 머리이고 (나)는 꼬리 부분에 해당한다. (가)는 친수성을, (나)는 소수성을 띠기 때문에 (나)는 인지질 2중층의 중간 부분에 위치한다.

51 정답: ⑤

중성 지방은 지질의 일종이며 ②, ③, ④의 예도 마찬가지이다. 그러나 아데닌(adenine)은 **염기**의 한 종류로서 뉴클레오타이드를 구성하는 일부분이다.

52 정답: ③

동화 작용은 생물체 내에서 에너지를 사용하여 간단한 물질로부터 보다 분자량이 크고 복잡한 물질을 합성하는 화학 변화를 의미한다. 제시된 예에서 리보스(ribose)와 구아닌(guanine)는 뉴클레오타이드 합성의 재료로 사용되며 포도당은 글리코젠, 녹말, 셀룰로스 등의 다당류를, 아미노산은 단백질 합성의 기본 재료들이다. 그러나 아밀레이스(amylase)는 탄수화물 분해 효소로서 동화 작용에 이용되는 물질이 아니다.

53 정답: ②

그림에서 ①은 인지질, ②는 스테로이드(steroid), ③은 아미노산, ④는 뉴클레오타이드, ⑤는 탄수화물(특히 포도당)의 화학 구조나 화학식을 나타낸 것이다. 대부분의 성호르몬은 **콜레스테롤**을 기본 재료로 사용하여 합성되며 콜레스테롤은 스테로이드의 일종이다. 또한, 콜레스테롤은 세포막 구성 성분 중의 하나로서 세포막의 유동성을 조절한다.

54 정답: ④

녹말, 글리코젠, 셀룰로스, 엿당(포도당+포도당) 등은 모두 포도당을 기본 재료로 사용하여 합성되는 다당류 또는 이당류이다. 리보스는 5탄당으로 근본 화학 구조가 포도당(6탄당)과는 다르다.

55 정답: ⑤

리보스: 뉴클레오타이드의 구성 요소로서 핵산 합성에 참여한다.

구아닌: 뉴클레오타이드를 구성하는 염기의 하나로 핵산 합성에 참여한다.

아미노산: 단백질 합성의 기본 구성 단위이다.

포도당: 글리코젠, 셀룰로스, 녹말 등의 다당류 합성에 쓰이는 구성 단위이다.

아밀레이스: 탄수화물을 가수 분해하는 효소이다.

56 정답: ⑤

질소(N)는 아데닌, 구아닌 등의 염기를 구성하는 기본 원소로서 뉴클레오타이드에 포함되나 탄수화물에는 없는 원소이다. 황 또한 탄수화물에는 존재하지 않는 원소이나 뉴클레오타이드에도 포함되지 않는다.

57 정답: ①

무기 염류는 몸을 구성하거나 삼투압과 pH 조절, 효소의 조효소로 작용하는 등 생리 작용을 조절하는데 관여한다. 그러나 단백질 합성에 참여하거나 필수적인 요소는 아니다.

58 정답: ⑤

그림은 **엿당**(포도당+포도당, 이당류)의 화학 구조를 나타낸 것이다. 엿당은 주로 음식을 통해 체내로 들어오며 가수 분해되어 포도당으로 다시 분해된다. 엿당은 에너지원으로 쓰인다.

59 정답: ②

①, ③, ④, ⑤는 생물체를 구성하는 물질과 그 예를 짝지은 것이며 ②는 구성 물질(효소)과 기능(촉매)을 짝지은 것이다.

60 정답: ⑤

셀룰로스는 β-형태의 포도당이 β-글루코시드 결합을 통해 만들어진 다당류로서 식물 세포벽의 주 성분이며 동물 세포에는 존재하지 않는다. 다당류의 세포벽을 가진 동물 세포도 있으나 그 구성 성분이 식물 세포의 셀룰로스와는 완전히 다르다.

세포의 구조와 기능, 생물의 구성 단계

01

01-1: C는 **탄수화물**(또는 탄수화물 사슬)을 나타낸다.
01-2: X (그림에 콜레스테롤은 없다)
01-3: O

02 정답: O

03 정답: O

DNA, RNA는 5탄당의 일종인 **리보스**를 구성 성분으로 가진다. 이것은 DNA, RNA의 구성 재료인 뉴클레오타이드가 리보스를 포함하기 때문이다.

04 정답: O

05 정답: X

중성 지방은 1분자의 **글리세롤**과 3분자의 **지방산**으로 이루어져 있다.

06 정답: O

07 정답: X

비타민은 무기 염류에 속하지 않는다.

08 정답: **인지질**

콜레스테롤도 지질의 일종이며 진핵 세포의 세포막에 일반적으로 존재하나, 미생물 등의 원핵 세포막에는 없는 경우가 많다.

09 정답: 히스톤(histone)

10 정답: X

원핵 세포에 있는 유전 물질도 염색체라고 한다.

11 정답: X

단백질은 세포질, 소포체막 등에서 합성된다. 인은 RNA의 일부를 합성하며 세포질에서 만든 단백질을 합쳐 리보솜을 생성한다.

12 정답: X

인(nucleolus)에는 막 성분이 없다.

13 정답: **핵, 엽록체**

14 정답: O

15 정답: O

16

① 단백질 합성
② 물질 이동의 통로
③ 지질의 합성과 수송

17 정답: X

골지체는 소포체와 함께 작용하여 합성된 단백질의 세포 밖 분비에 관여한다.

18 정답: O

19 정답: **중심체**(centrosome)

20 정답: **유동-모자이크 모델**

21

① 효소로서 작용
② 물질 수송 담당
③ 외부 신호에 대한 수용체 역할

22 정답: O

식물체에는 **생식 기관**(꽃, 열매, 종자)이 존재한다.

23 정답: **개체**

24 정답: **영양 기관**

25 정답: ②, ④

세포설은 현미경의 발명과 함께 확립된 개념으로 다음 3가지로 요약할 수 있다.

1. 모든 생물은 세포로 구성되어 있다.
2. 세포는 생명 현상의 기본 단위이다.
3. 세포는 이미 존재하는 세포로부터 만들어진다.

26 정답: ②

세포 내에서 2중막(두 개의 막) 구조를 가진 소기관은 핵, 미토콘드리아, 엽록체 등이 있다. **리보솜**과 **중심체**를 제외한 나머지 소기관들은 단일막 구조를 가진다. 2중막과 세포막의 **이중층** 구조를 혼동하지 않도록 주의해야 한다. 또한, 소기관이 가진 2중막 구조도 차이가 있는데 핵의 2중막은 서로 연결된 구조인 반면 엽록체와 미토콘드리아는 내막과 외막으로 분리되어 있다.

27 정답: ⑤

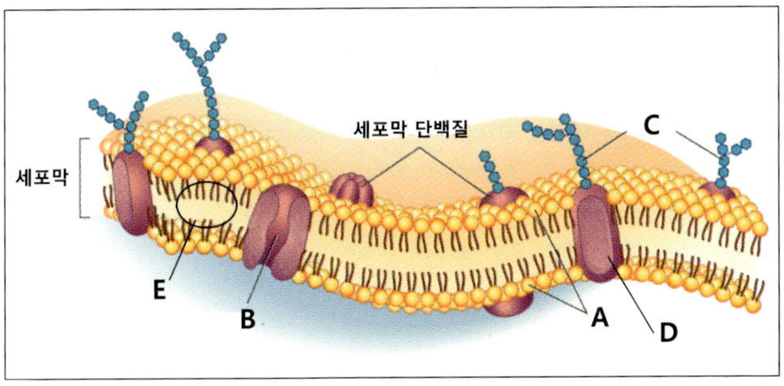

세포막은 인지질의 이중층으로 이루어지며 단일막 구조이다. 또한, 세포막은 막 단백질(membrane proteins)을 포함하는데 유동성을 가진 인지질에 막 단백질이 붙어 있거나 삽입된 형태이다. 따라서 인지질과 단백질은 세포막을 구성하는 주된 성분이다.

28 정답: ③

세포 내에서 단백질 합성은 핵 내에서 합성된 RNA(mRNA)가 세포질로 이동한 후, 이루어진다. 이때 세포질에 자유로운 상태의 리보솜이나 소포체에 붙어 있는 리보솜에 RNA가 결합하면서 단백질 합성이 시작된다. 분비되는 단백질의 경우 소포체에 결합한 리보솜에서 합성된 후, 소포체, 골지체 등을 거쳐 세포막 밖으로 이동한다.

29 정답: ①

핵을 염색했을 때 진하게 보이는 부분이 **인**(nucleolus)인데, 단백질과 RNA로 이루어져 있으며 리보솜을 합성하는 장소이다. 무기 원소인 인(P)과 혼동하지 않도록 주의해야 한다.

30 정답: ③, ⑤, ⑥

보기의 리보솜, 중심체, 세포벽 등은 지질 성분의 막 구조를 가지지 않는다. 리보솜과 중심체는 단백질 성분만으로, 식물의 세포벽은 다당류 탄수화물(셀룰로스) 성분으로 구성되어 있다.

31 정답: ⑤

미토콘드리아와 엽록체는 각각 동물과 식물 세포에서 에너지(ATP) 생산을 담당하는 소기관들이다. 미토콘드리아는 영양분의 산화를 통해 ATP를 합성하며 엽록체는 빛 에너지를 ATP의 화학 에너지로 전환시킨다. 둘 다 자체의 리보솜과 DNA를 가지고 있어 독립적인 단백질 합성과 독자적인 증식이 가능하다. 또한, 내막과 외막을 가진 2중막 구조이다. 그러나 세포 호흡은 미토콘드리아의 고유 기능에 해당한다. 식물 세포의 미토콘드리아도 세포 호흡을 담당한다.

32 정답: ④

소포체는 구조적으로 리보솜이 결합한 **거친면 소포체**와 그렇지 않은 매끈면 소포체로 나뉜다. 거친면 소포체는 골지체와 함께 단백질 합성 후, 단백질의 이동, 분비, 재배치에 관여한다.

33 정답: ③

핵 속에는 **염색사**가 들어 있는데, 이는 DNA와 히스톤(histone) 단백질이 서로 전기적 성질을 이용하여 결합한 형태이다. 염색사는 세포 분열 과정에서 응축하여 염색체가 된다.

34 정답: ④

미토콘드리아는 진핵 세포에만 존재하며 원핵 세포에는 없는 소기관이다. 2중막 구조이며 주된 기능은 세포 호흡을 통해 다량의 ATP를 생성하는 것이다. 동·식물 세포에 모두 있으며 역할도 동일하다. 참고로 미토콘드리아는 진화 과정에서 세균의 세포 내 공생의 결과로 진핵 생물이 탄생한 것으로 여겨지고 있다.

35 정답: 골지체(Golgi complex)

소포체와 구조적, 기능적 차이를 알고 있어야 한다. 분비 단백질은 수송 소낭에 싸여 이동하는데 먼저 소포체로부터 떨어져 나와 골지체와 융합한다. 골지체는 여러 층의 주머니가 포개진 형태이며 수송 소낭은 각각의 주머니와 융합하거나 떨어져 나가는 방식으로 이동한다.

36 정답: ③, ④

그림은 **미토콘드리아**를 모식적으로 나타낸 것이다. 미토콘드리아의 주된 기능은 세포 호흡이며 이를 통해 다량의 ATP를 합성한다. 자체 리보솜과 DNA가 있어 독립적인 단백질 합성과 독자적인 증식이 가능하다. 특히 주의할 점은 세포 내에 여러 개의 미토콘드리아가 존재한다는 것이다. 근육 세포와 같이 ATP를 많이 사용하는 세포일수록 미토콘드리아의 수가 많다.

37 정답: ④

문제에서 제시된 내용은 **원핵 세포**에 관한 것이다. 원핵 세포는 진핵 세포와는 달리 핵, 미토콘드리아, 라이소좀(lysosome) 등의 세포 내 소기관은 없으나 세포벽과 리보솜은 공통으로 가지고 있다.

38 정답: ②

노폐물의 분해를 담당하는 세포 내 소기관은 **라이소좀**이다. 라이소좀에는 여러 종류의 가수 분해 효소가 있어 세포 내로 들어온 외부 물질이나 세포 노폐물을 분해한다.

39 정답: ④

미토콘드리아와 엽록체는 자체 DNA를 가지고 있으며 핵 속의 인은 RNA를 포함하고 있다. DNA와 RNA를 합쳐 핵산이라고 부른다.

40 정답: ①

엽록체는 빛 에너지를 먼저 ATP(NADPH 포함)의 화학 에너지로 전환한 후(명반응), 이를 다시 포도당 합성에 사용(암반응)하는 세포 내 소기관이다. 엽록체는 미토콘드리아와 마찬가지로 2중막 구조이며 자체 DNA를 가지고 있다. 또한, 식물 세포 내에 여러 개가 존재한다.

41 정답: ④

외부 물질이 식물 세포의 틸라코이드 내부로 이동하기 위해서는 먼저 식물 세포막을 통과해야 한다(1). 그런 다음, 엽록체의 외막(2)과 내막(3)을 지나고 단일막 구조인 틸라코이드 막(4)을 통과해야 한다.

42 정답: ①

라이소좀은 여러 종류의 (가수)분해 효소를 가지고 있어 세포 내로 들어온 외부 물질이나 세포 노폐물의 분해를 담당하는 소기관이다.

43 정답: ②

동물 세포는 식물 세포와 달리 삼투압 조절을 담당하는 액포와 같은 소기관이 존재하지 않는다. 따라서 동물 세포를 둘러싼 주변 환경의 삼투압이 변함에 따라 세포 팽창이나 용혈, 세포 수축 등의 현상이 일어난다.

44 정답: ④

리보솜은 단백질 합성이 일어나는 장소로 원핵 세포와 진핵 세포 모두 존재한다.

	원핵 세포	진핵 세포
핵막	없다	있다
염색체 모양	원형	직선
히스톤	없다	있다
세포벽 성분	펩티도글리칸	셀룰로스(식물 세포)
막구조의 소기관	없다	있다

45 정답: ②

리보솜은 단백질과 핵산(RNA) 성분으로 구성되어 있다. 그러나 지질 성분은 없으며 또한 세포막 구조를 가지지 않는다. 참고로 핵산 성분을 발견할 수 있는 세포 내 소기관은 핵, 미토콘드리아, 엽록체, 리보솜 등이다.

46 정답: ①, ③, ④

2중막 구조를 가진 소기관: 핵, 미토콘드리아, 엽록체

47 정답: ③

DNA를 포함하는 소기관: 핵, 미토콘드리아, 엽록체

48 정답: ①

미토콘드리아는 진핵 세포에만 존재한다.

49 정답: ③

모든 세포는 세포막으로 둘러싸여 있으며 DNA를 유전 정보로 가지고 있어 다음 세대에 DNA 정보를 전달함으로써 생식이 가능하다. 그러나 원핵 세포에는 핵 구조가 없기 때문에 문제에서 옳은 설명은 1과 2이다. (세포막의 구성 성분이 세포마다 모두 동일한 것은 아니다.)

50 정답: ①

모든 원핵 세포가 2중막 구조를 가지는 것은 아니다. 또한, 그림에서와 같이 엽록체는 단일막 구조의 원핵 세포가 진핵 세포 내로 들어온 후, 2중막 구조를 형성한 것으로 추정된다.

51 정답: ②

식물의 뿌리, 줄기, 잎은 **영양 기관**에 해당하며 양분의 합성과 저장을 담당한다.

52 정답: ②

원핵 세포나 단세포 생물체에는 조직 단계의 구성 체제가 존재하지 않는다. 단세포 생물체는 하나의 세포가 하나의 개체에 해당하며 바이러스는 세포의 구성 단계가 없기 때문에 생물과 무생물의 중간 단계로 취급된다.

53 정답: ④

소장은 **기관**(organ)에 해당하며 문제에서 제시된 보기 중에서 가장 상위 단계이다. 하나의 기관을 구성하기 위해서는 많은 종류의 서로 다른 세포들이 연합해야 한다. 문제의 예에서 골격근은 근육 조직, 혈액은 결합 조직, 운동 신경은 신경 조직에 해당한다.

54 정답: ③

식물의 생장점과 형성층은 **분열 조직**에 해당한다. 생장점과 형성층은 각각 식물의 **길이 생장**과 **부피 생장**을 담당한다.

55 정답: ①

뇌하수체와 갑상샘 등은 **내분비계**에 해당한다. 반면 골수, 가슴샘 등이 **면역계**에 속한다.

56 정답: ①

사람의 심장, 위 등은 기관에 해당하며 식물체에도 기관이 존재한다. 반면 표피 조직계, 관다발 조직계 등과 같은 조직계는 식물에만 있는 구성 단계이며, 소화계, 순환계와 같은 기관계는 동물에만 있는 구성 단계이다.

식물 구성 단계: 세포→조직→조직계→기관→개체

동물 구성 단계: 세포→조직→기관→기관계→개체

57 정답: ②

관다발은 **조직계**에 해당한다.

58 정답: ②

그림에서 A는 조직, B는 기관, C는 기관계를 나타낸다. 식물체에도 기관 단계가 존재(예: 영양 기관, 생식 기관 등)하기 때문에 정답은 ②이다.

생명 과학의 탐구 방법

01 정답: O

02 정답: O

독립 변인, 조작 변인 등의 **변인**은 실험을 통한 탐구 과정에 속하는 요인이므로 귀납적 탐구 방법에는 없다.

03 정답: **조작 변인**

04 정답: **종속 변인**

05 정답: ③

귀납적 탐구 방법과 연역적 탐구 방법의 가장 큰 차이점은 **가설 설정**과 **가설 수정** 과정의 유무이다. 이 둘은 모두 연역적 탐구 방법에만 있는 과정으로, 자연 현상을 관찰하여 현상을 해석하고 결론을 도출하는 귀납적 탐구 방법에는 사용되지 않는다.

06 정답: ④

실험 결과가 가설과 맞지 않으면 가설을 수정하고 탐구 수행을 다시 진행해야 한다.

07 정답: ③

귀납적 탐구 방법은 자연 현상을 관찰하고 관찰 결과를 해석하여 현상에 알맞은 결과를 도출한다. 가설 설정과 수정, 구체적 실험을 통한 가설의 검증 등은 연역적 탐구 방법들이다.

08 정답: ②

다윈의 진화론 개요: **개체 변이 → 생존 경쟁 → 적자생존 → 자연선택 → 종의 분화(진화)**

09 정답: ④

예시로 제시한 논문의 일부는 **요약** 부분이다. '요약'은 논문의 핵심 내용을 정리한 것으로서 실험의 목적, 실험 결과와 의의 등을 간략하게 서술한다. 또한, '요약'에는 중요 실험 방법을 간단히 언급할 수 있다.

10 정답: ⑤

제시된 논문의 일부는 **논의** 부분이다. '논의'는 실험 결과에 대한 해석과 의의 등을 설명한다. 또한, 기존의 연구 결과와의 일치점이나 차이점, 해결해야 할 문제점 등을 포함할 수 있다.

11 정답: 1, 약초 추출액의 희석 비율

조작 변인은 독립 변인의 하나로서 실험의 목적을 위해 의도적으로 변화시키는 변인이다. 제시된 실험 과정에서는 추출액을 2, 10, 50, 100배로 희석한 후, 쥐에게 투여했기 때문에 추출액의 희석 비율이 조작 변인에 해당한다. 독립 변인과 종속 변인의 차이점을 아는 것이 중요하다.

12 정답: ③, ④

통제 변인은 조작 변인을 제외한 독립 변인으로서, 실험 과정 중 일정하게 유지해야 하는 변인을 말한다. 보기에서 측정한 혈당은 종속 변인에, 추출액의 희석 비율은 조작 변인(독립 변인)에 해당한다.

13 정답: 추출액 대신 일반 음용수만 투여한 쥐

대조군은 실험군의 실험 결과를 비교하기 위한 기준으로 실험 결과의 신뢰성을 높이고 올바른 결론 도출에 반드시 필요하다.

14 정답: ②

조작 변인(의도적으로 변화시키는 독립 변인)의 효과나 영향을 확인하기 위해 **대조군의 설정**이 필요하다.

15 정답: ①

종속 변인은 독립 변인(조작 변인과 통제 변인)에 의해 변하는 변인으로 실험 결과에 해당한다. 따라서 문제에서는 식물이 자란 높이가 실험 결과이며 이것이 종속 변인이다.

16 정답: ④

실험에서는 식물의 생장에 관한 비료의 효과를 알아보는 것이 목적이므로 조작 변인은 비료의 종류이며 공급한 물의 양은 모든 피실험 대상에게 동일하기 때문에 통제 변인에 해당한다.

17 정답: ③

실험군과 **대조군**은 조작 변인만 다를 뿐 나머지 모든 조건과 과정이 동일해야 한다. 따라서 통제 변인이 같아야 한다. 또한, 실험군과 대조군의 설정은 연역적 탐구 방법에서 필수 요소이며 특히 대조군은 조작 변인의 효과를 검증하여 올바른 결과 도출(결과 해석)과 실험 결과에 대한 타당성을 높일 수 있다.

18 정답: ③

실험의 목적은 빛의 유무에 의해 수초의 광합성과 세포 호흡 정도를 알아보는 것이다. 시험관 A와 같이 빛이 있는 상태에서 수초는 용해된 이산화탄소를 이용해 광합성 반응을 일으키며 이로 인해 시험관의 pH가 상승하나, 시험관 C와 같이 빛이 없는 상태에서는 수초의 세포 호흡으로 이산화탄소가 발생하여 시험관 용액이 산성

으로 변할 것이다. 따라서 빛의 유무가 조작 변인에 해당하며 지시약의 색깔 변화가 종속 변인이다. 또한, 시험관 B와 D는 대조군으로 설정한 것이다. 나머지 실험 조건은 통제 변인에 속한다.

19 정답: ④

시험관 A의 색깔이 변한 이유는 광합성으로 용해된 이산화탄소의 농도가 감소해 용액의 pH가 증가했기 때문이다.

20 정답: ②

수초를 빛에 노출시킨 후, 다시 암실에 보관한다면 수초는 **세포 호흡**을 할 것이며 이로 인해 이산화탄소를 발생시킬 것이다. 따라서 시험관 용액의 pH도 다시 감소(산성도 증가)할 것이다.

DNA, 유전자, 염색체

01 정답: **뉴클레오솜**(nucleosome)

02 정답: X
염색 분체도 염색사가 응축된 형태이며 염색 분체의 DNA는 히스톤과 결합한 상태이다.

03 정답: O
X와 Y 염색체의 모양과 크기는 서로 다르나, **상동 염색체**로 취급한다.

04 정답: O
생식 세포의 **핵상**은 n이기 때문에 **상동 염색체가 존재하지 않는다**.

05 정답: X
대립 유전자는 동일한 형질을 결정하지만 발현되었을 때, 나타나는 **형질 특성**은 서로 다르다.

06 정답: **지놈**(genome)

07 정답: ④
DNA는 기본 구성 단위로 **뉴클레오타이드**를 사용하며 뉴클레오타이드는 염기, 5탄당, 인산으로 이루어져 있다.

08 정답: ①
유전자(gene)는 전체 DNA의 일부분으로서 특정 유전 형질이 발현되는 단위이다. 문제의 ②~⑤ 예에 대한 올바른 설명은 다음과 같다.
② 전체 DNA에는 유전자 이외에 형질로 나타나지 않는 부분도 있다.
③ 일반적으로 염색체에는 수많은 유전자가 존재한다.
④ 히스톤 단백질과 DNA의 복합체를 뉴클레오솜이라고 한다.
⑤ 원핵 세포의 DNA에는 히스톤 단백질이 없다.

09
A: 히스톤, B: 뉴클레오솜
C: 염색사 D: 염색체

10 정답: ③
뉴클레오타이드 - DNA - 뉴클레오솜 - 염색사 - 염색체

11 정답: ⑤
그림에서 A는 **히스톤** 단백질을, B는 **뉴클레오솜** 구조를 나타낸다.

뉴클레오솜은 염색체의 기본 단위 구조이며 DNA를 응축하기 위한 방법이다. 이러한 DNA-히스톤 복합체는 세포 분열 과정에서 더욱 응축되어 염색체를 형성한다.

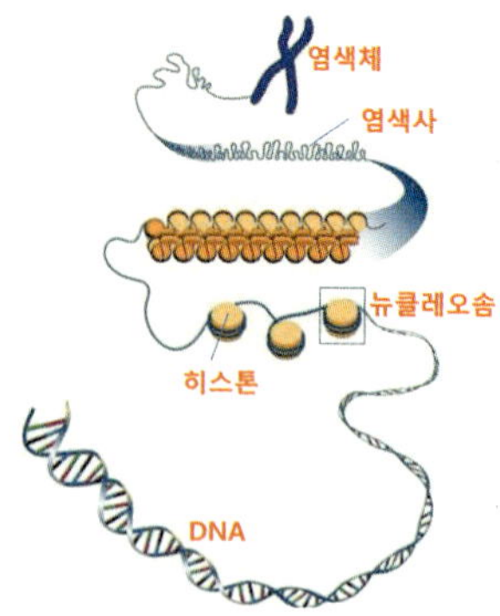

12 정답: ⑤
RNA도 DNA와 마찬가지로 단백질과 결합한다. 대표적인 예로 리보솜을 들 수 있는데, 리보솜은 단백질과 RNA의 복합체로 구성된다. 리보솜은 DNA가 전사된 mRNA와 결합하여 단백질을 합성한다.

13 정답: ④
DNA 이중 가닥은 상보성(A와 T, G와 C 염기쌍)이 존재하기 때문에 특정 염기의 함유량을 알면 나머지 염기 비율도 결정할 수 있다. 예를 들어, T가 20%이면 A도 20%, 나머지 60%는 G/C 염기쌍이 차지하므로 G와 C는 각각 30%이다.

14 정답: ①
정자 세포와 같은 생식 세포는 모세포의 감수 분열로 생성되기 때문에 체세포가 가지고 있는 염색체 수가 ½로 줄어든다. 따라서 체세포의 염색체 수가 44개이면 정자 세포의 염색체 수는 22개이다.

15 정답: 44, 2
사람의 체세포에는 모두 46개(23쌍)의 염색체가 있는데 이 가운데 44개(22쌍)는 상염색체이고 2개(1쌍)는 성염색체이다.

16 정답: ③
유전자는 유전 형질을 결정하며 유전 형질 발현의 단위체이다. 유전자는 염색체의 일부분을 구성하며 염색체에는 형질로 발현되지 않는 DNA 부분(영역)을 포함한다.

17 정답: ②
사람의 체세포에는 44개의 상염색체와 2개의 성염색체(XX 또는 XY)가 존재한다.

18 정답: ①
상동 염색체의 같은 위치에서 동일한 형질을 결정하는 한 쌍의 유전자를 대립 유전자라고 한다. 일반적으로 상동 염색체는 모양과 크기가 동일하나 남자의 성염색체인 X, Y 염색체도 상동 염색체에 포함시킨다.

19 정답: ⑤

모든 생식 세포의 **핵상**은 $n = 23$으로 동일하다. 생식 세포에는 염색체 쌍이 존재하지 않으며 상염색체와 성염색체가 단독으로 있다. 대립 유전자도 체세포에 적용되는 개념이다.

20 정답: ①

그림의 핵형에서도 알 수 있듯이 **염색 분체**가 관찰된다. 따라서 DNA의 복제가 이미 완결된 후이며 총 23쌍의 상동 염색체가 존재한다. 그러나 사진의 핵형만으로는 대립 유전자를 관찰할 수는 없다. 세포 분열이 끝난 직후의 핵형이라면 염색 분체가 관찰되지 않을 것이다.

21 정답: ②

방사성을 가진 바이러스의 단백질 껍질은 숙주 세포 안으로 들어가지 못하고 실험 과정 'ㄹ'에 의해 숙주 세포로부터 떨어져 나갔기 때문이다.
일반적으로 방사성 **황**(예: ^{35}S)과 **인**(^{32}P)은 각각 단백질과 핵산(DNA 또는 RNA)을 표지하기 위해 널리 사용된다. 이것은 단백질에 황을 포함하는 아미노산(예: 시스테인, 메싸이오닌)이 존재하기 때문이며 인은 핵산을 만드는데 쓰이는 뉴클레오타이드의 기본 구성 요소이기 때문이다. 황과 인은 단백질과 핵산에 각각 선택적으로 포함되어 있다.

22 정답: ④

방사성을 가진 바이러스의 유전 물질(DNA 또는 RNA)이 숙주 세포 안으로 들어갔으며 원심 분리에 의해 무거운 숙주 세포만을 침전시켰기 때문에 시료II에서 방사능이 나타난다.

23 정답: ③

질소(N) 원소는 단백질과 핵산에 모두 존재하기 때문에 바이러스의 유전 물질과 단백질 껍질이 모두 방사성을 나타낼 것이다. 따라서 상층액과 침전물에서 방사능 검출이 가능하다.

24 정답: ②

그림의 바이러스 구조에서 (나)가 유전 정보를 가지고 있는 **핵산**(nucleic acid)이며 인(P)을 포함한다. 따라서 방사성 동위원소 ^{32}P가 있는 상태에서 숙주 세포를 배양하면 바이러스의 증식 단계에서 핵산이 ^{32}P로 표지되어 방사능을 나타낸다.

25 정답: ③

생물체가 28의 반수체를 가지므로 $n = 28$이다. 따라서 이배체($2n$) 수는 56이며 이는 세포 내 존재하는 총 염색체 수를 의미한다. 그러므로 염색체 쌍은 28이다.

세포 주기, 체세포 분열, 감수 분열

01 정답: X

세포 주기는 크게 G_1기→S기→G_2기→M기의 시간 순서로 나뉜다.

02 정답: X

핵막이 사라지고 방추사가 형성되는 시기는 **분열기**(M기)이다.

03 정답: **감수 1분열 전기**

04 정답: O

05 정답: O

06 정답: O

07 정답: X

상동 염색체가 **접합**되는 현상은 감수 분열에서 2가 염색체를 형성할 때이다.

08 정답: ③

G_0기는 G_1기 이전에 존재하는 것이 아니라 G_1기의 세포가 더 이상의 세포 분열을 진행하지 않고 휴지기 상태로 들어가는 것을 말한다.

09 정답: ②

세포 주기에서 DNA 복제는 S기에 일어난다.

10 정답: ②

G_1기는 DNA 복제(합성)를 준비하는 시기이며, G_2기는 DNA 복제가 이미 끝나고 세포 분열을 준비하는 단계이다. 따라서 G_1기의 DNA 무게는 8 피코그램(pg)이고 G_2기의 무게는 16 pg이 된다.

11 정답: ③

①, ⑤는 **감수 분열** 시에 나타나는 현상이며 ②와 ④은 각각 체세포 분열의 **중기**와 **말기**에 일어난다.

12 정답: ②

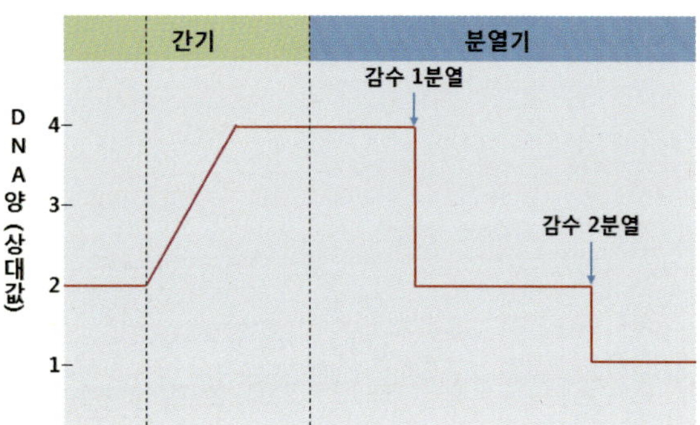

감수 1분열과 감수 2분열이 끝난 후, DNA의 상대량은 분열 전기에 비해 각각 ½로 줄어든다.

13 정답: B-A-D-C-E

B, A, D는 감수 1분열에서 일어나며 C, E는 감수 2분열에서 일어난다. B(2가 염색체 형성), A(2가 염색체가 세포 중앙에 배열), D(방추사에 의한 상동 염색체의 분리), C(염색체가 세포 중앙에 배열), E(방추사에 의한 염색 분체의 분리)

14 1: B 2: E

염색체 교차는 감수 분열에서 2가 염색체를 형성할 때 일어난다.

15 정답: ③

체세포 분열의 후기에는 방추사가 짧아지면서 염색 분체(chromatid)가 분리되어 세포의 양극으로 이동하는 현상이 일어난다. 이러한 분열 단계를 보여주는 세포는 그림에서 모두 2개이다.

16 정답: ④

그림 1의 세포는 핵분열의 **말기**에 해당한다. 즉 두 개의 인(nucleolus) 모양을 관찰할 수 있으나 아직 핵막이 완전히 형성되지는 않은 상태이며 세포질 만입(세포질 분열 단계)도 관찰되지 않는다.

17 정답: ④

16의 이배체 수를 가지므로 $2n = 16$이다. 그림 3에서 염색체 분리가 일어나고 있으나, 아직 체세포 분열이 완성되지 않은 단계이다. 따라서 염색체 수는 모두 32이다.

18 정답: ④

체세포 분열과 구분되는, 감수 1분열 전기의 가장 큰 특징은 2가 염색체 형성이라고 할 수 있다. 전기에는 염색사가 응축하고 핵막과 인이 사라진다. 또한, 2가 염색체가 형성되고 방추사가 만들어져 동원체에 부착한다.

19 정답: ④

감수 2분열은 동형 분열($n \rightarrow n$) 과정으로 무게를 기준으로 DNA의 양은 반으로 줄어들지만 체세포 분열과 마찬가지로 염색 분체가 분리되기 때문에 염색체 수에는 변함이 없다.

20 정답: ①

교차는 감수 1분열 전기 2가 염색체가 형성되었을 때에 염색 분체의 일부가 서로 교환되면서 새로운 유전자 조합을 가지는 염색체가 만들어지는 현상이다. 교차는 유성 생식 과정에서 생물체의 유전적 다양성을 나타나게 하는 중요한 과정이다.

21 정답: ③

① 46개의 염색체수라는 근거만으로 이 생물 종이 동물이라고 판단할 수 없다.

② DNA 복제에 의해 하나의 염색체가 2개의 염색 분체를 가지나 염색체수는 변함없다.

④ 염색체수만으로 분화 상태를 판단할 수 없다.

⑤ 염색체수만으로 상염색체 쌍을 예측할 수 없다.

22 정답: ③

G_1기에 이미 DNA 복제가 일어나기 때문에 딸세포는 모세포에 비해 2배의 DNA양을 가지고 있다. 그러나 이것은 하나의 염색체가 2개의 염색 분체를 가진다는 의미이며 염색체수에는 변함없다는 것에 주의해야 한다.

23 정답: ④

체세포 분열 과정에서 하나의 염색체는 2개의 염색 분체를 가지므로 총 염색체수는 46개이다. 따라서 세포 분열이 완전히 끝났을 때 핵 안에는 동일한 46개의 염색체가 존재한다.

24 정답: ③

20개의 동원체가 존재하기 때문에 염색체수도 20개이다. 따라서 체세포 분열로 새로 형성된 딸세포도 동일한 20개의 염색체를 가진다.

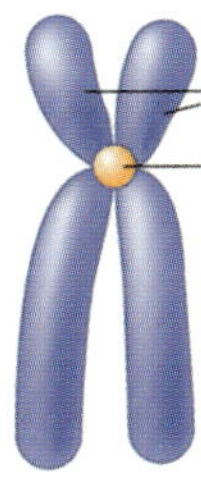

25 정답: ①

S기에는 DNA 합성이 이루어지는 시기이다. C세포는 A보다 S기에서 2배의 시간이 소요되므로 DNA 합성 속도가 세포마다 같다고 가정할 때 C는 A보다 더 많은 양의 DNA를 가지고 있을 것이다.

26 정답: ⑤

B세포는 세포 분열 단계를 진행하지 않고 G_1기에 머물러 있다. 이렇게 G_1 단계의 어느 지점에서 세포가 휴지기 상태에 있을 때 이를 G_0기라고 하며, 완전히 분화된 세포에서 관찰할 수 있다.

27 정답: ⑤

$2n = 16$이므로 이 세포는 8쌍의 상동 염색체를 가진다.

① 세포의 핵 안에는 16개의 염색체가 존재한다.

② 생식 세포의 핵상은 n의 수로 나타낸다.

③ 생식 세포의 핵상은 $n = 8$이다. 즉, 8개의 염색체가 생식 세포에 존재한다.

④ S기에는 DNA의 상대량이 2배로 증가하지만 염색체수는 동일하다.

28 정답: ②

A는 G_1기, B는 S기, C와 D는 각각 G_2와 분열기의 전기, 중기, 후기에 해당하며 E는 분열기의 말기이다. (분열기를 전기, 중기, 후기, 말기로 구분한다.) S기에 DNA의 상대적 양이 2배로 증가하나, 이것은 염색체수가 늘어난 것이 아니고 각각의 염색체가 2개의 염색 분체를 형성하기 때문이다.

29 정답: D

세포질 분열(E) 직전에 핵분열이 완성된다.

30 (가): E　　(나): D

(가)에서는 2개의 딸핵 사이에 새로운 세포벽이 형성되어 세포질이 둘로 나누어지는 단계이며 (나)는 방추사에 의해 염색 분체가 분리되어 세포의 양극으로 이동하는 단계이다.

31 정답: ③

암세포에서는 세포 주기를 조절하는 기능이 정상적으로 작동하지는 않지만, 정상 세포와 마찬가지로 세포 주기를 따라 세포 분열이 일어난다.

32 정답: ④

텔로미어(telomere)는 진핵 세포 DNA의 양 말단에 위치하며 사람의 경우 특정 6개의 염기 서열(TTAGGG)이 무수히 반복되는 형태이다. 텔로미어는 DNA 복제 과정에서 DNA가 짧아지는 것을 방지하는 기능이 있으나 그 자체로는 단백질로 번역되지 않는다. 텔로미어의 길이가 짧아짐에 따라 세포 분열을 억제하는 노화 현상이 일어나며 대부분의 텔로미어 DNA가 손실되면 세포는 세포 분열을 멈춘다. 즉, 텔로미어의 길이가 짧아질수록 세포 노화를 의미한다.

33 정답: ②

감수 1분열의 가장 큰 특징 중 하나는 상동 염색체가 쌍을 이루는 2가 염색체 형성이다. 이때 염색 분체 사이에 일부가 교환되어 새로운 유전자 조합을 가지는 염색체가 만들어지는데 이를 **교차**라고 부르며 교차를 통해 생식 세포의 **유전적 다양성**이 발생한다. 그러나 체세포 분열과 감수 2분열 과정에서는 교차가 일어나지 않는다.

34 정답: ⑤

감수 1분열에서는 이전에 쌍을 이룬 상동 염색체(2가 염색체)의 분리가 일어나며 이때 염색 분체의 분리는 발생하지 않는다. 염색 분체의 분리는 체세포 분열과 감수 2분열 과정에서 관찰할 수 있다.

35 정답: ⑤

5, 2, 4: 감수 1분열 과정에서 일어난다.
3, 1: 감수 2분열 과정에서 일어난다.

36 정답: ②

상동 염색체의 접합, 2가 염색체 형성, 상동 염색체의 분리, 1개의 모세포로부터 4개의 딸세포 생성 등은 모두 감수 분열 과정에서 일어나는 현상들이다.

37 정답: ①

총 23개의 염색체를 포함하고 있으므로 **생식 세포**임을 알 수 있다. 또한, 하나의 Y 염색체를 가지고 있기 때문에 사람의 정자에 해당한다.

38 정답: 2, 3

감수 분열과 **수정**(유성 생식)을 통한 번식 과정에서 유전적 다양성이 증가한다. 그 이유를 정리하면 다음과 같다.

① 상동 염색체 접합이 일어난 후, 상동 염색체 간의 교차가 일어나 새로운 유전자 조합이 형성된다. ② 감수 1분열 과정에서 상동 염색체가 분리될 때 무작위로 분배되기 때문에 생식 세포의 염색체 조합이 다양해진다. ③ 수정 과정에서 정자와 난자의 결합 조합이 다양하다.

39 정답: ②

그림은 감수 1분열 전기에 일어나는 **교차**(상동 염색체 간의 염색 분체 교환)를 나타낸다.

40 정답: ③

2가 염색체는 한 쌍의 상동 염색체가 접합하여 총 4개의 염색 분체를 형성한다.

멘델의 유전 법칙

01 정답: O

02 정답: X

순종 완두의 자가 교배처럼 **동형 접합체**의 대립 유전자는 동일한 형질 특성을 나타낸다.

03 정답: O

04 정답: O

05 정답: X

잡종 1대가 생식 세포를 만들 때 R과 r, Y와 y의 분리가 서로 독립적으로 일어나기 때문에 **독립의 법칙**이 성립한다.

06 정답: ①

성염색체와 연관된 형질은 암컷과 수컷에서 비율이 서로 다르게 나타난다. 예를 들어, 수컷은 하나의 X 염색체만을 가지므로 X 염색체에 연관된 형질만이 발현된다. 표에서 F_2 세대의 흰색 눈의 형질이 암컷에서 나타나지 않고 수컷에서만 발현되었기 때문에 눈 색깔은 X 염색체에 연관되어 있다. 눈 색깔은 흰색과 빨간색, 2개의 대립 유전자를 가지기 때문에 ⑤의 빨간색 눈도 정답이 아니다. 반면 날개 모양은 암컷, 수컷에서 우성:열성의 비가 3:1로 나타났으며 이것은 상염색체와 연관된 일반적 특성이다.

07 정답: ④

수컷은 하나의 X 염색체만을 가지며 표에서 알 수 있듯이 눈 색깔은 X 염색체에 연관되어 있다. 따라서 수컷은 우성과 열성의 눈 색깔에 상관없이 이를 모두 표현형으로 나타낸다. 따라서 흰색 눈을 가진 수컷의 수는 빨간색 눈과 동일한 80/160일 것이다.

08 정답: ④

표현형이 동일하더라도 유전자형이 서로 다를 수 있다. (예: RR, Rr의 유전자형) 따라서 표현형만으로 유전자형을 판단할 수 없다.

09 정답: ③

멘델의 **독립의 법칙**에 의하면 양성 잡종 교배 실험에서 F_2 세대의 표현형은 9:3:3:1(둥글고 녹색:둥글고 황색:주름지고 녹색:주름지고 황색)의 비율로 나타날 것이다. 따라서 $(3/16) \times 32 = 6$

10 정답: ②

검정 교배(test cross)를 통해 얻은 자손(F_3)의 표현형이 모두 우성(녹색)으로 나타나야 F_2의 녹색이 동형의 대립 유전자임을 증명하는 것이다.

11 정답: ⑤

F_0가 순종의 우성 형질이기 때문에 어떠한 유전자형의 F_2 세대와 교배해도 우성의 형질이 발현된다.

12 정답: ②

멘델의 **분리의 법칙**에 관한 문제이다. 즉 쌍을 이룬 유전 인자는 서로 분리되어 다른 생식 세포로 들어간다.

13 정답: ①

중간 유전은 대립 유전자 사이의 우열 관계가 불완전하여 멘델의 우열의 법칙이 적용되지 않는 유전 방식이다.

14 정답: ④

멘델의 단성 잡종 교배 실험에서 우성과 열성의 표현형은 F_1 세대에서 3:1의 비율로 나타난다. 따라서 우성의 비율은 $(3/4) \times 100 = 75(\%)$이다.

15 정답: ③

검정 교배(test cross) 실험은 우성의 표현형을 가진 유전자형이 순종(동형)인지 잡종(이형)인지를 구분하기 위한 것이다. 이를 검증하기 위해 우성의 표현형과 열성의 표현형 개체를 서로 교배시키는데 이를 검정 교배라고 한다.

16 정답: ②

그림은 멘델의 독립의 법칙에 의한 양성 잡종 교배 실험이다. F_2에서 표현형의 비가 9:3:3:1로 나타났기 때문에 부모 세대는 2가지 형질에 대해 순종의 우성 유전자와 순종의 열성 유전자를 가지고 있다.

17 정답: ④

멘델의 **독립의 법칙**은 2가지 형질을 결정하는 2쌍의 대립 유전자가 각기 다른 상동 염색체에 존재할 때 나타난다. 만일 이들 유전자가 서로 연관(상인 연관 또는 상반 연관)되어 있으면 표현형은 독립의 법칙을 따르지 않는다.

18 정답: ⑤

붉은색과 흰색 꽃을 교배하여 분홍색 꽃을 얻었기 때문에 이는 **중간 유전**에 해당한다. 중간 유전은 형질을 결정하는 대립 유전자가 서로 **불완전 우성** 관계일 때 나타난다.

19 정답: ③

붉은색과 흰색, 분홍색 꽃의 유전자형을 각각 RR, WW, RW로 표현한다면 WW와 RW를 서로 교배시키는 것이다. 따라서 잡종 2대에서는 RW:WW의 비가 1:1로 표현될 것이다.

20 정답: ②

먼저 색깔을 결정하는 형질은 중간 유전을 따르기 때문에 잡종 1대를 자가 교배하여 잡종 2대를 얻었을 때, RR:RW:WW=1:2:1이므로 분홍색 꽃은 전체의 ½인 80그루이다. 또한, 키를 결정하는 형질은 색깔을 결정하는 유전자와 연관되어 있지 않으며 중간 유전을 따르지 않고 멘델의 분리의 법칙을 따르기 때문에 잡종 2대에서 우성과 열성의 형질이 나타나는 비율은 3:1일 것이다. 따라서 (¼)×80=20이 된다.

21 정답: ②

중간 유전에서 잡종 2대의 표현형 비는 1:2:1(BB:BW:WW, B는 검은색, W는 흰색을 결정하는 유전자)이다. 따라서 흰색의 자손은 전체의 25%가 된다.

22 정답: ④

멘델의 독립의 법칙에 관한 문제이다. 멘델은 완두의 양성 잡종 교배 실험을 통해 독립의 법칙을 제안하였는데, 이것은 두 쌍 이상의 형질이 동시에 유전될 때 각각의 형질을 나타내는 유전자가 서로 영향을 주지 않고 분리의 법칙에 따라 독립적으로 유전된다는 가설이다.

23 정답: ①

그림에서 각각의 표현형의 비는 모두 1:1이다. 이러한 1:1의 비율을 얻기 위해서는 **이형의 우성 대립 유전자와 동형의 열성 유전자를 교배**시켜야 한다. 따라서 몸 색깔에 대해서는 *Gg*(이형의 우성)와 *gg*(동형의 열성)를, 날개의 크기에 대해서는 *Ll*(이형의 우성)과 *ll*(동형의 열성)을 교배시켜야 한다. 그런데 부모 세대에서 2가지 우성 형질을 하나씩 나누어 가졌기 때문에 *Ggll*과 *ggLl*이 각각 유전자형이 된다.

24 정답: ③

F_1 세대에서 빨간 눈과 녹색 눈의 비율은 1:1이며 긴 날개와 짧은 날개의 비도 1:1이다. 따라서 18번 문제와 마찬가지로 이형의 우성 유전자와 동형의 열성 유전자를 가진 개체를 서로 교배시켜야 한다. 부모 세대에서 한쪽은 2가지 형질에 대해 모두 우성을 가지므로 *RrLl*일 것이며 다른 한쪽은 모두 열성 형질을 가지므로 *rrll*일 것이다.

25 정답: ③

공동 우성은 2가지 형질이 하나의 개체에 동시에 나타나는 유전 현상이다.

26 정답: ⑤

멘델의 **분리의 법칙**은 한 쌍의 대립 유전자가 감수 분열 과정에서 각각 서로 다른 생식 세포로 나뉘어 들어가고 수정에 의해 다시 쌍을 이룰 때 나타나는 유전 현상이다.

27 정답: ①

독립의 법칙은 멘델이 양성 잡종 교배 실험을 통해 얻은 결과를 토대로 제시한 가설로서 두 쌍 이상의 형질이 동시에 유전될 때, 각각의 형질은 서로 영향을 주지 않고 (분리의 법칙에 따라) 독립적으로 유전된다는 내용이다. 예시의 ①은 독립의 법칙을 의미하는 반면 ②와 ④는 **분리의 법칙**을 나타낸다.

28 정답: ③

우성의 동형 접합자와 열성의 동형 접합자를 교배시키면 F_1 세대에서는 열성의 표현형이 나타나지 않고 F_2 세대에서야 발현된다.

29 정답: ④

우성과 열성의 비율이 약 3:1로 나타났다. 이것은 멘델의 1법칙인 **분리의 법칙**을 따르고 있으며 ***Ww***, ***Ww***의 단성 잡종 교배 실험에 의한 결과이다.

30 정답: ②

우열의 원리: 대립 형질을 가진 순종을 교배하면 잡종 1대에서는 항상 우성 형질을 가진 개체만 나타난다.

31 정답: ①

AabbCcDD 유전자형으로부터 만들어지는 생식 세포의 유전자형은 *AbCD*, *AbcD*, *abCD*, *abcD* 모두 4종류이다.

32 정답: ②

성 염색체와 연관된 형질은 암컷과 수컷에서 서로 다른 비율로 나타난다. 예를 들어 X 염색체에 연관된 형질은 암컷보다 하나의 X 염색체만을 가진 수컷에게서 훨씬 잘 나타날 것이다. 표에서 흰색 눈을 가진 암컷이 없는 반면, 수컷에서는 흰색 눈의 형질이 발현되었으므로 이 형질이 성 염색체와 연관되어 있다. 보기 ④의 붉은 눈은 정답이 아니다. 눈 색깔은 붉은 색과 흰색, 두 개의 대립 유전자를 가지기 때문이다. 또한, 정상 날개와 퇴화된 날개는 수컷과 암컷에서 각각 3:1의 비율로 나타났으며 이것은 상 염색체와 연관된 형질이다.

33 정답: ④

수컷은 하나의 X 염색체만을 가지기 때문에 우성과 열성에 상관없이 형질이 나타난다. 표에서 흰색 눈을 가진 F_2 세대의 수컷은 모두 80마리(59+21)이므로 정답은 80마리이다.

34 정답: 1, 2, 3

보기의 4은 **우열의 원리**에 의해, 5에는 열성 인자가 없기 때문에 키 작은(t) 완두를 얻을 수 없다.

사람의 유전

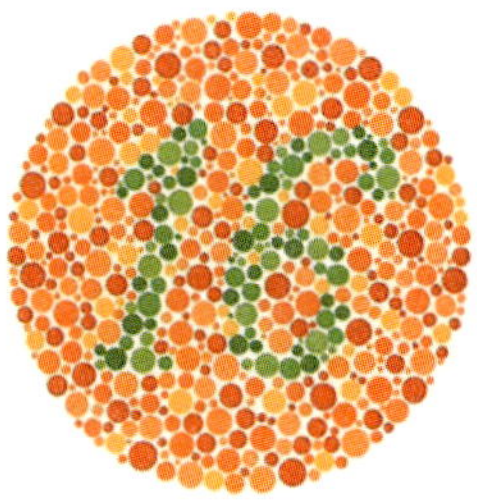

01 정답: ⑤

적록 색맹은 X 염색체상에 유전자가 있으며 열성이다. 따라서 여자는 2개의 X 염색체 모두 색맹 유전자가 있어야 색맹이 되는 반면 남자는 하나의 X 염색체만을 가지므로 X 염색체에 유전자가 있으면 색맹이 된다. 따라서 여자보다 남자에게서 더 많이 색맹이 나타난다.

02 정답: ③

적록 색맹 유전자는 X 염색체상에 존재하므로 남성이 적록 색맹 유전자를 가지고 있으면 색맹이 된다. 참고로 남성의 XY 염색체는 상동 염색체(대립 유전자 관계)로 취급한다.

03 정답: ②

여성의 유전자형은 X'X이거나 XX일 것이다. 또한, 남성의 어머니는 적록 색맹이므로 이 남성은 반드시 적록 색맹이며 유전자형은 X'Y이다. 따라서 이 여성과 남성이 결혼해 적록 색맹인 딸을 낳을 확률은 $(1/8)\times100=12.5$ (%)이다.

04 정답: ③

아들과 딸의 구분이 없이 첫째 자녀가 색맹일 확률은 $(2/8)\times100=25$ (%)이다.

05 정답: ②

문제 4번과 동일한 내용의 질문이다. 따라서 확률은 25%이다.

06 정답: ①

적록 색맹 유전자는 X 염색체에 연관되어 있는데 남성은 X 염색체상의 열성 유전자 발현을 억제하는 우성 유전자가 Y 염색체에 존재하지 않는다. 남성은 XY 염색체를 상동 염색체로 취급한다.

07 정답: ④

가계도에서 파란색의 형질은 남성에게서 발현되므로 성염색체, 특히 X 염색체와 연관되어 있고 열성임을 알 수 있다. 그러므로 상염색체, 공동 우성 등이 아니다.

08 정답: ④

4번 남성의 유전자형은 X'Y이므로 X'X' (형질을 나타내는 여성) 또는 X'X (보인자) 여성과 결혼해 아들을 낳으면 그 아들은 형질을 나타낼 가능성이 있다.

09 2번: ①(0%)　　3번: ③(50%)

2번 여성의 아버지는 형질이 나타나지 않았으므로 유전자형은 XY이다. 또한, 남성 자녀 중 형질이 나타난 경우가 없기 때문에 2번 여성의 어머니도 보인자(carrier)일 가능성이 없다. (형질이 나타나지 않은 아버지와 보인자인 어머니가 결혼해 자녀를 낳을 경우 아들의 50%는 형질이 나타나야 한다.) 따라서 2번 여성 어머니의 유전자형은 XX일 것이며 2번 여성 또한 보인자일 확률은 0%이다. 4번 남성은 형질이 나타난 반면 또 다른 남자 형제에게서는 형질이 나타나지 않았기 때문에 4번 남성의 어머니는 보인자(X'X)일 것이다. 또한, 이 남성의 아버지는 형질이 나타나지 않았기 때문에 유전자형이 XY임을 알 수 있다. 따라서 XY와 X'X 유전자형의 결합에 의해 낳은 여성 자녀의 50%가 보인자이다.

10 정답: ⑤

A형(유전자형이 AO일 때), B형(BO, BB의 유전자형 둘 다 가능), O형(OO의 유전자형), AB형(AB의 유전자형) 등 모든 혈액형이 가능하다.

11 정답: ①

아버지의 유전자형이 AA이고 어머니가 AB형(AB의 유전자형)의 혈액이면 B형의 혈액을 가진 자녀가 태어날 수 없다. 그러나, 만일 유전자형이 AO, BO, BB, OO, AB이면 B형의 자녀가 가능하다.

12 정답: ③

① O형의 혈액을 소량 수혈 받을 수 있다.
② O형의 혈액을 수혈 받으면 응집원이 없기 때문에 이에 대한 항체가 생기지 않는다.
④ 응집원 B에 대한 유전자를 가지고 있는 혈액은 B형이나 AB형이다.
⑤ 응집원이 없는 혈액은 O형이므로 소량 수혈 받을 수 있다.

13 정답: ⑤

ABO식 혈액형은 **단일 인자 유전**이다. **다인자 유전**은 하나의 형질에 대해 두 쌍 이상의 대립 유전자가 누적되어 영향을 미치는 유전 현상이다.

14 정답: ④

$2^4=16$ *AaBb*로부터 4개의 서로 다른 생식 세포가 생성되며 *CcDd*도 마찬가지이다. 그러므로 $4\times4=16$이다.

15 정답: ⑤

16 정답: ③

1과 2의 부모로부터 O형의 혈액형과 B형의 혈액형을 가진 자녀가 태어났기 때문에 2번 남성 혈액의 유전자형은 BO이어야 한다. 또한, 1의 유전자형은 AO이어야 한다. 만일 1의 유전자형이 AA이면 B형의 자녀를 낳을 수 없다.

17 정답: ③

1과 2의 유전자형은 각각 AO과 BO이다. 따라서 6번의 유전자형은 AO이다. 따라서 AO와 OO의 유전자형 부모로부터 O형의 자녀가 태어날 확률은 50%이다.

18 정답: ③

단서 1: 3세대의 남성과 여성이 형질을 나타냈다. 만일 이것이 2세대 부모의 X 염색체에 존재하는 유전자를 물려받은 것이라면 2세대 남성도 형질을 나타내야 한다. 그런데 2세대 남성에게서 형질이 나타나지 않았으므로 형질을 결정하는 유전자는 상염색체에 존재하는 열성임을 알 수 있다. 만일, 형질을 결정하는 유전자가 Y 염색체상에 존재한다면 가계도의 어떤 여성에게서도 형질이 나타나지 않아야 한다. 따라서 이 유전자는 X 또는 Y의 성염색체와 연관되지 않는다는 것이 분명하다.

단서 2: 2세대 여성에게서 형질이 나타난 반면 1세대 여성은 그렇지 않기 때문에 1세대 여성의 유전자형은 (형질 유전자를 d라 하면) Dd이다. (만일 1세대 여성의 유전자형이 DD이라면 2세대 자녀 중 누구도 형질을 나타내지 않기 때문에 DD일 수 없다.) 또한, 1세대 남성은 형질을 나타냈기 때문에 유전자형은 dd이다. 따라서, 2세대 자녀들의 유전자형은 50% Dd, 50% dd이다. 즉, 2세대에서 형질을 나타내지 않은 자녀는 모두 이형 접합자임을 알 수 있다.

19 정답: ①

색맹을 결정하는 유전자는 X 염색체 상에 있으므로 남성의 유전자형은 X'Y이고 여성의 유전자형은 XX이다. 따라서 이들로부터 나온 자손의 경우 아들은 모두 **정상**(XY)이고, 딸은 모두 **보인자**(X'X)이다.

20 정답: ⑤

다인자 유전: 키, 피부색, 눈동자색 등과 같이 한 가지 형질에 대해 두 쌍 이상의 대립 유전자가 누적적으로 영향을 주는 유전 현상을 말한다.

21 정답: ④

문제의 설명은 **한성 유전**에 해당한다. 한성 유전은 어떤 형질을 결정하는 유전자가 Y 염색체상에 있을 때 나타나는 유전 방식으로 항상 남자에게만 형질이 유전된다.

염색체 이상, 유전자 이상

01 정답: ⑤

낭포성 섬유증 유전자가 상염색체와 연관되어 있고 열성이기 때문에 부모 모두 변이 유전자를 가지고 있어야 자녀 세대에서 이 유전자의 표현형이 나타난다.

02 정답: ③, ④

감수 분열 과정 중에 교차를 통해 DNA 염기 서열이 변하거나 DNA 복제 과정 중에 복제 에러 등으로 변이가 생길 수 있다. 그러나 DNA 전사, 단백질 합성 등의 반응으로는 DNA 염기 서열에 변화를 초래할 수 없다.

03 정답: ①

묘성 증후군은 염색체의 특정 부위가 결실(손실)되어 나타나는 유전병이다.

04 정답: ①

핵형을 보면 21번 염색체가 하나 더 있다. 따라서 이 사람은 47개의 염색체를 가지며 **다운 증후군**에서 나타나는 염색체 수의 이상에 해당한다.

05 정답: ④

클라인펠터 증후군은 X 염색체가 하나 더 있는 남성으로 47개의 염색체를 가진다. 성염색체 비분리에 의해 발생하는 유전병의 일종으로 여성화된 신체적 특징이 나타나며 남성으로서의 생식 능력 또한 불완전하다.

06 정답: ③

헌팅턴 무도병은 신경계가 퇴화하여 환자의 의지와 상관없이 몸이 움직이며 근육의 경련, 비틀림 등의 증상이 나타난다.

07 정답: ②

낫 모양 적혈구 빈혈증 유전자의 **이형 접합자**(보인자)는 정상 적혈구와 낫 모양 적혈구를 모두 가지고 있다.

08 정답: ⑤

터너 증후군은 여성에게 X 염색체 하나가 부족할 때 나타난다. 난소의 발육이 완전하지 않아 2차 성징이 나타나지 않으며 키가 작은 특징이 있다.

09 정답: ②

전좌는 유전자 재조합 과정에서 염색체의 일부가 떨어져 나와 다른 염색체에 달라붙어 일어나는 돌연변이다. 염색체 이상의 일종으로 **전위**라고도 한다.

10 정답: ④

PKU 유전자가 상염색체에 존재하며 열성이기 때문에 자녀의 성별에 관한 보인자, 발병 여부의 설명은 정답이 아니다. 보인자의 유전자형을 Rr, 정상의 대립 유전자를 RR이라고 하면 자녀 세대에서 RR과 Rr은 1:1의 비율로 나타나며 발병하는 경우는 없다.

11 정답: ③

한성 유전은 Y 염색체에 유전자가 있을 때 나타나는 유전 방식으로 항상 남자에게만 형질이 유전된다.

12 정답: ①

첫째 아들이 X 염색체와 연관된 열성의 유전병을 가지고 있기 때문이 유전자형은 X′Y이다. 그러므로 아버지의 유전자형은 XY이고 어머니는 X′X이다. 따라서 자녀가 여자이면 발병 확률은 0%이고 남자이면 50%이다. 또한, 성별에 관계없이 자녀의 발병 확률은 25%이다.

13 정답: ①

X 염색체와 연관된 열성의 유전자는 아버지로부터 아들에게 유전되지 않는다. 따라서 아들이 열성의 표현형을 나타낼 때, 그 유전자는 어머니로부터 물려받은 것이다.

14 정답: ③

단일 인자 유전이므로 상염색체에 존재하는 한 쌍의 대립 유전자에 의해 형질이 결정된다. 유전병 유전자를 a라 하면 남녀의 유전자형은 둘 다 Aa(즉 남녀 모두 보인자)일 것이다. 따라서 자녀가 보인자(유전자형이 Aa)일 확률은 50%이다.

15 정답: ⑤

유전병 유전자를 a라 하면 여성의 유전자형은 정상의 동형 접합자이므로 AA이고, 남성은 열성의 이형 접합자를 유전자형으로 가지므로 Aa일 것이다. 따라서 자녀의 표현형은 모두 정상이다.

16 정답: ②

다운 증후군은 염색체 수의 이상으로 생기기 때문에 태아 세포의 핵형을 분석하는 것이 가장 정확하게 발병 가능성을 알 수 있는 방법이다.

17 정답: ⑤

감수 분열 과정에서 염색체 분리 이상으로 염색체 수가 정상보다 한두 개 많거나 적은 생식 세포를 만들고 이러한 생식 세포가 수정되면 염색체 수에 이상이 있는 자녀가 태어난다. 이러한 방식의 염색체 수 이상을 **이수성**이라고 한다.

18 정답: ①

혈우병을 가진 딸을 낳았으므로 여성은 반드시 **보인자**(유전자형으로 X′X)이어야 한다. 또한, 딸을 낳을 경우 X′X′ (혈우병), X′X (보인자)의 유전자형이 가능하며 아들은 X′Y (혈우병), XY (정상)의 유전자형이 가능하다.

19 정답: ③

그림에서는 감수 분열 과정 중에 **염색체 비분리 현상**을 보여주고 있다. 이러한 염색체 비분리는 염색체 수 이상을 일으켜 다운 증후군, 터너 증후군, 에드워드 증후군, 클라인펠터 증후군 등의 유전병을 초래한다.

세포의 생명 활동과 에너지

01

01-1: A는 ADP + P_i, B는 ATP이다.
01-2: 열에너지
01-3: 포도당
01-4: 이산화탄소와 물

02 정답: **흡수, 방출**

03 정답: X

ATP의 화학 에너지는 **고에너지 인산 결합**에 저장되어 있다.

04 정답: X

무산소 호흡(무기 호흡)의 일종인 젖산 발효에서는 이산화탄소가 발생하지 않지만, **알코올 발효**에서는 이산화탄소가 반응 생성물로 발생한다.

05 정답: X

격렬한 근육 운동의 경우 근육 세포 내에서 **젖산 발효 반응**이 일어난다.

06 정답: ⑤

세포에서 물질을 합성하는 과정을 **동화 작용**(anabolism)이라고 하며 이때 에너지의 투입이 필요하다. 즉 ATP가 분해될 때 발생하는 에너지를 이용하여 물질 합성 반응을 일으킨다. 따라서 동화 작용에는 (가)의 반응이 필수적이다.

07 정답: ①

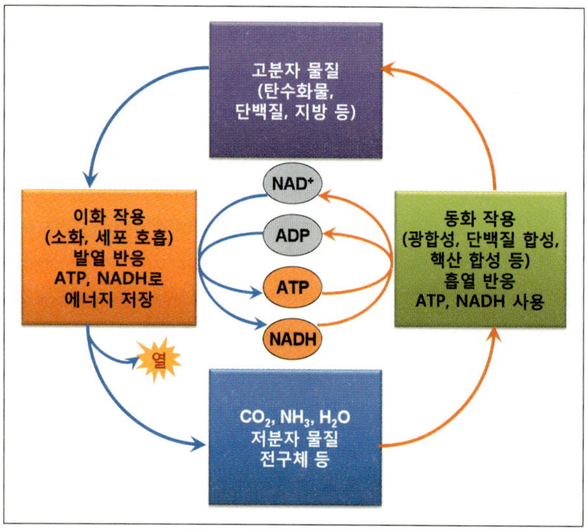

이화 작용은 동화 작용과 반대의 개념으로서 세포 내에서 비교적 큰 분자가 작은 분자로 분해되는 과정을 말한다. 효소의 작용에 의해 물질이 산화되는 반응이며 이때 일반적으로 에너지가 생성되는데(발열 반응) 세포는 이것을 화학 에너지(ATP) 형태로 전환시킨 후, 생명을 유지하는데 다시 사용한다. 세포 내에서 일어나는 이화 작용의 대표적인 예는 세포 호흡(유기 화합물을 분해하여 에너지를 얻는 과정)이다. 이화 작용의 결과 반응 생성물의 에너지 수준은 반응물보다 감소한다.

08 정답: ②

ATP는 뉴클레오타이드의 일종이며 세포 내 에너지원임과 동시에 RNA 합성에 사용되는 구성 단위체이다. ATP에 포함된 5탄당은 **리보스**이다.

09 정답: ①

생물체가 ATP를 생성하는 방식을 크게 **호흡**(유기 호흡과 무기 호흡)과 **광합성**으로 나눌 수 있다. 광합성을 통해 빛 에너지가 ATP의 화학 에너지로 전환되므로 호흡을 통해서만 ATP가 생성되는 것은 아니다.

10 정답: ④

발효(fermentation)는 무기 호흡으로서 유기 호흡(산소를 이용하여 유기물을 분해해 에너지를 얻는 작용)보다 ATP 생성 효율이 훨씬 떨어진다.

11 정답: ④

알코올 발효와 젖산 발효는 둘 다 같은 양의 ATP를 생성하며 미토콘드리아가 관여하지 않는다. 인체에서는 젖산 발효만 일어나며 알코올 발효에서만 이산화탄소가 발생한다.

12

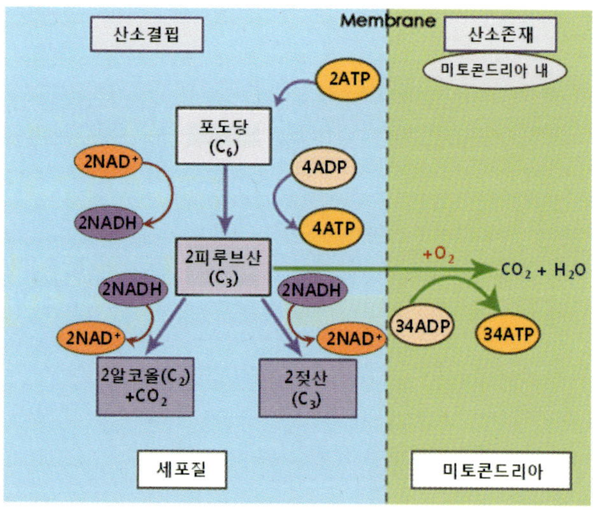

12-1: 대표적인 반응 생성물은 **알코올**이다. 효모는 포도당을 발효시켜 알코올을 생성한다.

12-2: **이산화탄소**(CO_2), 효모에 의한 알코올 발효의 부산물로 이산화탄소가 만들어진다.

12-3: 효모가 포도당을 발효시키기 위해서는 **산소를 차단**해야 한다. 이를 위해 용액 위에 기름막을 놓는 것이다.

13 정답: ⑤

그림은 효모에 의한 포도당의 **알코올 발효**이다.

① 포도당을 발효의 기질로 사용하기 때문에 기체 발생량은 포도당 농도와 비례한다.
③ 이산화탄소가 물에 녹아 산성이 강해진다.
⑤ 요구르트는 젖산 발효를 이용한다.

14 A: ADP+P_i B: ATP

이화 작용에 의해 ADP는 무기인산(P_i)과 결합해 ATP로 전환되며 ATP는 다시 동화 작용의 에너지원으로 사용된다.

15 C: 열(heat)

16 정답: ③

유기 호흡을 통해 이산화탄소와 물이 생성되며 알코올 또는 젖산은 무기 호흡(발효)의 반응 생성물이다. 그러나 이화 작용으로 산소가 생성되지는 않으며 산소는 유기 호흡 과정에서 전자의 최종 수용체를 작용해 물로 환원된다.

17 정답: ⑤

일반적으로 **비타민**은 동화 작용으로 합성되는 물질이 아니며(소량 합성되는 비타민도 있으나 이 경우에도 동화 작용이라 하지 않는다) 주로 음식물을 통해 체내로 들어온다.

18 정답: ①

물질 대사는 물질 분해를 통해 생명 현상에 필요한 에너지를 공급하고 새로운 물질을 합성하는, 생명체의 모든 화학 반응을 의미한다. 즉, 이화 작용과 동화 작용을 합한 것이다.

19 정답: ③

세포 호흡(유기 호흡과 무기 호흡)은 영양 물질에 저장된 화학 에너지를 ATP 형태의 화학 에너지로 전환하는 과정이다. 유기 호흡은 산소를 이용하며 무기 호흡보다 에너지 전환 과정이 길고 복잡하다. 대신 유기 호흡을 통해 훨씬 많은 양의 ATP를 생성할 수 있다. 유기 호흡은 유기물을 완전 산화시키기 때문에 이산화탄소와 물이 반응 생성물로 만들어진다. 근육이 단시간 동안 격렬한 운동을 할 때 유기 호흡으로 생성된 ATP를 공급하기에는 시간적 여유가 없다. 이때는 근육 세포에서 **무기 호흡**(젖산 발효)을 일으켜 ATP를 충당한다.

20 정답: ③, ④, ⑤

③ 유기물에 저장된 화학 에너지를 ATP의 화학 에너지로 전환하는 반응이 호흡이다.
④ 유기 호흡은 유기물을 완전 산화시키며, 무기 호흡으로 젖산이 만들어진다.
⑤ 유기물의 탄소는 완전 산화되어 **이산화탄소**를 생성한다.

21 정답: ③

제시된 반응식은 유기물(포도당)이 산화되어 에너지를 발생시키는 발열 반응으로서 유기 호흡(산소를 이용)을 통해 이루어진다. 이 반응은 동·식물체(호기성 미생물 포함) 모두에서 일어나며 발효 반응식과 구분된다. 이때 발생하는 에너지는 ATP가 대부분이나 일부 동물 세포에서는 열 에너지 형태로도 나온다.

22 정답: ③

세포 호흡은 생명체에서 일어나는 물질대사 중의 하나로 유기물(유기 화합물)을 분해하여 에너지를 얻는 과정이다. 간혹 산소를 이용하여 에너지를 생성하는 반응으로 축소, 정의하는 경우도 있는데 엄밀히 말해 이것은 잘못된 것이며 산소를 이용하면 **유기 호흡**, 산소를 이용하지 않으면 **무기 호흡**으로 나눌 수 있다. 따라서 세포 호흡은 동물 세포만이 아닌, 모든 세포에서 일어나는 반응이라고 할 수 있다.

23 정답: ②

알코올은 미생물이 생성하는 고유 발효 산물(생성물)이며 이를 이용해 술을 만든다.

24 정답: ⑤

1일 총대사량은 기초대사량과 활동 대사량을 합한 값이다. 기초 대사량은 나이, 성별, 체표면적에 따라 다르며, 활동 대사량은 물리적 활동량에 따라서 다르다.

25 정답: ⑤

물리 활동량에 따른 에너지 소모는 **활동 대사량**에 속한다.

26 정답: ④

① 활동량이 많아지면 활동 대사량이 증가한다.
② 몸무게보다는 **체표면적**이 기초 대사량과 관련이 깊다.
③ 1일 총대사량에서 기초 대사량이 활동 대사량보다 더 큰 비중을 차지한다.
⑤ 하루 권장 에너지량에서 **탄수화물**이 차지하는 비중이 가장 크다(약 50~70%).

소화, 호흡, 순환, 배설

01 정답: O
단백질은 아미노산을 구성 재료로 사용하기 때문에 **질소**(N)를 포함한다.

02 정답: **부영양소**

03 정답: X
물은 몸을 구성하고 생리 작용이 일어나도록 돕기 때문에 **부영양소**에 해당한다.

04 정답: X
간에서 쓸개즙을 생성하지만, 쓸개즙에는 소화 효소가 없다.

05 정답: O
간에서 직접적인 소화가 일어나지는 않지만 쓸개즙을 만들기 때문에 **소화샘**에 해당한다.

06 정답: O

07 정답: O

08 정답: X
지용성 영양소는 간을 거치지 않고 **심장**으로 간다.

09 정답: O

10 정답: O
순환계는 심장, 혈관(동맥, 정맥, 모세 혈관), 혈액으로 구성된다.

11 정답: X
모세 혈관에서 조직 세포로의 산소 이동은 **기체 교환**이며 이는 **호흡계**의 기능이다.

12 정답: X
대부분의 이산화탄소는 적혈구 내에서 탄산수소 이온으로 전환된 후, 혈장으로 나와 혈장을 통해 폐로 이동한다.

13 정답: **자동성**

14 정답: X
폐동맥은 심장의 우심실에서 폐로 이동하는 **정맥혈**의 통로이다.

15 정답: O
암모니아는 질소를 포함하며 이는 **아미노산 분해**에 의한 것이다.

16 정답: X
집합관은 네프론에 포함되지 않는다.

17 정답: O

18 정답: **능동 수송, 삼투**

19 정답: ②
① 단백질 소화는 **펩신**에 의해 위와 소장에서 주로 이루어진다.
③ 단백질은 아미노산 수준으로 분해된 후, **소장**에서 흡수된다.
④ **쓸개즙**은 주로 지방을 유화시켜 지방 분해 효소가 작용하도록 돕는다.
⑤ 위에서는 펩신의 작용으로 단백질의 화학적 소화가 일어난다.

20 정답: ③
지방은 이자에서 분비된 **라이페이스**(lipase) 효소와 쓸개즙의 유화 작용으로 지방산과 모노글리세리드로 분해된 후, 소장에서 흡수된다.

21 정답: ②, ④
① 탄수화물의 소화는 주로 **입**과 **소장**에서 이루어진다.
③ 탄수화물은 포도당으로 분해된 후, 소장의 상피 세포에서 흡수된다.
⑤ **단백질 소화 효소**들이 비활성 상태로 분비된 후, 소화관에서 활성화된다.

22 정답: ②
이자(pancreas)에서는 아밀레이스(amylase, 탄수화물 소화), 트립신(trypsin, 단백질 소화), 라이페이스(lipase, 지방 소화) 등의 소화 효소가 합성, 분비된다.

23 정답: ②
① **말테이스**: 엿당을 포도당으로 분해한다.
③ **펩신**: 위에서 작용하며 단백질을 좀 더 작은 폴리펩타이드로 분해한다.
④ **라이페이스**: 지방을 분해하여 지방산과 모노글리세리드를 생성한다.
⑤ **아밀레이스**: 입, 소장에서 녹말을 엿당으로 분해한다.

24 정답: D (간), E (쓸개), G (이자), H (소장)

지방의 화학적 소화와 관련된 기관은 간(쓸개즙 합성), 쓸개(쓸개즙 저장), 이자(라이페이스 합성, 분비), 소장(지방의 분해 산물 흡수) 등이다. 참고로 인체의 소화 기관 또는 소화 계통에는 입, 식도, 위, 십이지장, 간, 쓸개, 이자, 소장, 대장, 항문 등이 있다.

25 정답: A (입), B (침샘), G (이자), H (소장)

탄수화물의 화학적 소화와 관련된 기관은 입(녹말이 엿당으로 분해되는 장소), 침샘(아밀레이스 합성, 분비), 이자(아밀레이스 합성, 분비), 소장(말테이스 분비, 포도당 흡수) 등이다.

26 정답: B (침샘), G (이자)

27 정답: ①

쓸개즙은 **간에서 합성**된 후, 쓸개로 이동해 저장 후, 분비된다.

28 정답: A는 심장이다.

소장의 융털에서 흡수된 모든 영양소는 혈액이나 림프액을 통해 **심장**으로 이동한 후, 온몸으로 퍼져 나간다.

29 정답: ②

쓸개즙에는 소화 효소가 들어있지 않으며 지방을 유화시키는 작용을 담당한다.

30 정답: ⑤

제산제는 산성을 중화시키는 약으로서 과량 복용하면 위액의 pH가 증가한다. 이때 위액에서 분비되는 펩신의 활성에 가장 심각한 영향을 미치는데 각각의 효소는 최대 활성을 나타내는 최적의 pH를 가지기 때문이다. 펩신은 pH 1~2 사이에서 최대 활성을 나타낸다.

31 정답: ①

순환계(circulatory system)는 모든 기관계를 연결하며 영양소와 산소를 세포로 운반하고 세포에서 생성된 이산화탄소, 노폐물 등을 배출하기 위해 배설계로 운반하는 역할을 담당한다. 즉 순환계의 주된 기능은 물질 운반이다.

32 정답: ②

쓸개즙은 간에서 합성되며 지방을 유화시키는 작용이 있으나 **그 자체에 소화 효소를 포함하지는 않는다**. 간(쓸개즙 합성)과 대장(물과 전해질의 재흡수)도 소화계의 일부라는 것에 주의해야 한다.

33 정답: ④

탄산수소 이온(HCO_3^-)은 폐에서 적혈구로 들어가 이산화탄소가 된 후, 혈장으로 나온다. 따라서 탄산수소 이온이 해리되어 수산화 이온을 생성하는 반응은 일어나지 않는다.

34 정답: ①

심장은 혈관과 함께 **순환계**에 속한다.

35 정답: ①

조직에서 생성된 이산화탄소의 상당량(약 70%)은 농도차에 의한 **확산**에 의해 이동한다.

36 정답: ③

모세 혈관 속에서 혈액이 천천히 흐르기 때문에 시간적으로 물질 교환이 잘 일어날 수 있다.

37 정답: ⑤

심장의 심방은 혈액을 받아들이는 곳이고 심실은 혈액을 내보내는 역할을 담당한다. 따라서 심방은 정맥과 심실은 동맥과 연결되어 있다. 참고로 혈액의 폐순환을 정리하면 다음과 같다.

우심실→폐동맥→폐→폐정맥→좌심방→좌심실

38 정답: ②

정맥혈은 **우심실**을 통해 폐동맥으로 나간다.

39 정답: ③

폐를 순환한 혈액은 **좌심방**으로 다시 들어온다. CO_2와 산소의 기체 교환이 폐순환의 목적이다.

40 정답: ④

크레아틴(creatine)은 크레아틴인산이 근육 활동에 의해 분해된 노폐물의 일종으로 사구체에서 여과되지 않고 세뇨관에서 혈액으로부터 능동 수송에 의해 직접 **분비**된 후, 오줌으로 배출된다.

41 정답: ④

무기 염류도 포도당, 아미노산과 마찬가지로 ATP를 소비하는 **능동 수송**에 의해 재흡수된다.

42 정답: ②

뇌하수체 후엽에서 분비되는 **항이뇨 호르몬**의 역할은 콩팥에서 물의 재흡수를 촉진하는 것이다. 땀을 많이 흘릴 경우 몸의 항상성 유지를 위해 이 호르몬이 합성, 분비되어 작용한다. 에피네프린은 혈당량이 떨어졌을 때, 부신에서 합성, 분비되며 간에 저장된 글리코젠(glycogen)을 포도당으로 분해해 혈당량을 증가시킨다.

43 정답: ②

단백질은 사구체에서 여과되지 않으며 아미노산은 세뇨관에서 거의 100% 재흡수되기 때문에 콩팥 동맥과 정맥에서 이 둘의 농도는 동일하다. 반면 무기 염류, 크레아틴, 요소 등은 일부 재흡수되거나 배출되기 때문에 동맥과 정맥에서의 농도가 다르다.

44 정답: ①

단백질, **지방** 등과 같이 분자량의 큰 물질은 사구체에서 여과되지 않는다.

45 정답: ④

예 중에서는 **소화계**가 배설계와 가장 밀접한 관계가 있다. 소화계를 통해 영양분이 포도당, 아미노산 등으로 분해되며 또한 영양분의 산화 과정에서 요소도 생성된다. 이들 물질은 콩팥에서 여과되어 배설되거나 재흡수 과정을 거친다.

46 정답: ③

포도당은 사구체에서 여과된 후, 세뇨관에서 재흡수되기 때문에 ③의 경로가 올바르다. 기타 재흡수되지 않거나 세뇨관으로 분비된 후, 배출되는 물질들의 이동 경로를 파악하는 것도 중요하다.

47 A: 사구체 B: 보먼 주머니 C: 세뇨관

48 정답: 네프론(nephron)

네프론은 콩팥의 기능적 단위이며 사람의 경우 콩팥 각각에는 약 100만개의 네프론이 존재한다.

49 정답: 항이뇨 호르몬, 뇌하수체 후엽

그림의 C는 세뇨관이며 항이뇨 호르몬은 뇌하수체 후엽에서 합성되며 세뇨관에 작용, 물의 재흡수를 촉진한다.

50 정답: ③

그림의 A는 사구체를, B는 보먼 주머니를 나타낸다. 사구체에서 보먼 주머니로 많은 물질이 **여과 과정**을 통해 이동하는데 단백질, 지방 등은 여과되지 않고 혈액을 따라 이동한다.

51 정답: ②

① **네프론**은 구조적으로 콩팥의 **겉질**에 위치한다.
③ 단백질은 여과되거나 재흡수되지 않는다.
④ 혈장의 포도당 농도가 200 mg/dL 이상이면 재흡수되지 못하고 배설된다. 이것은 능동 수송에 의한 포도당의 재흡수 능력에 한계가 있기 때문이다.
⑤ 세뇨관에서 물질이 재흡수되는 원리는 **능동 수송**, **확산**, **삼투** 등이 있다.

52 정답: ③, C는 세뇨관을 나타낸다.

① 사구체에서 여과된 물은 세뇨관에서 **삼투**에 의해 재흡수된다.
② 크레아틴은 능동 수송에 의해 세뇨관으로 **분비**된다.
④ 뇌하수체 후엽에서 분비되는 **항이뇨 호르몬**에 의해 물의 재흡수가 촉진된다.
⑤ 사구체에서 여과된 액체 성분을 **원뇨**라고 한다.

53 정답: ②

크레아틴은 콩팥에서 생성되는 것이 아니라 근수축 등의 과정에서 만들어지는 노폐물로 혈액에서 세뇨관으로 능동 수송에 의해 이동하며 이를 **분비**라고 한다.

54 정답: ⑤

무기 염류는 혈액의 삼투압에 따라 세뇨관에서 부분적으로 재흡수된다. **요소**도 부분적으로 재흡수되는 물질이다.

55 정답: ④

보먼 주머니와 오줌에서 A의 농도가 같기 때문에 재흡수되지 않고 배출된다.

56 정답: ②

보먼 주머니에서 농도가 0.0 g/L이기 때문에 사구체에서 여과되는 물질이 아니다. B는 크레아틴과 같이 여과되는 것이 아니라 세뇨관으로 직접 분비되는 물질로 판단된다.

57 정답: ①

C는 보먼 주머니에서 검출되나 오줌에서의 농도가 0.0 g/L이기 때문에 거의 100% **재흡수**되는 것으로 판단된다. 이러한 물질에는 포도당, 아미노산 등이 있다.

58 정답: 세뇨관에서 거의 100% 재흡수되었을 것이다.

59 정답: ②

지용성 영양소는 간을 거치지 않고 림프관을 따라 직접 심장으로 들어간다.

60 정답: ⑤

콩팥은 혈액의 삼투압에 따라 무기 염류의 재흡수를 조절하는 기능이 있다.

61 정답: ④

요소는 질소 노폐물의 대표적인 예이며 콩팥(배설계)을 통해 체외로 배출된다.

62 정답: ②

① 탄산수소 이온 농도 조절은 혈액의 기능이다.

③ 포도당은 콩팥에서 재흡수되는 양이 조절되는 것이 아니라 거의 100% 재흡수된다.

④ 혈액의 삼투압은 재흡수되는 무기 염류의 양과 밀접한 관련이 있다.

⑤ 혈장의 단백질은 사구체에서 여과되지 않는다.

자극의 전달(뉴런의 구조와 기능)

01 정답: O

02 정답: X
자극의 전달 방향은 언제나 **감각기→연합 뉴런→반응기의 순서**이다.

03
03-1: C
03-2: A, B, C, D, E (Na^+-K^+ 펌프는 언제나 작동한다)

04 정답: O

05 정답: X
활동 전위(action potential)가 생성될 때 대부분의 Na^+ 통로가 열려 Na^+이 세포 안으로 들어오나, K^+ 통로는 닫힌 상태이다.

06 정답: X
탈분극 상태에서 다량의 Na^+이 세포 안으로 들어오기 때문에 상대적으로 세포 안쪽은 양(+)전하를, 세포 바깥쪽은 음(-)전하를 띠게 된다.

07 정답: O

08 정답: **전도**

09 정답: O

10 정답: X
흥분(자극)의 전도 속도는 자극에 세기에 상관없이 **일정하다**.

11 정답: X
수용체를 통해 Na^+이 유입되는 것이 아니라 Na^+ 통로가 수용체의 작용으로 열린다.

12 정답: **시냅스 소포**(synaptic vesicles)

13
A: 가지 돌기　　B: 신경 세포체
C: 슈반 세포　　D: 랑비에 결절
E: 축색 말단

14 A (가지 돌기), E (축색 말단)
가지 돌기는 자극을 받아들이기 때문에 신경 전달 물질의 수용체가 많이 분포하며 **축색 말단**에는 시냅스 소포가 있어 아세틸콜린이 저장되어 있다.

15 B (신경 세포체)
구심성 뉴런의 신경 세포체는 축색 돌기에 있는 것이 특징이다.

16 정답: ③
C는 슈반 세포(Schwann cell)이며 대부분 **지질 성분**으로 이루어져 있다.

17 정답: ③
가지 돌기는 감각 수용기나 다른 뉴런에서 오는 자극을 받아들인다.

18 정답: ⑤
자극의 전달은 그림에서 A→B→C 방향이며 역방향으로는 전달되지 않는다. 이와 같이 자극의 전달이 한쪽 방향으로만 일어나는 이유는 ①신경 전달 물질(예: 아세틸콜린)이 축색 돌기 말단에만 있으며, ②신경 전달 물질의 수용체가 시냅스 후 뉴런의 가지 돌기와 신경 세포체에만 존재하기 때문이다.

19
A: 감각 뉴런　　B: 연합 뉴런　　C: 운동 뉴런

20 정답: ①
감각기와 감각 뉴런 사이의 자극 전달은 세포막을 경계로 이온의 농도차에 의한 **전기적 신호**에 의존한다. 나머지 뉴런과 뉴런 사이, 뉴런과 작용기 사이의 자극 전달은 신경 전달 물질(아세틸콜린)을 통해서 이루어진다.

21 정답: ②

22 정답: 슈반 세포(Schwann cell)
슈반 세포는 말초 신경계에만 존재하며 말이집 구조에 의해 신경을 통한 자극의 전달 속도를 높이는 기능이 있다.

23 정답: 전도

24 정답: ③
역치 이상에서는 자극의 세기에 관계없이 뉴런 내에서 흥분의 전달 속도는 일정하다.

25 정답: ①, ③

② 구심성 뉴런(감각 뉴런)은 감각기의 자극을 중추 신경계로 전달한다.

④ 슈반 세포가 없는 경우, 하나의 세포로 뉴런을 구성할 수 있다.

⑤ 뉴런에서 작용기로 흥분을 전달할 때 신경 전달 물질을 사용한다.

26 정답: ②

① 축색 말단에 관한 설명이다.

③ 가지돌기가 아닌 축색 돌기가 절연체 성분(슈반 세포)으로 싸여 있다.

④ **시냅스**는 뉴런과 뉴런 사이의 간극을 의미한다.

⑤ 신경 자극은 신경 세포체에서 축색 돌기로 전달된다.

27 정답: ④

C의 단계는 **탈분극(depolarization)** 상태이다. 이때 활동 전위가 생성되는데, 분극과 탈분극에 상관없이 Na^+-K^+ 펌프가 항상 작동한다는 점에 유의해야 한다.

28 정답: C

29 정답: D

재분극(repolarization) 상태에서는 Na^+ 통로가 닫혀 Na^+ 이온의 유입이 줄어들고, K^+ 통로가 열려 K^+ 이온이 세포 밖으로 확산(농도차에 의해)되어 나간다.

30 정답: Na^+-K^+ 펌프

31 정답: ①-⑤-③-②-④

32 정답: ④

시냅스 틈(간극)에서 아세틸콜린은 효소(아세틸콜린 에스터레이스)에 의해 분해된 후, 시냅스 전 뉴런에 의해 분해 산물이 재흡수된다.

33 정답: ④

① 아세틸콜린은 **시냅스 후 뉴런**에 작용하여 Na^+ 통로가 열린다.

② 모든 뉴런에 아세틸콜린 수용체가 존재하는 것은 아니다(예: 감각 뉴런).

③ 아세틸콜린은 시냅스 틈에서 분해된 후, **시냅스 전 뉴런**으로 재흡수 된다.

⑤ 아세틸콜린은 뉴런의 **축색 돌기 말단**에서 시냅스 소포를 통해 방출된다.

34 정답: ③

말이집(myelin sheath)은 수초라고도 하며 뉴런의 축색(축삭)을 여러 겹으로 둘러싸고 있어 전기적 절연체로서 작용한다.

35 정답: ②, ③

휴지 전위 상태에서 모든 이온 통로는 닫혀 있으며 Na^+-K^+ 펌프만이 작동한다.

36 정답: ④

그림의 A, B와 자극의 횟수와는 상관이 없다. 자극의 세기가 강할수록 활동 전위가 더 자주 발생한다.

37 정답: ①

휴지 전위 상태에서 활동 전위가 만들어지기 위해서는 먼저 Na^+ 통로가 열려 다량의 Na^+ 이온이 뉴런 세포 안으로 들어와야 한다. 그런데 테트로도톡신이 있을 때에는 저해제로 작용해 Na^+ 통로가 열리지 않기 때문에 활동 전위가 생성되지 않으며 따라서 흥분 전달이 이루어지지 않는다.

38 정답: ③

활동 전위가 생성된 이후, **재분극**이 일어나기 위해서는 K^+ 통로가 열려 K^+ 이온이 뉴런 세포 밖으로 다시 나가야 한다. 만일 테트로도톡신이 K^+ 통로를 차단한다면 재분극이 일어나지 않을 것이다.

39 정답: ⑤

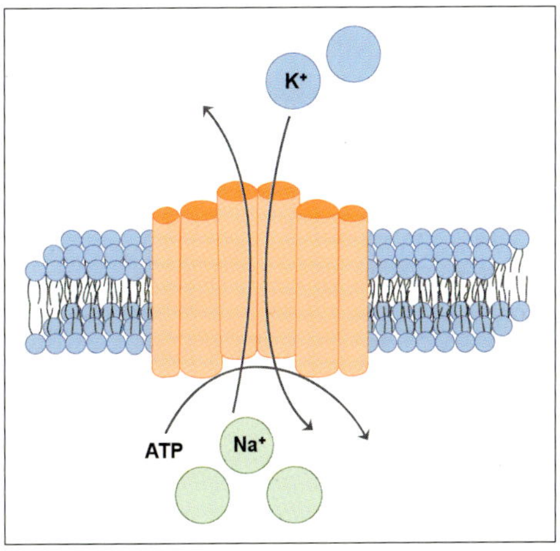

휴지 상태에서 뉴런 세포막을 경계로 전기적인 분극 상태가 유지되는 이유는 세포막 안팎의 이온 농도차가 존재하기 때문이다. 이러한 이온 농도차는 Na^+-K^+ 펌프에 의해 유지된다. 따라서 이 펌프가 작동하지 않는다면 결과적으로 세포막의 이온 농도차도 사라지고 분극 상태도 없어질 것이다.

40 정답: ④

재분극이 일어날 때에는 Na^+ 통로가 닫혀 Na^+ 이온의 이동(흐름)이 발생하지 않는다.

41 정답: ③

Na^+-K^+ 펌프의 작동 결과로 **활동 전위**가 발생하는 것은 아니다. Na^+-K^+ 펌프는 활동 전위 생성 여부와 상관 없이 뉴런 세포막에서 언제나 작동하며, 활동 전위는 자극에 대해 Na^+와 K^+ 이온 통로 등의 개폐에 의해 발생한다.

42 정답: ③

뉴런 세포막의 전위차가 +30 ~ +40mV가 되었을 때 **활동 전위**가 발생했다고 말한다. 이때는 세포 안쪽의 양이온 농도가 세포 바깥쪽보다 높아져 막 안쪽은 음(+) 전하, 바깥쪽은 음(-) 전하를 띠게 된다. 이러한 활동 전위는 뉴런이 역치 이상의 자극을 받았을 때, 세포막에 있는 Na^+ 통로가 열려 바깥쪽에 있던 다량의 Na^+ 이온이 세포 안으로 들어온 결과이다. 주의할 점은 활동 전위가 발생하더라도 Na^+-K^+ 펌프는 여전히 작동한다는 점이다.

43 정답: ②

뉴런의 **탈분극**(활동 전위 상승기) 시에는 대부분의 Na^+ 통로가 열려 다량의 Na^+ 이온이 세포 안으로 들어오며 이때 K^+ 통로는 닫힌 상태이다.

44 정답: ⑤

시냅스 틈을 통한 자극(흥분)의 전달 과정은 다음과 같다.

시냅스 전 뉴런으로부터 아세틸콜린이 방출됨→시냅스 후 뉴런의 수용체와 결합→시냅스 후 뉴런의 세포 안으로 Na^+ 이온이 이동→탈분극이 일어남→효소 작용에 의한 아세틸콜린의 분해→시냅스 전 뉴런에서 아세틸콜린 분해 산물을 재흡수

45 정답: ②

감각 뉴런에서 보통 때보다 더 자주 활동 전위가 생성되면 중추 신경계는 더 강한 자극을 느끼게 된다. 즉, 활동 전위의 발생 빈도와 강한 자극 사이에 상관 관계가 있다.

근수축의 원리

01 정답: X
근육이 수축할 때, 액틴 필라멘트와 마이오신의 길이는 변하지 않고 근원 섬유 마디가 짧아진다.

02 정답: O

03
03-1: **젖산 발효**
03-2: **크레아티닌인산**, **크레아틴**

04 정답: ②
골격근은 대뇌의 조절을 받아 의식적으로 수축 · 이완되는 **수의근**이다. 반면 심장근, 내장근(또는 평활근) 등은 자율 신경계의 조절을 받기 때문에 의지대로 움직이지 않으며, 따라서 **불수의근**이라고 한다.

05 정답: ②
골격근은 내장근과 달리 비교적 쉽게 피로해지는 특징을 가지고 있다.

06 정답: 2, 3, 4
신경 전달 물질인 **아세틸콜린**에 의해 자극이 근육 세포로 전달되며 근육 세포는 **크레아틴인산**(creatine phosphate)과 ATP를 분해하여 발생한 에너지를 이용, 근수축을 일으킨다. 당질코르티코이드는 부신 겉질에서 생성되는 호르몬으로 간에서 포도당 합성 및 분비를 증가시켜 혈당량을 높이는 역할을 담당한다.

07 정답: ①

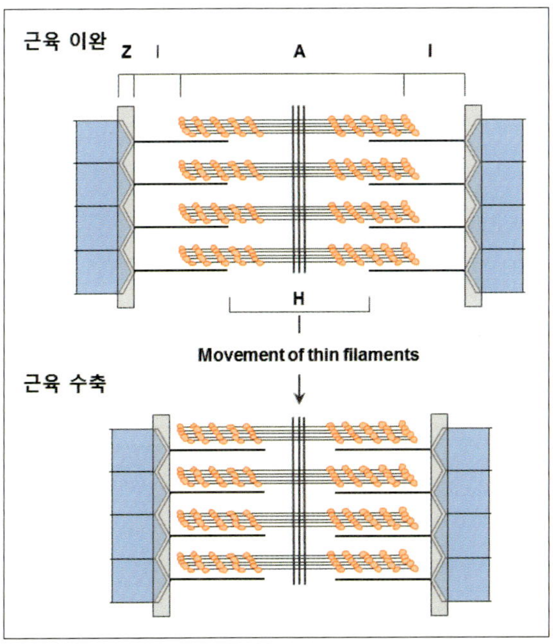

근수축이 일어날 때, 근육 원섬유 마디가 짧아지나 A대의 길이는 변함 없다. 또한, 액틴 필라멘트(actin filament)와 마이오신(myosin)의 길이는 변하지 않는다.

08 정답: ④, ⑤
근육 운동에는 많은 양의 에너지가 소요되기 때문에 포도당, 글리코젠(glycogen) 등의 에너지 저장 물질의 농도가 근육 운동 후에 감소한다.

09 정답: ②, ③
근육 운동 후, 근육 섬유 내에는 소위 피로 물질의 농도가 증가한다. 대표적인 피로 물질로는 **젖산**과 **크레아틴**(creatine)을 들 수 있다. 젖산은 근육에 지속적으로 ATP를 공급하기 위해 해당 과정으로 생성된 피루브산(pyruvic acid)이 무산소 조건에서 젖산으로 전환된다. 크레아틴인산(creatine phosphate)은 크레아틴과 인산으로 분해되면서 ATP가 생성되며 이렇게 생성된 ATP는 다시 근수축의 에너지원으로 쓰인다.

10 정답: ① (ATP)
근육이 지속적으로 운동하기 위해서는 끊임없이 ATP가 공급되어야 하며 이때 ATP 농도는 비교적 일정하게 유지된다.

11 정답: ⑤
Ca^{2+}이 **액틴 필라멘트**에 붙으면 마이오신과 결합할 수 있는 부위가 드러난다. 따라서 칼슘 이온은 액틴과 마이오신의 결합을 촉진한다.

12 정답: ③
젖산은 근육 운동 후에 생성되는 산화 피로 물질로서, ATP를 사용하여 포도당이나 글리코젠으로 환원된다. 즉, ATP가 생성되는 것이 아니라 ATP를 소비한다.

13 정답: ②, ③
① 마이오신 머리에 붙은 ATP가 분해되어 ADP가 되었을 때, 액틴과 결합한다.
④ 마이오신 머리가 액틴 필라멘트를 끌어 당기며 마이오신과 액틴이 서로 다른 방향으로 움직인다.

14 정답: ②
ATP가 아닌 포도당이 혈액을 통해 근육 세포에 공급된 후, 에너지원으로 쓰인다.

15 정답: ③-②-①-④-⑤

16 정답: ②
문제 11번 해설 참조.

17 정답: ④-①-⑤-③-②

근육의 수축 과정은 다음과 같다.

운동 뉴런에서 아세틸콜린 분비-근섬유 세포막의 탈분극-근소포체에서 칼슘 이온(Ca^{2+}) 방출-칼슘 이온이 액틴과 결합-마이오신과 액틴 필라멘트의 결합-활주(근수축)

18 정답: ③

활동 전위가 사라지면 Ca^{2+}은 다시 근소포체 내부로 능동 수송된다. 따라서 마이오신에 대한 액틴 필라멘트의 결합 부위도 다시 가려지고 액틴과 마이오신의 결합이 분리되어 근육이 이완된다.

19 정답: ③

문제 18번 해설 참조

신경계

01 정답: O

교감 신경에서는 노르에피네프린을, 부교감 신경에서는 아세틸콜린이 분비된다.

02 정답: O

03 정답: X

부교감 신경은 신경절 이전 뉴런이 한 개의 신경절 이후 뉴런하고 시냅스를 형성한다.

04 정답: ③

연수는 척수 위쪽에 위치하며 **중추 신경계**에 해당한다. 뇌 신경과 척수 신경은 말초 신경계에 해당하며 뇌와 척수 등의 중추 신경계와 혼동하지 않도록 주의해야 한다.

05 정답: ①, ③, ⑥

소뇌, 척수, 뇌하수체 등은 **중추 신경계**에 해당한다.

06 정답: ①, ③, ⑥

07 정답: ④

반응기(예: 근육)에 신경 전달 물질을 방출하는 역할은 말초 신경계 중의 하나인 **원심성 신경**이 담당한다.

08 정답: B

그림에서 A는 대뇌, B는 간뇌, C는 소뇌, D는 중간뇌, E는 연수, F는 척수를 나타낸다. **간뇌**는 자율 신경계의 조절 중추이며, 체온, 삼투압 조절 등 항상성 유지를 담당한다.

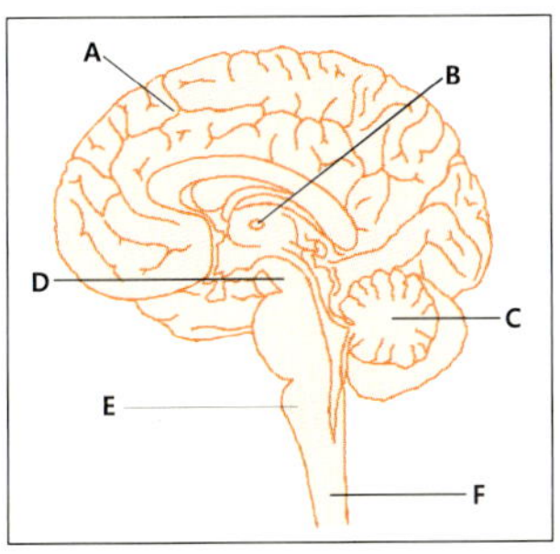

09 정답: E

연수는 뇌와 척수를 연결하는 통로로서 작용하며 심장 박동, 호흡, 소화 운동 등을 조절한다.

10 정답: ③

길항 작용은 특성이 서로 반대인 두 개의 요인이 동일한 세포, 조직, 기관에 작용해 각각의 효과가 상쇄되는 현상을 의미하며 몸의 항상성 유지에 중요한 작동 원리이다. 길항 작용은 호르몬 작용이나 신경계 등에서 널리 나타난다.

11 정답: ①

체성 신경계는 대뇌의 명령을 골격근에 전달하며 의지에 따라 움직이는 반응(의식적)에 관여한다. 반면 자극에 대한 반사는 척수가 중추이며 자율 신경계에 의한 무의식적(불수의적) 반응이다.

12 정답: ⑤

그림은 **자율 신경계**(교감 신경과 부교감 신경)에 의한 자극의 전달을 나타낸 것이다. 교감 신경은 척수에서 나온 신경절 이전 뉴런(그림의 A)이 여러 개의 신경절 이후 뉴런(B, C)에 자극을 전달하는 특징이 있다.

13 정답: ③

뇌사(brain death)는 식물 인간과 달리 뇌의 모든 기능이 죽은 상태이다. 특히 연수(숨골)가 작용하지 않기 때문에 인공 호흡기의 도움 없이는 자발적 호흡이 불가능하다. 따라서 보기의 ①, ②, ④, ⑤에 해당하는 기능은 나타나지 않는다.

14 정답: (가), (나), (라)

대뇌는 감각과 수의(의식적) 운동을 일으키는 중추이다. 특히 대뇌 겉질은 대뇌 기능의 대부분을 담당하며 감각령, 연합령, 운동령 등으로 구성되어 있다. (다)와 (마)는 척수에서 나온 자율 신경계에 의한 무의식적 반응이다.

15 정답: ②, ④

16 정답: ④

교감 신경과 **부교감 신경**은 자율 신경계를 구성하고 있으며 서로 길항 작용의 관계에 있다. 교감 신경은 맥박 증가, 혈압 상승, 소화 억제 등 몸이 위험한 상황에 대처할 수 있는 긴장된 상태를 유지하도록 한다. 반면 부교감 신경은 심장 박동 억제, 침 분비 증가, 혈관 확장, 소화 촉진 등 교감 신경과는 반대의 작용을 나타낸다.

17 정답: ②

교감 신경은 척수에서 나온 신경절 이전 뉴런이 교감 신경절에서 여러 개의 신경절 이후 뉴런에 명령을 전달하나 **부교감 신경**은 척수와 연수, 중간뇌 등이 자극 전달에 관여한다.

18 정답: C

교감 신경 말단(그림의 C)에서는 **노르에피네프린**(아드레날린)이, 부교감 신경의 말단(그림의 D)에서는 아세틸콜린이 신경 전달 물질로 분비된다. 그러나 교감 신경과 부교감 신경 모두 신경절 이전 뉴런의 말단(그림의 A와 B)에서는 아세틸콜린이 공통으로 분비된다. 따라서 그림의 A, B, D는 아세틸콜린이 신경 전달 물질로 작용한다.

19 정답: ①

부교감 신경은 척수, 연수, 중간뇌 등에서 나온다.

20 정답: ⑤

그림은 척수가 중추로 작용하여 나타나는 신경 전달 과정이다. A→B→C의 순서로 자극이 전달되며 역방향으로는 자극 전달이 일어나지 않는다.

21 정답: ②

침 분비 촉진은 부교감 신경의 작용이다.

호르몬과 내분비계

01

01-1: X, 모든 호르몬이 그림과 같은 **음성 피드백 조절 작용**을 나타내는 것은 아니다.
01-2: O, 음성 피드백과 길항 작용은 **항상성 유지**에 기여한다.

02 정답: X
호르몬이 혈액에 의해 운반되지 않고 인접한 세포나 조직에 작용하는 경우도 있다.

03 정답: O

04 정답: O

05 정답: X
파라토르몬은 혈액 내 Ca^{2+} 농도가 낮을 때 부갑상샘에서 분비되며, 콩팥에서 Ca^{2+}의 재흡수를 **촉진**하여 혈액의 Ca^{2+} 농도를 높인다.

06 정답: O

07 정답: O
외분비샘의 기능: 이자관을 통해 소장으로 이자액(소화효소)을 분비한다.
내분비샘의 기능: 호르몬을 합성한 후, 혈관으로 분비한다.

08 정답: X
글루카곤(glucagon)과 **길항 작용**을 나타내는 곳은 표적세포, 표적 기관에서이다.

09 정답: O
이자는 교감 신경에 의해 **글루카곤**을, 부교감 신경에 의해 **인슐린**을 합성, 분비한다.

10 정답: X
간은 내분비계로서의 기능이 없다.

11 정답: O

12 정답: ③
호르몬은 특정 기관에나 세포에만 작용하며 이를 **표적 기관**(target organ), **표적 세포**(target cell)라고 한다.

13 정답: ⑤
모든 호르몬이 항상 길항 작용에 의해 조절되는 것은 아니다.

14 정답: ④

15 정답: ②
스테로이드(steroid)계 호르몬은 지용성 호르몬의 일종으로 세포막을 직접 통과할 수 있다. 이 호르몬은 세포질이나 핵 속에 있는 수용체와 결합하여 활성을 나타낸다.

16 정답: ①
호르몬 중에는 단백질 성분으로 이루어진 것들이 있으나, 신경 전달 물질은 단백질 성분이 아니다.

17 정답: ③
수용성 호르몬의 수용체는 세포막에 존재하며 호르몬이 수용체에 결합하면 세포 내부로 호르몬이 가진 정보가 전달된다. 이를 신호 전달 과정이라고 한다. ①과 ⑤는 지용성 호르몬의 작용 방식이다.

18 정답: ②
지용성 호르몬은 세포막을 직접 통과한 후, 세포질 또는 핵 내에서 수용체와 결합한다. 호르몬-수용체는 다시 DNA에 작용하여 유전자의 발현을 조절한다.

19 정답: ②
수용성 호르몬과 지용성 호르몬은 일반적으로 호르몬의 화학적 성질, 표적 세포, 작용 방식 등이 서로 다르기 때문에 길항 작용을 나타낼 수 없다.

20 정답: ①
혈당량은 이자나 부신에서 합성, 분비되는 호르몬인 인슐린이나 당질 코르티코이드에 의해 조절된다.

21 21-1: A 21-2: B 21-3: C, D 21-4: E, F
A는 뇌하수체로 다양한 종류의 호르몬 분비를 조절하는 중심 기관이다.
B는 갑상샘과 부갑상샘으로 물질 대사와 혈중 Ca^{2+} 농도를 조절한다.
C와 D는 각각 이자와 부신에 해당하며 E와 F는 난소, 정소이다. 혈당량 조절은 주로 이자에서 담당하나, 부신(adrenal gland)의 에피네프린도 혈당량을 증가시킨다.

22 정답: ①, ⑤
항이뇨 호르몬(ADH)은 뇌하수체 후엽에서, 에피네프린은 부신 속질에서 각각 분비된다.

23 정답: ②

호르몬은 주로 혈액을 통해 온몸으로 운반되기 때문에 일반적으로 작용 범위가 신경계에 비해 넓다. 그러나 모든 호르몬이 혈액으로 전달되는 것은 아니며 국소적으로 작용하는 호르몬도 있다.

24 정답: ③

파라토르몬(parathormone)은 뼈로부터 혈액으로 칼슘을 방출시킨다. 따라서 이 호르몬이 과다하면 골다공증에 걸릴 가능성이 높다.

25

25-1

(가): 글루카곤 (나): 에피네프린 (다): 인슐린

25-2

(가): 이자 (나): 부신 (다): 이자

26 정답: ②

에피네프린은 교감 신경을 통해 분비가 촉진되며 혈당량을 증가시킨다.

27

26-1 정답: 4

갑상샘에서 합성 분비되는 **티록신**(thyroxine)은 물질대사를 촉진하며, 체온 상승, 심장 박동 증가 등을 일으킨다.

26-2 정답: 5

뇌하수체 전엽에서는 **여포 자극 호르몬**, **황체 형성 호르몬** 등이 분비되어 난소와 정소에 작용한다.

26-3 정답: 2

에피네프린과 노르에피네프린 모두 부신 속질에서 합성된다.

28 정답: ⑤

혈당량 조절 기능은 시상 하부가 아닌 이자(췌장)에서 담당한다.

29 정답: ②

파라토르몬은 부갑상샘에서 합성, 분비되는 호르몬으로서 뇌하수체 전엽을 제거했을 때, 가장 영향을 적게 받는 호르몬이다. 여포 자극 호르몬, 생장 호르몬, 프로락틴 등은 뇌하수체 전엽에서 직접 합성, 분비되며 티록신은 갑상샘에서 분비되나, 뇌하수체 전엽에서 만들어지는 갑상샘 자극 호르몬에 의해 조절된다.

30 정답: ①, ③

옥시토신-자궁을 수축시켜 분만을 유도한다.

에피네프린-혈당량 증가, 혈압 상승을 일으킨다.

무기질 코르티코이드-콩팥의 세뇨관에서 K^+의 분비를 촉진한다.

티록신-물질 대사를 촉진시켜 체온 상승을 일으킨다.

31 정답: ②

칼시토닌(calcitonin)과 **파라토르몬**은 서로 길항 작용으로 혈액의 Ca^{2+} 농도를 조절한다. 혈액의 칼슘 농도가 높으면 칼시토닌이 뼈로부터 Ca^{2+} 방출을 억제하고 콩팥에서 Ca^{2+}의 재흡수도 억제한다. 반면, 혈액의 Ca^{2+} 농도가 낮으면 파라토르몬이 뼈로부터 Ca^{2+} 방출을 자극하고 콩팥에서 Ca^{2+}의 흡수를 촉진한다.

32 정답: ①, ②

글루카곤과 **에피네프린** 모두 혈당량을 증가시킨다.

33 정답: ③

① 모든 호르몬은 각기 고유 수용체가 존재한다.

② 모든 호르몬이 짝을 지어 길항 작용을 나타내는 것은 아니다.

④ 음성 피드백은 특정 호르몬에 의한 결과가 동일한 호르몬의 생성을 억제하는 것이다.

⑤ 길항 작용의 조절 중추가 특정 내분비계에 있는 것은 아니다.

34 정답: ①

35 정답: 당질 코르티코이드

당질 코르티코이드는 스트레스 호르몬으로서 흔히 코티솔(cortisol)이라고도 한다. 코티솔은 부신 겉질(피질)에서 분비되며 지방이나 단백질을 포도당으로 전환시켜 혈당량을 증가시킨다.

36 정답: ①, ③

그림 (가)는 호르몬의 길항 작용을 나타내고 있다.

37 정답: ③

그림에서 1은 혈액의 칼슘 농도가 정상보다 높은 상태이다. 따라서 갑상샘의 칼시토닌이 분비, 작용해 뼈로부터 혈액으로의 칼슘 방출을 억제하고 동시에 콩팥에서 칼슘의 재흡수를 억제하여 혈액 내 칼슘 농도를 낮춘다.

38 정답: ①

2는 혈액의 칼슘 농도가 정상보다 낮은 상태이므로 부갑상샘의 파라토르몬이 작용해 뼈로부터 칼슘을 방출하며 콩팥과 소장에서 칼슘의 흡수를 촉진한다. 이때 파라토르몬의 분비가 저하되면 근육 경련이 일어날 수 있다.

호르몬과 항상성 유지

01 정답: **티록신, 당질 코르티코이드, 에피네프린**

02 정답: X
알도스테론은 체액의 무기 염류량을 조절한다.

03 정답: O

04 정답: ①
양성 피드백(positive feedback)은 호르몬 작용의 결과가 해당 호르몬의 합성, 분비를 더 자극하는 상태를 말한다. 옥시토신에 의한 자궁 수축이 일어나면 더 많은 옥시토신의 분비를 유도하는데 이는 양성 피드백의 대표적인 예라 할 수 있다.

05 정답: ②
과량의 **티록신**(throxine)이 분비되면 티록신이 시상 하부와 뇌하수체 전엽에 작용해 티록신 합성을 촉진하는 호르몬의 합성, 분비를 억제한다. 이는 전형적인 **음성 피드백** 조절 작용이다.

06 정답: 항이뇨 호르몬(ADH)
ADH는 콩팥에서 물의 재흡수를 촉진하며 혈관을 수축시켜 혈압을 상승시킨다. ADH는 뇌하수체 후엽에서 분비되나, 시상 하부에서 합성되며 뇌하수체 후엽은 일시적으로 이를 보관했다가 필요할 때 분비하는 기관이다.

07 남자 2: ADH 결핍　　남자 3: ADH 과다
항이뇨 호르몬이 부족하면 콩팥에서 물의 재흡수가 일어나지 않아 소변의 양이 증가하며(다뇨) 갈증을 심하게 느낀다. 반대로 호르몬이 과다하면 물의 재흡수가 촉진되기 때문에 소변의 양이 줄어든다.

08 정답: ③, ⑤
알도스테론은 스테로이드계 호르몬으로서, 체액의 Na^+ 농도가 감소할 때, 부신 겉질에서 분비돼 콩팥의 Na^+ 재흡수를 촉진한다.
생리 식염수는 체액의 삼투압과 같기 때문에 호르몬 분비량에 큰 변화를 일으키지 않는다.

09
호르몬의 작용 없이 신경계만을 통한 체온 상승을 요약하면 다음과 같다.

> 얼음물에 의한 혈액 온도 감소→시상 하부에서 혈액 온도 감지→교감 신경을 통한 명령 전달→피부의 혈관, 입모근 수축→피부 표면의 혈액량 감소→피부의 열 방출량 감소→피부 온도 상승

10
경로 1

> 얼음물에 의한 혈액 온도 감소→시상 하부에서 혈액 온도 감지→TRH 분비 증가→뇌하수체 전엽에서 TSH의 분비 증가→갑상샘에서 티록신 분비 증가→물질 대사 촉진→발열량 증가→피부 온도 상승

경로 2

> 얼음물에 의한 혈액 온도 감소→시상 하부에서 혈액 온도 감지→TRH 분비 증가→뇌하수체 전엽에서 부신 겉질 자극 호르몬 증가→부신에서 당질 코르티코이드, 에피네프린 분비 증가→물질 대사 촉진→발열량 증가→피부 온도 상승

11 정답: ④
항이뇨 호르몬은 시상 하부에서 합성된 후, 뇌하수체 후엽에 저장되었다가 분비된다.

12 정답: ①
알도스테론은 콩팥의 세뇨관에서 Na^+의 재흡수를 촉진하여, 혈액의 Na^+ 농도는 증가하고 오줌의 Na^+ 농도는 감소한다.

13 정답: ①
당뇨의 특징 중 하나는 혈당 조절 기능의 저하로 인해 식사 후, 높은 혈당량을 유지하는 것이다.

14 정답: ②
글루카곤은 혈당량을 증가시키는 역할을 담당하는데 이 호르몬이 부족하면 식사 후, 일시적으로 혈당량이 증가하나 공복 시에 정상 수치보다 혈당량이 낮은 저혈당 증세를 나타낸다.

15 정답: ③
당뇨는 인슐린 분비 부족이나 인슐린이 제대로 작용하지 못해 일어나는 질병이다. 따라서 당뇨병이 있는 환자의 세포는 포도당의 흡수, 이용 능력이 떨어지며 포도당을 글리코젠으로 전환시키지 못해 소변으로 포도당이 배출된다.

16 정답: ③

17 정답: ③
에피네프린은 부신 속질에서 합성, 분비되는 호르몬으로서 교감 신경을 통해 작용한다. 심장 박동수를 증가시키고 간에 저장된 글리코젠을 포도당으로 분해하여 혈당량을 증가시킨다. 그러나 글루카곤과 함께 길항 작용을 나타내지는 않는다.

질병과 병원체

01 정답: O

02 정답: X

RNA 바이러스는 숙주 세포 내에서 증식할 때, DNA 바이러스보다 돌연변이가 발생할 확률이 더 높다.

03 정답: X

유전자 변이 없이 **단백질 변형**으로 프라이온이 병원체로 작용한다.

04 정답: X

모든 바이러스는 숙주 세포의 도움 없이, 독자적인 물질 대사가 불가능하다.

05 정답: X

크로이츠펠트 · 야콥병은 **변형 프라이온이 병원체로 작용**해서 발병하는 질환이다.

06 정답: O

07 정답: ②

모든 세균, 바이러스, 곰팡이 등이 질병을 일으키는 병원체로 작용하는 것은 아니나, 원핵 생물은 질병과 관련 있는 용어가 아니라 생물계의 구성 요소이다.

08 정답: ③

모든 바이러스가 지질 성분의 피막을 가지는 것은 아니다.

09 정답: ①, ③

① 유전 물질로 RNA를 가진 바이러스가 많이 존재한다.
③ 식물 세포를 숙주로 삼는 바이러스도 많이 존재한다. (예: 담배 모자이크 바이러스)

10 정답: ②

① 바이러스는 단백질 성분을 외피(껍질)로 가지고 있다.
③ 숙주 세포를 이용하는 것은 바이러스의 일반적 특징이다.
④ 바이러스는 독립적인 물질 대사가 불가능하다.
⑤ 이분법은 세균의 특징이다.

11 정답: ①

정상 **프라이온(prion)**은 건강한 인체나 동물의 신경 세포에 존재한다.

12 정답: ⑤

결핵은 *Mycobacterium tuberculosis*라는 결핵균에 의해 발병한다.

13 정답: ①

② 변형 prion은 정상 prion을 병원성으로 바꾼다.
③ 프라이온은 항생제로 파괴할 수 없다.
④ 프라이온은 핵산이 없으며 단백질 성분만으로 질병을 일으키는 병원체이다.
⑤ 프라이온은 열처리에 의해 파괴되지 않는다.

14 정답: ③

프라이온(prion)은 핵산(DNA 또는 RNA)을 포함하지 않고 단백질(폴리펩타이드) 성분으로만 구성되어 있다.

15 정답: ⑤

항바이러스 제재를 개발하기 어려운 이유는 바이러스가 숙주 세포의 물질 대사 기능을 이용해 증식하기 때문이다. 특히 RNA 바이러스의 경우 증식 과정에서 핵산의 돌연 변이가 자주 일어난다. 그러나 바이러스의 단백질 껍질 때문에 제재 개발이 어려운 것은 아니다.

16 정답: ⑤

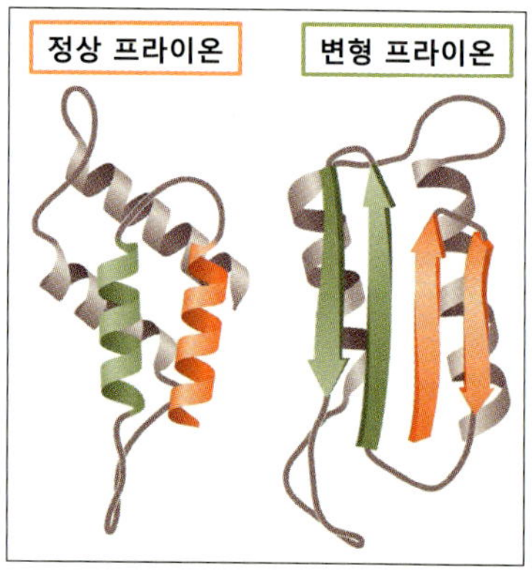

정상 프라이온은 건강한 포유류의 신경 세포에 존재하며 변형 프라이온으로 구조가 바뀌었을 때에만 병원체로 작용한다. 변형 프라이온은 정상 프라이온과 접촉해 변형 프라이온으로 구조를 변형시킨다. 또한, 프라이온은 DNA나 RNA와 같은 핵산이 없는 단백질이기 때문에 스스로 복제, 증식이 불가능하다.

17 17-1: A　　17-2: B　　17-3: A, E

바이러스는 유전 물질로 DNA 또는 RNA 중 한 가지를 가진다. B는 바이러스의 단백질 껍질이다. 모든 핵산은 뉴클레오타이드가 중합된 형태이다.

18 정답: 플라스미드(plasmid)

19 정답: ④

많은 종류의 세균들이 질병을 일으키나 대부분의 세균이 항생제 저항성을 가진 것은 아니다.

20 정답: ③

세균의 종류는 주로 모양에 따라 분류하거나 염색법에 따라 그람(Gram) 음성균, 그람 양성균 등으로 나뉜다. 바이러스는 가지고 있는 핵산의 종류에 따라 RNA 바이러스, DNA 바이러스 등으로 분류한다.

21 정답: ②, ⑤

조류 독감은 바이러스에 의해, 크로이츠펠트 · 야콥병은 프라이온에 의해 발병한다.

22 정답: ②

빛을 이용해 광합성으로 살아가는 **독립 영양 생물**임을 알 수 있다.

23 정답: ③, ⑤

원생동물은 단세포로 구성된 현미경적 크기의 동물이다. 진핵 생물이며 말라리아, 수면병 등의 병원체로 작용한다.

24 정답: ⑤

E는 편모(flagella)로서 세균의 운동 능력을 담당한다.

25 정답: ③

바이러스가 숙주 세포에 침투하면, 동일한 모양과 구성 성분의 바이러스가 대량 증식된다. 이 과정에서 RNA 바이러스의 경우 유전 물질의 정보(RNA 염기 서열)에 돌연 변이가 생길 수 있다.

26 정답: ②

인체의 방어 작용(면역계)

01 정답: X

인터페론(interferon)은 항바이러스 단백질로서 염증 반응에 관여하지 않는다.

02 정답: O

03 정답: X

세포성 면역과 체액성 면역 둘 다 보조 T 세포의 도움이 필수적이다.

04 정답: O

05 정답: **항원 제시**(antigen presentation)

06 정답: **사이토카인**(cytokine)

07 정답: **기억 세포**(memory B cell)

08 정답: O

09 정답: 보조 T 세포

10 정답: X

알레르기 반응은 비만 세포에 부착된 항체가 알레르겐을 인식해서 나타나는 반응이기 때문에 B 세포가 관여한다.

11 정답: X

AB형의 혈액에는 응집원 A와 B가 있다.

12 정답: O

응집소 α가 있다는 것은 응집원 A에 대한 항체가 존재한다는 뜻이다. 따라서 응집 반응이 일어난다.

13 정답: X

Rh^-의 혈액형을 가진 사람은 Rh^+ 혈액을 가진 사람에서 수혈할 수 있지만 역으로 Rh^+ 혈액을 가진 사람으로부터 수혈 받을 수 없다.

14 정답: ⑤

백신(vaccine)은 B 림프구의 기억 능력을 이용한 인공 면역으로서 후천성 면역 반응에 해당한다.

15 정답: ③

특정 항원에 대한 면역 반응을 **특이성**이라고 한다. 이것은 **후천성 면역 반응의 특징** 중 하나이다.

16 정답: ①

② 백혈구에 의해 식세포 작용이 일어난다.
③ 염증 반응은 선천성 면역 반응이다.
④ 염증 반응은 항미생물 단백질이 아닌 백혈구의 식세포 작용에 의한 것이다.
⑤ 염증 반응은 병원체의 종류에 대한 특이성이 없다.

17 정답: ①

그림은 **염증 반응**의 과정을 나타낸다.

18 정답: ②

특이적 면역은 후천성 면역(또는 획득 면역)이 가진 특징으로서 특정 항원에 존재하는 특정 부위를 인식해 일어나는 면역 반응을 일컫는다.

① 라이소자임은 선천성 면역에 해당하며 세균을 비특이적으로 분해한다.
③ 염증 반응 또한 선천성 면역 반응이다.
⑤ 히스타민은 선천성 또는 후천성 면역 반응에 관여한다.

19 정답: ①

염증 반응이 일어나는 과정에 대한 정확한 이해가 중요하다.

20 정답: ④

세포독성 T 세포(cytotoxic T cell)는 병원체에 감염된 세포나 돌연 변이가 일어난 세포를 인식, 파괴한다.

21 정답: ②

문제 20번 풀이 참조

22 정답: ③

후천성 면역에서 중요한 역할을 담당하는 세포 독성 T 세포는 감염된 인체 세포를 공격, 파괴한다.

23 정답: 4, 5, 6

후천성 면역 반응에는 세포성 면역과 체액성 면역이 있으며 후천성 면역과 관련된 인자에는 T 림프구(세포 독성 T 세포, 보조 T 세포), B 림프구(형질 세포, 기억 세포), 항체 등이 있다. 보체 단백질은 선천성과 후천성 면역 반응에 모두 관여하며 히스타민은 염증 반응(선천성 면역)과 알레르기 반응에 관여하는 물질이다.

24 정답: 1, 4

후천성 면역은 특이적 면역 또는 획득 면역이라고도 한다. 따라서 보기의 1(B 세포), 4(보조 T 세포)는 특이적 면역에 관여하는 세포들이다. 비만 세포는 염증 반응이나 알레르기 반응에, 대식 세포는 선천성 면역과 후천성 면역 모두에서 작용한다. 자연 살생 세포(natural killer cell)는 비특이적으로 바이러스에 감염된 세포나 암세포를 파괴하는 기능이 있으며 선천성 면역에 작용하는 세포로 분류된다.

25 정답: ③

자연살생 세포(natural killer cell)는 선천성 면역을, 세포독성 T 세포는 후천성 면역을 담당하나 둘 다 체내 세포를 제거하는 능력을 가지고 있다.

26 정답: ②

보체 단백질(complement protein)은 혈액에 있는 항미생물 단백질의 일종으로서, 미생물의 세포막에 구멍을 만들어 미생물을 파괴하며 선천성 면역을 담당한다. 그러나 이 단백질은 세포 독성 T 세포가 체내 세포를 파괴할 때도 이용된다. 따라서 보체 단백질은 선천성, 후천성 면역 반응에 모두 관여한다.

27 정답: ④

세포독성 T 세포는 병원체에 감염된 세포나 손상된 세포와 결합한 후, **보체 단백질과 화학물질**을 분비하며 보체 단백질은 세포에 구멍을 뚫어 세포를 파괴한다.

28 정답: ①, ②

알레르기(allergy)는 B 림프구와 항체가 관여하는 반응이나 **염증 반응**은 그렇지 않다. 둘 다 비만 세포로부터 방출된 히스타민에 의해 나타나는 면역 반응의 일종이라는 공통점이 있다.

29 정답: ②

특이적 면역은 후천성 면역(또는 획득 면역)이 가진 특징으로서 특정 항원에 존재하는 특정 부위를 인식해 일어나는 면역 반응을 일컫는다.

① 라이소자임은 선천성 면역에 해당하며 세균을 비특이적으로 분해한다.

③ 염증 반응 또한 선천성 면역 반응이다.

⑤ 히스타민은 선천성 또는 후천성 면역 반응에 관여한다.

30 정답: ⑤

인터페론은 바이러스에 감염된 세포에서 분비되며 감염되지 않은 세포에 작용하여 항바이러스(anti-virus) 단백질을 합성하도록 유도한다.

31 정답: ③

보조 T 세포는 세포성 면역과 체액성 면역에 모두 관여하며, 대식 세포에 의해 체내 침입한 병원체의 **항원 제시**로부터 시작된다. 이것은 후천성 면역 반응으로서 항원에 대한 특이성이 나타난다.

32 정답: ⑤

항체는 B 림프구(B 세포)로부터 생성되며 B 림프구가 항체를 대량 만들기 위해서는 보조 T 세포에 의해 활성화되어야 한다. 또한, 보조 T 세포는 세포독성 T 세포도 활성화시키는데 이러한 활성화는 사이토카인(cytokine)이라는 분비 단백질의 매개로 일어난다.

33 정답: ③

알레르기 반응은 염증 반응과 마찬가지로 비만 세포에서 방출되는 **히스타민**에 의해 일어나는 반응이다. 그러나 염증 반응과는 반응 유발 물질의 종류, 반응이 진행되는 과정이 다르다. 무엇보다 염증 반응은 선천성 면역이며 알레르기 반응은 후천성 면역 작용이다.

34 정답: ④

B 세포에 의한 항원-항체 반응의 가장 큰 특징은 항원에 대한 높은 **특이성**이다. 즉 열쇠-자물쇠의 관계처럼 항체는 항원의 특정 구조를 인식해 결합한다. 따라서 바이러스에 대한 항체가 동시에 연쇄상 구균의 특정 구조를 인식해 반응할 가능성은 낮다.

35 정답: ①

세포성 면역의 특징은 세포 독성 T 세포가 직접 병원체에 감염된 세포나 손상된 세포를 파괴한다. 이때 보조 T 세포가 관여하며 세포 독성 T 세포의 증식과 분화를 유도한다.

36 정답: ②, ⑤

②, ⑤는 **체액성 면역** 고유의 특징이다.

37 정답: ④

인공 면역(백신)은 약화된 항원을 미리 체내에 주입하여 그 항원에 대한 **기억 세포**를 만드는 것이다. 이후, 동일한 항원이 다시 침입하면 기억 세포는 빠르게 분화, 증식하여 항원에 대한 항체를 다량 생성함으로써 항원을 제거한다.

38 정답: ⑤

HIV는 수용체를 통해 보조 T 세포에 침입하며 이를 숙주로 삼아 증식한다. HIV는 보조 T 세포 내에서 증식 후, 숙주를 파괴하고 방출된다. 따라서 HIV에 감염되면 후천성 면역 과정에서 가장 중요한 역할을 담당하는 보조 T 세포의 수가 감소해 면역 기능이 약화된다.

39 정답: ①

40 정답: ①-④-③-②-⑤

41 정답: ③

(다) 시점 이후, HIV에 대한 항체와 보조 T 세포가 감소함에 따라 HIV에 의한 **면역 결핍**이 나타난다.

42 정답: ①, ②, ③

① **보체 단백질**은 선천성 면역 과정에서 미생물을 파괴하며 바이러스에 감염된 세포를 세포 독성 T 세포가 제거할 때도 이용된다.

② **인터페론**(interferon)은 바이러스에 감염된 세포에서 분비되며, 바이러스의 증식을 방해한다.

③ 항체는 B 세포로부터 만들어지며 바이러스 항원이 침입했을 때 이를 효과적으로 제거할 수 있는 단백질이다.

43 정답: ②

① 항체는 2종류의 서로 다른 폴리펩타이드로 구성되어 있다.

③ C의 구조는 항체의 종류와 상관없이 거의 동일하다.

④ A와 B는 항원과 결합하는 부위로 동일한 구조이다.

⑤ 하나의 항체는 하나의 항원(항원 구조)과 결합한다.

44 정답: ③

항체는 항원과 결합한 후에 항원의 중성화, 응집, 침전, 식균 작용 및 보체 단백질의 활성화 등에 관여하나 항체 그 자체로는 **효소 활성이 없다**.

45 정답: ②

항체는 항원 제시 과정을 통해 보조 T 세포의 도움으로 B 세포로부터 만들어진다.

46 정답: ①

자연적인 항체가 항원을 분해하는 기능은 없다. 항체는 항원과 결합하여 항원을 중성화하거나 항원-항체 복합체의 응집과 침전 등으로 식균 작용을 유도한다.

47 정답: ⑤

보조 T 세포의 활성화는 대식 세포 등의 면역 세포 표면에 노출된 항원 조각(이를 **항원 제시**라고 함)을 보조 T 세포가 인식함으로써 이루어진다.

48 정답: ③

B 세포의 분열을 통해 동일한 클론의 B 세포가 대량 만들어진다.

49 정답: ②

50 정답: ⑤

기억 세포(memory B cell)는 항원의 1차 침입 때 만들어지며 동일한 항원이 2차 침입했을 경우 스스로 신속하게 형질 세포(plasma cell)로 분화하여 대량의 항체를 생성, 항원을 제거한다.

51 정답: ⑤

알레르기(allergy)는 면역 과민 반응에 해당하며 자가 면역과는 구분된다.

52 정답: 사이토카인(cytokine)

사이토카인은 면역 세포가 분비하는 단백질로서 세포 사이의 정보 교환, 신호 전달에 이용된다.

53 정답: ④

대식 세포(macrophage)에 의한 항원 제시 후, 보조 T 세포가 작용해 세포 독성 T 세포, B 세포 등을 활성화시킨다.

54 정답: ②

1차 면역 반응에서 B 세포의 일부가 기억 세포로 분화된 후, 1차와 같은 항원이 체내로 들어오면 기억 세포는 빠르게 형질 세포로 전환되어 다량의 항체를 분비한다. 이를 2차 면역 반응이라고 한다.

55 정답: ②

① 응집원은 A와 B, 2종류가 존재한다.

③ 응집소는 α와 β, 2종류가 존재한다.

④ AB형은 적혈구 막 표면에 A와 B, 2개의 **응집원**이 존재한다.

⑤ O형의 적혈구 막 표면에는 **응집원**이 없다.

56

혈청	A형	B형	AB형	O형
항 A 혈청	+	−	+	−
항 B 혈청	−	+	+	−

57 정답: ④

A형 혈액에는 응집소 β가 존재한다. 따라서 B 응집원(B형 또는 AB형)과 만나면 응집 반응이 일어난다.

58 정답: ④

A형 혈액에는 β의 응집소가 있기 때문에 응집원 B를 가진 혈액과 섞으면 응집 반응을 일으킨다. 따라서 B형, AB형에서 응집 반응이 나타난다.

59 정답: A형, B형, AB형

O형의 혈액에는 α와 β의 응집소가 있기 때문에 A 또는 B의 응집원을 가진 혈액과 응집 반응을 나타낸다.

60 정답: ①, ④

61

갑: A형, Rh^+형　　을: AB형, Rh^-형

병: O형, Rh^+형　　정: B형, Rh^-형

생물과 환경의 상호 관계

01 정답: **내성 범위**, **최적 조건**

02 정답: A

홍조류는 깊은 바다에서 서식하며 수심이 깊을수록 긴 파장의 빛이 도달하지 못하고 짧은 파장의 빛(청색광)만이 도달하기 때문이다.

03 정답: ③

분해자는 동·식물의 사체나 배설물에 있는 유기물을 무기물로 분해하여 에너지를 얻어 살아가는 **종속 영양 생물**이다.

04

A: 작용　　B: 반작용　　C: 상호 작용

05 정답: ②

환경이 생물에 영향을 주는 것을 작용이라고 한다. ②의 예는 **반작용**(생물이 환경에 영향을 주는 것)에 해당한다.

06 정답: ③

생물들 사이에 서로 영향을 주고 받는 것을 **상호 작용**이라고 한다.

07 정답: ⑤

텃새는 동일한 개체군 내에서 일어나는 상호 작용의 일종이다.

08 정답: ①

A는 **보상점**을 나타낸다. 보상점은 호흡에 의한 CO_2 방출량과 광합성에 의한 CO_2 흡수량이 같아 겉으로 보기에 CO_2의 출입이 없을 때의 빛의 세기이다.

09

09-1: C, 빛의 세기가 약할 때, 음지 식물은 양지 식물보다 **순광합성량**(C)이 증가한다.

09-2: A는 **보상점**, B는 **광포화점**을 나타낸다.

10 정답: ④

양지 식물이 음지 식물보다 광포화점이 더 높다.

11 정답: ⑤

바다에 서식하는 해조류는 바다 깊이에 따라 그 종류가 다른데, 이것은 바다 깊이에 따라 투과되는 빛의 파장과 양이 다르기 때문이다.

12 정답: ③

추운 지역에 사는 동물은 체온 유지를 위해 몸의 말단 부위는 작아지고 몸은 커진다. 이것은 표면적/체적 비율을 줄이기 위함이다.

13 정답: ④

① **작용**의 예에 해당한다.
② 온도에 대한 **내성 범위**(생물이 생존할 수 있는 환경 범위)는 A ~ D이다.
③ **최적 온도**는 B와 D의 중간 지점(개체수가 가장 많은 온도)에 해당한다.
⑤ 바다 깊이에 따른 해조류의 분포 변화는 투과하는 **빛의 파장**과 **양**에 의존한다.

14 정답: ①

15 정답: ③

바다 수심이 깊을수록 도달하는 빛의 세기와 양이 감소하기 때문에 광합성량은 줄어들고 생물의 호흡량은 늘어날 것이다. 따라서 산소의 농도는 바다 깊이에 따라 감소하고 이산화탄소는 증가할 것이다.

개체군과 군집

01 정답: **환경 저항**

02 정답: X
먹이 사슬(food chain)은 **군집** 내에서 개체군들 사이에 성립하는 관계이다.

03 정답: **영양 단계**

04 정답: O

05 정답: X
경쟁 관계에 있는 두 개체군이 동일한 장소에 서식하게 되면 어느 한 종만 살아남는다.

06 정답: ③
개체군: 일정한 지역 내에서 살고 있는 같은 종의 생물 집단
군집: 일정한 지역 내에 여러 종류의 개체군이 함께 생활하는 생물 집단 전체

07 정답: ⑤
생태계: 생물의 생명 활동에 영향을 미치는 무생물적 환경 요인(빛, 공기, 토양 등)과 환경 안에 서식하는 생물군을 통틀어 일컫는 용어이다.

08 정답: ②
상리 공생: 두 종의 개체군이 서로 이익을 주고 받으며 함께 생활하는 공생 관계
편리 공생: 한 종의 개체군은 이익을 얻지만 다른 개체군은 이익도 손해도 없는 공생 관계

09 정답: ④ (문제 1번의 풀이를 참고)

10 정답: ②
군집은 여러 개체군이 일정한 지역 내에서 함께 생활할 때 생물 집단 전체를 일컫는 말이다.

11 정답: ④

12 정답: ⑤
기생(parasitism)은 하나의 종이 다른 종에 붙어 양분을 빼앗는 등 피해를 주면서 살아갈 때를 일컫는 말이다.

13 정답: ⑤
분서는 한정된 장소에 살면서 생태적 지위가 비슷한 개체군들이 먹이 분리, 서식지 분리 등을 통해 경쟁을 피하면서 함께 살아가는 군집 내 상호 작용 방식을 의미한다.

14 정답: ①
문제의 설명은 분서에 해당하며 ①은 **서식지 분리**를 통한 분서이다.

15 정답: ③, ④
분서, 포식과 피식은 군집 내 여러 개체군들 사이의 상호 작용을 나타낼 때 사용되는 용어들이다.

16 정답: ⑤
A 곡선이 C에 근접하면서 출생률과 사망률이 평형을 이루게 된다.

17 정답: ②, ③, ④
포식과 피식의 관계에서 피식자는 포식자보다 개체수가 많다. 또한, 포식자는 피식자의 천적이 되며 포식자와 피식자의 개체수 변화는 서로 영향을 끼친다.

18 정답: ③
개체군의 밀도는 (출생+이입)^{A}에 의해 증가하고 (사망+이출)^{B}에 의해 감소한다. 그림에서 개체군의 밀도가 시간에 따라 일정하기 때문에 A=B 상태이다.

19 정답: ②
②는 기생에 관한 설명이다.

20 정답: ②
만일 A와 B가 포식과 피식의 관계, 천적의 관계라면 혼합 배양의 결과 B의 개체수가 감소함에 따라 A 개체수도 감소해야 한다.

21 정답: ①
A와 B는 경쟁 관계에 있으며 한정된 먹이와 생활 공간 등을 서로 차지하기 위해 경쟁한다. 이때 번식 속도가 빠른 A만이 살아 남는다.

22 정답: ②, ⑤

23 정답: ②
그림에는 생산자(식물), 1차 소비자(메뚜기, 쥐), 2차 소비자(올빼미, 참새, 뱀), 3차 소비자(매) 등의 4개의 영양 단계가 존재한다. 그림에서 매는 2차 소비자이며 동시에 3차 소비자의 위치에 있다.

24 정답: C, C

2개의 질문 모두 물고기와 같이 많은 수의 자손을 낳지만 초기에 대부분 피식 당하고 소수의 개체만이 살아남는 C형의 생존 곡선에 관한 것이다.

25 정답: ①

생태적 수명/생리적 수명 비율이 높은 순서대로 나열하면 A>B>C의 순이다.

26 정답: ②

포식과 피식의 관계는 생태적 지위가 비슷한 개체군 사이에서는 발생하지 않으며 문제의 내용과 같이 두 종류의 개체군에서 서식지가 서로 겹칠 때 필연적으로 경쟁이 일어나기 때문에 평화롭게 공존하는 상황을 기대하기 어렵다.

27 정답: ①

개체군은 한 장소에 사는 같은 종의 생물 집단을 일컬으며 종(species)의 하부 단위, 즉 부분 집합에 속하는 개념이다.

28 정답: ②

진드기의 특성과 개체수에 관한 결과는 문제에서 제시되지는 않았으나 그룹 1은 상리 공생으로 볼 수 있으며 그룹 2는 편리 공생, 그룹 3는 기생의 관계로 판단할 수 있다. 만일 그룹 1을 편리 공생, 그룹 2를 상리 공생으로 판단하려면 그룹 2에서 쥐의 특성이 그룹 1과 비슷하거나 같아야 한다.

29 정답: ②

① 상위 영양 단계로 올라갈수록 에너지 효율은 증가하나 문제에서 고양이가 최대 에너지 효율의 영양 단계인지는 불분명하다.
③ 문제에서 먹이 사슬 관계가 명확하지 않아 3차 소비자 단계에 있다고 말할 수 없다.
④ 극상은 천이의 마지막 단계로 생태계가 안정된 상태를 말한다.
⑤ 멸종 단계가 아닌 평형 상태에 있다.

30 정답: ①

문제의 표는 2차 천이의 한 예를 보여주고 있다. 개척자는 첫 번째 천이를 시작하는 생물로서 1차 천이에서는 지의류가 개척자 역할을 하며 2차 천이에서는 초본이 그 역할을 대신한다.

31 정답: ①

먹이 사슬에서 상위 단계로 올라갈 때마다 에너지 손실이 발생하기 때문에 전달되는 에너지양도 줄어들게 된다. 따라서 먹이 사슬에서 영양 단계는 4~5 단계를 넘지 못한다.

32 정답: ①

② 2차 천이는 기존의 식물 군집이 있던 곳에서 시작되므로 이미 토양이 생성되어 있다.
③ 극상에서는 물질 순환과 에너지 흐름이 천이 과정보다 더 빠르게 일어난다.
④ 2차 천이는 산불, 산사태 등으로 인해 자연 상태에서 발생한다.
⑤ 2차 천이의 개척자는 1차 천이의 지의류와는 달리 초본인 경우가 많다.

33 정답: ②

1차 천이의 **개척자**(pioneer)는 지의류이며 암석의 풍화를 촉진시켜 토양 형성을 돕는다.

34 정답: ⑤

35 정답: ④

1차 건성 천이는 처음부터 생물이 존재하지 않았던 곳에서 일어난다.

물질 순환과 에너지 흐름

01 정답: O

02 정답: X
에너지 효율은 상위 영양 단계로 올라갈수록 증가하나, 에너지양은 감소한다.

03
① 총생산량 ② 순생산량 ③ 생장량
④ 현존량 ⑤ 생물량

04 정답: ③
동화량 = 섭식량 − 배출량

05 정답: ①
생산자(producer, 풀과 나무 등 식물이 생산자의 위치를 차지)가 생태계에서 가장 하위 영양 단계에 있으며 가장 많은 에너지양을 가지고 있다.

06 정답: ⑤
이산화탄소는 바닷물에 녹아 저장되나 바닷물로부터 방출되지는 않는다.

07 정답: ②
각 영양 단계로 이동할 때마다 90%의 에너지 손실이 일어나므로 1차 소비자에게 전달되는 에너지양은 45,500 kcal/m^2이고 2차 소비자는 1차 소비자의 10%인 4,550 kcal/m^2만이 전달된다.

08 정답: ②
에너지 효율은 (현 영양 단계가 보유한 에너지 총량)/(전 영양 단계가 보유한 에너지 총량)의 비율을 백분율로 나타낸 것이다.

09 정답: ②, ③
① (가)는 생산자이고 (나)는 소비자이므로 에너지 이동을 동반한다.
④ 동물이 음식물로 섭취한 유기물의 총량을 **섭식량**이라고 하며 섭식량에서 배출량을 뺀 값을 **동화량**이라고 한다.
⑤ (다)에서 (라)로 전환되는 과정을 **탄화 작용**이라고 한다.

10 정답: **호흡**

11
(가): 생산자 (나): 소비자
(다): 분해자 (라): 화석연료

12 정답: ①
식물은 암모늄 이온(NH_4^+)이나 질산 이온(NO_3^-)의 형태로 질소를 흡수, 이용한다. 질화 작용은 암모늄 이온을 질산 이온으로 전환시키고, 질소 고정 작용을 통해 대기 중의 질소가 암모늄 이온으로 전환된다.

13 정답: ⑤
질화 작용: $NH_4^+ \rightarrow NO_3^-$

14 정답: ③
질소 고정(nitrogen fixation)은 질소 고정 세균(뿌리혹박테리아, 아조토박터 등)에 의해 공기 중의 질소(N_2)가 암모늄 이온(NH_4^+)으로 전환되는 반응이다.

15 정답: ①, ⑤
에너지는 생태계에서 영양 단계를 따라 이동하는데 이때 에너지 손실이 필연적으로 발생한다. 따라서 에너지는 생태계에서 순환하지 않으며 에너지 흐름, 에너지 이동 등으로 표현한다. 이산화탄소 또한 탄소의 순환 과정에 참여하나 그 자체는 순환하지 않는다.

16 정답: ④

17 정답: ②
부영양화는 강, 호수, 바다 등의 수중 생태계에 질소 화합물이 과량 유입되어 조류가 급속히 번식하는 현상을 말한다.

18 정답: ⑤
E는 대기 중의 질소가 공중 방전 등에 의해 산화 질소로 전환된 후, 다시 질산 이온으로 바뀌는 과정을 나타낸다.

19 정답: ①
비료의 과잉 사용으로 수중 생태계의 부영양화가 발생할 수는 있으나, 이것으로 인해 질소 고정 작용이 감소하거나 질소 순환이 깨졌다는 증거는 없다.

20 정답: ②
생산자는 영양 단계에서 가장 많은 에너지양과 생물량을 가지고 있으며 상위 영양 단계로 올라갈수록 에너지양은 감소하나 에너지 효율이 증가한다.

21 정답: ①

A는 생산자를 나타낸다.

22 정답: ④

상위 영양 단계로 올라갈수록 개체수는 감소한다.

23 정답: ①

E는 분해자이다.

24 정답: ④

균류는 세균과 함께 **분해자**의 위치에 있다.

25 정답: ③

분해자는 동식물의 사체를 분해하여 에너지를 얻는 종속 영양 생물이다.

26 정답: ②

27 정답: ①

4차 소비자의 경우 2차와 3차 소비자를 동시에 먹이로 삼을 때가 있다. 이러한 경우에는 영양 단계 이동에 따른 에너지 손실 비율이 순차적인 이동과 비교하여 감소한다.

28 정답: ①

생물이 외부의 물질을 섭취한 후, 화학 변화를 일으켜 자신에게 유용한 물질로 변화시키는 것을 **동화**라고 하며 그 양을 **동화량**이라고 한다. 따라서 **동화량**은 식물에게만 국한되는 용어가 아니라 모든 생물체에게 적용된다.

29 정답: ①

생태계에서 각각의 영양 단계를 이동할 때마다 에너지의 일부가 영양 단계의 **호흡**에 소비되기 때문에, **상위 영양 단계로 이동하는 에너지양은 감소한다**.

30 정답: ④

생태계에서 에너지는 순환하는 것이 아니라 한쪽 방향으로 흐른다. 따라서 에너지 순환이라는 용어 대신에 **에너지 흐름**(energy flow)이라고 표현한다. **에너지 효율**은 상위 영양 단계로 갈수록 증가한다.

생물 다양성

01 정답: ④

천이 단계는 생물적 요인에 해당한다.

02 정답: ⑤

생물 다양성은 생태계 다양성과 함께 종 다양성, 유전자 다양성 등을 아우르는 용어이다. 생태계 구성 요소들 사이의 상호 작용은 생태계 다양성의 일부로 포함된다.

03 정답: ①, ③, ④

유전자 다양성은 급격한 환경 변화가 발생했을 때, 환경 변화에 대응할 수 있는 유전자 변이를 가지고 있으므로 종을 보존하고 유지할 수 있다. 또한, 유전자 다양성으로부터 종 분화가 일어날 수 있으며 이러한 종 분화가 진화 과정의 일부가 된다.

04 정답: ④

05 정답: ①

생물 다양성을 감소시키는 요인으로는 서식지 파괴, 외래종 도입, 동식물의 남획, 환경 오염과 기후 변화 등 여러 가지가 있으며 그 중에서도 **서식지 파괴**와 그로 인한 멸종이 가장 심각한 위협으로 작용한다.

06 정답: ③

모든 생물종은 생존에 필요한 고유 환경과 서식지가 정해져 있기 때문에 인위적인 생물 자원의 교류는 생태계를 파괴시키며 생물 다양성을 감소시키는 원인이 될 수 있다.

07 정답: ②

교토 의정서는 지구 온난화 방지를 위한 국제 협약인 기후 변화 협약의 수정안으로서 온실 효과를 나타내는 온실 기체(예: 이산화탄소)의 강제적 감축을 목표로 하고 있다. 1997년 채택되었다.

08 정답: ②

몬트리올 의정서는 지구 오존층 파괴의 원인이 되는 화학 물질의 생산과 사용을 규제할 목적으로 1987년 캐나다 몬트리올에서 채택된 국제 환경 협약이다.

09 정답: ③

그림은 옥수수의 종 다양성을 보여주고 있다. 유전자 다양성과 혼동할 수 있으나 유전자 다양성이 반드시 표현형으로 나타나는 것은 아니므로 종 다양성이 그림과 가장 밀접한 관련이 있는 용어이다.

PART Ⅱ

BIOLOGY

세포설, 세포의 연구 방법, 세포의 크기와 모양

01

다음 보기 중 1850년대 중반에 확립된 **세포설**(cell theory)에 대한 내용이 **아닌** 것을 모두 고르시오?

> **보기**
> 1. 모든 생물은 세포로 구성되어 있다.
> 2. 모든 세포는 유전 물질을 가지고 있다.
> 3. 세포는 생명 현상의 기본 단위이다.
> 4. 세포는 유전 물질로 핵산을 가지고 있다.
> 5. 세포는 이미 존재하고 있는 세포로부터 나온다.

02

보기의 내용 중 **세포설**과 일치하는 것은 무엇인가?

> **보기**
> 1. 성숙한 적혈구에는 핵이 없다.
> 2. 다세포 생명체에서 분리한 세포는 독립적으로 배양이 가능하다.
> 3. 근육의 섬유소는 많은 핵을 포함하고 있다.
> 4. 진핵세포는 감수분열과 수정을 통해 생식을 한다.

① 1, 2 ② 2, 3 ③ 3, 4
④ 1, 4 ⑤ 2, 4

03

바이러스가 **세포설**에 맞지 않는 이유를 설명한 것으로 올바른 것을 보기에서 모두 고르시오.

> **보기**
> 1. 숙주 세포를 통해서만 증식이 가능하기 때문에 세포설에 맞지 않는다.
> 2. 세포와 달리 유전 물질로서 RNA를 이용하기 때문에 세포설에 맞지 않는다.
> 3. 세포와 달리 지질 이중층의 막 구조를 가지지 않기 때문에 세포설에 맞지 않는다.

① 1 ② 2 ③ 1, 3
④ 2, 3 ⑤ 1, 2, 3

04

세포의 크기가 **커질수록** 나타나는 현상으로 옳은 것은?

① 표면적/부피 비율이 증가한다.
② 물질 대사 속도가 증가한다.
③ 물질 교환의 효율이 떨어진다.
④ 세포 내 물질 이동 속도가 증가한다.
⑤ 에너지(ATP) 소비가 감소한다.

05

세포는 일반적으로 크기가 작기 때문에 현미경을 이용해서만 관찰이 가능하다. 이렇듯 작은 크기가 갖고 있는 **장점**은 무엇인가?

① 작은 크기 때문에 다양한 형태의 세포 모양이 가능하다.
② 부피/표면적의 비율이 작기 때문에 물질 이동에 효과적이다.
③ 표면적/부피의 비율이 작기 때문에 에너지 소비가 적다.
④ 세포의 크기가 작을수록 에너지 저장에 유리하다.
⑤ 많은 수의 세포를 작은 공간 안에 수용할 수 있다.

06

0.6 밀리미터(mm)를 마이크로미터(μm) 단위로 환산했을 때 다음 중 옳은 것은?

① 6 μm ② 60 μm ③ 600 μm
④ 6,000 μm ⑤ 60,000 μm

07

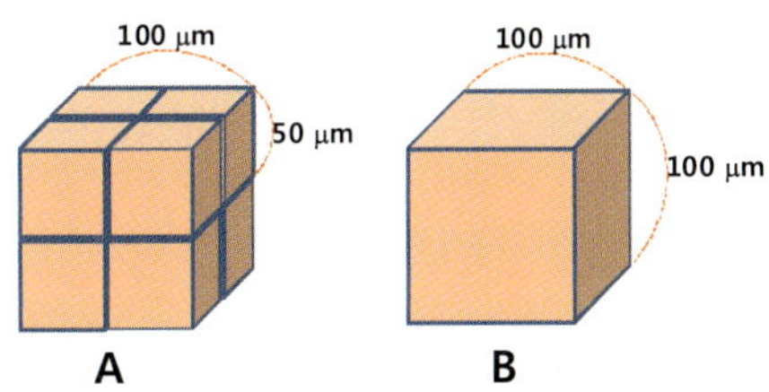

그림에 대한 설명으로 옳은 것은?

① B는 A보다 표면적이 더 크다.
② B는 A보다 부피가 더 크다.
③ B는 A보다 부피가 더 작다.
④ B는 A보다 표면적/부피 비율이 더 크다.
⑤ B는 A보다 표면적/부피 비율이 더 작다.

08

그림은 가로, 세로, 높이가 각각 2cm인 정육면체이고 이것을 어떤 세포라고 가정하자. 이 세포가 가로, 세로, 높이가 각각 1cm인 세포로 분열하였다.

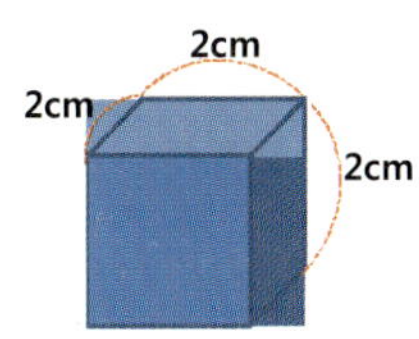

> 8-1 동일한 공간 안에 몇 개의 세포가 존재하게 되는가?
> 8-2 세포 분열 전 후, 세포의 표면적을 각각 계산하시오.
> 8-3 세포 분열 전 후, 세포의 표면적/부피 비율을 구하시오.

09

줄기세포는 여러 종류의 세포로 분화할 수 있는 능력을 가지고 있는 반면, 체세포는 이러한 능력이 없다. 예를 들어 피부 세포는 오로지 피부 세포로만 분열하며 신경 세포도 신경 세포로만 분열한다. 피부 세포는 신경 세포로 분화할 수 **없는** 이유를 가장 잘 설명하고 있는 것은?

① 피부 세포와 신경 세포는 서로 다른 염색체를 가지고 있기 때문이다.
② 분화가 끝난 세포는 다른 세포로 분화하는데 필요한 DNA 부분이 없어졌기 때문이다.
③ 세포는 뇌로부터 다른 명령을 받기 때문에 다른 세포로 분화할 수 없다.
④ 다른 세포는 같은 DNA를 가지고 있으나, DNA 정보를 이용하는 방식이 서로 다르다.
⑤ 세포는 성장하면서 DNA가 변하기 때문에 다른 세포로 분화하는 능력을 잃는다.

10

전자 현미경에서 어떤 DNA 분자의 길이가 1mm로 보였다고 가정하자. 이 현미경의 해상력이 500,000배일 때, 실제 DNA 분자의 길이는 얼마인가?

11

다음 세포 구성물의 크기를 순서대로 올바르게 배열한 것은?

① 헤모글로빈 < 리보솜 < 미토콘드리아 < 핵
② 리보솜 < 미토콘드리아 < 헤모글로빈 < 핵
③ 헤모글로빈 < 미토콘드리아 < 리보솜 < 핵
④ 리보솜 < 헤모글로빈 < 미토콘드리아 < 핵
⑤ 미토콘드리아 < 리보솜 < 헤모글로빈 < 핵

12

다음 설명에 해당하는 현미경의 종류는 무엇인가?

얇게 자른 시료에 전자선을 입사시킨 후, 시료와의 상호 작용으로 회절된 전자를 이용하여 형광판이나 사진 필름 위에 상이 맺히도록 한다. 주로 세포나 세포 소기관의 단면을 관찰하는데 이용된다. 보통 수백만 배의 해상력을 가지고 있다.

① 광학 현미경 ② 주사 전자 현미경
③ 형광 현미경 ④ 실체 현미경
⑤ 투과 전자 현미경

13

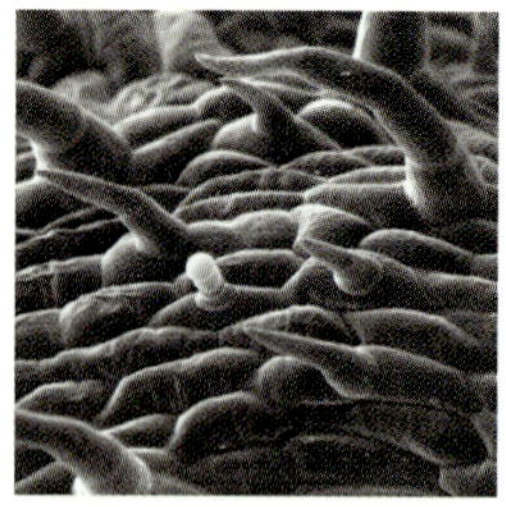

사진은 어떤 열대 식물 잎 표면을 현미경으로 관찰하여 얻은 3차원적 이미지이다. 이와 같은 관찰을 위해 사용해야 할 현미경은 무엇인가?

① 투과 전자 현미경
② 광학 현미경
③ 형광 현미경
④ 주사 전자 현미경
⑤ 위상차 현미경

14

동위 원소로 표지된 뉴클레오타이드 (5탄당으로 디옥시리보스를 포함)를 시험관에서 배양 중인 동물 세포에 주입한 후, DNA 복제 정도를 알아보고자 한다. 이때 실험에 이용할 수 **없는** 동위 원소는 다음 중 무엇인가?

① ^{3}H ② ^{32}P ③ ^{35}S
④ ^{14}C ⑤ ^{15}N

15

방사성 동위 원소로 표지된 뉴클레오타이드를 이용해 동물 세포를 배양하였다. 이후, 세포를 파쇄한 다음 원심 분리기로 세포를 분획하였다. 그림에서 **가장 높은 방사능을 검출할 수 있는 곳**은 A~F 중 어디인가?

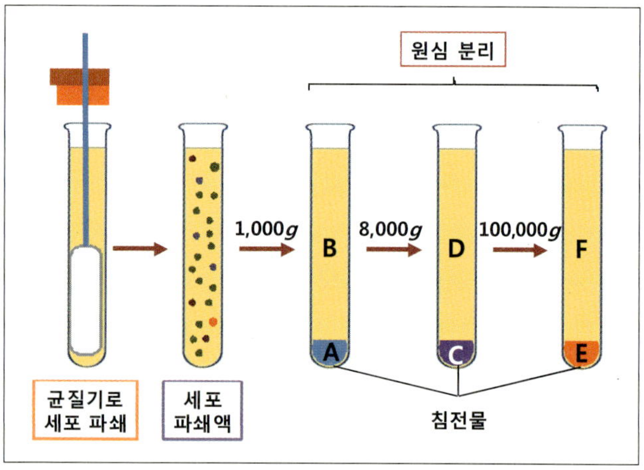

16

위의 그림에서 세포 파쇄 후, 산소가 있는 상태에서 각 분획들이 효소 작용을 일으킬 수 있다고 가정할 때, **가장 많은 산소를 소비**하는 곳은 A~F 중 어디인가?

세포의 구조와 기능

01

다음 중 전자 현미경으로 관찰이 **어려운** 세포 구조나 작업은 무엇인가?

① 매끈면 소포체와 거친면 소포체의 구조적 차이
② 세포 내 중심체의 존재 유무 판단
③ 편모의 운동에 의한 정자의 이동 능력 관찰
④ 세포 내 세포 골격의 모양
⑤ 바이러스 단백질 껍질의 전체적인 모양

02

다음 진핵 세포의 세포 내 소기관 중 DNA를 포함하는 것끼리 짝지은 것은?

① 핵, 소포체 ② 엽록체, 골지체
③ 핵, 미토콘드리아 ④ 엽록체, 소포체
⑤ 리보좀, 리소좀

03

진핵 세포의 핵 안에서 유전 물질은 단백질과 결합하여 **복합체**를 형성하고 있다. 이러한 복합체의 집합을 무엇이라 하는가?

① 염색사 ② 히스톤 ③ 중심체
④ 리보솜 ⑤ 리소좀

04

핵의 구조에 대한 다음 설명 중 **틀린** 것은 무엇인가?

① 핵막은 2중막 구조이다.
② 핵막에는 핵공이 있어 이를 통해 물질 출입이 가능하다.
③ 핵 내에서 리보솜을 구성하는 단백질이 합성된다.
④ 소포체와 구조적으로 연결되어 있다.
⑤ 핵 속에 인이라는 구조물이 있다.

05

다음 세포 소기관 중 식물 세포에서 발견되지 **않는** 것은 무엇인가?

① 액포 ② 중심체 ③ 퍼옥시좀
④ 핵과 인 ⑤ 미토콘드리아

06

진핵 세포에서 리보솜을 구성하는 RNA가 만들어지는 곳은 어디인가?

① 인 ② 거친면 소포체
③ 미토콘드리아 ④ 중심체
⑤ 세포질

07

보기의 예에서 2중막 구조를 가진 세포 내 소기관을 모두 고르시오.

보기		
1. 핵막	2. 리소좀	3. 퍼옥시좀
4. 미토콘드리아	5. 엽록체	6. 소포체
7. 골지체	8. 세포막	9. 리보솜

08

다음 중 거친면 소포체에서 합성된 단백질의 이동과 재배치에 관여하는 소기관(organelle)은 무엇인가?

① 미토콘드리아 ② 세포 골격 ③ 액포
④ 골지체 ⑤ 리보솜

09

리보솜에서 합성된 단백질이 **변형**(modification) 과정을 거치는 장소는 세포 내 어디인가?

① 미토콘드리아 ② 핵 ③ 퍼옥시좀
④ 골지체 ⑤ 세포막

10

매끈면 소포체에 대한 설명으로 옳은 것은?

① 식물 세포에는 존재하지 않는다.
② 단백질이 합성되는 장소이다.
③ 지질이 합성되는 장소이다.
④ 리보솜 합성에 관여한다.
⑤ 단백질 가수 분해에 관여한다.

11

다음 중 **소포체**의 기능에 해당하는 것을 모두 고르시오? (2개)

① 세포 내 물질 이동의 통로 역할을 담당한다.
② 거대 분자의 분해와 재사용에 관여한다.
③ 리보솜을 만들어 단백질 합성에 관여한다.
④ 단백질을 수송 소낭에 둘러 싼 후, 다른 부위로 이동시킨다.
⑤ mRNA와 결합하여 유전 정보를 해독하는 역할을 담당한다.

12

세포막을 자유롭게 통과할 수 있는 물질들로 짝지어진 것은?

① 물, 지용성 비타민 ② 산소, 수용성 단백질
③ 물, 핵산 ④ Na^+이온, 지용성 비타민
⑤ K^+이온, ATP

13

세포막의 구조와 기능에 대한 설명으로 옳지 **않은** 것은?

① 진핵 세포의 세포막은 지질, 단백질, 탄수화물을 포함하고 있다.
② 단순 확산에 의한 기체의 세포막 투과는 극성을 띤 세포막의 특성 때문이다.
③ 촉진 확산에 의한 물질의 세포막 투과는 물질의 농도 기울기에 의존한다.
④ 세포막의 물질 통로는 단백질로 구성되어 있다.
⑤ 세포막에 있는 수용체는 특정 물질만이 결합, 상호 작용을 일으킬 수 있다.

14

다음은 단백질 합성과 분비에 관여하는 세포 내 소기관을 열거한 것이다. 순서에 맞게 나열한 것은?

① 핵→소포체→리보솜→골지체→세포막
② 세포질→소포체→리보솜→골지체→세포막
③ 핵→리보솜→소포체→골지체→세포막
④ 핵→리보솜→세포질→골지체→세포막
⑤ 세포질→리보솜→골지체→소포체→세포막

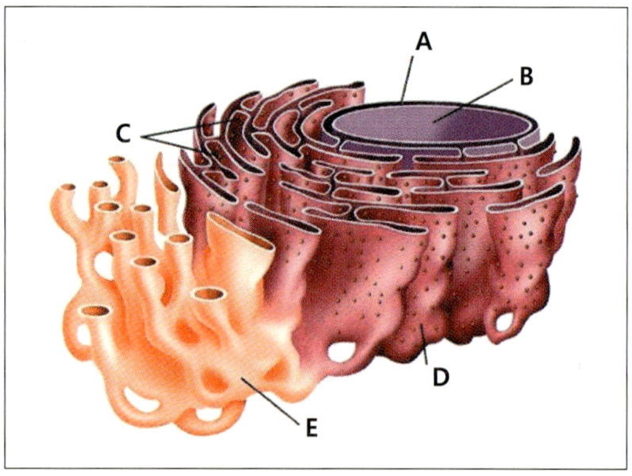

15

그림은 세포 내 어떤 소기관들의 구조를 나타낸 것이다. B는 아세트산카민이나 메틸렌블루와 같은 색소와 결합한다. 과립 형태의 C는 D에는 존재하나 E에는 존재하지 않는다. A에서 E까지 각각의 명칭은 무엇인가?

A:　　　　B:
C:　　　　D:
E:

16

D와 E의 기능으로 올바르게 짝지은 것은 무엇인가?

① 단백질 이동, 단백질 합성
② 단백질 합성, 지질 합성
③ 단백질 합성, 세포 호흡
④ 단백질 분비, 노폐물 분해
⑤ 물질 저장, 에너지 생성

17

D 또는 E에 대한 설명으로 옳은 것은?

① D 구조는 동물 세포에서만 발견된다.
② E 구조는 원핵세포와 진핵세포, 모두 존재한다.
③ D 구조는 스테로이드 합성이 활발한 세포에 잘 발달해 있다.
④ E 구조는 분비작용이 활발한 세포에 발달해 있다.
⑤ D와 E는 가장 넓은 세포 내 막 표면적을 차지한다.

18

거친면 소포체는 이 소기관과 연속적으로 연결된 막 구조를 가지고 있지는 않으나 수송 소낭을 이용하여 단백질을 운반한다. 이 소기관은 무엇인가?

① 미토콘드리아　② 세포막　③ 리보솜
④ 핵　⑤ 골지체

19

다음 중 물질의 합성이나 수송에 관여하는 세포 내 소기관이 **아닌** 것은?

① 리소좀　② 거친면 소포체
③ 매끈면 소포체　④ 리보솜
⑤ 골지체

20

미토콘드리아의 구조와 기능에 대한 설명으로 옳지 **않은** 것은?

① 내막과 외막의 2중막 구조이다.
② 독립적인 DNA가 있어 독자적인 증식이 가능하다.
③ 독자적인 단백질 합성이 가능하다.
④ 내막에서 NADH와 $FADH_2$를 생성한다.
⑤ 크리스타에서는 전자 전달이 일어난다.

21

다음 중 포유 동물 세포에 존재하는 미토콘드리아의 기능이 **아닌** 것은?

① 단백질 합성　② 지질 합성
③ DNA 합성　④ 아세틸-CoA 분해
⑤ NADH 산화

22

소포체와 골지체의 구조나 기능면에서 공통점이 **아닌** 것은?

① 둘 다 단일막 구조이다.
② 소낭을 방출하거나 융합할 수 있다.
③ 단백질 이동에 관여한다.
④ 이자와 같은 분비 세포에 잘 발달돼 있다.
⑤ 동·식물 세포에 공통으로 존재한다.

23

중심체(centrosome)에 대한 설명으로 옳지 **않은** 것은?

① 핵 내부에 위치한다.
② 미세 소관으로 구성되어 있다.
③ 주로 동물 세포에서 발견된다.
④ 세포 분열 과정에 관여한다.
⑤ 정자의 기저체와 동일한 구조이다.

24

퍼옥시좀(peroxisome)의 기능으로 옳은 것은?

① 세포 호흡 ② 물질 저장 ③ 해독 작용
④ 삼투압 조절 ⑤ 물질 합성

25

다음 중 진핵 세포 내에서 물질의 이동에 관여하는 세포 구성물이 **아닌** 것은?

① 수송 소낭 ② 골지체 ③ 소포체
④ 분비 소낭 ⑤ 액포

26

지나친 알코올 섭취는 단백질 분해에 관여하는 효소들의 합성을 감소시켜, 결과적으로 간 손상을 유발한다고 알려져 있다. 이러한 정보를 바탕으로 다음 중 어떤 세포 소기관이 가장 직접적으로 알코올 섭취에 영향을 받을 것으로 판단되는가?

① 핵 ② 골지체 ③ 소포체
④ 리소좀 ⑤ 리보솜

27

다음 보기에서 **단백질 합성**(단백질로의 번역)이 일어나지 **않는** 진핵 세포 내 소기관을 모두 고르시오. (3개)

보기		
1. 세포질	2. 거친면 소포체	3. 골지체
4. 핵	5. 미토콘드리아	6. 인

① 1, 2, 3 ② 1, 3, 4 ③ 2, 4, 5
④ 3, 4, 6 ⑤ 3, 5, 6

28

리소좀(lysosome)은 세포질(~pH 7.0)과는 달리 약 pH 5.0의 산성 상태이다. 이러한 환경 유지를 위한 설명으로 가장 타당한 것은?

① 수소 이온(H^+)이 확산을 통해 리소좀 내부로 들어온다.
② 리소좀이 ATP를 분해하여 수소 이온을 내부로 능동 수송한다.
③ 리소좀 막에는 수소 이온의 통로 단백질이 있다.
④ 리소좀 막에는 수소 이온의 촉진 확산을 돕는 단백질 운반체가 존재한다.
⑤ 리소좀 막에서는 NADH 산화를 통한 화학적 삼투 작용이 활발하다.

29

다음 보기에서 짝 지은 단어의 관계가 나머지 것들과 **다른** 것은 무엇인가?

보기	
1. 히스톤-뉴클레오솜	2. 크리스타-미토콘드리아
3. 리소좀-퍼옥시좀	4. 그라나-엽록체
5. 미세 소관-세포 골격	

① 1 ② 2 ③ 3
④ 4 ⑤ 5

30

원핵 세포의 구성물이 **아닌** 것은 무엇인가?

① 중심체 ② 유전 물질 ③ 세포벽
④ 세포막 ⑤ 리보솜

31

다음 중 **중심체, 편모, 섬모**의 공통점으로 옳은 것은?

① 세포의 운동을 담당하는 기관이다.
② 미세 소관으로 구성되어 있다.
③ 모두 동일한 세부 구조를 가진다.
④ 세포막으로 둘러싸여 있다.
⑤ 세포의 형태 유지에 관여한다.

32

세포 골격(cytoskeleton)의 구조와 기능에 해당하지 **않는** 것은 다음 중 무엇인가?

① 세포 소기관을 고정시키는 역할을 한다.
② 세포 소기관의 이동에 관여한다.
③ 세포의 형태를 유지하는 기계적인 역할을 한다.
④ 단백질 섬유로 구성되어 있다.
⑤ 편모와 같은 운동 방식으로 세포를 이동시킨다.

33

진핵세포의 **리보솜**에 대한 설명으로 옳지 **않은** 것은?

① 핵 속의 인에서 만들어진다.
② 여러 가지 단백질과 RNA 분자의 복합체이다.
③ 단백질 합성을 위해 mRNA를 따라 직접 이동한다.
④ 소포체와 결합할 때에만 기능을 나타낼 수 있다.
⑤ 단백질 합성이 왕성한 세포에 많이 존재한다.

34

어떤 남성이 불임으로 인해 병원을 찾았다. 의사는 이 남성의 정자를 검사한 후, 다른 이상은 없으나 정자의 운동이 활발하지 않음을 발견했다. 또한, 남성은 만성 기관지염으로도 고생하고 있었는데 의사는 남성의 2가지 질환을 면밀히 검사한 후에 세포 내 소기관에 문제가 있다고 결론내렸다. 이 소기관은 무엇인가?

① 리소좀 ② 골지체 ③ 소포체
④ 미세 소관 ⑤ 미토콘드리아

35

미토콘드리아에서 일어나지 **않는** 반응을 보기에서 고르시오.

보기	
1. ATP 합성	2. TCA 회로
3. 단백질 합성	4. 리보솜 합성
5. 화학 삼투	6. 지질 분해

36

미토콘드리아, 엽록체, 핵 등의 세포 내 소기관들은 몇 가지 공통점을 가지고 있다. 다음에서 이러한 공통점이 **아닌** 것은?

① DNA를 가지고 있다.
② 독립적으로 단백질을 합성한다.
③ 2중막 구조를 가지고 있다.
④ DNA 복제가 일어난다.
⑤ 진핵 세포에만 존재한다.

37

식물세포의 **세포벽**에 관한 기능을 설명한 내용 중 옳지 **않은** 것은?

① 삼투압을 조절한다.
② 전투과성이 있다.
③ 세포를 보호하고 형태를 유지한다.
④ 구성 성분은 셀룰로스이다.
⑤ 팽압에 대해 저항성이 있다.

38

액포의 구조와 기능에 대한 설명으로 **잘못된** 것은?

① 단일막으로 싸여 있다.
② 물을 흡수하거나 배출한다.
③ 각종 영양소나 노폐물을 보관한다.
④ 노화된 식물 세포에서는 퇴화한다.
⑤ 삼투압 조절 기능이 있다.

39

엽록체의 구조와 기능에 대한 설명으로 **잘못된** 것은?

① 단일막 구조이다.
② 명반응과 암반응이 모두 일어난다.
③ DNA를 가지고 있다.
④ 세포 내 여러 개가 존재한다.
⑤ ATP나 포도당을 합성한다.

40

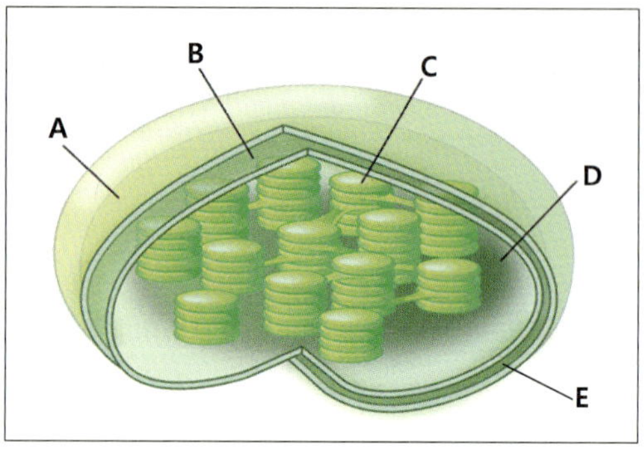

그림은 식물 세포의 엽록체를 모식적으로 나타낸 것이다. 빛 에너지에 의한 ATP 합성이 일어나는 곳은 어디인가?

41

미토콘드리아와 엽록체의 기원에 대한 이론으로 **세포 내 공생설**(endosymbiosis)이 가장 유력하다. 이 이론을 뒷받침하는 근거라고 할 수 **없는** 것은?

① 원핵 세포와 유사한 형태와 크기를 가지고 있다.
② 기능에 필요한 모든 효소를 독자적으로 합성할 수 있다.
③ 독립적인 DNA를 가지고 있다.
④ 원핵 세포와 같은 크기의 리보솜을 가지고 있다.
⑤ 원핵 세포와 같이 2중막 구조를 가지고 있다.

42

식물 세포 밖에 있는 물질이 엽록체의 틸라코이드 내부로 이동하기 위해서는 몇 번의 인지질 이중층을 통과해야 하는가?

① 1 ② 2 ③ 3
④ 4 ⑤ 5

43

다음 중 **엽록체**와 **미토콘드리아**의 기능적 공통점은 무엇인가?

① 화학 에너지를 ATP로 전환한다.
② 단백질을 합성할 수 있다.
③ 동화 작용이 활발하다.
④ 전자 전달을 위해 산소를 사용한다.
⑤ 유기물의 분해가 일어난다.

44

미토콘드리아와 엽록체의 **공통점**에 대한 내용으로 옳지 **<u>않은</u>** 것은?

① 소기관 막에 양성자 펌프가 존재한다.
② 자체적으로 단백질 합성이 일어난다.
③ 화학적 삼투에 의해 ATP를 생산한다.
④ 유기물 분해가 일어난다.
⑤ 산화 · 환원 반응이 일어난다.

45

다음 인체의 조직 중 가장 **높은** 미토콘드리아/세포 비율을 가지고 있는 것은?

① 신경 조직 ② 피부 조직 ③ 연결 조직
④ 근육 조직 ⑤ 뼈 조직

46

다음 중 **리포솜**에 대한 설명으로 옳지 **<u>않은</u>** 것은?

① 동·식물의 세포막과 매우 유사한 구조를 가지고 있다.
② 약물이나 미용 성분의 세포 내 전달 목적으로도 이용된다.
③ 지용성 물질은 리포솜의 인지질층 내부에 담을 수 있다.
④ 인지질을 물에 분산시켰을 때 리포솜은 2중막 구조를 가진다.
⑤ 에너지를 사용하지 않고 인지질이 자발적으로 리포솜 구조를 형성한다.

47

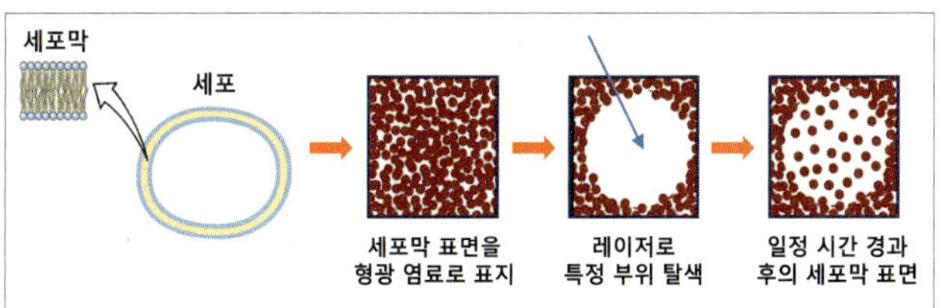

위 실험은 세포막의 특성을 알아보기 위한 실험 과정이다. 이 실험으로부터 다음과 같은 결론을 내릴 수 있었다. 가장 적절한 것은?

① 세포막에는 단백질이 삽입되어 있다.
② 세포막은 유동성이 있다.
③ 세포막은 이중막 구조이다.
④ 세포막은 단백질, 인지질 등으로 구성되어 있다.
⑤ 세포막은 선택적 투과성이 있다.

48

세포막 단백질의 기능이나 특성이 **<u>아닌</u>** 것은?

① 물질 출입에 관여한다.
② 효소 활성을 가진 막 단백질도 있다.
③ 호르몬 수용체로 작용한다.
④ 세포 사이의 인지에 관여한다.
⑤ 세포막의 표면적을 넓힌다.

49

동물 세포막의 지질층을 직접 통과해 세포 안으로 들어가는 **물질 이동 방식**을 올바르게 고른 것은?

보기		
1. 단순 확산	2. 세포내 섭취	3. 능동 수송

① 1 ② 2 ③ 3
④ 1, 2 ⑤ 1, 2, 3

50

다음의 세포 구성물은 특정 단백질로 구성되어 있다. 이 중 구성 단백질이 나머지와 **<u>다른</u>** 하나는 무엇인가?

① 중심체 ② 편모 ③ 근원 섬유
④ 방추사 ⑤ 섬모

51

백혈구 세포의 생물학적 기능을 바탕으로 추론했을 때, 이 세포 내에서 가장 활발한 활성을 나타낼 것으로 예상되는 **소기관**은 다음 중 무엇인가?

① 리소좀 ② 골지체 ③ 리보솜
④ 미토콘드리아 ⑤ 소포체

52

세포막은 '**선택적 투과성**'을 가지고 있다. 다음 중 이러한 성질과 관련이 **<u>없는</u>** 것은?

① 물질 투과를 위해 운반체 단백질이 존재한다.
② 비극성의 작은 기체들은 단순 확산으로 막을 통과한다.
③ 세포막은 물질의 출입을 정교하게 조절한다.
④ 세포막은 인지질의 2중층 구조를 가지고 있다.
⑤ 세포막은 소수성을 띠며 극성 물질에 대해 장벽을 형성한다.

53

원핵 세포가 가지고 있는 **유전 물질**의 구조에 대한 설명으로 옳지 **<u>않은</u>** 것은?

① 원형의 DNA이다.
② 히스톤 단백질과 결합한다.
③ 플라스미드도 DNA로 구성되어 있다.
④ 핵과 같은 소기관이 없다.
⑤ 1개의 염색체 구조이다.

54

아메바나 백혈구를 현미경으로 관찰하면 **원형질 유동**이라 일컫는 세포질의 흐름을 볼 수 있다. 이러한 작용으로 아메바나 백혈구는 세포의 모양을 변화시키거나 세포 이동이 가능하다. 원형질 유동과 가장 관련 깊은 세포 구조는 다음 중 무엇인가?

① 미토콘드리아 ② 편모 ③ 세포 골격
④ 골지체 ⑤ 세포막

55

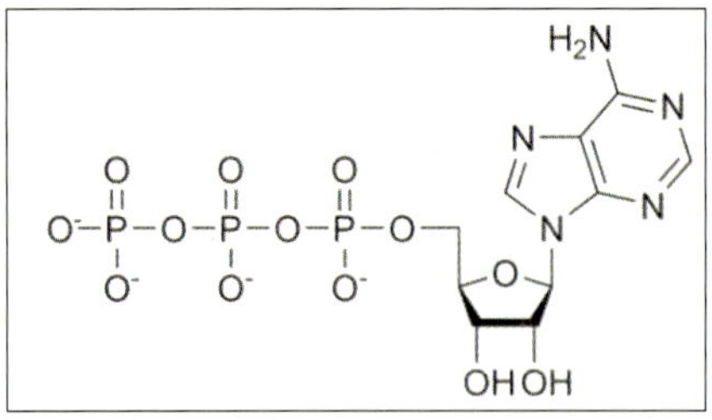

그림은 생체 내 어떤 물질의 화학 구조를 나타낸 것이다. 이 물질에 대한 설명으로 옳지 **않은** 것은?

① 탄수화물이 구조에 포함되어 있다.
② 발효 과정에서 생성된다.
③ 캘빈 회로를 통해서도 만들어진다.
④ 핵산 합성에 재료로 사용된다.
⑤ 고에너지 결합을 가지고 있다.

56

그림은 6개의 탄소로 이루어진 **탄수화물**의 화학 구조를 나타낸 것이다. 이 물질의 생성과 가장 관련이 깊은 것은 다음 중 무엇인가?

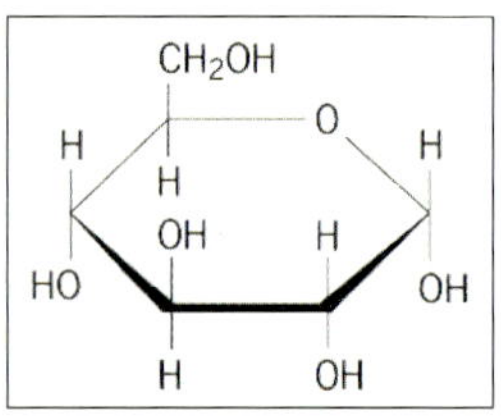

① 산호 호흡 ② 무산소 호흡
③ 발효 ④ 광합성의 명반응
⑤ 광합성의 암반응

57

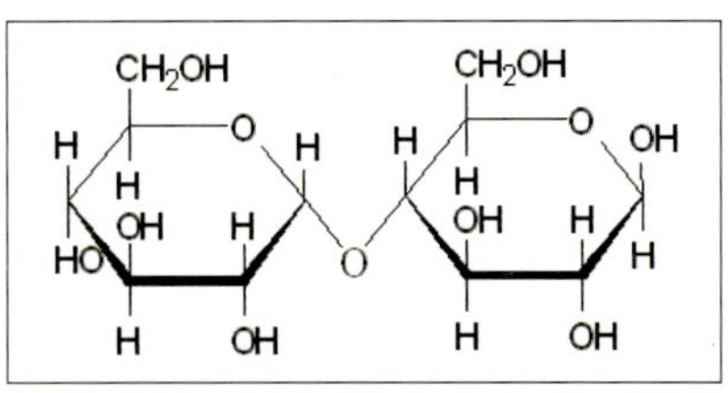

그림은 어떤 물질의 화학 구조를 나타낸 것이다. 이에 관한 설명으로 옳은 것은?

① 지방의 화학 구조 중 일부이다.
② 단백질 합성의 재료로 이용된다.
③ DNA 합성의 재료로 사용된다.
④ 다당류의 일종이다.
⑤ 가수분해되어 에너지원으로 쓰인다.

세포막을 통한 물질의 출입

01

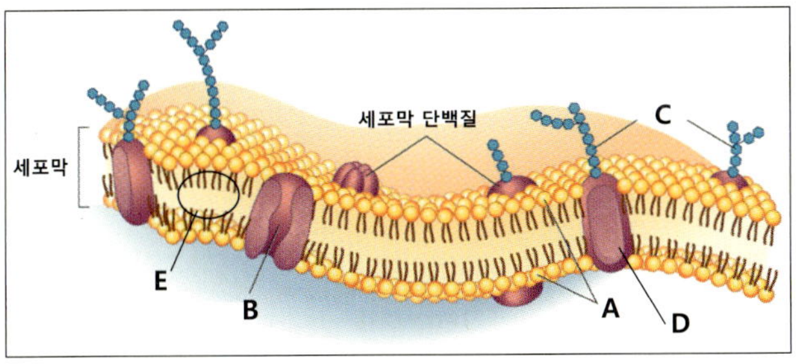

위 세포막 구조물 중 높은 농도에서 낮은 농도로 물질이 이동하는데 관여하는 것은 어느 것인가?

① A ② B ③ C ④ D ⑤ E

02

극성 물질은 일반적으로 세포막을 통과해 자유롭게 이동하기 어렵다. 이것은 세포막이 가지고 있는 **소수성 장벽의 특성** 때문이다. 위 그림에서 이러한 장벽을 나타내고 있는 것은?

① A ② B ③ C ④ D ⑤ E

03

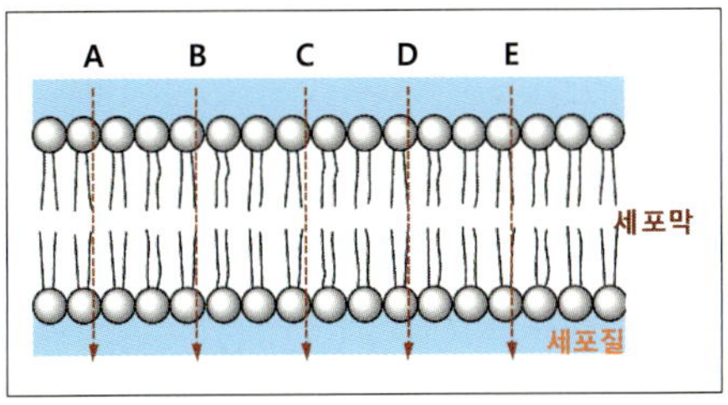

세포막을 통한 물질의 이동을 나타낸 그림이다. A~E까지 **잘못된** 예로 짝지은 것은?

① A: CO_2 ② B: 아미노산
③ C: O_2 ④ D: 지용성 비타민
⑤ E: 지방산

04

그림은 세포막을 사이에 두고 Na^+ 이온의 농도차를 나타낸 것이다. 다음 중 어떤 현상이 발생하겠는가? (단, Na^+ 이온 농도 기울기와 물 분자 이외에 다른 용질은 없다고 가정한다.)

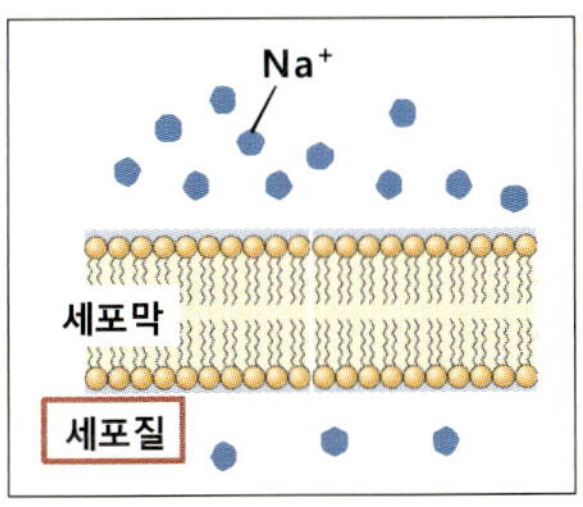

① 물 분자가 삼투에 의해 세포 밖으로 나간다.
② Na^+ 이온이 확산에 의해 세포 안으로 들어온다.
③ 세포가 팽창한다.
④ 세포가 Na^+ 이온을 세포 밖으로 퍼낸다.
⑤ 어떠한 물질 이동도 일어나지 않는다.

05

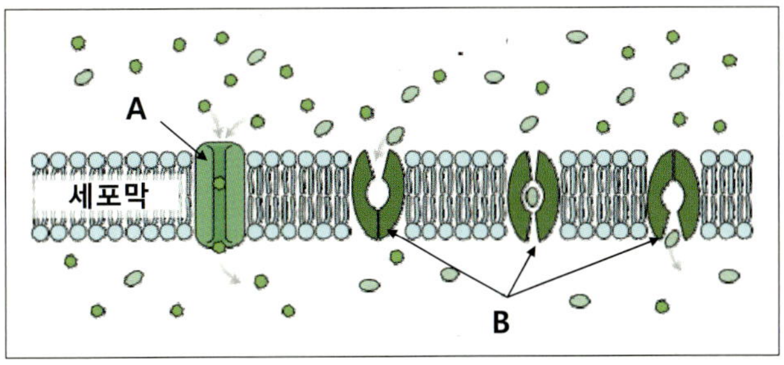

막 단백질을 통한 물질의 이동을 나타낸 그림이다. A와 B를 통해 세포막을 통과하는 물질로 올바른 예를 고르시오.

① 포도당, O_2
② O_2, CO_2
③ Na^+, 포도당
④ 아미노산, 지방산
⑤ 지용성 비타민, 포도당

06

위 그림에 대한 설명으로 옳은 것은?

① 세포 호흡 저해제를 처리하면 물질의 이동 속도가 감소할 것이다.
② 농도차에 대한 물질의 이동 속도는 정비례한다.
③ 농도차에 대한 초기 세포막 투과 속도는 단순 확산보다 빠르다.
④ 막 단백질을 이용하기 때문에 농도차를 거슬러 물질이 이동할 수 있다.
⑤ 세포막을 경계로 물질의 농도차를 유지하는 수단이 된다.

07

농도차에 순응해서 물질이 이동할 때 세포막 단백질을 이용한다면 이를 무엇이라 하는가?

① 단순 확산 ② 세포내 섭취 ③ 능동 수송
④ 촉진 확산 ⑤ 삼투압

08

촉진 확산에 대한 설명으로 옳지 **않은** 것은?

① 세포막에 존재하는 운반체 또는 통로 단백질을 필요로 한다.
② 물질의 농도 차에 대한 투과 속도는 평형에 도달할 때까지 비례해서 증가한다.
③ ATP와 같은 에너지원을 필요로 하지 않는다.
④ 초기 투과 속도는 단순 확산보다 훨씬 빠르다.
⑤ 아쿠아포린은 물의 촉진 확산에 이용되는 막 단백질이다.

09

능동 수송을 위해 필요한 것들로 짝지어진 것은 무엇인가?

① 에너지, 물질의 농도차
② 물질의 농도차, 운반체 단백질
③ Na^{+}-K^{+} 펌프, 삼투압
④ 삼투압, 물질의 농도차
⑤ 에너지, 운반체 단백질

10

능동 수송에 대한 설명으로 **잘못된** 것을 고르시오.

① 운반체 단백질을 필요로 한다.
② 농도차를 거슬러서 물질을 운반한다.
③ ATP와 같은 에너지 공급을 필요로 한다.
④ 능동 수송 동안 운반체 단백질의 구조 변화가 일어난다.
⑤ 신경세포의 활동 전위 발생에 주된 역할을 담당한다.

11

물의 농도가 높은 영역에서 낮은 곳으로 물 분자가 이동할 때, 이를 무엇이라 하는가?

① 삼투 ② 촉진 확산 ③ 단순 확산
④ 능동 수송 ⑤ 용혈

12

다섯 개의 비이커에 각각 다음 표와 같이 농도가 다른 설탕 용액을 들어 있다. 이 비이커에 신선한 감자 조각 9.5 g을 넣고 12시간 후에 감자 조각을 꺼내어 무게를 다시 측정하였다. 다음 표는 측정 결과를 정리하여 나타낸 것이다. 결과에 대한 설명으로 옳지 **않은** 것은?

비이커	설탕 용액 농도	초기 감자 무게	12시간 후 감자의 무게
1	0.2 M	9.5 g	13.4 g
2	0.4 M	9.5 g	11.3 g
3	0.6 M	9.5 g	10.7 g
4	0.8 M	9.5 g	9.2 g
5	1.0 M	9.5 g	8.1 g

① 설탕 이외의 다른 비전해질 용액을 사용해도 같은 결과를 얻을 것이다.
② 표의 결과는 감자 세포를 통한 물 분자의 출입에 의해 발생한 것이다.
③ 감자 세포 내 용질의 몰 농도는 약 0.6 M 이상, 0.8 M 이하일 것이다.
④ 위 결과로부터 감자 세포의 항상성 유지 능력을 알 수 있다.
⑤ 비이커 1, 2, 3은 감자 세포에 대해 저장액이며 4, 5는 고장액이다.

13

그림은 물 분자의 이동을 나타낸 것이다. 그림의 A와 B에 해당하는 물질 이동 방식을 각각 쓰시오.

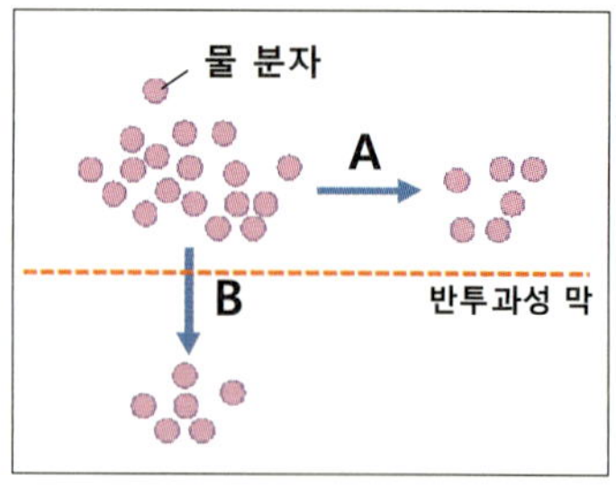

A:

B:

14

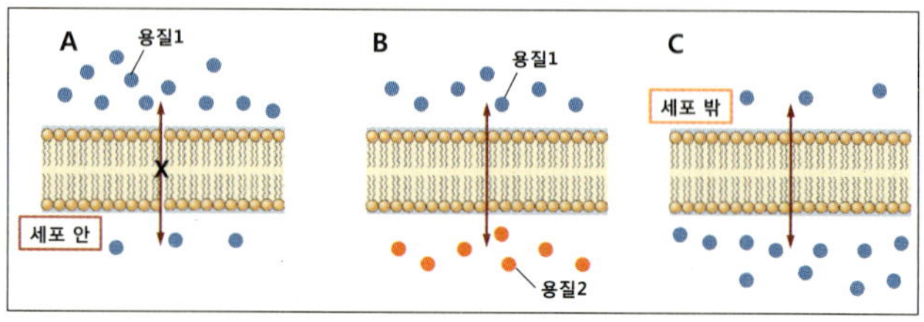

위의 그림에서 A의 경우 세포막은 용질1에 대해 투과성이 없다. 이에 대해 옳은 설명을 고르시오.

① 세포는 저장액 상태에 놓여 있다.
② 세포는 팽창하거나 터질 것이다.
③ 세포 안의 물이 세포 밖으로 빠져 나갈 것이다.
④ 용질은 비극성 물질일 가능성이 높다.
⑤ ATP를 소비하면 용질이 세포 안으로 들어올 수 있다.

15

B와 C의 경우 세포막은 용질에 대해 투과성이 있다고 가정하다. 이때 옳은 설명을 고르시오.

① B에서 용질의 이동을 관찰할 수 없을 것이다.
② C에서 용질은 능동 수송에 의해서만 세포 밖으로 이동할 수 있다.
③ B, C에서 삼투압은 발생하지 않을 것이다.
④ B에서 세포는 저장액 상태에 놓여 있다.
⑤ C에서 세포는 고장액 상태에 놓여 있다.

16

반투과성 막을 경계로 용질의 농도가 서로 다른 두 종류의 용액이 있다고 가정하자. 이때 **삼투 현상**이 발생하는데 이에 대한 설명으로 올바른 것은?

① 물 분자가 에너지를 이용해 고농도 용액에서 저농도 용액으로 이동한다.
② 용질이 고농도 용액에서 저농도 용액으로 이동한다.
③ 저농도 용액의 용질이 능동 수송을 통해 고농도 용액으로 이동한다.
④ 물 분자가 저농도 용액에서 고농도 용액으로 촉진 확산을 통해 이동한다.
⑤ 물 분자의 이동으로 양쪽 용액의 용질 농도가 같아진다.

17

보기의 예 중에서 에너지나 기타 다른 물질의 도움 없이 스스로 세포막을 가장 손쉽게 통과할 수 있는 물질은 무엇인가?

보기		
1. 단백질	2. 탄수화물	3. 염류(salt)
4. 물	5. 수용성 호르몬	6. 핵산

18

극성 물질이 에너지의 공급 없이 세포막을 통과, 세포 안으로 들어오기 위해 필요한 것들로만 짝지어진 것은?

보기	
1. 수용체 단백질	2. 효소
3. 운반체 단백질	4. 통로 단백질
5. 물질의 농도차	6. 세포막 전위

① 1, 3, 6 ② 2, 3, 5 ③ 1, 4, 5
④ 3, 4, 5 ⑤ 3, 5, 6

19

식물 세포를 **저장액** 환경에 놓았을 때 일어나는 현상으로 가장 올바른 것은?

① 세포 내부의 물이 빠져나가, 원형질 분리가 일어난다.
② 세포 내부로 물이 들어오며 팽압이 발생한다.
③ 정상 상태를 유지하며 한계 원형질 분리가 일어난다.
④ 세포가 물을 흡수하여 원형질 복귀가 일어난다.
⑤ 세포 안으로 물이 들어와 용혈 현상이 일어난다.

20

다음 보기에서 동물 세포막을 통과해 물질이 이동하는 예를 모두 고르시오. (3개)

보기
1. 삼투를 통한 물 분자의 이동
2. 수용체 매개 세포내 섭취
3. 소포체를 통한 단백질 분비
4. 능동 수송
5. 촉진 확산

21

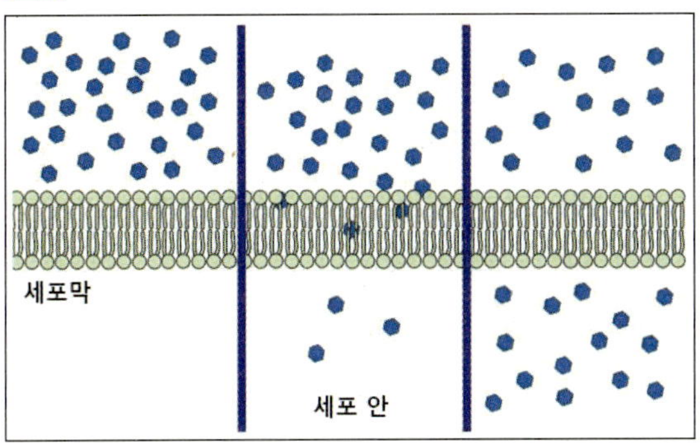

그림은 세포막을 경계로 확산에 의해 어떤 분자의 이동이 평형에 도달한 상태를 나타낸 것이다. 이후의 상황으로 올바른 것은?

① 분자 출입이 끊임없이 계속 일어난다.
② 세포막을 경계로 모든 분자 출입이 중지된다.
③ 세포가 저장액 상태에 놓이게 된다.
④ 세포가 고장액 상태에 놓이게 된다.
⑤ 세포막을 경계로 분자 교환이 일어나지 않는다.

22

다음 중 세포막 단백질을 필요로 하는 세포 작용은 무엇인가?

① 음세포 작용 ② 식세포 작용
③ 세포외 배출 ④ 단순 확산
⑤ 수용체매개 세포내 섭취

23

특정 단백질을 세포 밖으로 분비하려고 할 때, 단백질을 분비 소낭으로 감싸야 한다. 이때 가장 중요한 역할을 담당하는 세포 내 소기관은 다음 중 무엇인가?

① 핵 ② 미토콘드리아 ③ 리소좀
④ 골지체 ⑤ 세포막

24

그림의 세포 작용에 대한 설명 중 <u>**잘못된**</u> 것은?

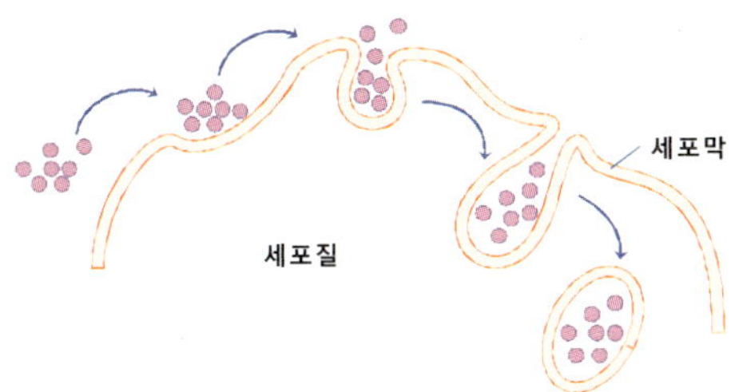

① 음세포 작용 시에 일어난다.
② 백혈구의 식균 작용이 한 예이다.
③ 위족을 만들어 이용하기도 한다.
④ 수용체 단백질을 이용할 수도 있다.
⑤ 신경 물질의 전달에 주요 이용된다.

25

그림의 세포 작용에 대한 설명으로 옳지 <u>**않은**</u> 것은?

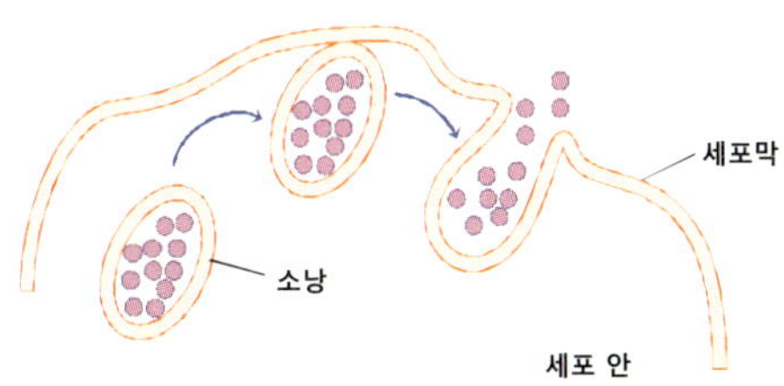

① ATP 에너지를 필요로 하는 반응이다.
② 소낭과 리소좀이 융합하는 단계가 존재한다.
③ 호르몬이나 소화 효소 분비 때 일어나는 반응이다.
④ 식세포 작용과 반대의 개념이라 할 수 있다.
⑤ 신경계에서 자극을 전달할 때, 일어나는 작용 중의 하나이다.

26

Na^+-K^+ 펌프에 대한 설명으로 **잘못된** 것은?

① 나트륨 이온은 세포 밖으로 배출된다.
② 칼륨 이온은 농도 기울기를 거슬러서 세포 안으로 들어온다.
③ 같은 농도의 나트륨과 칼륨이 동시에 이동한다.
④ ATP의 가수분해를 필요로 한다.
⑤ 운반체 단백질의 구조 변화가 반드시 필요하다.

27

Na^+-K^+ 펌프가 작동한 결과 나타나는 현상에 대한 설명으로 옳지 **않은** 것은?

① 이온들이 세포막의 지질 성분을 직접 통과해 이동한다.
② Na^+과 K^+ 이온이 서로 반대 방향으로 이동한다.
③ 세포막을 기준으로 전위차가 발생한다.
④ 세포 안쪽의 ADP 농도가 증가한다.
⑤ Na^+과 K^+ 이온이 각각 농도차를 거슬러서 이동한다.

28

다음 중 막 단백질의 역할이나 기능이 **아닌** 것은?

① 물질 수송에 있어 운반체나 통로로 작용한다.
② 특정 물질이나 호르몬과 결합하는 수용체는 막 단백질이다.
③ 막 단백질에 의해 세포막 유동성이 발생한다.
④ 물질 대사에 일으키는 효소로 작용하기도 한다.
⑤ 세포 밖의 신호를 세포 안으로 전달하는 역할을 담당한다.

29

세포막을 구성하는 성분이 **아닌** 것을 고르시오.

① 인지질　② 단백질　③ 콜레스테롤
④ 미세 소관　⑤ 탄수화물 사슬

30

진핵 세포와 원핵 세포의 차이점이 **아닌** 것은?

① 핵막의 유무　② 세포 소기관의 유무
③ 세포벽의 성분　④ 리보솜의 유무
⑤ 염색체의 모양

31

원핵 세포에 대한 설명으로 **잘못된** 것은?

① 대부분 단세포로 이루어져 있다.
② 원형의 염색체를 갖는다.
③ 미토콘드리아가 없다.
④ 동·식물 세포보다 크기가 작다.
⑤ 감수 분열을 할 수 있다.

32

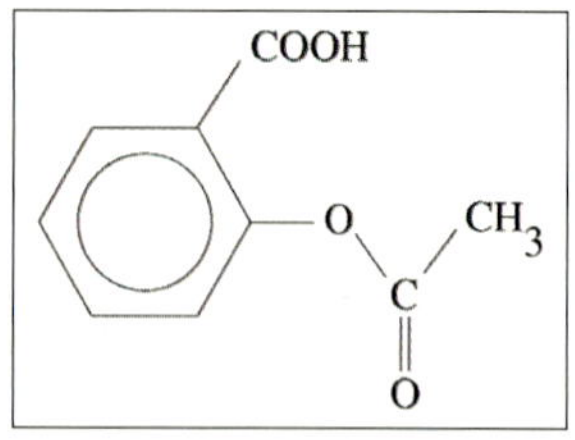

그림은 아스피린의 구조이다. 아스피린은 체내에 들어온 후, 위와 소장을 지나면서 위장관의 상피 세포막을 통과해서 혈액으로 흡수된다. 위와 소장 내의 pH를 각각 1.5와 6.0이라 가정할 때 위와 소장 중 어느 곳에서 아스피린의 흡수 속도가 더 빠르겠는가? 그 이유는 무엇인가?

33

동물 세포를 **고장액** 환경에 놓았을 때 일어나는 현상으로 옳은 것은?

① 세포의 능동 수송 활성이 증가한다.
② 물이 바깥쪽에서 세포 안쪽으로 이동한다.
③ 물이 세포 안쪽에서 바깥쪽으로 이동한다.
④ 세포가 용혈된다.
⑤ 세포의 가수분해 활성이 증가한다.

34

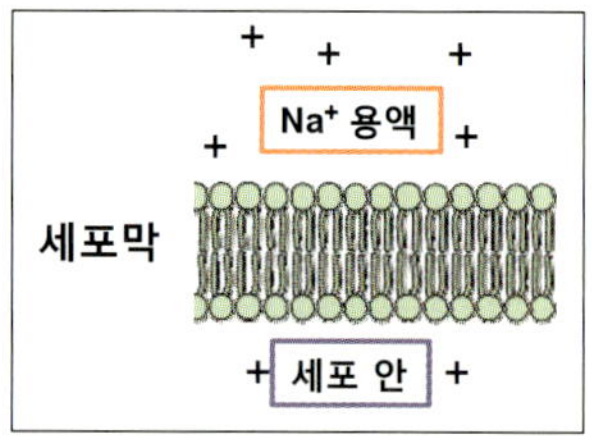

그림은 동물 세포를 10% 나트륨(Na^+) 용액에 넣었을 때를 나타낸 것이다. 이때 세포에서 일어나는 현상으로 올바른 것은?

① 물이 삼투압에 의해 세포 밖으로 빠져 나간다.
② 나트륨 이온이 확산에 의해 세포 안으로 들어온다.
③ 세포가 팽창하다가 터진다.
④ 나트륨 펌프에 의해 나트륨 이온에 세포 밖으로 이동한다.
⑤ 아무런 변화도 일어나지 않는다.

35

위 문제의 그림에서 나트륨 이온 **운반체**(carrier)가 세포막에 존재할 때 이온이 세포 안으로 들어온다. 이 과정을 무엇이라고 하는가?

① 단순 확산　② 촉진 확산　③ 능동 수송
④ 삼투　⑤ 세포내 섭취

36

동물 세포를 증류수가 담긴 시험관에 넣었을 때, 관찰할 수 있는 현상은?

① 아무런 변화가 없다.
② 물이 세포 밖으로 빠져 나간다.
③ 물이 세포 안으로 들어온다.
④ 세포가 수축한다.
⑤ 세포가 용해된다.

효소

01

그림은 효소가 없거나 또는 있을 때, 화학 반응의 진행을 에너지 크기 변화에 대하여 나타낸 것이다. 효소가 있을 때 이 화학 반응의 **반응열**에 해당하는 것은?

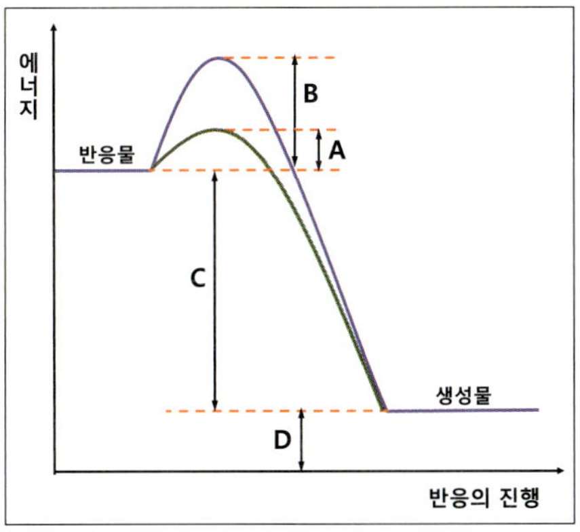

① A ② A+C ③ B+C
④ C ⑤ C+D

02

효소가 있는 상태에서 **활성화 에너지**는 무엇인가?

① A ② B ③ B−A
④ A+C ⑤ C

03

효소가 있는 상태에서 역반응이 진행된다고 가정하면 이 때의 **활성화 에너지**는 무엇인가?

① A ② A+C ③ B+C
④ C ⑤ C+D

04

화학 반응에 효소를 첨가했을 때 변하지 <u>**않는**</u> 것을 고르시오.

① 반응에 참여하는 분자수 ② 활성화 에너지
③ 반응에 걸리는 시간 ④ 반응열
⑤ 반응 속도

05

그림은 효소가 있는 상태에서 기질의 농도에 따른 화학 반응 속도를 나타낸 것이다. 기질 농도가 증가하여도 반응 속도가 더 이상 증가하지 않는 정점 (점선)이 존재하는 이유는?

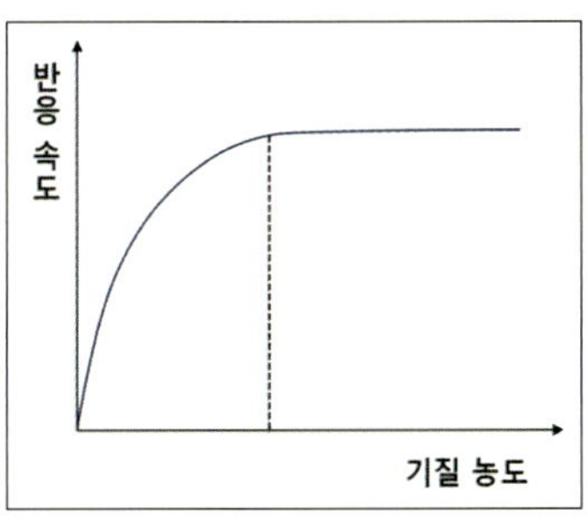

① 비경쟁적 저해제가 있기 때문이다.
② 경쟁적 저해제가 있기 때문이다.
③ 효소 활성 부위가 기질로 포화되었기 때문이다.
④ 모든 기질이 반응 산물로 전환되었기 때문이다.
⑤ 효소의 활성이 감소했기 때문이다.

06

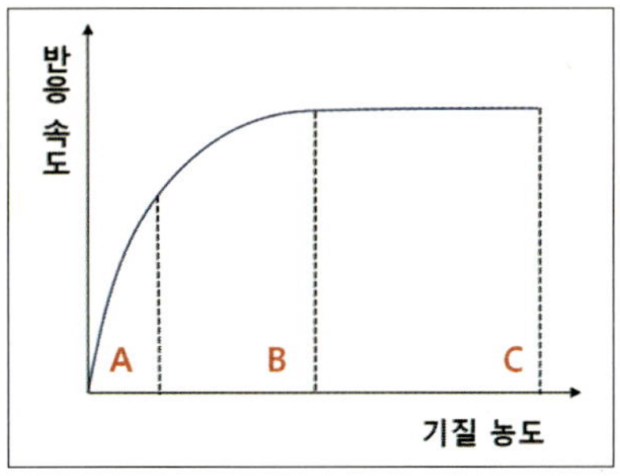

그림은 효소가 있는 상태에서 기질의 농도에 따른 화학 반응 속도를 나타낸 것이다. C점 이상으로 반응 속도를 높이기 위한 방법은 다음 중 무엇인가?

① 기질의 양을 늘린다. ② 반응 시간을 늘린다.
③ 효소의 양을 늘린다. ④ 반응의 pH를 높인다.
⑤ 무기 촉매를 첨가한다.

07

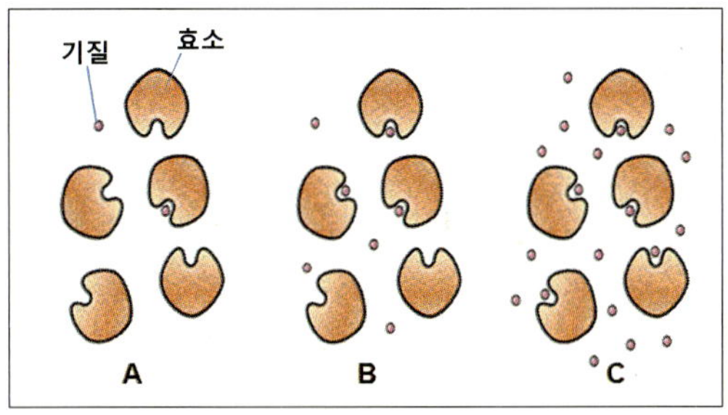

효소와 기질과의 반응을 나타낸 그림이다. 그림 C 상태에서 반응 속도를 증가시키기 위한 방법은 다음 중 무엇인가?

① 기질을 더 첨가한다.
② 효소를 더 첨가한다.
③ pH를 낮추고 온도를 올린다.
④ 반응 시간을 늘린다.
⑤ 다른 종류의 효소를 넣고 반응시킨다.

08

효소의 **활성 부위**에 대한 설명으로 <u>**틀린**</u> 것은?

① 기질과 결합하는 부위이다.
② 반응 산물이 만들어지는 곳이다.
③ 효소와 기질 사이의 결합력이 존재한다.
④ 경쟁적 저해제가 결합할 수 있다.
⑤ 구조적으로 변하지 않는다.

09

효소에 대한 일반적인 설명으로 <u>**틀린**</u> 것은?

① 단백질로 구성되어 있으며 촉매로 작용한다.
② 기질에 대하여 특이적으로 결합한다.
③ 저해제 등에 의해 활성이 조절된다.
④ 화학 반응에 필요한 활성화 에너지를 제공한다.
⑤ 반응에서 여러 번 재사용되며 활성을 나타낸다.

10

다음 보기에서 효소에 대한 설명으로 옳은 것을 모두 고르시오.

보기
1. 효소는 화학 반응에서 반응 속도를 변화시킨다.
2. 효소는 발열 반응에서 나오는 에너지의 양을 변화시킨다.
3. 효소는 평형 상태에서 반응 생성물의 양을 변화시킨다.
4. 효소는 반응물이 가지고 있는 에너지의 양을 변화시킨다.
5. 효소는 반응이 평형에 도달하는데 걸리는 시간을 변화시킨다.

① 1, 2 ② 1, 3, 4 ③ 1, 5
④ 2, 4, 5 ⑤ 3, 5

11

보기에서 효소에 의한 **반응 속도**에 영향을 주지 **<u>않는</u>** 것은 무엇인가?

보기

1. 온도	2. pH
3. 기질의 농도	4. 저해제
5. 반응물의 에너지양	6. 보조 인자
7. 생성물의 에너지양	

12

옆 그림은 효소가 없을 때 또는 있을 때, 반응의 진행에 대한 에너지의 크기 변화를 나타낸 것이다. 효소가 기질과 **복합체**를 이루었을 때에는 A ~ D 중 어떤 상태에 해당하는가?

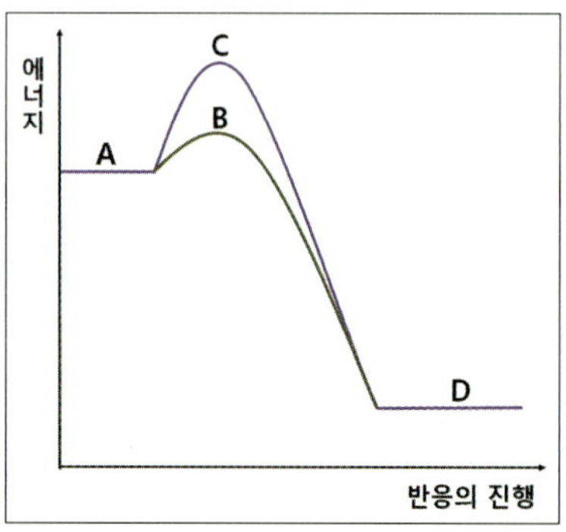

① A, B ② B ③ C
④ A, C ⑤ D

13

그림에서 반응이 (가)A→C→D 또는 (나)A→B→D의 경로로 진행된다고 가정할 때, 다음 설명 중 옳지 **<u>않은</u>** 것은?

① (가)와 (나), 둘 다 발열 반응이다.
② 생성물이 포함하는 에너지양이 반응물보다 낮다.
③ 에너지를 방출하는 반응이다.
④ (가) 경로가 (나)보다 더 많은 에너지를 생성한다.
⑤ (나)는 정촉매를 사용했을 때이다.

14

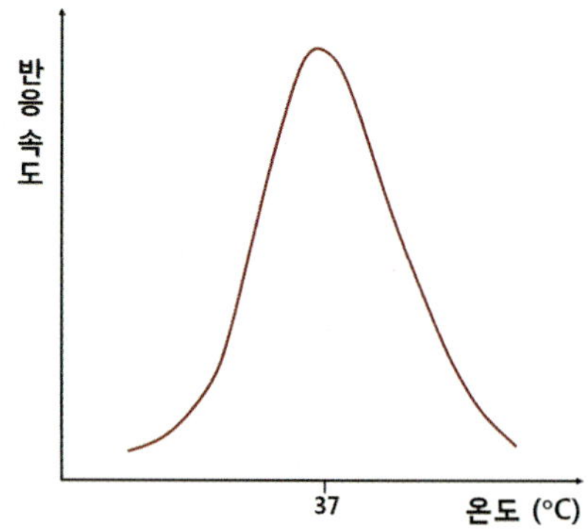

그림은 어떤 효소의 온도에 대한 효소 활성을 나타낸 그래프이다. 이 효소의 경우 37℃ 이상의 온도에서 **활성이 급격히 감소하는 이유**로 적당한 것은?

① 효소의 구조가 변하기 때문이다.
② 기질의 농도가 감소하기 때문이다.
③ 반응이 진행되면서 반응열이 나오기 때문이다.
④ 반응 생성물의 농도가 증가하기 때문이다.
⑤ 기질의 구조가 변하기 때문이다.

15

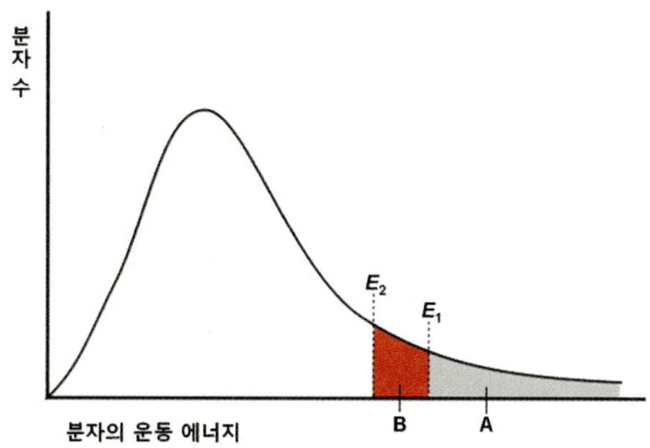

그림은 분자의 운동 에너지와 분자 수를 나타낸 것이다. 그리고 E_1, E_2는 활성화 에너지를 의미한다. 이에 대한 설명으로 올바른 것을 보기에서 모두 고르시오.

보기
1. E_1이 효소가 없을 때의 활성화 에너지이면 E_2는 효소가 있을 때이다.
2. E_2가 효소가 없을 때의 활성화 에너지이면 E_1는 효소가 있을 때이다.
3. A 영역은 효소가 없을 때 반응에 참여하는 분자 수를 나타낸다.
4. B 영역은 효소에 의해 반응에 참여하는 분자 수가 증가한 양을 나타낸다.
5. 효소에 의해 활성화 에너지 이상의 운동 에너지를 가진 분자 수는 줄어든다.

① 1, 2 ② 1, 3, 4 ③ 2, 3, 4
④ 2, 3, 5 ⑤ 3, 5

16

효소에 대한 다음 설명 중 **틀린** 것은?

① 조효소는 효소와 영구적으로 결합하여 활성을 돕는다.
② 효소의 보조 인자로는 무기 이온, 조효소, 보결족이 있다.
③ 무기 이온은 효소에 일시적으로 결합하여 활성을 조절한다.
④ 헤모글로빈과 사이토크롬 단백질에 붙어있는 헴(heme) 그룹은 보결족의 일종이다.
⑤ 비타민의 일부는 조효소로 쓰인다.

17

효소와 기질과의 관계를 설명한 내용으로 올바른 것은?

① 효소와 기질은 일시적으로 결합한다.
② 기질은 효소와의 공유 결합으로 안정화된다.
③ 기질의 결합에 의해 효소 구조가 영구적으로 변한다.
④ 효소-기질 결합으로 기질의 운동 에너지가 증가한다.
⑤ 효소-기질 결합은 구조적으로 상보성이 없다.

18

효소가 촉매하는 반응에서 **경쟁적 저해제**가 있을 때, 다음 설명 중 올바른 것은?

① 경쟁적 저해제는 효소의 알로스테릭 부위에 결합한다.
② 저해제가 효소에 결합해도 기질이 활성 부위에 붙을 수 있다.
③ 저해제는 기질과는 전혀 다른 입체 구조를 가진다.
④ 저해제가 효소에 결합하면 활성 부위의 구조가 영구적으로 변한다.
⑤ 기질의 농도를 충분히 증가시키면 효소 활성을 회복할 수 있다.

19

효소가 촉매하는 반응에서 **비경쟁적 저해제**가 있을 경우, 다음 설명 중 올바른 것은?

① 저해제는 효소의 활성 부위에 결합해 반응을 억제한다.
② 기질의 농도를 충분히 증가시키면 효소 활성을 회복할 수 있다.
③ 저해제와 기질은 입체 구조가 비슷하다.
④ 음성 피드백에 의한 효소 활성 조절이 대표적인 예이다.
⑤ 효소 활성에 필요한 최적의 온도 조건에서는 저해제의 효과가 떨어진다.

20

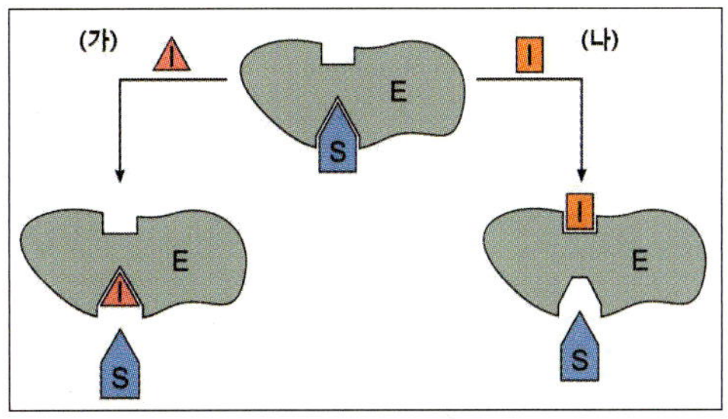

그림은 효소의 활성을 억제하는 저해제의 2가지 작용 원리를 나타낸 것이다. (가), (나)에 해당하는 **억제 방식**은 무엇인가? (E: 효소, S: 기질, I: 저해제)

21

위 그림에서 (나)의 경우에 대한 설명으로 옳은 것을 보기에서 모두 고르시오.

보기
1. 저해제는 효소의 활성 부위 구조를 변화시킨다.
2. 저해제에 의해 효소의 초기 반응속도는 증가한다.
3. 저해제는 효소의 알로스테릭 부위에 붙는다.
4. 저해제는 일종의 보결족이라 할 수 있다.
5. 저해제가 있을 때, 기질의 농도를 증가시켜도 활성은 크게 회복되지 않는다.
6. 온도나 pH를 변화시켜도 저해제의 결합은 아무런 영향을 받지 않는다.

22

비타민과 효소와의 관계를 올바르게 설명한 것은?

① 비타민은 보결족으로서 효소와 결합하여 효소의 기능을 조절한다.
② 비타민은 pH, 열 등에 의한 효소의 변성을 막는 기능이 있다.
③ 비타민은 조효소로서 효소의 활성을 조절한다.
④ 비타민은 효소와 공유 결합을 형성하며 비타민-효소 복합체를 전효소라 한다.
⑤ 비타민은 저해제의 결합을 방해하여 효소의 활성을 증가시킨다.

23

효소와 기질의 결합에 대한 가설 중 **유도 적합 모델**에만 적용되는 설명은 다음 중 무엇인가?

① 기질이 활성 부위에 결합하기 전에 효소는 이미 완전한 상보적 구조를 가진다.
② 알로스테릭 부위에 물질이 결합하면 효소의 활성 부위 구조도 변한다.
③ 기질이 활성 부위에 결합하면서 효소는 상보적 구조로 변한다.
④ 기질과 저해제의 구조가 유사하여 활성 부위에 경쟁적으로 결합한다.
⑤ 기질이 활성 부위에 결합해도 효소의 구조적 변화는 일어나지 않는다.

24

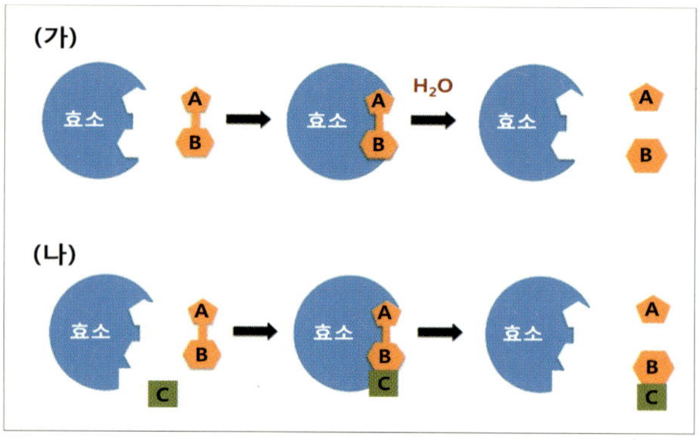

(가)와 (나)는 효소에 의한 기질의 반응 과정을 나타낸 것이다. (가), (나)의 효소는 각각 어떤 **효소군**에 속하는가?

① (가)전이 효소, (나)산화 · 환원 효소
② (가)합성 효소, (나)전이 효소
③ (가)산화 · 환원 효소, (나)분해 · 부가 효소
④ (가)가수 분해 효소, (나)전이 효소
⑤ (가)분해 · 부가 효소, (나)전이 효소

25

다음 중 효소를 구성하는 **보조 인자**의 성분으로 적합하지 **<u>않은</u>** 것은?

① 금속 이온 ② 헴 그룹 ③ 비타민
④ $NADP^+$ ⑤ 폴리펩타이드

26

카탈레이스(catalase, 과산화수소를 물과 산소로 분해하는 효소: $2H_2O_2 \rightarrow 2H_2O + O_2$) 효소 활성을 측정하기 위하여 3 mL의 과산화수소가 들어 있는 시험관에 카탈레이스 또는 물을 첨가하고 발생하는 기포의 양을 측정하였다. 표는 실험 결과를 요약한 것이며 (-)는 기포가 발생하지 않았음을 의미한다.

시험관 #	pH	첨가한 성분	기포발생량
1	3	1 mL 카탈레이스	+
2	5	1 mL 카탈레이스	+++
3	7	1 mL 카탈레이스	+++++
4	9	1 mL 카탈레이스	+
5	3	1 mL 물	-
6	5	1 mL 물	-
7	7	1 mL 물	-
8	9	1 mL 물	-

이 실험에 대한 설명으로 옳지 **<u>않은</u>** 것은?

① 카탈레이스는 pH 7에서 최대 활성을 나타낸다.
② 산소 기체는 반응의 산물이다.
③ 과산화수소는 효소 활성 측정을 위한 기질이다.
④ #5~8에서 물은 과산화수소의 가수분해를 위해 쓰였다.
⑤ pH에 따른 활성 변화는 카탈레이스의 구조 변화와 관련이 있다.

27

어떤 화학 반응에 정촉매로서 효소를 첨가했을 때, 나타나는 현상으로 옳지 **<u>않은</u>** 것은?

① 반응의 활성화 에너지가 감소한다.
② 기질이 효소의 활성 부위에 일시적으로 결합한다.
③ 화학 반응 속도가 증가한다.
④ 최대 반응 속도에 필요한 최적 온도가 상승한다.
⑤ 반응 산물(생성물)의 양이 증가한다.

28

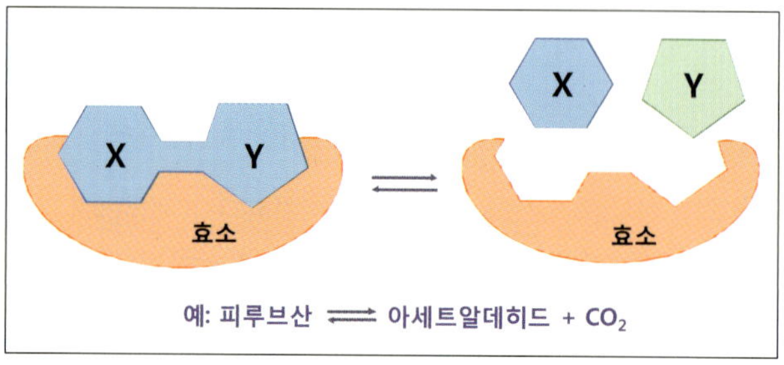

어떤 효소가 그림과 같은 반응을 촉매한다고 할 때, 이 효소는 어떤 **효소군**에 속하는가? (이 반응에서 물 분자는 관여하지 않으며 산화 과정도 없다.)

① 전이 효소 ② 분해 · 부가 효소
③ 가수 분해 효소 ④ 이성질화 효소
⑤ 합성 효소

29

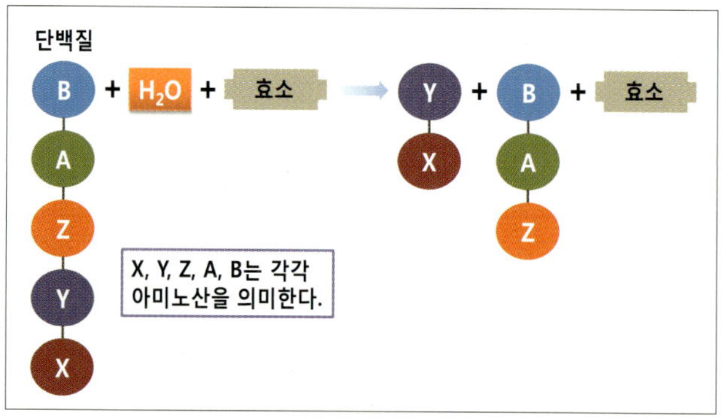

위 그림의 반응에 대한 설명으로 옳지 **<u>않은</u>** 것은?

① 생성물은 다이펩타이드와 트리펩타이드이다.
② 가수 분해 반응이며 효소는 가수 분해 효소군에 속한다.
③ 물 분자에 의해 펩타이드 결합이 끊어진다.
④ 펩티데이스는 반응 촉매 효소 중의 하나이다.
⑤ 이 반응은 인체의 소장에서 주로 일어난다.

30

효소 A는 화학 반응을 촉매하기 위해 아연 이온(Zn^{2+})을 필요로 한다. 이때 Zn^{2+}의 역할에 해당하는 용어는 무엇인가?

① 보조 인자 ② 헴 그룹 ③ 조효소
④ 기질 ⑤ 산화제

31

피루브산 + NADH + H^+ → 젖산 + NAD^+

위 반응식은 젖산 탈수소 효소에 의한 화학 반응을 나타낸 것이다. 이 반응은 산소 분압이 낮은 상태에서 효소에 의해 피루브산이 젖산으로 전환된다. 이때 NADH는 효소의 보조 인자로 작용하는 (   )이며, 이 효소는 (   ) 효소군에 속한다. 괄호에 알맞은 용어는?

① 보결족, 전이 효소
② 조효소, 합성 효소
③ 조효소, 산화 · 환원 효소
④ 보결족, 합성 효소
⑤ 보결족, 산화 · 환원 효소

32

효소가 존재하는 화학 반응에 **경쟁적 저해제**와 **비경쟁적 저해제**를 첨가했을 때 기질 농도에 대한 반응 속도의 그래프로 알맞은 것을 각각 고르시오.

경쟁적 저해제 첨가했을 때:

비경쟁적 저해제 첨가했을 때:

①
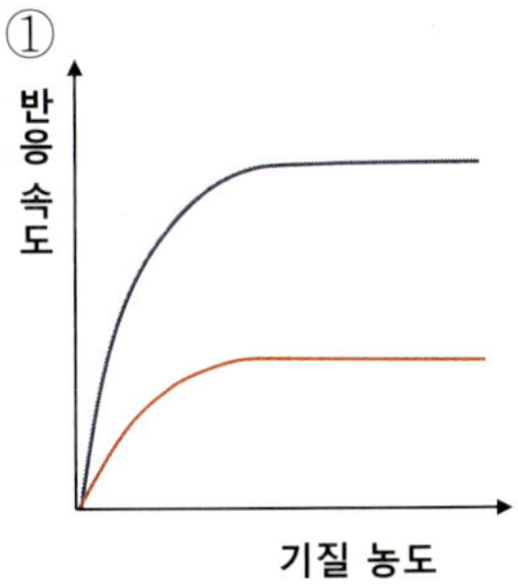

②
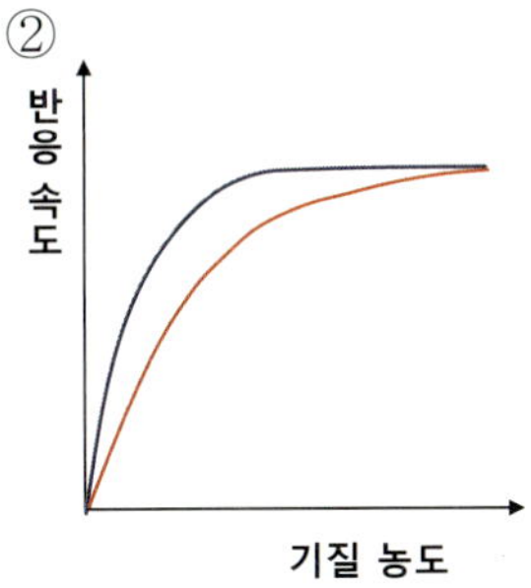

③
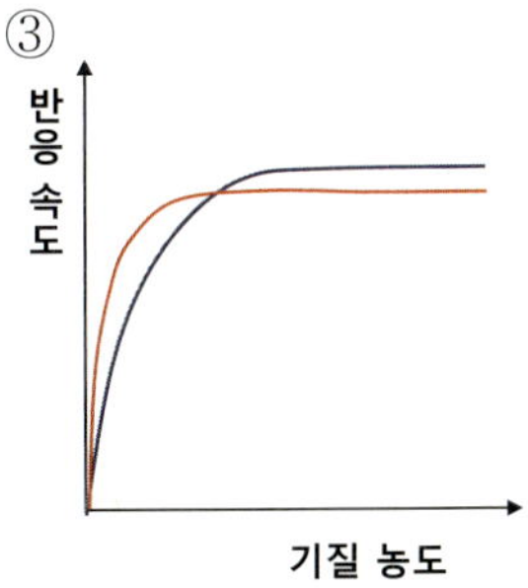

④
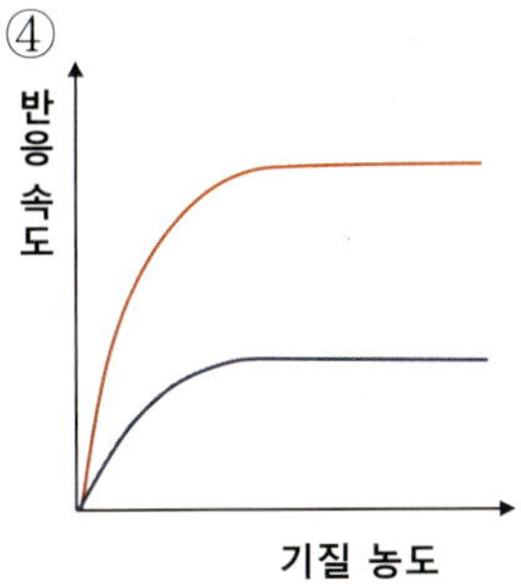

⑤
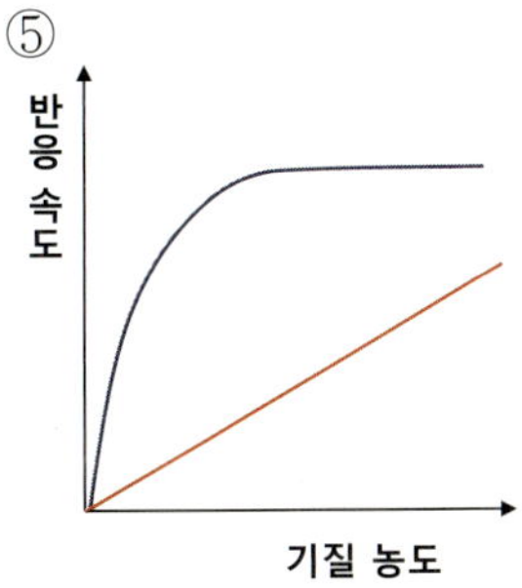

저해제가 없을 때
저해제가 있을 때

33

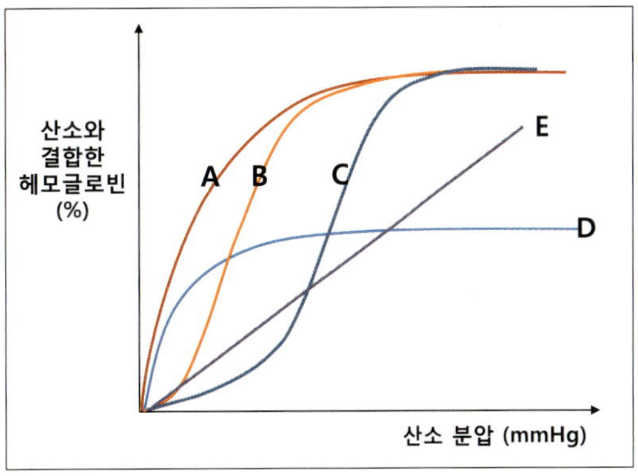

그림은 여러 조건 하에서 산소의 농도에 따른 헤모글로빈의 산소 포화도를 나타낸 것이다. 말단 조직에서 원활한 가스(기체) 교환을 위해 가장 이상적인 그래프는 A ~ E 중 무엇인가?

① A　　② B　　③ C
④ D　　⑤ E

34

위 그림의 B와 C에 대한 설명으로 **옳은** 것은?

① 산소 분압에 상관 없이 B는 C보다 산소와의 결합력이 약하다.
② B는 낮은 산소 분압에서 C보다 더 쉽게 산소와 분리된다.
③ B는 사람, C는 동물의 헤모글로빈이다.
④ 헤모글로빈 B는 낫 모양 적혈구 빈혈증 환자에게서 나타난다.
⑤ 폐에서 B와 C는 유사한 산소 결합력을 나타낸다.

35

그림은 특정 효소에 서로 다른 반응 용기에 세 종류의 기질을 각각 첨가한 후, 반응 속도를 측정한 것이다. 그림에서 기질 C는 효소에 의해 반응 산물로 거의 전환되지 못했다. 그 이유로서 전혀 타당하지 **않은** 것은 다음 중 무엇인가?

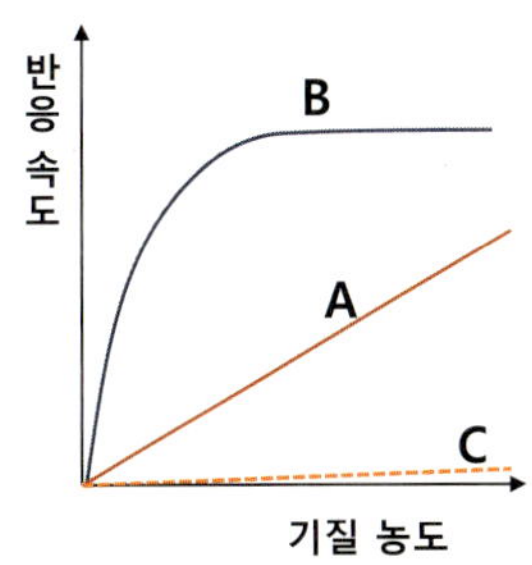

① 경쟁적 저해제가 기질 C와 효소의 결합을 방해하기 때문이다.
② 기질 C가 효소의 활성 부위에 결합하지 못했기 때문이다.
③ 비경쟁적 저해제가 효소의 알로스테릭(allosteric)부위에 결합했기 때문이다.
④ 반응 산물(생성물)이 기질 C와 효소의 결합을 방해하기 때문이다.
⑤ 기질 C와 효소 활성 부위의 입체 구조가 서로 다르기 때문이다.

세포 호흡과 발효

01

옆의 그림은 ATP의 구조를 모식적으로 나타낸 것이다. 이에 대한 설명으로 옳지 **않은** 것은?

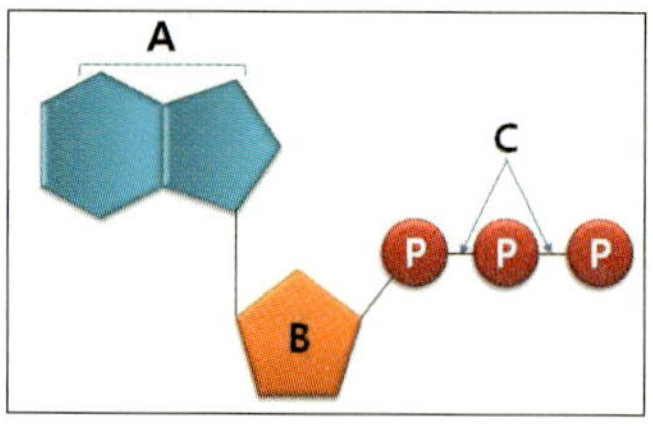

① A는 아데닌 염기이다.
② B는 5개의 탄소로 이루어진 탄수화물이다.
③ C는 ATP 에너지의 대부분을 포함한다.
④ ATP는 뉴클레오타이드의 일종이다.
⑤ ATP는 DNA를 구성하는 재료로도 사용된다.

02

보기에서 생명체 내 ATP의 역할이 **아닌** 것을 모두 고르시오.

> **보기**
> 1. ATP는 열이나 빛에너지 등으로 전환이 가능하다.
> 2. ATP는 NADH와 함께 세포 호흡과 발효 과정의 생성물이다.
> 3. 물질의 확산, 근육의 수축에도 ATP가 사용된다.
> 4. 화학삼투를 일으키기 위해 ATP가 가수 분해된다.
> 5. ATP는 RNA 합성 때, 구성 재료로 사용된다.

03

다음 중 생명체 내에서 일어나는 **산화·환원 반응**을 가장 잘 설명하고 있는 것은?

① 열에 의한 단백질 변성은 산화·환원 반응의 한 예이다.
② 특정 분자의 전자가 다른 분자로 이동할 때 일어나는 화학 반응이다.
③ 특정 분자에서 다른 분자로 작용기(예: 아미노기)가 옮겨 가는 반응이다.
④ 특정 분자 내에서 원자의 위치가 바뀌어 분자 구조가 변하는 반응이다.
⑤ 에너지를 이용하여 두 개 이상의 분자를 공유 결합으로 묶을 때 일어나는 반응이다.

04

단위 그램 당 가장 많은 에너지를 만들어내는 것은 다음 중 무엇인가?

① 무기 염류 ② 탄수화물 ③ 단백질
④ 지방 ⑤ 비타민

05

포도당은 해당 과정을 통해 피루브산으로 분해된다. 이때 에너지 투자기에 ( )ATP가 소모되고 에너지 회수기에 ( )ATP가 생성된다. 따라서 포도당 1분자당 합성되는 알짜 ATP의 개수는 ( )이다. 이것을 수학적으로 표현했을 때, 다음 중 알맞은 것은?

① $-2+6=4$ ② $-1+4=3$ ③ $-2+4=2$
④ $2+2=4$ ⑤ $-1+2=1$

06

해당 과정에 대한 다음 설명 중 옳지 **않은** 것은?

① 해당 과정은 세포질에서 일어난다.
② 산화·환원 반응이 일어난다.
③ 산소 없이도 반응이 진행된다.
④ 인산화 과정을 포함한다.
⑤ NADH, $FADH_2$가 합성된다.

07

해당 과정에 대한 설명으로 옳지 **않은** 것은?

① 1분자의 포도당이 산화되어 2분자의 피루브산이 생성된다.
② NAD^+가 환원되는 반응을 포함한다.
③ 1분자의 포도당이 산화되어 2분자의 ATP가 생성된다.
④ 세포질에서 모든 화학 반응이 일어난다.
⑤ CO_2가 생성되는 반응이 존재한다.

08

다음 중 **해당** 과정에 관한 설명 중 옳은 것은?

① 1분자의 포도당이 2분자의 아세틸-CoA로 분해된다.
② ATP는 생성되나 NADH는 만들어지지 않는다.
③ 산소 호흡의 일부분을 구성한다.
④ 미토콘드리아 내부에서 일어나는 반응이다.
⑤ 발효와 화학 반응 과정이 동일하다.

09

보기에서 해당 과정의 **최종 생성물**을 모두 고르시오.

> **보기**
> 1. 포도당 2. 피루브산 3. 아세틸-CoA
> 4. $FADH_2$ 5. NADH 6. ATP
> 7. CO_2 8. NAD^+

10

보기에서 TCA 회로의 최종 생성물이 **아닌** 것을 모두 고르시오.

> **보기**
> 1. NADH 2. ATP 3. 시트르산
> 4. $FADH_2$ 5. CO_2 6. H_2O
> 7. 아세틸-CoA

11

보기에서 **기질 수준 인산화**를 통해 ATP를 생성하는 예를 모두 고르시오. (ETC: 전자 전달계)

보기	
1. 해당 과정	2. 광합성의 명반응
3. 젖산 발효	4. ETC를 통한 NADH 산화
5. TCA 회로	

12

피루브산은 TCA 회로로 들어가지 전에 전자를 빼앗기고 산화된다. 이때 **전자를 받아 환원되는 물질**은 무엇인가?

① FAD^+ ② NAD^+ ③ 아세틸-CoA
④ ADP ⑤ 산소

13

1분자의 피루브산이 아세틸-CoA로 전환되고 이후, TCA 회로와 산화적 인산화를 통해 산화되는 과정에서 합성되는 총 ATP의 개수는?

14

다음 중 TCA 회로에 대한 설명으로 **틀린** 것은?

① TCA 회로에는 인산화 반응이 있다.
② 시트르산은 TCA 회로의 중간 대사체이다.
③ 산화·환원 반응이 일어난다.
④ 미토콘드리아의 내막에서 일어난다.
⑤ 탈수소화 반응을 포함한다.

15

TCA 회로에 관한 설명으로 옳은 것은?

① 기질 수준 인산화로 ATP가 생성된다.
② NADH, $FADH_2$ 등이 산화된다.
③ 미토콘드리아 내막에서 대부분의 반응이 일어난다.
④ 1분자의 피루브산이 2분자의 CO_2로 산화된다.
⑤ 산소가 없는 상태에서도 반응이 일어난다.

16

피루브산의 산화와 TCA 회로에 관한 설명으로 옳지 **않은** 것은?

① 피루브산이 산화되면서 NADH를 생성한다.
② 아세틸-CoA는 TCA 회로로 들어가기 전에 CO_2 1분자를 잃는다.
③ TCA 회로에서도 기질 수준 인산화가 일어난다.
④ 1회의 TCA 회로가 진행될 때마다 2분자의 CO_2가 산물로 생성된다.
⑤ TCA 회로에는 C_6, C_5, C_4 등의 유기산이 참여한다.

17

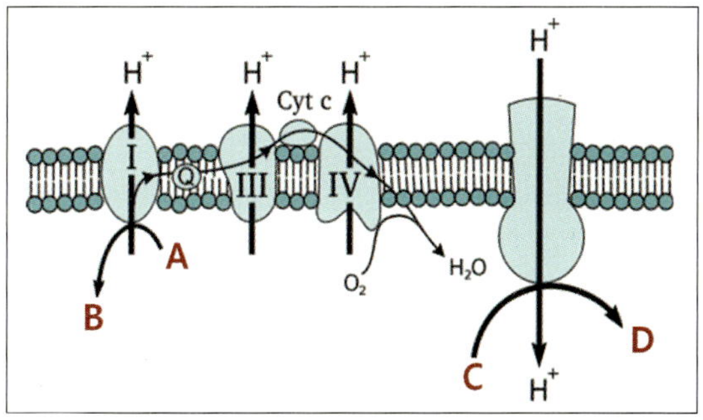

그림은 진핵 세포의 전자 전달계 일부와 화학 반응을 나타낸 것이다. A ~ D에 알맞은 화학 물질은 무엇인가?

A: B:

C: D:

18

미토콘드리아 내막에서 일어나는 **전자 전달**의 결과로서 가장 알맞은 것은?

① ATP를 직접 합성한다.
② 포도당을 이산화탄소로 산화시킨다.
③ 화학 삼투를 일으킨다.
④ 기질 수준 인산화가 일어난다.
⑤ NADH, $FADH_2$가 합성된다.

19

호기성 세포 호흡의 전 과정 동안 전자의 흐름으로 알맞은 것은 무엇인가?

① 포도당→ATP→전자 전달계→NADH($FADH_2$)
② 포도당→해당 과정→TCA 회로→ATP
③ 포도당→ATP→NADH($FADH_2$)→산소
④ 포도당→NADH($FADH_2$)→전자 전달계→산소
⑤ 포도당→NADH($FADH_2$)→전자 전달계→ATP

20

어떤 세포의 대사 과정 중에 포도당이 산화되고, ATP가 생성되며 NAD^+가 환원되는 반응이 일어났다. 또한, 이 과정에 이산화탄소도 발생하였다면 이것은 어떤 반응(대사)을 의미하는가?

① 기질 수준 인산화 ② 해당 작용과 TCA 회로
③ 산화적 인산화 ④ 전자전달계와 화학삼투
⑤ 젖산 발효

21

1분자의 포도당이 완전 산화될 때, 해당 과정, TCA 회로, 산화적 인산화 과정을 통해 각각 몇 개의 ATP가 만들어지겠는가?
(1NADH = 3ATP, 1$FADH_2$ = 2ATP라고 가정한다.)

22

NADH와 $FADH_2$는 모두 미토콘드리아의 전자 전달계를 통해 ATP를 생성하는데 쓰인다. 이때 $FADH_2$가 NADH보다 더 적은 양의 ATP를 만들어내는데 그 이유는 무엇인가?

23

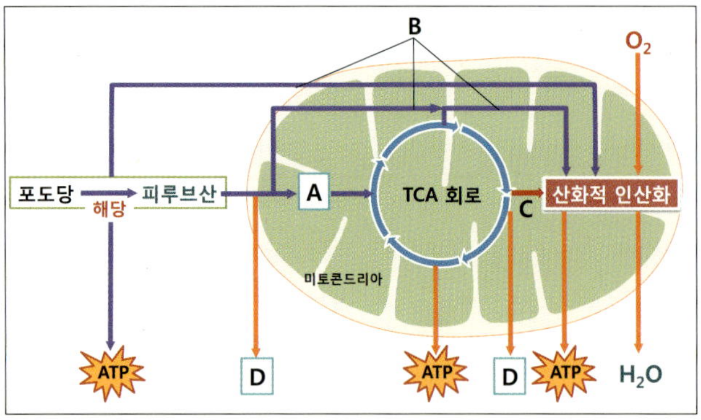

위 그림은 포도당의 산화 과정 전체를 모식도로 나타낸 것이다. A는 피루브산이 TCA 회로로 들어가기 전에 산화 반응을 통해 생성되는 물질이다. A는 무엇인가?

24

B는 해당 과정과 피루브산이 A로 전환될 때, 그리고 TCA 회로에서 각각 생성되는 물질로서 산화적 인산화의 기질로 사용된다. B는 무엇인가?

25

C는 산화적 인산화의 기질로 사용되나 B와는 다른 형태이다. TCA 회로에서만 생성되는 C는 무엇인가?

26

D는 피루브산이 A로 전환될 때와 TCA 회로에서 생성되는 반응 산물이다. D는 무엇인가?

27

미토콘드리아의 크리스타는 엽록체의 틸라코이드 막과 기능적으로 유사하다. 어떤 이유 때문인가?

① ATP 합성에 관여　② 단백질 합성에 관여
③ TCA 회로에 관여　④ 피루브산을 생성
⑤ 인지질 합성에 관여

28

화학 삼투 이론에 의하면, 미토콘드리아 내막에서 전자 전달 후에 내막과 외막 사이에 존재하는 수소 이온이 기질로 들어오는 과정에서 ATP가 합성된다. 이 과정에 해당하는 것은 다음 중 무엇인가?

① 삼투　② 단순 확산　③ 촉진 확산
④ 능동 수송　⑤ 세포내 흡수

29

포도당의 분해 과정에서 **기질 수준 인산화와 산화적 인산화**의 차이점에 대한 설명으로 다음 중 올바른 것은?

① 기질 수준 인산화는 미토콘드리아에서만 일어나는 반응이다.
② 기질 수준 인산화는 산소가 있을 때만 일어나는 반응이다.
③ 산화적 인산화는 무기 인산을 필요로 하지 않는다.
④ 산소의 존재 여부와 상관없이 두 반응 모두 일어날 수 있다.
⑤ 반응 산물로 ATP를 생성한다.

30

화학 삼투에 대한 다음 설명 중 적합하지 __**않은**__ 것은 무엇인가?

① 전자가 미토콘드리아 내막에서 산소까지 흘러 가면서 발생하는 반응이다.
② 기질 수준 인산화 과정을 통해 ATP를 합성하는 과정이다.
③ 전자 전달계를 통한 전자의 흐름으로 수소 이온 농도차가 발생한다.
④ 화학적 삼투를 일으키기 위해 NADH, $FADH_2$ 등이 필요하다.
⑤ 양성자 펌프가 필요하며 이것은 전자 전달계의 일부분이다.

31

다음 중 진핵 세포에서 일어나는 **산화적 인산화**에 대한 설명으로 __**잘못된**__ 것은?

① 미토콘드리아 내막을 사이에 두고 수소 이온 농도차가 만들어지는 반응이다.
② ATP 합성 효소가 관여하는 반응이다.
③ 포도당의 산화에서 대부분의 에너지가 생성된다.
④ 산소가 없으면 산화적 인산화가 일어나지 않는다.
⑤ 미토콘드리아 내막에 양성자 통로가 필요하다.

32

세포 호흡의 **산화적 인산화** 과정에 관한 설명으로 옳은 것은?

① 산화 · 환원 반응이 동시에 일어난다.
② NADH, $FADH_2$ 등이 환원된다.
③ 최종 전자 수용체는 이산화탄소이다.
④ 미토콘드리아의 막간 공간에서 ATP가 합성된다.
⑤ 수소 이온은 양성자 펌프를 통해서만 이동한다.

33

산화적 인산화 과정에서 발생하는 사건이 **아닌** 것은?

① 수소 이온이 ATP 가수분해에 의해 기질에서 막간 공간으로 능동 수송된다.
② NADH, $FADH_2$가 전자를 잃고 산화된다.
③ 양성자 펌프에 의해 내막을 경계로 양성자 농도 차이가 발생한다.
④ 산소가 전자를 받아 물로 환원된다.
⑤ 화학 삼투에 의해 ATP 합성 효소가 ADP와 P_i를 결합시킨다.

34

UCP(uncoupling protein)와 DNP(dinitrophenol)는 각각 천연 단백질성과 화학적 짝풀림제로서 전자 전달계에 작용한다. 이 물질들이 존재할 때, 발생할 수 있는 현상에 대한 설명 중 옳지 **않은** 것은?

① ATP 합성이 증가한다.
② 양성자 펌프는 계속해서 작동할 수 있다.
③ 열(heat)을 발생시킨다.
④ 산소가 계속해서 사용된다.
⑤ NADH가 탈수소 반응으로 산화된다.

35

미토콘드리아에 **짝풀림제**인 2,4-dinitrophenol를 처리하였을 때, 나타나는 효과로 올바른 것은?

① NADH가 산화되지 않는다.
② ATP 합성 속도가 증가한다.
③ ATP 합성 효소의 저해제로 작용한다.
④ 전자 전달이 계속해서 일어난다.
⑤ 양성자의 농도차(기울기)가 더욱 커진다.

36

2분자의 포도당이 12분자의 CO_2로 **완전 산화**되기 위해서는 몇 번의 TCA 회로가 작동해야 하는가?

① 2회　② 3회　③ 4회
④ 5회　⑤ 6회

37

산화적 인산화 과정에 **짝풀림제**와 **저해제**를 처리했을 때의 설명으로 올바른 것은?

① 짝풀림제는 전자 전달계에 의한 NADH의 산화를 중지시킨다.
② 저해제는 전자 전달계를 통한 전자의 흐름에 영향을 미치지 않는다.
③ 짝풀림제는 전자 전달계에 의한 산소의 환원을 방해한다.
④ 저해제는 양성자 펌프의 작용을 활성화해 더 많은 양의 양성자가 배출된다.
⑤ 짝풀림제는 열 발생을 증가시킨다.

38

1분자의 NADH와 1분자의 $FADH_2$는 전자 전달계를 통해 산화되면서 각각 3ATP와 2ATP를 생성한다고 가정하자. 1분자의 포도당이 6분자의 CO_2로 완전 산화될 때, 합성되는 총 ATP의 개수는 얼마인가?

① 32　② 34　③ 36
④ 38　⑤ 40

39

포도당의 산화 과정(해당과정, TCA 회로, 전자 전달계)을 바탕으로 판단해 볼 때, 다음 중 미토콘드리아의 내막을 통과할 수 **없는** 물질은 무엇인가?

① ATP　② ADP　③ 아세틸-CoA
④ 피루브산　⑤ 산소 기체

40

발효 반응에서 (　　)의 재생산이 중요하며 이 물질은 해당 과정에서 나오는 전자를 받으므로 지속적인 해당 과정을 가능하게 한다. 이때 괄호 안에 들어갈 물질은 무엇인가?

① ADP　② 피루브산　③ NAD^+
④ FAD^+　⑤ 아세틸-CoA

41

다음 중 **발효 반응**의 최종 산물(생성물)로 올바르게 짝지은 것은?

① 포도당과 알코올　② 포도당과 젖산
③ CO_2와 O_2　④ CO_2와 알코올
⑤ O_2와 H_2O

42

산소가 없는 상태에서의 세포 호흡을 **무산소 호흡** 또는 **발효**라고 한다. 다음 중 동물 세포에서 발효의 산물(생성물)로 만들어지는 물질은 다음 중 무엇인가?

① 포도당　② 알코올　③ 아세틸-CoA
④ 피루브산　⑤ 젖산

43

다음 중 **세포 호흡**(유기 호흡)과 **발효**(무기 호흡) 과정에서 공통으로 생성되는 물질은 무엇인가?

① 젖산　② ATP　③ 아세틸-CoA
④ $FADH_2$　⑤ NADPH

44

격렬히 운동 중인 동물의 근육 조직에서 근섬유의 수축, 이완이 계속되기 위해서는 (   ) ATP/ADP 비율과 동시에 (   ) $NADH/NAD^+$ 비율이 근육 내에 유지되어야 한다. 이때 괄호 안에 순서대로 알맞은 말은?

① 높은, 높은 ② 높은, 낮은 ③ 낮은, 높은
④ 낮은, 낮은 ⑤ 같은, 낮은

45

생명체에서 일어나는 다양한 발효 반응에 상관 없이 모든 발효 과정의 **공통적인 반응 생성물**은 다음 중 무엇인가?

① ATP ② ADP ③ NADH
④ 피루브산 ⑤ CO_2

46

인체의 여러 가지 생리적 작용 중, **발효 과정**이 일어나기에 가장 적합한 조건과 조직은 무엇인지 다음에서 고르시오.

① 포도당을 주된 에너지원으로 사용하는 뇌가 활발히 작용할 때
② 산소 분압이 높은 폐 조직에서 기체 교환이 일어날 때
③ 자극 전달을 위해 신경 세포막의 탈분극이 일어날 때
④ 에너지원이 부족하여 간 세포에 저장된 글리코겐이 분해될 때
⑤ 짧은 시간 동안 강한 근육 운동을 해야 할 때

47

다음은 **후천적 폐질환**으로 인해 말단 조직까지 충분한 양의 산소를 전달하기 어려운 환자에 대한 설명이다. 다음 내용 중 **틀린** 것은? (말단 조직의 세포는 지속적으로 생명 활동을 유지한다고 가정한다)

① 미토콘드리아 내막에서 전자 전달 효율이 떨어진다.
② 말단 조직의 ATP/ADP 비율이 낮아 해당 과정이 활성화된다.
③ 말단 조직의 무기 호흡 반응이 방해를 받는다.
④ 정상보다 적은 양의 H^+ 이온이 양성자 펌프에 의해 배출된다.
⑤ ATP 합성 효소에 의해 정상보다 적은 양의 ATP가 합성된다.

48

신생아는 선천적으로 **젖산증**(lactic acidosis, 젖산이 혈액과 조직에 축적되어 pH가 낮아지는 증상)을 갖고 태어난다. 이것은 신생아의 미토콘드리아 내 전자 전달계에 관여하는 단백질이 불완전하기 때문이다. 이와 관련하여 다음 중 신생아의 세포 내에서 일어나는 생리 현상을 **잘못** 설명하고 있는 것은?

① 불완전한 전자 전달계 때문에 해당 과정이 활성화된다.
② 해당 과정을 통해 많은 양의 NADH와 피루브산이 만들어진다.
③ NADH의 양이 증가하므로 피루브산이 아세틸-CoA로 전환되는 속도도 빨라진다.
④ 젖산을 만드는데 NADH가 사용된다.
⑤ 피루브산의 환원 반응이 일어난다.

49

효모는 포도당을 이용해 알코올을 생성한다. 이때 반응 조건이나 일어나는 반응 결과로 옳지 **않은** 것은 다음 중 무엇인가?

① 이산화탄소가 기체 상태로 발생한다.
② NADH가 전자를 잃고 물 분자를 생성한다.
③ 생성되는 알코올은 에탄올이다.
④ 산소 분압이 낮거나 산소가 차단된 상태에서 일어나는 반응이다.
⑤ 알데하이드가 반응의 중간 대사체로 만들어진다.

50

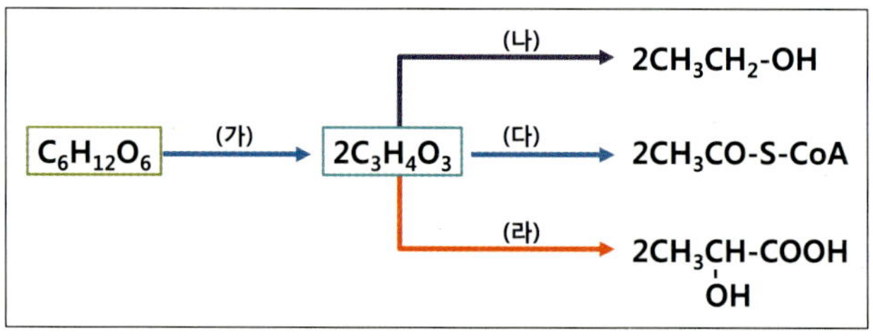

위 그림은 포도당이 분해되는 몇 가지 과정을 나타낸 것이다. 이에 대한 설명으로 옳지 **않은** 것은?

① (가)는 세포질에서 일어나며 NADH가 합성된다.
② (나)는 산소가 없을 때, 근육 세포에서 활발히 일어난다.
③ (다)는 미토콘드리아 내에서 일어나는 반응이며 NAD^+가 환원된다.
④ (라) 반응이 진행되기 위해서는 NADH의 산화가 필요하다.
⑤ (가) 반응에서만 ATP가 합성된다.

광합성

01

엽록소에 대한 설명으로 옳지 **<u>않은</u>** 것은?

① 광합성을 일으키는 색소이다.
② 광합성의 명반응에 관여한다.
③ 틸라코이드 막에 존재한다.
④ 포피린 고리를 포함한다.
⑤ 가시광선 전 영역의 빛을 흡수한다.

02

다음 중 식물에서 일어나는 **명반응**에 대한 설명으로 옳지 **<u>않은</u>** 것은?

① ATP와 NADPH가 반응 생성물로 만들어진다.
② 화학 삼투에 의한 인산화 반응이 일어난다.
③ 물이 전자 수용체로 작용하여 산소가 생성된다.
④ 암반응을 위한 에너지 공급원으로 작용한다.
⑤ 엽록체의 틸라코이드 막에서 일어나는 반응이다.

03

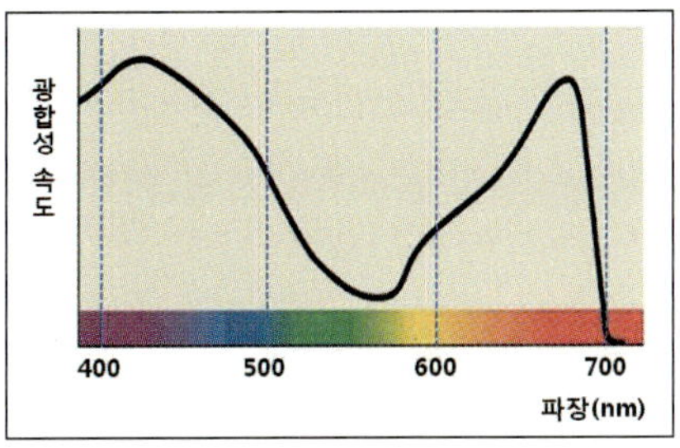

그림은 식물의 광합성 속도와 빛의 파장 사이의 관계를 나타낸 것이다. 500~600 nm에서 광합성 속도가 감소하는 이유로 가장 타당한 것은?

① 엽록소 a와 b가 엽록체에 부족하기 때문이다.
② 카로티노이드가 엽록체에 부족하기 때문이다.
③ 카로티노이드가 엽록소에게 전자를 전달하지 않기 때문이다.
④ 광합성 색소가 이 영역의 빛을 잘 흡수하지 않기 때문이다.
⑤ 광계 II에서의 전자 이동이 500~600 nm에서 억제되기 때문이다.

04

식물의 광합성과 빛과의 관계를 서술한 것 중에서 옳지 **<u>않은</u>** 것은?

① 광합성은 주로 가시 광선 영역에서 일어난다.
② 빛 에너지에 의해 물이 수소 기체와 산소 기체로 광분해된다.
③ 빛의 세기가 강할수록 어느 정도까지 광합성 속도가 증가한다.
④ 빛 에너지가 ATP, NADPH 등의 화학 에너지로 전환된다.
⑤ 광계에 있는 광합성 색소가 빛 에너지를 흡수한다.

05

식물의 **명반응** 과정에서 전자의 이동 경로를 올바르게 나타낸 것은?

① $P_{680} \rightarrow H_2O \rightarrow NADP^+ \rightarrow P_{700}$
② $H_2O \rightarrow P_{700} \rightarrow NADP^+ \rightarrow P_{680}$
③ $P_{700} \rightarrow H_2O \rightarrow P_{680} \rightarrow NADP^+$
④ $H_2O \rightarrow P_{680} \rightarrow P_{700} \rightarrow NADP^+$
⑤ $H_2O \rightarrow P_{700} \rightarrow P_{680} \rightarrow NADP^+$

06

다음 보기 중 엽록체의 **스트로마**에서 일어나는 반응 또는 구성 요소로 옳은 것을 모두 고르시오.

> **보기**
> 1. 광인산화　　2. 전자 전달계　　3. 캘빈 회로
> 4. 화학 삼투　　5. CO_2 환원

07

광합성에서 **비순환적 광인산화**와 **순환적 광인산화**에 대한 설명으로 옳은 것은?

① 순환적 광인산화는 암반응에 필요한 ATP를 보충한다.
② 광계 II만이 순환적 광인산화 반응을 사용한다.
③ 순환적 광인산화는 스트로마에서 일어난다.
④ 둘 다 ATP와 NADPH를 생성한다.
⑤ 광계 I에서 비순환적 광인산화 반응이 일어난다.

08

보기에서 식물의 광합성과 동물의 세포 호흡과의 공통점이 **<u>아닌</u>** 것을 모두 고르시오.

> **보기**
> 1. 전자 전달계를 통한 ATP 합성이 일어난다.
> 2. 양성자 펌프에 의한 화학 삼투가 일어난다.
> 3. NADH가 전자를 잃는 반응이 존재한다.
> 4. 산화적 인산화 반응이 일어난다.
> 5. ATP 합성 효소가 관여하는 반응이 존재한다.

09

식물에서 일어나는 (가)광합성의 명반응과 (나)동물의 세포 호흡 반응에서 **전자 공여체**를 올바르게 묶은 것은?

① (가): NADPH, (나): NADH
② (가): NADH, (나): NADPH
③ (가): H_2O, (나): NADPH
④ (가): H_2O, (나): H_2O
⑤ (가): H_2O, (나): NADH

10

식물에서 일어나는 (가)광합성의 명반응과 동물의 (나)세포 호흡 반응에서 **최종 전자 수용체**를 올바르게 묶은 것은?

① (가)$NADP^+$, (나)NAD^+ ② (가)NAD^+, (나)$NADP^+$
③ (가)$NADP^+$, (나)H_2O ④ (가)$NADP^+$, (나)O_2
⑤ (가)H_2O, (나)O_2

11

식물 광합성의 암반응에 직접 참여하거나 영향을 주는 요소들로 올바르게 묶은 것은 다음 중 무엇인가?

① H_2O, O_2, 빛의 세기 ② CO_2, H_2O, 빛의 세기
③ ATP, CO_2, 빛의 세기 ④ 포도당, CO_2, 빛의 세기
⑤ O_2, ATP, 빛의 세기

12

다음 보기에서 엽록체의 **틸라코이드**에서 일어나는 반응이 **아닌** 것을 모두 고르시오.

보기
1. NADPH의 산화 2. 고에너지 전자의 생성
3. ATP 합성효소의 작용 4. 물분자로부터 전자방출
5. P_{700}의한 물의 광분해 6. O_2의 생성

13

광합성 과정에서 일어나는 (가)비순환적 광인산화와 (나) 순환적 광인산화 반응의 생성물을 옳은 것은?

① (가): ATP, NADPH, (나) ATP
② (가): ATP, (나): ATP, NADPH
③ (가): ATP, NADPH (나): O_2
④ (가): NADPH, (나): NADPH, O_2
⑤ (가): ATP, O_2 (나) ATP, H_2O

14

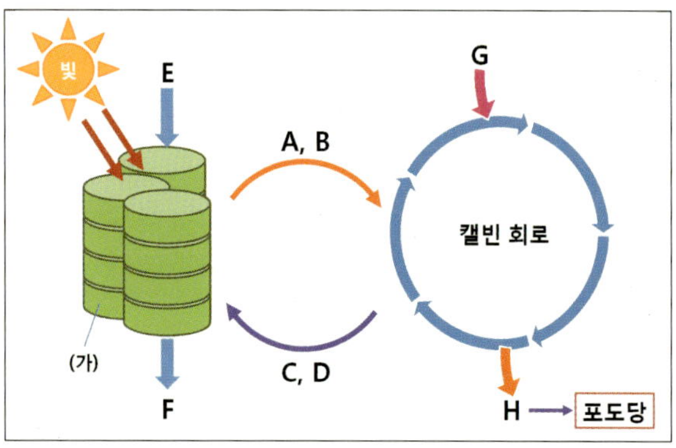

그림에서 A, B와 C, D는 엽록체 내부에서 일어나는 물질 교환을 의미한다. A, B 그리고 C, D에 알맞은 물질은 각각 무엇인가? (A, B 또는 C, D의 순서는 상관없음)

A, B: C, D:

15

위 그림에서 (가)의 이름과 캘빈 회로가 일어나는 곳을 각각 쓰시오.

(가): 캘빈 회로:

16

위 그림에서 E와 F는 각각 광합성을 위한 전자 공여체와 광분해의 반응 생성물이다. 알맞은 물질의 이름을 쓰시오. (F는 엽록체 밖으로 방출된다.)

17

위 그림에서 G와 H는 각각 **캘빈 회로**의 탄소원과 생성물이다. 알맞은 물질의 이름을 쓰시오.

18

다음 중 **캘빈 회로**에서 일어나는 반응이 **아닌** 것은?

① 탄소 고정 ② CO_2의 환원
③ NADPH의 산화 ④ 포도당 합성
⑤ ATP → ADP + P_i

19

엽록체의 **스트로마**에서 일어나는 반응들을 통칭해서 무엇이라고 하는가?

① 광인산화 반응 ② 광합성의 명반응
③ 광합성의 암반응 ④ 산화적 인산화 반응
⑤ 탄소 동화 반응

20

광합성의 암반응으로 합성된 포도당은 식물체 내에서 주로 어떤 형태로 저장되는가?

① 녹말 ② 셀룰로스 ③ 글리코젠
④ 엿당 ⑤ 갈락토스

21

광합성 과정에서 엽록체 틸라코이드 막을 경계로 수소 이온의 농도 기울기가 발생한다. 직접적인 이유는 다음 중 무엇인가? (2개)

① 빛에 의해 물 분자가 분해되면서 수소 이온이 발생하기 때문이다.
② NADPH가 산화되면서 양성자 펌프가 작동하기 때문이다.
③ ATP 에너지를 이용한 수소 이온의 능동 수송이 일어나기 때문이다.
④ 광계 II에서 광계 I으로 전자가 이동할 때, 양성자 펌프가 작동하기 때문이다.
⑤ 순환적 광인산화 반응으로 양성자가 틸라코이드 내부로 이동하기 때문이다.

22

식물 세포에서 일어나는 광합성과 세포 호흡에 대한 설명 중 옳지 **않은** 것을 보기에서 모두 고르시오.

보기
1. 광합성과 세포 호흡 과정 모두 화학 삼투를 이용해 ATP를 합성할 수 있다.
2. 식물의 세포 호흡은 NADPH의 산화를 통해 일어난다.
3. 광합성의 명반응과 세포 호흡 둘 다 틸라코이드 막에서 일어난다.
4. 광합성은 포도당을 합성하며 세포 호흡은 포도당을 분해한다.
5. 광합성과 세포 호흡 모두 전자 전달 과정이 관여한다.

23

광합성 과정 동안 **틸라코이드 막** 내부에서 일어나는 변화로 옳은 것은?

① ATP 합성으로 ATP 농도가 증가한다.
② 스트로마보다 수소 이온 농도가 증가한다.
③ 포도당 합성으로 포도당 농도가 증가한다.
④ $NADP^+$의 환원으로 NADPH의 농도가 증가한다.
⑤ ADP와 Pi의 농도가 증가한다.

24

광합성의 **명반응**에서 발생하는 주된 반응들만을 올바르게 묶은 것은?

① 산소 환원, NADPH의 산화, ATP의 합성
② 물 분자의 분해, $NADP^+$의 환원, ATP의 합성
③ 물 분자의 분해, $NADP^+$의 환원, ATP의 가수 분해
④ CO_2의 고정, 산소 발생, 포도당 합성
⑤ CO_2의 고정, 산소 발생, ATP의 가수 분해

25

광합성의 **순환적 광인산화 과정** 동안 일어나지 <u>**않는**</u> 반응은 다음 중 무엇인가?

① ATP의 합성
② 광계 I의 활성화와 전자 방출
③ 틸라코이드 막을 통한 전자 전달
④ 빛 에너지의 흡수
⑤ $NADP^+$의 환원과 NADPH의 생성

26

광합성의 **명반응**에 대한 반응식으로 옳은 것은?

① $2H_2O + 2NADP^+ + nATP$ + 빛 에너지
→ $O_2 + 2NADPH + 2H^+ + nADP + nP_i$
② $H_2O + CO_2$ + 빛 에너지 → 탄수화물(포도당) + O_2
③ $2H_2O + 2NADP^+ + nADP + nP_i$ + 빛 에너지
→ $O_2 + 2NADPH + 2H^+ + nATP$
④ $O_2 + 2NADP^+ + nATP$ + 빛 에너지
→ $2H_2O + 2NADPH + 2H^+ + nADP + nP_i$
⑤ $2H_2O + 2NADPH + nADP + nP_i$ + 빛 에너지
→ $O_2 + 2NADP^+ + 2H^+ + nATP$

27

식물체의 광합성 과정에서 물 분자에서 방출된 전자는 이 물질을 **환원**시키는데 사용된다. 이 물질은 무엇인가?

① 포도당 ② CO_2 ③ O_2
④ 엽록소 a ⑤ $NADP^+$

28

광계 II에 대한 설명으로 옳지 <u>**않은**</u> 것은?

① 엽록체 틸라코이드 막에 존재한다.
② 물 분자의 광분해에 관여한다.
③ 680 nm 빛을 흡수하는 P_{680}이 있다.
④ 순환적 광인산화에 관여한다.
⑤ $NADP^+$를 환원시켜 NADPH를 만든다.

29

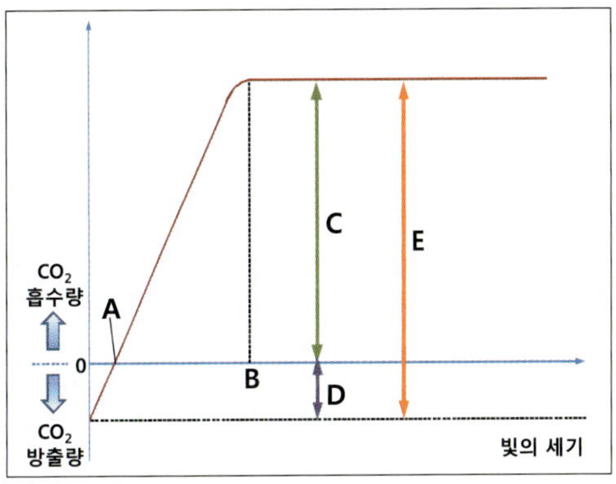

그림은 식물에서 일어나는 광합성의 특징을 나타낸 것이다. A~E에 대한 설명으로 옳지 <u>**않은**</u> 것은?

① A는 광합성의 명반응과 암반응 속도가 일치하는 지점이다.
② B점 이상의 강한 빛을 쬐어도 광합성 속도는 증가하지 않는다.
③ C는 순 광합성량을 의미한다.
④ D는 식물의 호흡에 의해 방출되는 CO_2의 양이다.
⑤ E는 총 광합성량을 나타낸다.

30

캘빈 회로와 TCA 회로의 공통점은 다음 중 무엇인가?

① 많은 양의 NADH를 생성한다.
② 회로의 시작 물질이 마지막 단계에서 재생된다.
③ 둘 다 반응이 진행되면서 물 분자가 생성된다.
④ 둘 다 진핵 세포에만 존재한다.
⑤ 동일한 기질을 사용한다.

31

그림은 식물 세포에서 일어나는 **캘빈 회로**를 나타낸 것이며 (가), (나), (다)는 이 회로의 기질을 의미한다. (가), (나), (다)에 해당되지 **않는** 물질을 보기에서 모두 고르시오.

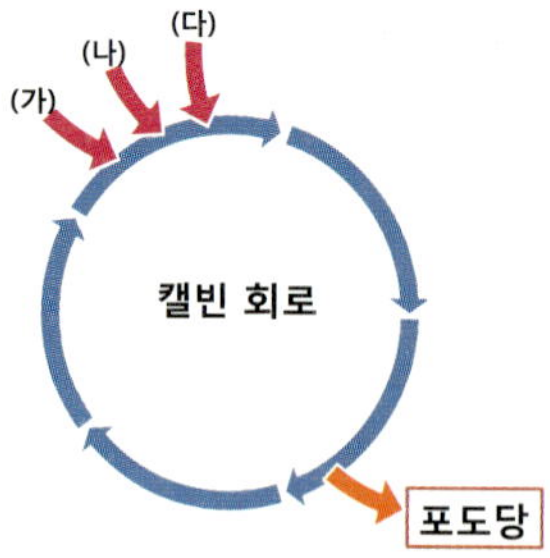

보기		
1. NADH	2. ATP	3. CO_2
4. NADPH	5. 아세틸-CoA	

32

위 그림에서 캘빈 회로가 일어나는 세포 내 장소와 합성된 포도당의 저장 형태를 순서대로 올바르게 짝지은 것은?

① 엽록체의 스트로마 - 셀룰로스
② 엽록체의 틸라코이드막 - 포도당
③ 엽록체의 스트로마 - 녹말
④ 미토콘드리아 내막 - 글리코젠
⑤ 미토콘드리아 기질 - 셀룰로스

33

캘빈 회로와 TCA 회로의 **공통점**으로 옳은 내용을 보기에서 모두 고르시오. (2개)

보기
ㄱ. 탄소 고정 반응이 일어난다.
ㄴ. 회로의 시작 물질이 다시 재생된다.
ㄷ. 산화 · 환원 반응이 일어난다.
ㄹ. NADPH가 반응 산물로 생성된다.
ㅁ. ATP가 에너지원으로 쓰인다.

① ㄱ ② ㄴ ③ ㄱ, ㄷ
④ ㄴ, ㄷ ⑤ ㄱ, ㄴ, ㄷ

34

보기는 식물 세포의 광합성과 관련 있는 용어들이다. (가)엽록체의 스트로마에서 일어나는 반응, (나)탄수화물(당)이 합성되는 반응, (다)산소가 발생되는 반응 등에 해당하는 예를 보기에서 골라 (가), (나), (다)의 순서대로 올바르게 나열한 것은?

보기
ㄱ. 광계를 통한 전자 전달 ㄴ. 캘빈(Calvin) 회로
ㄷ. 명반응 ㄹ. 물 분자의 광분해

① ㄱ-ㄴ-ㄷ ② ㄴ-ㄴ-ㄹ ③ ㄴ-ㄱ-ㄷ
④ ㄷ-ㄴ-ㄷ ⑤ ㄹ-ㄴ-ㄷ

35

A, B, C, D 4개의 시험관에 각각 연못 물과 pH 지시약인 브로모티몰 블루(bromothymol blue)를 첨가하였다. 이 지시약은 약산성에서는 노란색을, 중성이나 약염기 상태에서는 파란색을 나타낸다. 4개의 시험관에 이산화탄소 가스를 불어 넣었더니 용액이 모두 노란색으로 변했다. 이 상태에서 시험관 A와 C에 수초를 넣었다. 이후, 시험관 A와 B는 24시간 동안 빛을 조사하였고 C와 D는 암실에 24시간 보관하였다. 다음 표는 24시간 후, 용액의 색깔 변화를 나타낸 것이다.

시험관	초기 색깔	24시간후, 색깔
A	노랑	파랑
B	노랑	노랑
C	노랑	노랑
D	노랑	노랑

24시간 후, 시험관 A의 색깔이 파랗게 변한 이유는 다음 중 무엇인가?

① 수초의 세포 호흡으로 용해된 산소가 감소했기 때문이다.
② 수초의 세포 호흡으로 이산화탄소가 발생했기 때문이다.
③ 수초의 광합성으로 용해된 산소 농도가 증가했기 때문이다.
④ 수초의 광합성으로 용해된 이산화탄소의 농도가 감소했기 때문이다.
⑤ 수초의 이산화탄소 방출량이 흡수량보다 많아졌기 때문이다.

36

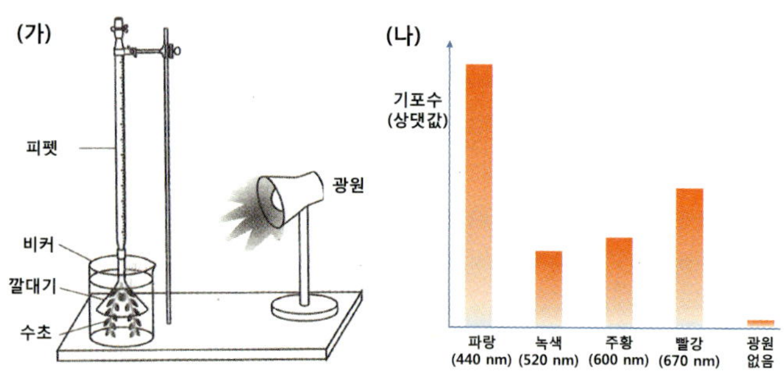

빛의 파장과 광합성과의 관계를 알아보기 위하여 (가)수초에 파장이 서로 다른 여러 광원의 빛을 조사한 후, (나)5분 동안 발생한 기포의 상댓값을 나타낸 것이다. 이 실험에서 녹색 빛을 조사했을 때 기포수가 상대적으로 적은 이유는 무엇인가?

① 물이 520 nm 파장의 빛을 반사시키기 때문이다.
② 수초의 엽록소가 520 nm 파장의 빛을 잘 흡수하지 못하기 때문이다.
③ 수초가 녹색광을 완전히 흡수하기 때문이다.
④ 수초에 엽록소 a, b가 없기 때문이다.
⑤ 수초에 카로티노이드 색소가 없기 때문이다.

37

다음 중 위 실험의 결과를 **잘못** 해석한 것은?

① 다양한 파장의 빛이 광합성에 이용된다.
② 광합성 속도가 빠를수록 (기포수/시간) 비율이 증가한다.
③ 녹색광도 광합성에 이용된다.
④ 빛의 파장에 따라 광합성 속도가 달라진다.
⑤ 빛의 파장이 짧을수록 광합성 속도가 증가한다.

유전 물질의 구조

01

폐렴 쌍구균의 형질 전환을 이용한 그리피스(F. Griffith)의 실험에 대한 결과로서 **틀린** 것은?

① 살아있는 S형균을 쥐에 주사했을 때 쥐가 죽었다.
② 살아있는 R형균을 쥐에 주사했을 때 쥐가 죽지 않았다.
③ 열처리한 S형균을 주사했을 때 쥐가 죽지 않았다.
④ 열처리한 S형균과 살아있는 R형균을 섞어 주사했을 때 쥐가 죽지 않았다.
⑤ 열처리한 R형균과 살아있는 S형균을 섞어 주사했을 때 쥐가 죽었다.

02

다음 표는 그리피스(F. Griffith)의 폐렴 쌍구균 형질 전환 실험을 나타낸 것이다. 옳지 않은 것은? (R_L과 S_L은 살아있는 R형, S형 균을, R_H와 S_H는 열처리한 R형, S형 균을 의미한다.)

	주사액의 조성	쥐의 상태
①	R_L과 S_L의 혼합	죽는다
②	S_H와 R_L의 혼합	산다
③	S_H	산다
④	R_L	산다
⑤	S_L	죽는다

03

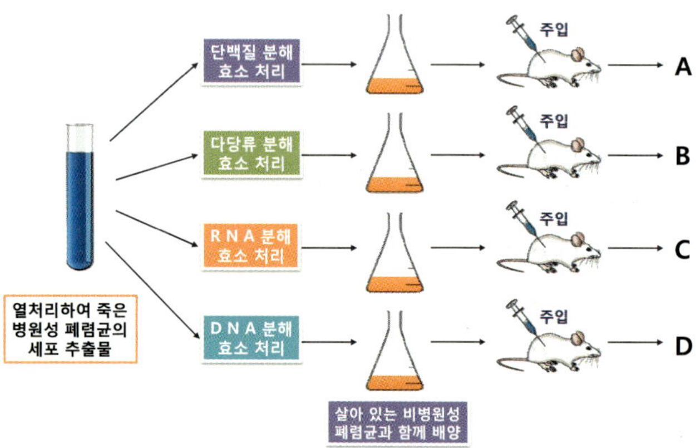

위 그림은 에이버리(Avery)가 수행한 실험을 나타낸 것이다. 이 실험의 결과에서 A~D 중 쥐가 죽는 경우로 옳게 짝지은 것은?

① A, B ② B, C, D ③ C, D
④ A, B, C ⑤ D

04

위 실험의 결론으로 옳은 것은?

① 비병원성 폐렴균만을 주입했을 때는 쥐가 죽지 않는다.
② DNA가 비병원성 폐렴균의 형질 전환을 일으킨다.
③ 병원성 폐렴균을 열처리하여 주입하면 쥐가 죽지 않는다.
④ RNA 분해 효소에 의해 폐렴균의 병원성이 사라진다.
⑤ 단백질과 다당류는 폐렴균의 병원성을 나타내는 원인 물질이다.

05

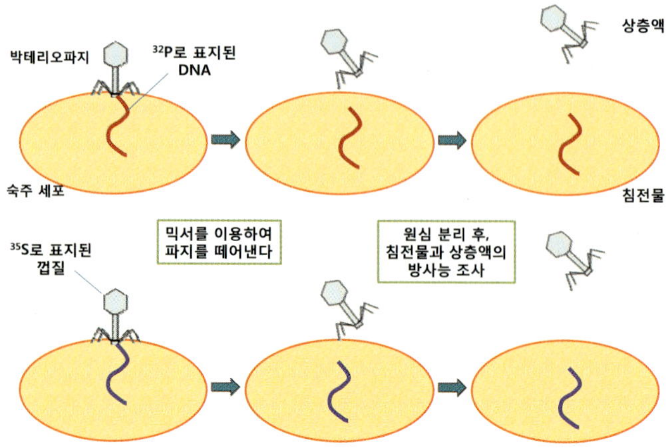

그림은 허시(Hershey)와 체이스(Chase)가 행한 박테리오파지의 증식 실험의 일부를 나타낸 것이다. 이 실험을 통해 얻은 결론으로 옳지 **않은** 것은?

① 파지의 DNA만이 숙주 세포 안으로 들어간다.
② DNA는 유전 물질이다.
③ 파지의 단백질은 유전 물질이 아니다.
④ 새로운 파지를 만들기 위해 부모 세대의 DNA가 필요하다.
⑤ DNA는 인(P)을 포함하지만 황(S)은 포함하지 않는다.

06

위 실험을 설계하기 위해서는 이전의 많은 연구 결과가 밑바탕이 되었다. 다음 보기에서 밑바탕이 된 연구 결과의 내용으로 옳지 **않은** 것을 모두 고르시오.

> **보기**
> 1. 파지의 증식은 숙주 세포 내에서만 이루어진다.
> 2. 파지는 숙주로 동물 세포를 이용한다.
> 3. 파지의 단백질 껍질은 증식에 이용되지 않는다.
> 4. 파지 DNA는 숙주 세포의 형질 전환을 일으킨다.

07

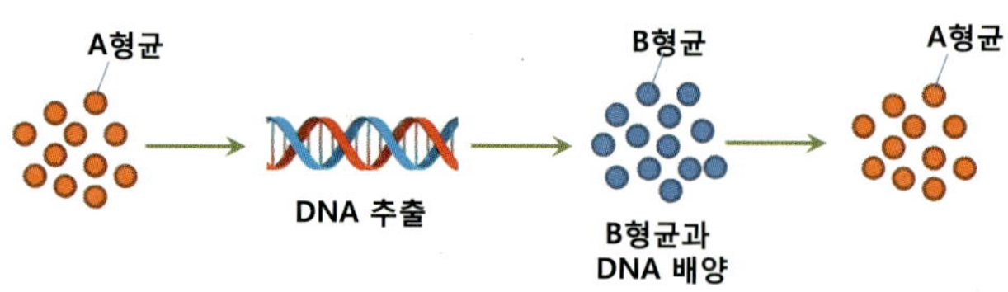

그림과 같은 과정을 나타낼 수 있는 용어는 무엇인가?

① 증식 ② 형질 전환 ③ DNA 복제
④ 전사 ⑤ 단백질 합성

08

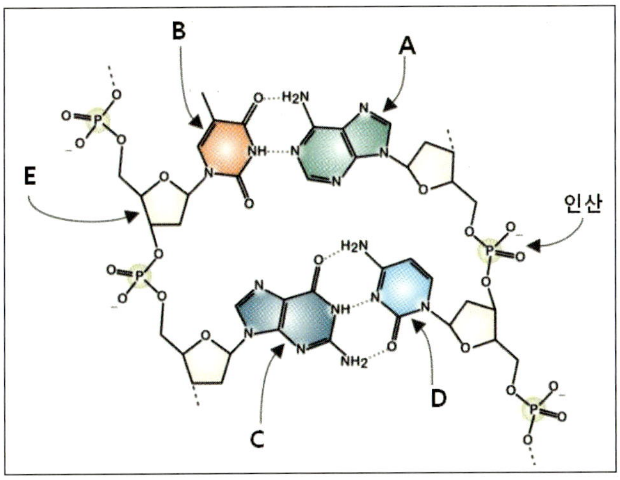

그림은 DNA 이중 사슬(가닥)의 일부 구조를 나타낸 것이다. 이에 대한 설명으로 옳지 **않은** 것은? (그림의 점선은 수소 결합을 나타낸다.)

① A는 아데닌 염기이다.
② (A + C)/(B + D)의 비율은 1이다.
③ D는 사이토신 염기이다.
④ A와 D의 비율은 동일하다.
⑤ E는 디옥시리보스이다.

09

어떤 이중 나선 DNA의 아데닌(A) 구성 비율이 24%이다. 이때 퓨린계 염기의 전체 비율은 무엇인가?

10

어떤 이중 나선 DNA의 아데닌(A) 구성 비율이 24%이다. 이때 피리미딘계 염기의 구성 비율은 얼마인가?

11

이중 가닥의 DNA에서 비율이 언제나 1인 것을 모두 고르시오. (A, T, G, C는 염기를 나타낸다.)

보기	
1. A/G	2. C/T
3. (A+C)/(G+T)	4. (A+G)/(C+T)
5. (A+T)/(G+C)	

12

다음 중 DNA와 RNA의 차이점으로 옳지 **않은** 것은?

① 분자 구조 ② 5탄당의 화학 구조
③ 구성 원소 ④ 세포 내 역할(기능)
⑤ 구성 염기 종류

13

DNA의 분자 구조에 대한 서술로서 옳지 **않은** 것은?

① DNA는 나선 구조로서 2가닥의 폴리 뉴클레오타이드가 서로 결합해 있다.
② DNA의 폴리뉴클레오타이드는 방향성이 있으며 서로 역평행 구조이다.
③ DNA의 두 가닥 사슬을 안정화시키는 힘 중의 하나는 염기쌍의 수소결합이다.
④ DNA의 염기 서열에 G/C 염기쌍이 많을수록 DNA를 풀기 위한 융해 온도가 높다.
⑤ DNA의 염기쌍은 퓨린끼리 또는 피리미딘끼리 형성된다.

14

퓨린과 피리미딘 염기의 특성에 대한 설명으로 옳지 **않은** 것은?

① 퓨린과 피리미딘 염기는 DNA에서 언제나 같은 비율로 존재한다.
② 퓨린과 피리미딘 염기는 둘 다 질소를 구성 원소로 가지고 있다.
③ 퓨린과 피리미딘 염기 사이에 수소 결합이 가능하다.
④ 아데닌과 구아닌은 퓨린, 사이토신과 티민은 피리미딘 염기이다.
⑤ RNA에서도 퓨린과 피리미딘은 1:1의 구성 비율을 가진다.

15

다음 중 DNA의 분자 구조와 관련된 샤가프(E. Chargaff) 법칙이라 할 수 **없는** 것은?

① A(아데닌)와 T(티민)의 양은 항상 동일하다.
② 퓨린과 피리미딘 염기는 수소 결합으로 쌍을 이룬다.
③ 퓨린과 피리미딘 염기 비율은 동일하다.
④ (A + G)의 양은 (T + C)의 양과 같다.
⑤ G : C = 1 : 1이다.

16

사람 염색체를 구성하는 총 염기쌍은 약 30억 개이다. 만일 구아닌(G)이 전체 염기의 20%를 차지한다면, 티민(T) 염기는 모두 몇 개인가?

17

몇 가지 DNA의 염기 특성을 나타낸 것이다. 이들 DNA 모두 동일한 염기수를 가지고 있다고 가정했을 때, DNA의 융해 온도(DNA 두 가닥의 절반을 단일 가닥으로 풀어 주기 위해 필요한 온도: T_m)가 높은 순서로 배열하시오.

1. (A + T) = 30%	2. G = 25%
3. A = 20%	4. T = 30%

18

DNA의 아데닌 염기 비율이 전체의 21%라고 한다. 이 DNA에 대한 설명으로 옳은 것은?

① 구아닌 염기 비율도 21%일 것이다.
② 사이토신 염기 비율도 21%일 것이다.
③ 티민 염기 비율은 42%일 것이다.
④ 퓨린과 피리미딘 염기 비율은 같을 것이다.
⑤ DNA의 융해 온도는 약 섭씨 50~60도일 것이다.

19

다음 중 DNA에서만 발견되는 분자 구조로 옳지 **않은** 것은?

① A+G = T+C = 50%이다.
② DNA를 구성하는 두 가닥 사슬의 말단 방향이 서로 반대이다.
③ 당, 염기, 인산기의 비율이 1:1:1이다.
④ 퓨린계와 피리미딘계 염기 비율은 서로 같다.
⑤ 열에 의해 단일 가닥으로 풀린 DNA는 온도를 낮추면 다시 이중 나선 구조를 이룬다.

20

DNA와 RNA의 **공통점**으로 옳은 것은?

① 둘 다 폴리뉴클레오타이드이다.
② G와 C의 염기가 많을 수록 융해 온도가 높다.
③ 둘 다 리보솜과 결합할 수 있다.
④ 둘 다 방사성 동위원소 ^{35}S로 표지된다.
⑤ 둘 다 전사 인자에 의해 조절을 받는다.

DNA 복제

01

만일 DNA 한쪽 사슬의 염기 서열이 5′ATTGCGCT3′와 같을 때, 상보성을 갖는 다른 쪽 DNA의 염기 서열을 쓰시오.

02

^{14}N 배지에서 배양한 대장균(부모 세대, P)을 ^{15}N 배지로 옮긴 후, 2세대 대장균의 DNA(G_2)를 얻었다. DNA 복제가 **반보존적인 방식**으로 일어났을 때 메셀슨-스탈(Meselson-Stahl)의 실험을 바탕으로 얻은 P와 G_2 DNA의 원심분리 실험 결과는 다음 중 무엇이겠는가? (괄호 안의 숫자는 DNA의 상대적인 양을 나타낸다.)

①
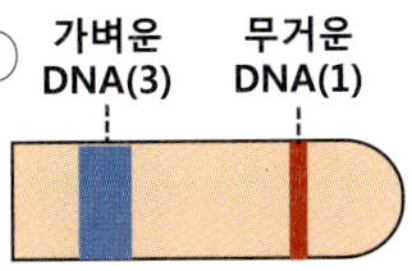

②
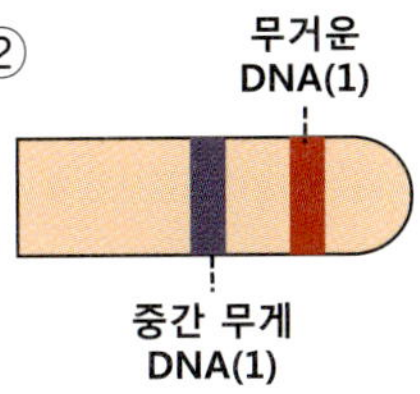

③
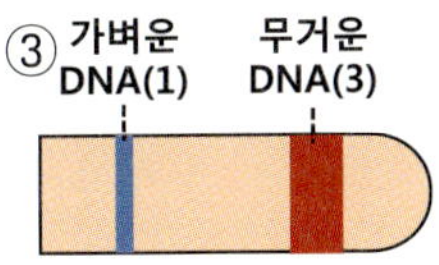

④
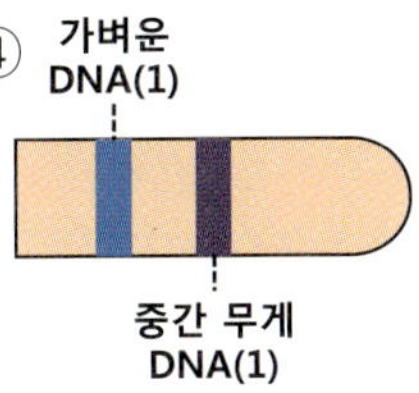

⑤
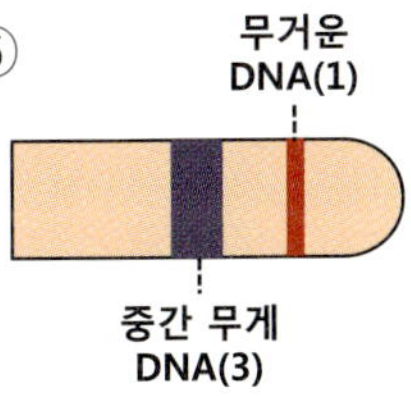

03

^{15}N 배지에서 배양한 대장균(부모 세대, P)을 ^{14}N 배지로 옮긴 후, 2세대 대장균의 DNA(G_2)를 얻었다. 만일 DNA 복제가 **보존적인 방식**으로 일어난다면 P와 G_2 DNA의 원심분리 결과는 무엇이겠는가? (위의 그림 ①~⑤에서 고르시오.)

04

메셀슨(Meselson)과 스탈(Stahl)에 의한 실험에서 G_1 세대를 ^{14}N에서 배양한다면 $^{15}N-^{14}N$ DNA와 $^{14}N-^{14}N$ DNA는 각각 몇 %인가?

05

메셀슨과 스탈에 의한 실험에서 G_1세대 이후 계속해서 ^{14}N에서 배양한다면 G_2세대에서 $^{15}N-^{14}N$ DNA와 $^{14}N-^{14}N$ DNA는 각각 몇 %인가?

06

메셀슨과 스탈에 의한 실험에서 G_1세대의 DNA를 통해 얻은 결과를 분석하였다. 다음 중 어떤 가설을 제거할 수 있었는가?

① DNA 복제는 보존적이다.
② DNA 복제는 분산적이다.
③ DNA 복제는 반보존적이다.
④ 부모(P) 세대의 DNA는 주형으로 작용한다.
⑤ DNA 복제 때 2개의 사슬은 단일 사슬로 완전히 풀린다.

07

만일 DNA 복제가 보존적으로 일어난다면 메셀슨과 스탈의 실험에서 G_2 세대의 $^{15}N-^{15}N$ DNA : $^{14}N-^{14}N$ DNA 비는 무엇인가? (무거운 DNA : 가벼운 DNA)

08

다음 중 5′AAACGCTT3′의 염기 서열과 상보성을 갖고 결합할 수 있는 DNA 사슬은?

① 5′TTTCGCAA3′ ② 5′AAACGCTT3′
③ 5′GGGTATCC3′ ④ 5′AAACGCTT3′
⑤ 5′AAGCGTTT3′

09

DNA의 분자 구조에 대한 설명으로 **틀린** 것은?

① 두 개의 DNA 사슬에는 서로 상보적인 염기쌍이 존재한다.
② 역평행 구조로서 사슬의 방향이 서로 반대이다.
③ 퓨린 염기의 양이 많을수록 열에 안정하다.
④ 두 개의 DNA 사슬은 수소 결합을 통해 서로 묶여있다.
⑤ (A+G)의 양과 (C+T)의 양은 언제나 동일하다.

10

DNA의 이중 나선 구조에 대하여 다음 중 적용되지 **않는** 법칙은?

① A+G = T+C ② A:T = 1:1
③ A+T = C+G ④ C:G = 1:1
⑤ A+C = T+G

11

DNA를 구성하는 요소로서 **틀린** 것은?

① 질소를 포함하는 염기
② 리보스 5탄당
③ 인산기
④ 퓨린 염기인 구아닌(G)
⑤ 피리미딘 염기인 사이토신(C)

12

DNA와 RNA의 차이점을 설명한 것 중 **틀린** 것은?

① 구성 성분인 5탄당의 화학 구조에 차이가 있다.
② DNA는 유전 정보를 저장하고 RNA는 유전 정보를 전달하는 역할을 한다.
③ DNA는 2개, RNA는 하나의 폴리뉴클레오타이드로 구성된다.
④ DNA는 핵과 미토콘드리아에서, RNA는 핵, 리소좀, 세포질 등에서 발견된다.
⑤ 유라실(U) 염기는 RNA에서만, 티민 염기는 DNA에서만 발견된다.

13

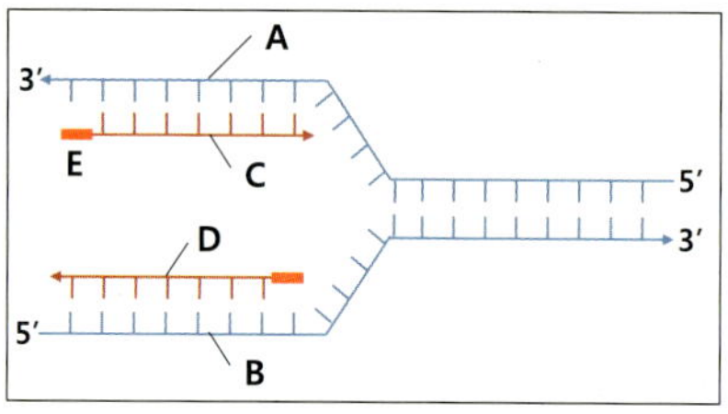

그림은 DNA 복제 과정을 나타낸 것이다. **지연 가닥**에 해당하는 기호를 쓰시오.

14

프라이메이스(primase) 효소가 작용하는 부분의 기호를 쓰시오.

15

다음 보기 중 DNA 복제 과정에서 **오카자키 절편**(Okazaki fragment)이 만들어지는 근본 이유만으로 짝지은 것은? (2개)

보기
1. DNA는 역평행 구조를 가지고 있다.
2. DNA의 복제 과정에는 프라이머(primer) 합성이 반드시 필요하다.
3. DNA의 복제는 5′→3′ 방향으로만 일어난다.
4. DNA는 이중 나선 구조로서 염기쌍을 이룬다.
5. DNA 2개의 사슬은 각각 복제 과정에서 주형으로 작용한다.

16

오카자키 절편에 대한 설명으로 올바른 것을 고르시오.

① 지연 가닥에서 발견되며 합성 방향이 복제 분기점과 반대이다.
② 지연 가닥에서 발견되며 복제 분기점과 같은 방향으로 만들어진다.
③ 선도 가닥과 지연 가닥 모두에서 발견된다.
④ 선도 가닥에서 발견되며 복제 분기점과 같은 방향으로 만들어진다.
⑤ 선도 가닥에서 발견되며 합성 방향이 복제 분기점과 같다.

17

DNA 복제 과정에 참여하지 **않는** 효소는 어느 것인가?

① 헬리케이스 ② RNA 중합 효소
③ DNA 연결 효소 ④ 프라이메이스
⑤ DNA 중합 효소

18

DNA 복제에 필수적인 물질이 **아닌** 것은?

① RNA 프라이머 ② dATP ③ 주형 DNA
④ dGTP ⑤ 텔로미어

19

DNA 복제 과정에서 RNA 프라이머에 대한 설명으로 가장 거리가 **먼** 것은?

① 선도 가닥에서 발견된다.
② 지연 가닥에서 발견된다.
③ 프라이메이스 효소에 의해 합성된다.
④ DNA 복제가 완료되기 전에 제거된다.
⑤ 주형 DNA의 염기 서열과는 상관없다.

20

다음 중 DNA 복제 과정 동안 일어나는 반응이 **아닌** 것은?

① RNA 합성이 일어난다. ② 수소 결합이 깨진다.
③ 리보솜이 합성된다. ④ 염기쌍이 형성된다.
⑤ DNA 이중 나선이 풀린다.

21

다음의 설명 중 세포 내에서 일어나는 DNA 복제에 관한 것으로 옳지 **않은** 것은?

① RNA 프라이머가 프라이메이스에 의해 합성된다.
② 복제 원점에 헬리케이스가 작용해 DNA가 풀린다.
③ 지연 가닥은 오카자키 절편으로 합성된다.
④ DNA의 양쪽 방향으로 동시에 복제가 일어난다.
⑤ DNA 연결 효소에 의해 프라이머가 제거된다.

22

만일 염색체 상에 **텔로미어**가 존재하지 않는다면 다음 중 어떤 현상이 발생하겠는가?

① 텔로미어를 가진 세포보다 DNA 염기 서열에 더 많은 돌연 변이가 생길 것이다.
② DNA 복제에 더 많은 시간이 걸릴 것이다.
③ 오카자키 절편이 만들어지지 않아 DNA 복제가 일어나지 않을 것이다.
④ DNA 복제가 일어날 때마다 염색체의 길이가 짧아질 것이다.
⑤ DNA 복제가 보존적 방식으로 일어날 것이다.

23

DNA 복제 과정을 나타낸 그림 중 가장 타당한 것을 고르시오.

①

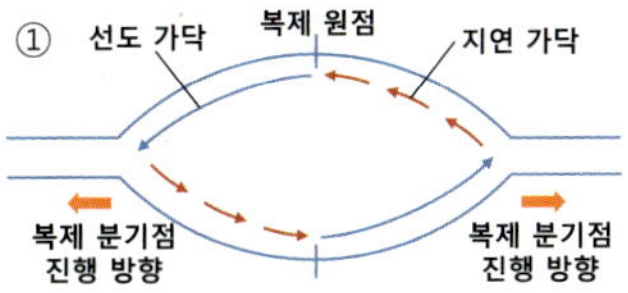

②

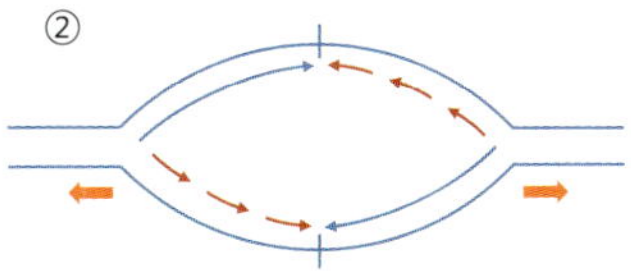

③

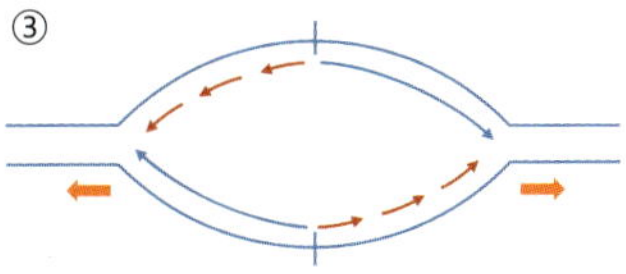

④

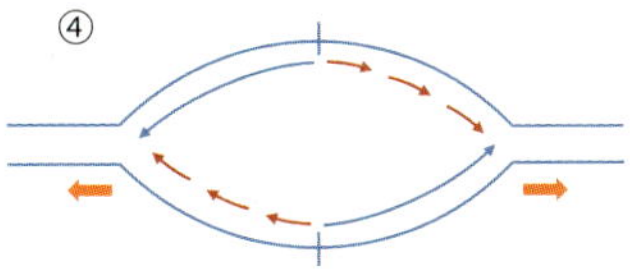

⑤

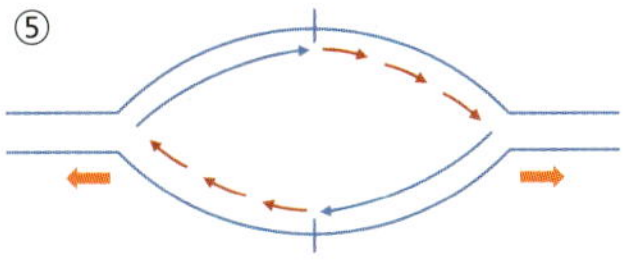

24

다음 표는 세포 내에서 일어나는 DNA 복제와 중합 효소 연쇄 반응(PCR)의 차이점을 나타낸 것이다. 옳지 않은 것을 모두 고르시오.

	DNA 복제	PCR
① 프라이머	RNA 조각	RNA 조각
② 헬리케이스	필요	불필요
③ dNTP	불필요	필요
④ 지연 가닥	합성됨	합성됨
⑤ 주형 DNA	필요	필요

유전자 발현

01

어떤 mRNA의 염기 서열이 다음과 같을 때 주형 DNA 가닥의 염기 서열로 올바른 것은?

5′-AUGGCAGGUGAAUA-3′

① 5′-UACCGUCCACUUAU-3′
② 5′-AUCCGACCUCAAUA-3′
③ 5′-TACCGTCCACTTAT-3′
④ 5′-UAUUCACCUGCCAU-3′
⑤ 5′-TATTCACCTGCCAT-3′

02

만일 어떤 DNA의 염기 서열이 5′AACATC3′이라면, 이로부터 합성될 수 있는 mRNA의 염기 서열은 다음 중 무엇인가? (단, DNA는 이중 나선 구조를 가진다.)

① 5′AAGATG3′ ② 5′AACAUC3′
③ 5′UUGUAG3′ ④ 5′TTGTAG3′
⑤ 5′UUTTUT3′

03

다음 보기에서 전사 과정에 대한 설명으로 올바른 것들로만 짝지은 것은?

보기
1. RNA 중합 효소는 전사를 위해 주형 DNA를 5′→3′ 방향으로 읽는다.
2. RNA는 5′→3′ 방향으로 합성된다.
3. RNA를 합성하기 위해서는 프라이머가 필요하다.
4. 전사 과정으로 합성된 RNA의 염기 서열은 주형 DNA와 상보적이다.
5. 전사 과정으로 합성된 RNA는 모두 코돈(codon) 정보를 가지고 있다.

① 1, 4, 5 ② 2, 4 ③ 3, 5
④ 2, 5 ⑤ 1, 3, 4

04

DNA 복제와 전사의 차이점으로 올바르게 짝지은 것은?

보기
1. 둘 다 RNA 프리이머를 필요로 한다.
2. 같은 화학 구조의 뉴클레오타이드가 쓰인다.
3. 둘 다 DNA의 풀림이 필요하다.
4. DNA 복제는 핵 속에서, 전사는 세포질에서 일어난다.
5. 복제는 DNA 두 사슬 모두를 동시에 사용하는 반면, 전사는 DNA의 어느 한 가닥 정보만을 이용한다.

① 1, 3, 4 ② 2, 4 ③ 2, 3, 4
④ 3, ⑤ 1, 5

05

다음 보기 중 진핵 세포와 원핵 세포에서 일어나는 **전사 과정**에 관한 설명으로 옳지 **않은** 것을 모두 고르시오. (2개)

보기
1. 진핵 세포의 전사는 핵 내에서, 원핵 세포는 세포질에서 일어난다.
2. RNA 가공은 진핵 세포와 원핵 세포에서 모두 일어난다.
3. 역전사 과정은 원핵 세포에서만 일어난다.
4. 진핵 세포나 원핵 세포 모두 mRNA 내 단백질 합성 개시 코돈은 AUG이다.

06

다음 중 RNA 합성 후, 진핵 세포 내에서 일어나는 RNA 가공 과정이 **아닌** 것은?

① RNA의 5′ 말단이 화학적으로 변형된다.
② RNA의 3′ 말단에 여러 개의 아데닌(A) 뉴클레오타이드가 결합한다.
③ 인트론이 제거된다.
④ RNA의 일부 염기 서열에 메틸기가 결합한다.
⑤ 선택적 RNA 스플라이싱이 일어난다.

07

다음 중 **유전 암호**(코돈)를 포함하고 있는 물질은 무엇인가?

① DNA ② tRNA ③ mRNA
④ rRNA ⑤ 단백질

08

보기에서 진핵 세포와 구분되는, 원핵 세포만의 **전사 과정**에 대한 특징을 올바르게 서술한 것은?

보기
1. 원핵 세포에서는 전사와 단백질 합성(번역)이 동시에 일어난다.
2. 원핵 세포의 RNA는 전사된 후, 가공 과정을 거친다.
3. 원핵 세포의 RNA는 진핵 세포의 RNA보다 화학적으로 안정하다.
4. 원핵 세포의 RNA는 역전사 과정에 의해서도 합성된다.

① 1 ② 1, 4 ③ 2, 3
④ 2, 4 ⑤ 4

09

단백질 합성 과정에서 펩타이드를 가진 tRNA(펩타이드-tRNA)가 리보솜의 P자리에 현재 위치하고 있다. 다음 단계로서 가장 적절한 것은?

① 펩타이드-tRNA가 E자리로 이동한다.
② 펩타이드-tRNA가 펩타이드를 잃고 리보솜으로부터 방출된다.
③ 새로운 아미노산을 가진 tRNA가 A자리에 들어온다.
④ 리보솜이 5′→3′ 방향으로 한 코돈만큼 이동한다.
⑤ 단백질 합성이 종결된다.

10

단백질 합성의 **개시** 단계에 대한 설명으로 옳지 **않은** 것은?

① 메싸오닌-tRNA의 안티 코돈(anti-codon)이 개시 코돈과 결합한다.
② 리보솜 대단위체에 메싸오닌-tRNA가 결합한다.
③ 메싸오닌-tRNA는 리보솜 내 P 자리에 위치한다.
④ 리보솜 소단위체가 먼저 mRNA와 결합한다.
⑤ 리보솜 복합체가 완성되면 두 번째 tRNA가 A 자리에 들어온다.

11

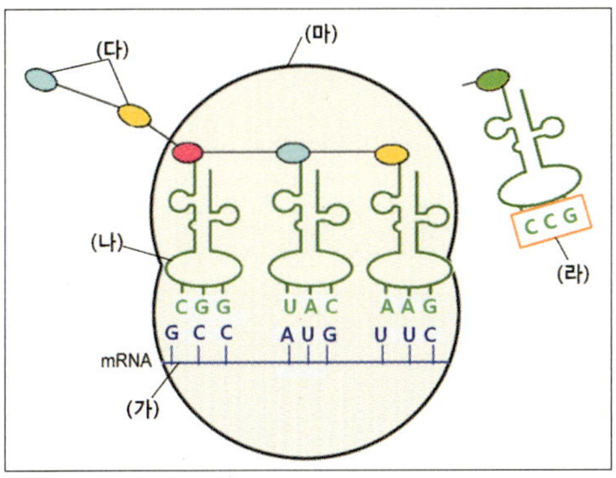

그림은 단백질 합성 과정의 일부를 나타낸 것이다. 다음 설명 중 **틀린** 것은?

① (가)는 핵 안에서 합성되며 코돈을 가지고 있다.
② (나)는 DNA로부터 만들어지며 아미노산과 공유 결합을 한다.
③ (다)는 아미노산을 나타내며 (가)의 정보에 의해 서열이 결정된다.
④ (라)는 안티코돈이며 코돈과 수소 결합을 형성한다.
⑤ (마)는 (가)와 붙기 전에 대단위체와 소단위체가 먼저 결합해야 한다.

12

단백질 합성이 **종결**되는 상황으로 가장 적합한 것은?

① P자리가 비어 있을 때
② 종결 코돈이 A자리에 있을 때
③ 방출 인자가 P자리에 있을 때
④ 폴리펩타이드-tRNA가 A자리에 있을 때
⑤ 리보솜이 RNA와 분리될 때

13

다음 중 단백질 합성에 필수 요소가 **아닌** 것은?

① Met-tRNA ② 리보솜 소단위체
③ mRNA ④ 폴리리보솜
⑤ 리보솜 대단위체

14

단백질 합성 과정과 관련이 **없는** 것은?

① microRNA ② tRNA ③ 안티코돈
④ rRNA ⑤ 코돈

15

다음 중 단백질 합성 과정에서 tRNA가 결합하지 **않는** 물질은 무엇인가?

① 아미노산 ② mRNA ③ 리보솜
④ 코돈 ⑤ 주형 DNA

16

자연계에서 발견되는 유전 정보의 흐름으로 적합하지 **않은** 것은?

① DNA→DNA ② DNA→RNA ③ RNA→DNA
④ RNA→RNA ⑤ DNA→단백질

17

아래 보기는 단백질 합성 과정을 무작위로 나열한 것이다. 시간 순서에 맞게 재배열하시오.

보기
1. 리보솜의 P자리에 Met-tRNA가 위치하고 아미노산-tRNA가 A자리에 들어온다.
2. 리보솜이 한 코돈만큼 5′→3′ 방향으로 이동한다.
3. mRNA가 리보솜 소단위체와 결합하고 Met-tRNA가 P자리에 위치한다.
4. 아미노산과 아미노산 사이에 펩타이드 결합이 만들어진다.
5. 리보솜의 대단위체가 소단위체와 결합한다.

18

단백질 합성 종결에 대한 설명으로 **틀린** 것은?

① 방출 인자가 필요한 과정이다.
② 종결 코돈이 필요한 과정이다.
③ 종결 후, 리보솜이 소,대단위체로 각기 분리된다.
④ 종결 코돈을 인식하는 tRNA가 있어야 한다.
⑤ 합성 종결 후, mRNA가 리보솜으로부터 분리된다.

19

단백질 합성에 관한 다음 설명 중 옳지 **않은** 것은?

① 리보솜에 의해 아미노산과 아미노산 사이의 펩타이드 결합이 일어난다.
② 하나의 mRNA에 여러 개의 리보솜이 동시에 붙어 단백질 합성을 일으킬 수 있다.
③ 단백질 합성 과정 중에 mRNA는 한 코돈씩 리보솜을 따라 움직인다.
④ 방출 인자에 의해 완성된 폴리펩타이드가 리보솜을 떠난다.
⑤ 단백질 합성이 종결되면 mRNA는 리보솜으로부터 완전 분리된다.

20

진핵 세포와 원핵 세포에서 일어나는 전사과 단백질 합성(번역) 과정에 관한 설명으로 옳지 **않은** 것은?

① 원핵 세포에서는 전사와 번역이 동시에 일어난다.
② 진핵 세포의 전사와 번역은 핵 내에서, 원핵 세포는 세포질에서 일어난다.
③ 진핵 세포에서 전사된 mRNA에는 비암호화 부위가 존재한다.
④ 진핵 세포와 원핵 세포 모두 mRNA 내의 단백질 합성 개시 코돈은 AUG이다.
⑤ 진핵 세포와 원핵 세포 모두 mRNA 내 종결 코돈이 있어야 번역 과정이 끝난다.

21

방사성 동위원소로 표지된 아미노산이 있는 상태에서 동물 세포를 배양하였다. 또한, 이 세포는 정상적으로 단백질 합성, 분비 작용을 수행한다고 가정한다. 방사능을 관찰할 수 있는 세포 내 소기관을 시간 순서대로 올바르게 나열한 것은?

① 매끈면 소포체 - 거친면 소포체 - 골지체 - 세포막
② 세포질 - 거친면 소포체 - 골지체 - 세포막
③ 거친면 소포체 - 골지체 - 매끈면 소포체 - 세포막
④ 매끈면 소포체 - 거친면 소포체 - 세포질 - 세포막
⑤ 매끈면 소포체 - 세포질 - 골지체 - 세포막

유전자 발현의 조절

01

유전자 오페론의 **프로모터**(promoter)에 대한 설명으로 올바른 것은?

① 아미노산을 암호화하고 있다.
② 전사 산물인 RNA의 일부분이다.
③ RNA 중합 효소가 붙는 부위이다.
④ RNA 합성의 종결과 관련 있다.
⑤ 엑손의 일부분이다.

02

유전자 오페론의 기능에 대한 설명으로 올바른 것은?

① 특정 효소의 활성을 조절한다.
② DNA 복제를 조절한다.
③ 유전자의 전사를 조절한다.
④ 단백질 합성 과정을 조절한다.
⑤ 형질 전환을 조절한다.

03

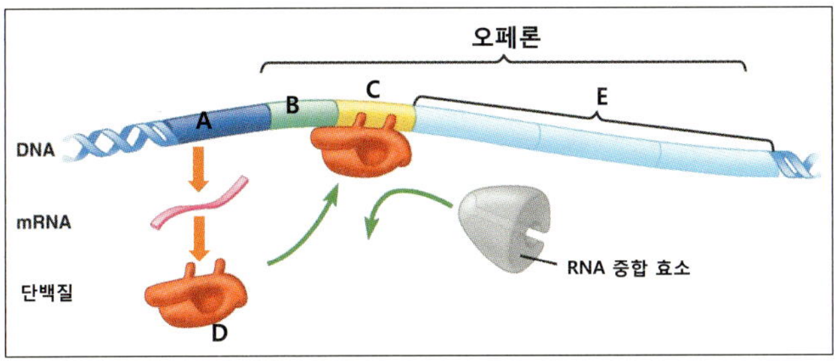

위 그림은 **젖당 오페론**(lactose operon)의 구조를 나타낸 것이다. A~E까지의 명칭을 쓰시오(B는 RNA 중합 효소가 결합하는 부위이다).

04

위 그림에 대한 설명으로 **틀린** 것은?

① 전사 과정을 조절하는 방식이다.
② 원핵 세포와 진핵 세포 모두에서 발견된다.
③ 세포의 탄수화물 흡수 및 대사와 관련 있다.
④ 형질 발현을 조절한다.
⑤ 세포의 에너지원 이용과 관련 있다.

05

젖당 오페론의 구조에 대한 순서로 올바른 것은?

① 조절 유전자, 프로모터, 구조 유전자, 작동 부위
② 조절 유전자, 작동 부위, 프로모터, 구조 유전자
③ 프로모터, 조절 유전자, 작동 부위, 구조 유전자
④ 조절 유전자, 프로모터, 작동 부위, 구조 유전자
⑤ 작동 부위, 조절 유전자, 프로모터, 구조 유전자

06

젖당 오페론에서 젖당 유도체와 결합하는 것은?

① 억제자 ② RNA 중합 효소
③ mRNA ④ 작동 부위
⑤ 프로모터

07

자코브와 모노가 제시한 오페론설에 의하면 **억제자**가 결합하는 DNA의 위치는 다음 중 어디인가?

① 작동 부위 ② 프로모터 ③ 개시 코돈
④ 인핸서 ⑤ 조절 유전자

08

젖당 오페론에서 **대사물 활성자 단백질**(CAP)의 역할로서 가장 알맞은 것은?

① 젖당을 세포 안으로 운반하는 운반체 역할을 한다.
② 젖당보다 포도당을 먼저 이용하게 한다.
③ 젖당을 포도당보다 먼저 이용하도록 만든다.
④ 젖당을 포도당으로 전환시킨다.
⑤ 젖당 오페론의 전사 과정을 돕는다.

09

젖당 오페론에 대한 설명으로 올바른 것은?

① 억제자는 젖당 유도체와 결합해야 활성화된다.
② 억제자는 오페론의 프로모터 부위에 결합한다.
③ 포도당이 있을 때는 오페론이 거의 작동하지 않는다.
④ 젖당 유도체는 스스로 RNA 중합 효소의 작용을 막는다.
⑤ 억제자의 발현은 젖당 유도체에 의해 억제된다.

10

젖당 오페론에 관한 다음의 설명 중 옳지 **않은** 것은?

① 활성화된 억제자가 작동 부위에 결합하면 RNA 중합 효소가 기능을 나타내지 못한다.
② RNA 중합 효소는 오페론의 프로모터라는 DNA 영역에 결합한다.
③ 조절 유전자는 젖당 오페론에 속하지 않는다.
④ 조절 유전자로부터 만들어진 억제자는 이미 활성화된 상태이다.
⑤ 조절 유전자는 오페론의 프로모터에 의해 RNA로 전사된다.

11

다음 중 젖당 오페론에서 CAP 단백질의 활성화를 위해 필요한 물질은 무엇인가?

① cAMP ② ATP ③ 젖당유도체
④ 억제자 ⑤ 포도당

12

젖당 오페론에서 억제자와 젖당 유도체의 결합은 효소에 저해제가 붙는 것과 비교할 수 있다. 이에 관한 설명으로 다음에서 알맞은 것은?

① 경쟁적 억제와 유사하다.
② 저해제의 알로스테릭 결합과 유사하다.
③ 비경쟁적 억제와 유사하다.
④ 저해제에 의한 효소의 영구적 구조 변화와 유사하다.
⑤ 저해제에 의한 효소의 변성과 유사하다.

13

트립토판(tryptophan)이 세포 내 과량 있을 때, **트립토판 오페론**의 상황으로 올바른 것은?

① 트립토판이 오페론의 작동 부위에 결합한다.
② 트립토판이 억제자 단백질로부터 떨어져 나온다.
③ 활성화된 억제자가 오페론에 결합한다.
④ RNA 중합 효소가 활발히 전사를 일으킨다.
⑤ RNA 중합 효소가 프로모터 부위에 결합한다.

14

어떤 미생물이 아미노산 A를 합성하거나 주변 환경으로부터 흡수할 수 있다고 가정하자. 과학자들은 이 미생물의 세포 내에서 아미노산 A가 억제자와 결합해 특정 오페론의 기능이 억제됨을 밝혀냈다. 만일 미생물의 배지에 아미노산 A가 있을 때, 다음 중 어떤 결과를 예측할 수 있는가?

① 아미노산 A가 미생물 내에서 분해된다.
② 아미노산 A의 합성이 억제된다.
③ 억제자의 합성이 활성화된다.
④ ATP 합성이 증가한다.
⑤ 미생물의 세포 분열이 증가한다.

15

유전자의 일부분으로 전사는 되나 단백질로 번역되지 <u>않는</u> 부위를 무엇이라 하는가?

① 인트론　② 엑손　③ 오페론
④ 작동 부위　⑤ 프로모터

16

진핵생물에서 일어나는 전사 후 조절 과정이 <u>아닌</u> 것은?

① 전사 후, mRNA의 5' 말단에 변형된 구아닌(G) 뉴클레오타이드가 결합한다.
② mRNA의 3' 말단에 폴리 A가 붙는다.
③ RNA 스플라이싱이 일어난다.
④ DNA 연결 효소에 의해 엑손이 서로 연결된다.
⑤ 엑손의 조합이 서로 다른 RNA가 만들어진다.

17

엑손(exon)과 인트론(intron)에 대한 보기의 설명 중 **<u>틀린</u>** 내용으로만 짝지은 것은?

보기
ㄱ. 엑손은 아미노산을 암호화한다.
ㄴ. 인트론은 RNA로 전사되지 않는다.
ㄷ. 인트론은 핵 내에서 제거된다.
ㄹ. 원핵 세포에서 주로 발견된다.
ㅁ. 진핵 세포에서 주로 발견된다.

① ㄱ, ㅁ　② ㄴ, ㄷ　③ ㄴ, ㄹ
④ ㄷ, ㄹ　⑤ ㄷ, ㅁ

18

세포 분화에 대한 설명으로 옳지 **<u>않은</u>** 것은?

① 세포가 수정란과는 다른 기능을 가지게 된다.
② 유전자 발현 조절과 밀접한 관련이 있다.
③ 분화 후, 세포는 고유한 형태를 가지게 된다.
④ 연속적인 분열을 통해 세포 수가 늘어난다.
⑤ 분화 후,DNA의 염기 서열은 분화되기 전과 동일하다.

19

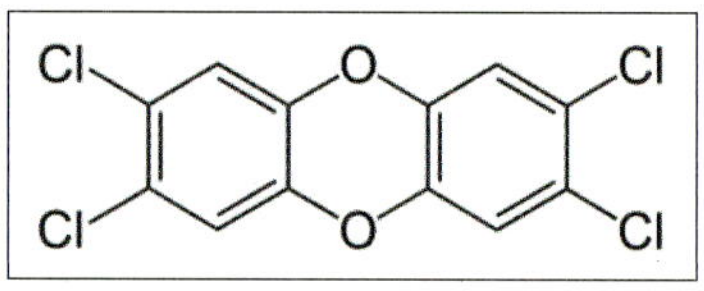

그림은 다이옥신의 화학 구조를 나타낸 것이다. 다이옥신은 대표적 산업 유해 물질로서 체내에서 정상적인 유전자 발현을 변화시키는 것으로 알려져 있다. 따라서, 다이옥신은 (　) 작용 방식과 유사하다.

① DNA 중합 효소　② 히스톤
③ 전사 조절 인자　④ 프로모터
⑤ 오페론

20

진핵 세포의 DNA는 히스톤 단백질 주위를 코일처럼 감싸고 이 복합체가 모여 염색질 구조를 이루고 있다. 이 **복합체**를 무엇이라고 하는가?

① 억제자　② 전사 인자
③ 뉴클레오솜　④ 폴리리보솜
⑤ 인핸서

21

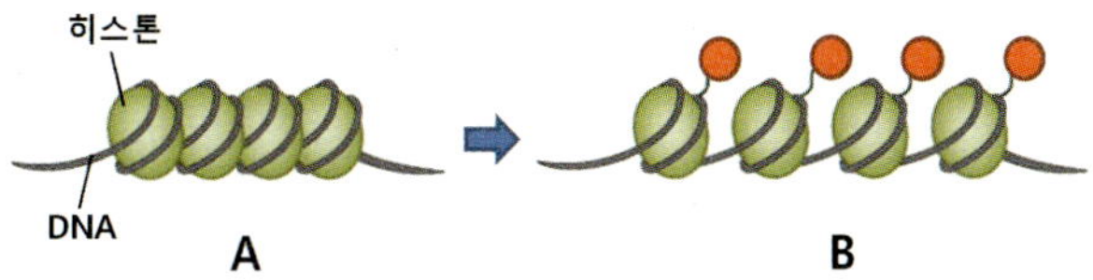

그림은 **히스톤 단백질**의 변형을 통한 염색질의 구조 변화를 나타낸 그림이다. 올바른 설명으로 짝지은 것을 고르시오.

1. 히스톤에 아세틸기가 붙으면 B상태가 된다. 2. 염색질이 A구조를 가지면 전사가 억제된다. 3. B의 히스톤-DNA의 결합력은 A보다 더 강력하다. 4. 원핵 세포에서 볼 수 있는 염색질 구조 변화이다.

① 1, 2　　② 1, 3　　③ 1, 3, 4
④ 2, 3, 4　　⑤ 3, 4

22

다음 중 진핵 세포에서 **유전자의 발현을 조절**하는 주된 방식으로 올바른 것을 고르시오.

① DNA의 복제 과정을 조절
② 유전자의 전사 과정을 조절
③ 단백질의 합성 과정을 조절
④ 단백질의 분해 과정을 조절
⑤ 영양물질의 대사 과정을 조절

23

전사 인자를 인식하고, 인접한 유전자의 전사를 자극하는 DNA상의 특정 위치를 무엇이라고 하는가?

① 프로모터　　② 인핸서
③ 뉴클레오솜　　④ 조절 유전자
⑤ 작동 부위

24

생물체가 가진 유전자와 형질 사이의 관계를 올바르게 설명한 것은?

① 유전자의 복제에 의해 형질이 나타난다.
② 형질 발현은 생물체의 유전자 구성에 영향을 미친다.
③ 하나의 유전자로부터 하나의 폴리펩타이드만이 생성된다.
④ 유전자 발현에 의해 형질이 결정된다.
⑤ 세포 안의 모든 유전자는 동시에 발현된다.

25

진핵 세포에서 일어나는 유전자 발현의 조절 내용으로 옳지 **않은** 것은?

① 선택적 RNA 스플라이싱을 통해 하나의 전사체로부터 여러 RNA가 생성된다.
② 히스톤 단백질의 아세틸화는 전사 과정을 촉진시킨다.
③ RNA 스플라이싱은 단백질 합성 속도를 조절하기 위한 기전이다.
④ RNA의 안정성은 RNA 가공 과정에 의해 영향을 받는다.
⑤ 단백질의 선별적 분해도 유전자 발현 조절 기전 중의 하나이다.

생명 공학 기술

01

보기의 내용은 재조합 DNA 기술에서 **플라스미드**를 목적 유전자의 운반체로 사용하는 이유를 적은 것이다. 올바른 것만을 짝지은 것은?

> **보기**
> 1. 숙주 세포 내에서 스스로 복제가 가능하다.
> 2. 숙주 세포의 생존과 증식에 필수적이다.
> 3. 항생제 내성 유전자를 가지고 있다.
> 4. 제한 효소에 의해 쉽게 분해되지 않는다.
> 5. 숙주 세포 안으로 쉽게 들어간다.

① 1, 2　② 1, 3, 5　③ 2, 3, 5
④ 2, 4　⑤ 3, 4

02

세균에서 발견되는 **플라스미드**의 특징으로 옳지 **<u>않은</u>** 것은?

① 고리 모양(원형)의 DNA이다.
② 주염색체와는 달리 단일 가닥의 DNA이다.
③ 주염색체보다 크기가 작다.
④ 복제 원점을 가지고 있다.
⑤ 세포 내 여러 개가 존재할 수 있다.

03

다음 중 **제한 효소**에 대한 설명으로 옳지 **<u>않은</u>** 것은?

① DNA의 특정 염기 서열을 인식해 자른다.
② 세균이 자신을 보호하기 위해 가지는 효소이다.
③ 원핵 세포는 모두 동일한 종류의 제한 효소를 가지고 있다.
④ DNA 재조합 기술에서 목적 유전자를 자르는데 이용된다.
⑤ 같은 종류의 제한 효소로 자른 모든 DNA의 점착 말단은 동일하다.

04

특정 단백질 A를 세균 내에서 대량 생산하기 위하여 DNA 재조합 기술을 이용하고자 한다. 이때 **<u>잘못된</u>** 설명을 고르시오.

① 플라스미드와 유전자 A를 DNA 리게이스(ligase)로 붙여 재조합 DNA를 만든다.
② 유전자 A가 있는 염색체 DNA를 제한 효소로 자른다.
③ 유전자 A를 세균 내에서 대량으로 추출한다.
④ 재조합 DNA를 가지고 있는 세균만을 선별적으로 고른다.
⑤ 재조합 DNA가 있는 세균을 대량 증식시킨다.

05

재조합 DNA를 만들기 위해 가장 필요한 효소 두 가지는 다음 중 무엇인가?

> **보기**
> ㄱ. DNA 중합 효소　ㄴ. 역전사 효소
> ㄷ. 제한 효소　ㄹ. 헬리케이스
> ㅁ. DNA 리게이스

① ㄱ, ㄴ　② ㄱ, ㄷ　③ ㄴ, ㄹ
④ ㄴ, ㅁ　⑤ ㄷ, ㅁ

06

> **보기**
> 1. 재조합된 플라스미드를 숙주 세포 안으로 들어가도록 유도한다.
> 2. 진핵 세포의 유전자와 플라스미드를 연결한다.
> 3. 진핵 세포의 유전자가 삽입된 재조합 플라스미드를 포함하는 세포를 선별한다.
> 4. 플라스미드와 진핵 세포의 특정 유전자를 각각 분리한다.
> 5. 숙주 세포를 배양하여 증식시킨다.

위의 보기는 박테리아의 플라스미드(plasmid)를 이용해 진핵 세포의 특정 유전자를 클로닝하기 위한 과정이다. 순서에 맞게 재배열한 것은?

① 1-2-3-4-5　② 5-4-3-2-1　③ 3-5-2-4-1
④ 4-2-1-3-5　⑤ 2-4-1-3-5

07

재조합 DNA를 이용한 특정 유전자의 발현 과정에서 다음 실험 결과를 얻었다. 올바른 해석은 무엇인가? (엠피실린과 테트라사이클린은 각각 항생제이다.)

세균	엠피실린 배지	테트라사이클린 배지
대장균 Ⅰ	죽음	생존
대장균 Ⅱ	생존	죽음
대장균 Ⅲ	죽음	죽음

① 대장균 Ⅰ은 테트라사이클린 분해 효소를 합성한다.
② 대장균 Ⅱ는 테트라사이클린 내성 유전자를 가진다.
③ 대장균 Ⅲ는 엠피실린과 테트라사이클린을 모두 분해할 수 있다.
④ 대장균 Ⅰ, Ⅱ, Ⅲ 모두 재조합 DNA를 가지고 있다.
⑤ 대장균 Ⅰ, Ⅱ는 동일한 재조합 DNA를 가지고 있다.

08

다음 중 DNA 재조합 기술을 이용하여 특정 단백질을 세균 내에서 대량 생산하려고 한다. 이 과정에서 필수 요소가 **<u>아닌</u>** 것은?

① 숙주 세포　② 제한 효소　③ 플라스미드
④ DNA 연결효소　⑤ 역전사 효소

09

재조합 DNA 기술을 이용하여 대장균 내에서 사람 유래 인슐린 단백질을 대량 생산하기 위한 과정이다. 항생제와 항생제 내성 유전자는 어느 단계에서 이용되는가?

1. 사람 염색체 DNA를 제한 효소로 자르고 인슐린 유전자만을 분리한다.
2. 플라스미드를 동일한 제한 효소로 자른다.
3. DNA 리게이스로 ㄱ과 ㄴ의 유전자를 연결해 재조합 DNA를 만든다.
4. 대장균 숙주 세포 안으로 재조합 DNA를 주입한다.
5. 대장균 세포를 대량 배양한다.
6. 인슐린 유전자를 대량 발현시키고 인슐린을 분리, 정제한다.

① 1과 2 사이 ② 2과 3 사이 ③ 3과 4 사이
④ 4과 5 사이 ⑤ 5과 6 사이

10

다음은 단일 클론 항체 생성에 대한 설명이다. 맞으면 O, 틀리면 X로 표시하시오.

1. 단일 클론 항체는 하나의 B 림프구로부터 얻는다. ( )
2. 암세포를 이용하는 이유는 암세포가 무한 증식하기 때문이다. ( )
3. 항원을 쥐에 주사하면 체내에서 한 종류의 항체만이 만들어진다. ( )
4. B 림프구와 암세포를 융합하는 이유는 특정 B 림프구의 선별 때문이다. ( )

11

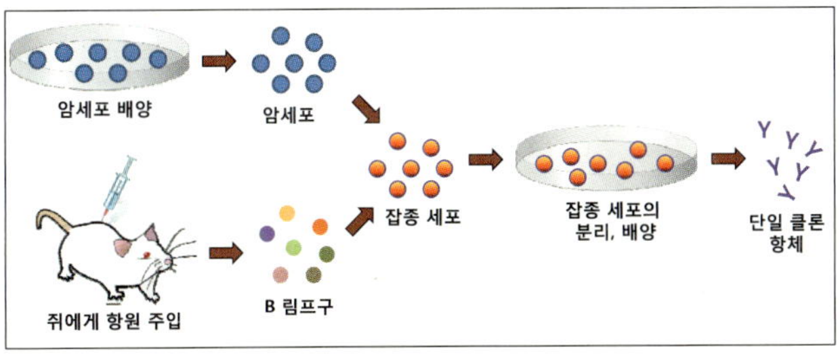

위 그림은 단일 클론 항체 생산 과정을 나타낸 것이다. 올바르지 **않은** 설명은 무엇인가?

① 단일 클론 항체는 암세포와 반응한다.
② 잡종 세포는 반영구적으로 분열한다.
③ 세포 융합 기술이 사용된다.
④ 항체는 B 림프구로부터 생성된 것이다.
⑤ 항원은 단일 클론 항체와 결합한다.

12

중합 효소 연쇄 반응(PCR)을 이용하여 DNA를 증폭하려 한다. 보기 중에서 PCR 반응에 필요한 요소를 모두 고르시오.

보기

1. dNTP	2. 플라스미드
3. ATP	4. 주형 DNA
5. DNA 연결 효소	6. 헬리케이스

13

PCR 반응에 대한 설명으로 **틀린** 것은?

① 열저항성 효소를 사용한다.
② DNA 중합 방향은 5′→3′이다.
③ 디옥시 뉴클레오타이드를 사용한다.
④ 젤 전기 영동 과정이 필요하다.
⑤ 주형 DNA의 변성 과정이 필요하다.

14

중합 효소 연쇄 반응(PCR)에 대한 설명으로 옳은 것은?

① DNA 변성 온도는 DNA 신장을 위한 온도보다 높다.
② ATP가 반응에 사용된다.
③ 프라이머는 이중 가닥의 짧은 DNA 조각이다.
④ DNA 연결 효소(리게이스)가 반응에 참여한다.
⑤ 호기성 세균에서 유래한 DNA 중합 효소를 사용한다.

15

PCR 반응에서 **프라이머**에 대한 설명으로 옳은 것은?

① RNA도 프라이머로 사용할 수 있다.
② 이중 가닥의 짧은 DNA 조각이다.
③ 서로 다른 2종류를 사용한다.
④ 목적 DNA와 공유 결합으로 붙는다.
⑤ 주형 DNA와 상보적이지 않다.

16

다음 보기는 PCR 반응 과정을 순서 없이 나열한 것이다. 올바른 순서로 재배열한 것은?

보기

1. 새로 합성된 DNA가 주형으로 작용한다.
2. 주형 DNA를 변성시킨다.
3. 프라이머와 주형 DNA가 결합한다.
4. DNA 신장(합성)이 일어난다.

① 1-2-3-4 ② 1-2-4-3 ③ 2-3-4-1
④ 3-2-4-1 ⑤ 3-4-1-2

17

위의 보기 중 섭씨 72℃ 정도에서 진행되는 과정은 무엇인가?

① 1 ② 2 ③ 3
④ 4 ⑤ 1, 2

18

세균을 이용한 재조합 DNA의 증식과 PCR을 이용한 DNA의 증폭에 있어서 반응에 필요한 구성 요소의 차이점을 보기에서 모두 고르시오. (2개)

> **보기**
> 1. dNTP 2. DNA 연결 효소
> 3. 목적 DNA 4. 제한 효소
> 5. 플라스미드

19

DNA 젤 전기 영동에 대한 설명으로 옳지 **않은** 것은?

① DNA는 양극(+)으로 이동한다.
② 이동 속도는 DNA 길이에 반비례한다.
③ DNA 절편을 크기에 따라 분리할 수 있다.
④ 길이가 긴 DNA는 짧은 것보다 음극(-)에 가깝게 위치한다.
⑤ DNA가 이동하는 이유는 염기가 전하를 가지고 있기 때문이다.

20

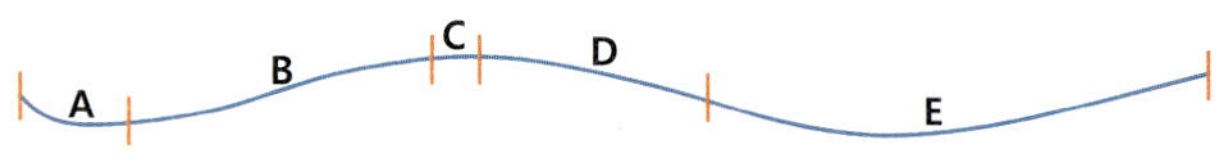

위 그림은 DNA와 이를 제한 효소로 절단한 후, 생기는 조각들을 나타낸 것이다. A~E 조각을 가지고 DNA 젤 전기 영동을 수행했을 때 음극(-)으로부터 가장 멀리 이동한 순서대로 올바르게 나열한 것은?

① A, B, C, D, E ② C, A, D, B, E
③ E, D, B, C, A ④ C, B, A, D, E
⑤ E, B, D, A, C

21

DNA 염기 서열 분석은 크게 4가지 과정으로 진행된다. 순서에 맞게 배열한 것은?

> 1. 형광 표지와 DNA 합성 종료
> 2. 전기 영동 3. DNA 합성 4. 형광 검출

① 1-2-3-4 ② 1-3-2-4 ③ 3-1-2-4
④ 1-4-3-2 ⑤ 3-2-1-4

22

그림은 범죄 현장에 떨어진 혈액, 피해자와 용의자 2명의 혈액으로부터 DNA 지문을 얻은 결과이다. 이에 대한 설명으로 옳은 것을 고르시오.

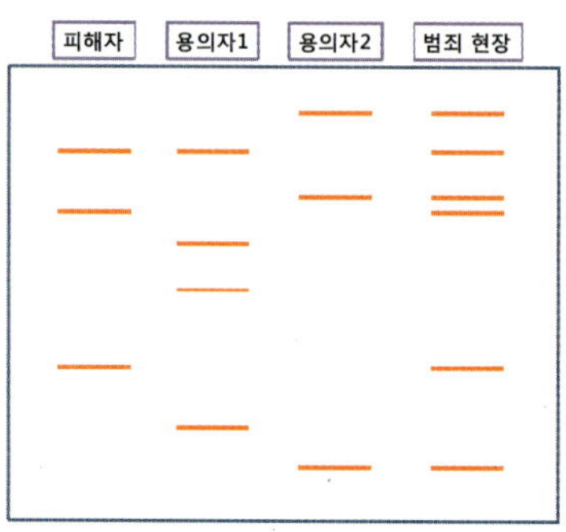

① 범인은 용의자1일 가능성이 높다.
② 범인은 용의자2일 가능성이 높다.
③ 용의자1, 2 모두 범인일 가능성이 높다.
④ 피해자의 혈액만이 범죄 현장에 떨어졌다.
⑤ 용의자1과 2는 무죄일 가능성이 높다.

23

위의 DNA 지문 결과를 얻기 위해 필요한 과정을 아래 보기에서 모두 고르시오. (3개)

> **보기**
> 1. 제한 효소 처리 2. DNA 재조합
> 3. 플라스미드 분리 4. 전기 영동
> 5. PCR 6. 형질 전환

24

배아 줄기 세포와 성체 줄기 세포에 대한 설명으로 올바른 것은?

① 배아 줄기 세포는 성체 줄기 세포와는 달리 전분화능을 가지고 있다.
② 성체 줄기 세포는 미성숙한 조직이나 기관에서 쉽게 분리할 수 있다.
③ 배아 줄기 세포는 제한된 종류의 세포로만 분화된다.
④ 성체 줄기 세포는 주로 핵치환(핵이식)법에 의해 생성된다.
⑤ 성체 줄기 세포를 이용해 복제 인간이 탄생할 수 있어 윤리적 논란이 되고 있다.

25

핵치환(핵이식) 방법에 의해 얻은 배아 줄기 세포는 장기 이식 거부 반응이 나타나지 않는 등 많은 장점을 가지고 있다. 이때 핵은 어떤 세포로부터 제공된 것인가?

① 난자 ② 체세포 ③ 수정 배아
④ 난모 세포 ⑤ 정자

26

핵치환 방법에 의해 양(수컷)을 복제하려고 한다. 다음 보기에서 필요한 요소를 모두 고르시오.

> **보기**
> 1. 수컷의 체세포 2. 수컷의 정자
> 3. 암컷의 난모 세포 4. 수컷의 성체 줄기 세포
> 5. 암컷의 체세포 6. 대리모

① 1, 2, 3, 6 ② 1, 3, 4, 6 ③ 1, 3, 6
④ 2, 3, 5, 6 ⑤ 2, 5, 6

27

환자의 치료 목적으로 줄기 세포를 이용하려고 한다. 이때 성체 줄기 세포는 배아 줄기 세포보다 이점을 가지고 있다. 이러한 이점을 올바르게 설명하고 있는 것은?

① 성체 줄기 세포는 여러 종류의 다양한 세포로 분화할 수 있다.
② 성체 줄기 세포로부터 얻은 장기는 환자에게 이식 후, 거부 반응이 없다.
③ 성체 줄기 세포로부터 얻은 장기는 이식 후, 증식이 빠르게 일어난다.
④ 성체 줄기 세포는 신체 조직으로부터 대량으로 얻을 수 있다.
⑤ 성체 줄기 세포는 환자와 다른 유전자를 가지고 있어 활용도가 높다.

생명의 기원

01

원시 지구의 대기에 존재하는 무기물로부터 에너지 공급과 화학 반응에 의해 유기물이 생성되었을 것으로 여겨진다. 이러한 **에너지 공급원**으로서 적당하지 **않은** 것은?

① 번개 ② 화산 활동 ③ 오존
④ 자외선 ⑤ 방사선

02

보기는 지구상에 생물의 출현과 환경 변화에 대한 가설을 순서 없이 나열한 것이다. 진화의 단계와 시간 순서에 맞게 배열한 것은?

보기
1. 독립 영양 생물 출현(광합성 생물)
2. 유기물 감소, CO_2 증가
3. 무산소 종속 영양 생물 출현
4. 산소 호흡 종속 영양 생물 출현
5. 유기물 증가, O_2 증가
6. 에너지를 이용한 유기물의 생성

03

다음 중 원시 지구의 대기에서 가장 존재하기 **어려운** 기체는 무엇으로 예상하는가?

① N_2 ② CO_2 ③ NH_3
④ O_2 ⑤ H_2O

04

밀러와 유리가 1953년 원시 지구 대기 상태를 모방한 실험에서 얻은 결론으로 옳은 것은?

① 생명체는 무생물의 화학 물질로부터 진화해왔다.
② 코아세르베이트는 최초의 원시 생명체이다.
③ 원시 지구의 대기 성분으로부터 간단한 유기물이 합성될 수 있다.
④ 간단한 유기물을 이용해 복잡한 유기물을 합성할 수 있다.
⑤ 생명체가 만들어지려면 먼저 중합체가 생성되어야 한다.

05

다음 중 생명체만이 가지고 있는 특징으로 적절치 **못한** 것은? (2개)

① 발생 ② 물질 이동 ③ 물질 대사
④ 유전 ⑤ 생장

06

코아세르베이트나 마이크로스피어의 공통적 특성으로 옳지 **않은** 것은? (2개)

① 분열 ② 생장 ③ 에너지생성
④ 물질 흡수 ⑤ 2중층의 막 구조

07

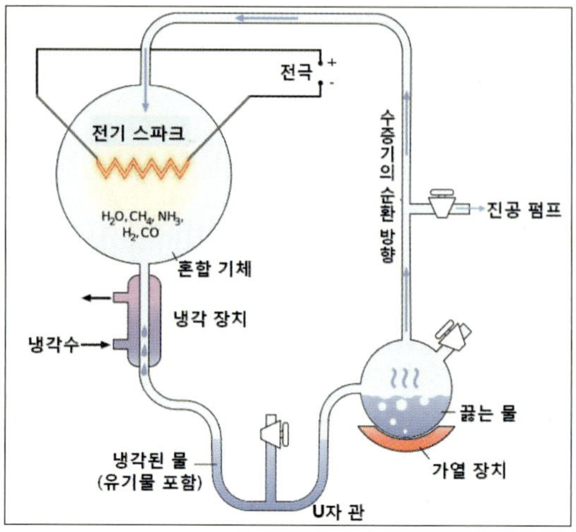

그림은 밀러-유리의 실험 장치를 나타낸 것이다. 이에 대한 설명으로 **잘못된** 것은?

① 실험 결과, 혼합 기체의 암모니아 농도는 감소했다.
② 냉각된 물에서는 아미노산과 염기가 발견되었다.
③ 물을 끓이는 이유는 원시 상태의 고온을 유지하기 위해서이다.
④ 전기 방전은 유기물 합성을 위한 에너지원으로 쓰였다.
⑤ 혼합 기체의 성분은 원시 지구의 대기 상태를 모방한 것이다.

08

위의 밀러-유리 실험에서 사용한 원시 지구 모형에 해당하지 **않는** 것은?

① 번개 에너지 ② 고온 ③ 원시 대기
④ 원시 바다 ⑤ 환원 기체

09

진핵생물의 구조를 진화적으로 설명하기 위한 **세포 내 공생설**(endosymbiosis theory)에 대한 설명으로 옳지 **않은** 것은?

① 진핵 세포 내 미토콘드리아, 핵, 엽록체 등 소기관의 기원을 설명하는 가설이다.
② 원핵 세포들이 숙주 세포에 침입한 후, 공생 관계를 이루었다고 설명한다.
③ 미토콘드리아는 호기성 세균으로부터 유래했다고 설명한다.
④ 숙주 세포는 원래 혐기성이었으나 호기성 호흡으로 진화했다고 설명한다.
⑤ 호기성 세균이 광합성 세균보다 먼저 숙주 세포와 공생 관계를 형성했다고 설명한다.

10

세포 내 공생설의 증거로서 적당하지 **<u>않은</u>** 것은?

① 세균과 마찬가지 방식으로 독립적으로 증식한다.
② 세포막과 같은 단일막 구조를 가진다.
③ 리보솜의 크기와 특성이 원핵 세포와 유사하다.
④ 독자적인 DNA를 가지고 있다.
⑤ 소기관 내에서 독자적인 단백질 합성이 가능하다.

11

다음 보기 중에서 생명체만이 나타낼 수 있는 특징으로 가장 적합한 것은? (2개)

보기
1. 외부 충격에 의한 화학 평형의 이동
2. 구조의 복잡성
3. 자발적 개체의 이동
4. 물질 대사를 통한 에너지 생성
5. 분열과 부피 성장
6. 물질 흡수

12

생명체의 가장 큰 특징 중 하나는 유전 물질을 통한 번식이라 할 수 있다. 진화 과정에서 최초로 탄생한 유전 물질은 RNA일 것으로 예상된다. 이에 대한 근거로 적절치 **<u>않은</u>** 것은?

① RNA는 DNA에 비해 길이가 짧고 쉽게 합성이 가능하다.
② 일부 RNA는 효소의 촉매 기능을 가지고 있다.
③ RNA는 DNA와 달리 단일 가닥으로 다양한 구조 형성이 가능하다.
④ RNA는 스스로 상보적 복제가 가능하다는 것이 실험적으로 밝혀졌다.
⑤ RNA는 화학적으로 DNA보다 불안정하여 분해가 빨리 일어난다.

13

지구상에 생물체가 진화하는 과정에서 **남세균**(남조류)의 출현이 중요한 의미를 가진다. 그 이유는 무엇인가?

① 남세균의 출현은 세포 내 공생설을 뒷받침하는 증거이다.
② 남세균으로 인해 원시 지구 대기에서 암모니아의 농도가 감소하였다.
③ 남세균의 광합성으로 대기 중의 산소 농도가 증가하였다.
④ 남세균으로 인해 무산소 종속 영양 생물의 출현이 가능해졌다.
⑤ 남세균으로 인해 원시 바다에 유기물 농도가 감소하였다.

14

다음 중 형태와 기능면에서 생물체의 **세포막**과 가장 유사한 것은?

① 리포솜(liposome)　② 콜로이드
③ 코아세르베이트　④ 마이크로스피어
⑤ 바이러스의 단백질 껍질

15

원시 생명체가 처음으로 지구상에 출현할 당시 지구 대기의 상태를 가장 잘 설명하고 있는 것은?

① 산화된 기체가 풍부한 상태
② 환원된 기체가 풍부한 상태
③ 산소가 풍부한 상태
④ 유기물이 풍부한 상태
⑤ 원시 수프의 상태

16

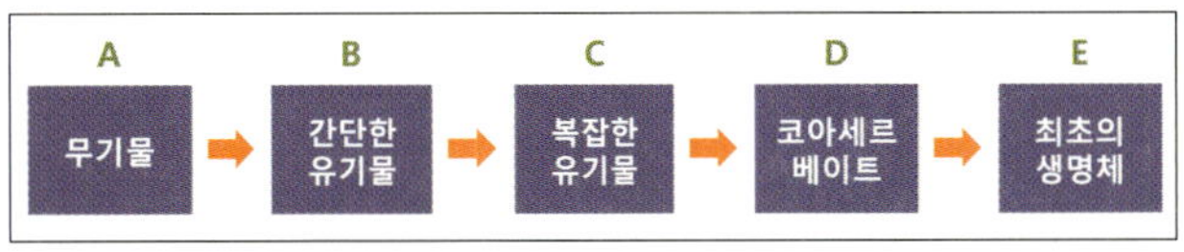

그림은 1936년 오파린(A.I. Oparin)과 할데인(J.B.S. Haldane)이 주장한 생명체의 출현을 단계별로 나타낸 것이다. 이에 대한 설명으로 **<u>틀린</u>** 것은?

① 위의 과정을 화학 진화설이라고 하며 밀러-유리의 실험으로 증명되었다.
② C에는 단백질, 핵산, 지질 등이 포함된다.
③ B에는 아미노산과 알데하이드 등의 유기 화합물이 포함된다.
④ D는 마이크로스피어와 여러 가지 공통점을 가지고 있다.
⑤ A의 주된 성분은 암모니아, 메테인과 같은 환원 기체들이다.

17

지구상에 처음 출현한 생명체의 상태를 가장 잘 설명하고 있는 것은?

① 광합성이 가능한 독립 영양 생물
② 무산소 호흡을 하는 독립 영양 생물
③ 광합성이 가능한 종속 영양 생물
④ 산소 호흡을 하는 독립 영양 생물
⑤ 무산소 호흡을 하는 종속 영양 생물

18

지구상에서 일어난 생명체의 진화 과정을 바탕으로 추론했을 때, 다음 화학 반응이 나타난 순서로 가장 적당한 것은?

① 해당 작용→산소 호흡→광합성
② 광합성→해당 작용→산소 호흡
③ 산소 호흡→광합성→해당 작용
④ 해당 작용→광합성→산소 호흡
⑤ 광합성→산소 호흡→해당 작용

19

생명체의 출현과 진화 과정에서 지구 대기에 산소 농도 증가가 끼친 영향이라고 볼 수 **없는** 것은?

① 육상 생물의 출현이 가능해졌다.
② 산소 호흡 종속 영양 생물이 출현했다.
③ 혐기성 생물의 개체 수가 줄어들었다.
④ 세포의 에너지 효율이 증가하였다.
⑤ 광합성 생물의 개체 수가 증가하였다.

20

생명체의 탄생과 진화 과정에서 원시 지구 대기에 산소가 존재했다면 화학 진화를 통한 세포의 출현이 불가능해졌을 것이다. 그 이유는 무엇인가?

① 산소의 독성으로 세포가 죽었기 때문이다.
② 산소의 화학 반응으로 에너지원이 감소했기 때문이다.
③ 산소로 인해 대부분의 유기물이 산화되었기 때문이다.
④ 산소로 인해 환원성 기체가 산화성 기체로 바뀌었기 때문이다.
⑤ 산소로 인해 대기의 온도가 떨어졌기 때문이다.

21

생물은 단세포 진핵생물에서 다세포 진핵생물로 진화했을 것으로 예상된다. 이에 대해 다세포 진핵생물이 가진 이점이라고 할 수 **없는** 것은?

① 생명 활동에 필요한 다양한 기능들을 분업화할 수 있다.
② 구조와 기능이 다양한 조직이나 기관을 만들 수 있다.
③ 산소 호흡으로 더 많은 에너지를 생산해 낼 수 있다.
④ 돌연 변이로부터 생물체를 좀 더 효과적으로 방어할 수 있다.
⑤ 물질 이동 등의 효율은 높으면서도 큰 몸을 가질 수 있다.

생물의 진화

01

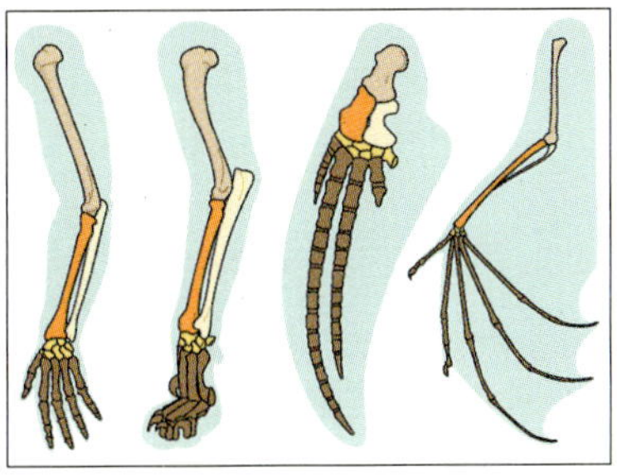

그림은 몇 종의 척추 동물에서 앞다리 구조만을 나타낸 것이다. 이를 지칭하는 용어로 옳은 것은?

① 유연 기관 ② 유사 기관 ③ 상동 기관
④ 상사 기관 ⑤ 흔적 기관

02

위의 그림에서 척추 동물이 그림과 같은 구조를 가지게 된 원인은 무엇인가?

① 같은 목적과 기능을 가지기 때문이다.
② 이들 종이 공통 조상을 가지기 때문이다.
③ 이들 종이 동일한 유전자를 가지기 때문이다.
④ 이들 종이 수렴 진화했기 때문이다.
⑤ 이들 종의 앞다리가 상사 기관이기 때문이다.

03

위 그림이 생물의 진화 과정에서 의미하는 바를 보기에서 올바르게 고른 것은?

보기
1. 해부적으로 같은 기관이 다른 기능을 가진 기관으로 진화했다.
2. 생물의 기원이 같더라도 환경에 따라 모양과 기능이 달라졌다.
3. 계통적으로 관련이 없으나 같은 기능을 가진 기관으로 진화했다.
4. 공통의 조상을 가지나, 지리적으로 떨어져 있어 다른 종으로 진화했다.

① 1, 2 ② 1, 2, 3 ③ 2, 3
④ 2, 3, 4 ⑤ 2, 4

04

다음 글의 내용에 해당하는 **진화론적 용어**는 무엇인가?

한 무리의 생쥐가 살고 있는 서식지에 어느 날 강이 생겨 서식지가 두 개의 영역으로 분리되었으며 각 지역 간의 교류가 없었다. 오랜 세월이 지난 후, 한 영역의 생쥐는 크기가 작고 좀 더 흰색을 띄었으며 다른 쪽의 생쥐들은 크고 갈색을 띠게 되었다.

① 수렴 진화 ② 자연선택 ③ 적응 방산
④ 상동성 ⑤ 유연 관계

05

곤충과 날다람쥐는 포식자를 피하기 위해 진화 과정 상 다리 사이에 날개(A)와 활강에 유리한 날개(막) 구조(B)를 발달시켰다. 이에 대한 설명으로 옳은 것은?

① A와 B는 상동 기관이다.
② 적응 방산의 예라고 할 수 있다.
③ 정향 진화에 의해 A와 B가 발달했다.
④ 종 분화가 일어났다.
⑤ 수렴 진화이다.

06

곤충과 날다람쥐는 포식자를 피하기 위해 다리 사이에 활강에 유리한 날개(막) 형태의 구조를 진화 과정에서 발달시켜 왔다. 이것은 다음 중 진화의 어떠한 예에 해당하는가?

① 적응 방산 ② 상동 기관 ③ 수렴 진화
④ 흔적 기관 ⑤ 공통 조상

07

다음 중 **생물 진화의 증거**로서 가장 강력하고 직접적인 도구가 되는 것은?

① 염색체 개수 ② DNA 염기 서열
③ 화석 ④ 단백질 아미노산 서열
⑤ 혈청 단백질의 조성

08

사람의 팔, 박쥐의 날개, 고래의 지느러미는 같은 골격 구조를 가지고 있다. 이것은 다음 중 어떤 이유 때문인가?

① 모두 같은 기능, 같은 목적으로 쓰이는 기관이기 때문이다.
② 모두 공통 조상으로부터 분화했기 때문이다.
③ 모두 같은 염색체 구조를 가지고 있기 때문이다.
④ 팔, 날개, 지느러미에 해당하는 유전자의 염기 서열이 같기 때문이다.
⑤ 같은 목적으로 사용되면서 얻은 획득 형질이기 때문이다.

09

다윈(C. Darwin)은 갈라파고스 군도에서 핀치(Finch) 새를 관찰하던 중, 부리의 모양이 각 섬마다 조금씩 다르다는 것을 발견했다. 오늘날 이것은 생물 진화의 어떤 증거로 사용되고 있는가?

① 비교해부학적 증거 ② 발생학적 증거
③ 분자생물학적 증거 ④ 생물지리학적 증거
⑤ 계통학적 증거

10

다음 중 생물 진화의 **분자생물학적 증거**로서 적당하지 **않은** 것은?

① 사람과 침팬지의 DNA 염기 서열은 약 98% 유사하다.
② 사람과 거북이의 사이토크롬 c 단백질의 아미노산 서열은 매우 다르다.
③ 사람과 고릴라는 초기 배아의 모양에 많은 공통점이 있다.
④ 혈청 침강 반응을 통해 사람과 개의 유연관계를 분석할 수 있다.
⑤ 원핵 생물의 16S rRNA 염기 서열 분석으로 종간의 유연관계를 밝힐 수 있다.

11

혈청 침강 반응을 통해 사람과 여러 동물(비교 동물)간의 유연관계를 분석하고자 한다. 이때, 준비물로서 혈청 단백질에 대한 항체가 필요하다. 이러한 항체를 만들기 위한 항원과 항체를 생성하는 주체를 올바르게 짝지은 것은?

① 항원: 사람의 혈청 단백질, 항체 생성: 토끼
② 항원: 토끼의 혈청 단백질, 항체 생성: 사람
③ 항원: 비교 동물의 혈청 단백질, 항체 생성: 토끼
④ 항원: 사람의 혈청 단백질, 항체 생성: 비교 동물
⑤ 항원: 토끼의 혈청 단백질, 항체 생성: 비교 동물

12

보기는 인류의 진화와 관련된 화석을 열거한 것이다. 지구상에 출현한 시기가 오래된 순서대로 배열하시오.

보기
ㄱ. 오스트랄로피테쿠스
ㄴ. 호모 하빌리스
ㄷ. 사헬란트로푸스 차덴시스
ㄹ. 호모 에렉투스
ㅁ. 네안데르탈인
ㅂ. 호모 사피엔스

13

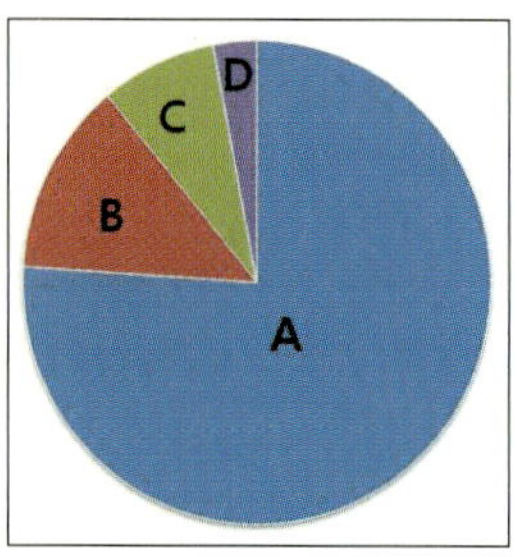

A~D는 지구의 지질 시대를 시간 순서에 맞게, 지속된 기간을 상대적 크기로 표현한 것이다. 다음 설명 중 옳지 **않은** 것은?

① A: 대기 산소 농도가 증가하고 다세포 생물이 출현했다.
② B: 해양 생물이 크게 번성하던 시기이다.
③ B: 최초의 육상 동물이 나타났다.
④ C: 공룡이 크게 번성하던 시기이다.
⑤ D: 포유류가 최초로 나타났으며 인류도 이때 출현했다.

14

다음 내용은 위 그림에서 A~D 시기에 일어났던 생물 진화의 큰 사건들을 기술한 것이다. A~D 중 내용에 맞는 기호를 쓰시오.

1. 판게아(Pangea) 대륙의 형성으로 해양 생물의 대멸종이 일어났다. ( )
2. 시조새가 출현했으며 파충류로부터 조류가 진화했음을 추정할 수 있다. ( )
3. 공룡의 대부분이 멸종하였으며 속씨 식물이 최초로 나타났다. ( )

15

다음 중 **지질 시대**를 시간 순서에 맞게 나열한 것은?

① 고생대 - 중생대 - 신생대 - 시생 이언 - 원생 이언
② 원생 이언 - 시생 이언 - 고생대 - 중생대 - 신생대
③ 시생 이언 - 원생 이언 - 고생대 - 중생대 - 신생대
④ 고생대 - 중생대 - 신생대 - 원생 이언 - 시생 이언
⑤ 원생 이언 - 고생대 - 중생대 - 신생대 - 시생 이언

16

다음은 지질 시대별 **표준 화석**을 열거한 것이다. 보기에서 알맞은 기호를 찾아 넣으시오.

보기
1. 선캄브리아대 2. 고생대
3. 중생대 4. 신생대

ㄱ. 암모나이트: ㄴ. 갑주어:
ㄷ. 스트로마톨라이트: ㄹ. 메머드:
ㅁ. 삼엽충: ㅂ. 시조새:

17

다음 보기에서 **중생대**(Mesozoic era)에 일어났던 사건이 **아닌** 것은? (2개)

보기
ㄱ. 포유류가 최초로 출현했다.
ㄴ. 공룡이 번성했다.
ㄷ. 대부분의 공룡이 멸종했다.
ㄹ. 겉씨 식물이 최초로 출현했다.
ㅁ. 인류가 최초로 나타났다.

① ㄱ, ㄷ ② ㄱ, ㅁ ③ ㄴ, ㄹ
④ ㄷ, ㅁ ⑤ ㄹ, ㅁ

18

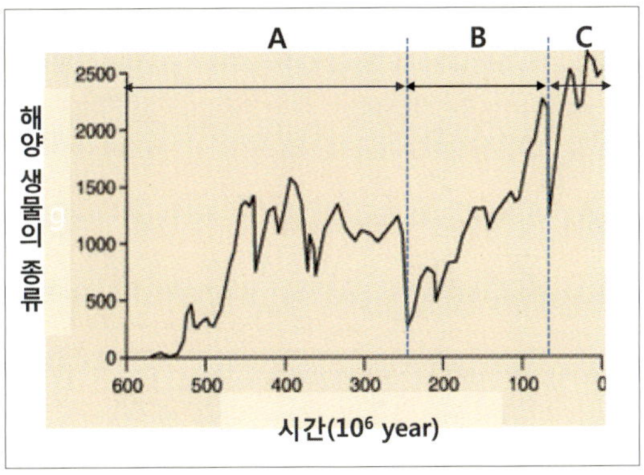

그림은 지구의 지질 시대에 따른 해양 생물의 수적 다양성을 나타낸 것이다. 다음 설명 중 옳은 것은?

① 암모나이트는 A 시대의 표준 화석이다.
② 삼엽충은 B 시대의 표준 화석이다.
③ B 시대 말 해양 생물이 급격히 감소한 원인은 판게아 형성 때문이다.
④ A 시대에 육상 동물이 출현했다.
⑤ C 시대에 속씨 식물이 최초로 나타났다.

19

과학자들은 지구의 탄생을 약 46억년 전으로 예측하고 있다. 46억년의 지구 역사를 12개월로 압축하여 나타내면 다음과 같다.

01월 01일: 지구 탄생
04월 30일: 최초의 생명체가 나타남
11월 29일: 최초의 육상 식물이 출현함
12월 18일: 파충류가 번성함
12월 27일: 포유류가 번성함
12월 31일: 화석 인류가 최초로 나타남

위의 연대기를 기초로 다음 내용 중 옳은 것은?

① 12월 27일: 네안데르탈인이 지구상에 나타났다.
② 01월 03일: DNA 분자가 만들어졌다.
③ 06월 25일: 최초의 진핵생물이 출현하였다.
④ 04월 30일: 최초의 독립 영양 생물이 나타났다.
⑤ 12월 19일: 척추 동물이 나타나기 시작했다.

20

불을 사용한 최초의 **화석 인류**는 다음 중 무엇인가?

① 네안데르탈인 ② 호모 에렉투스
③ 호모 하빌리스 ④ 오스트랄로피테쿠스
⑤ 호모 에르가스터

21

다음 중 **인류의 진화 과정**에 대한 설명으로 옳은 것은?

① 호모 에렉투스는 직립 보행을 하는 최초의 화석 인류이다.
② 네안데르탈인은 현생 인류의 직접적인 조상이다.
③ 호모 하빌리스는 정교한 도구를 사용했을 것으로 추정된다.
④ 오스트랄로피테쿠스의 두개골 구조는 현생 인류와 유사하다.
⑤ 호모 에르가스터는 사람(Homo)속에 속하는 최초의 화석 인류이다.

22

한 무리의 사슴이 우연한 사건을 계기로 바다를 사이에 두고 두 무리로 나뉘어 서로 떨어져 오랜 시간 동안 격리된 채 살게 되었다. 이때 이들 개체군에서 일어날 수 있는 진화 현상을 설명하는 용어로 적절치 <u>**않은**</u> 것은?

① 상동 기관 ② 종 분화 ③ 수렴 진화
④ 환경 변이 ⑤ 자연선택

23

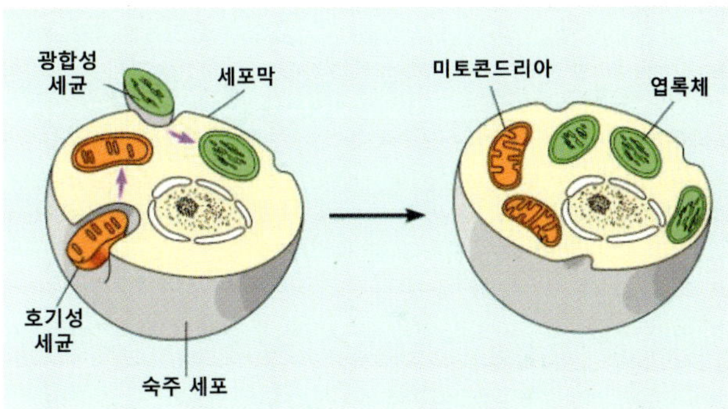

그림은 엽록체의 **세포 내 공생설**(광합성 원핵 세포가 진핵 세포 내에서 엽록체로 분화)을 나타낸 것이다. 이를 뒷받침하는 내용으로 옳지 <u>**않은**</u> 것은?

① 엽록체는 독자적으로 증식할 수 있다.
② 엽록체는 자체의 DNA를 가지고 있다.
③ 엽록체와 원핵 세포는 둘 다 2중막 구조이다.
④ 엽록체는 독립적으로 단백질 합성이 가능하다.
⑤ 엽록체의 DNA와 리보솜은 원핵 세포와 유사하다.

24

생물의 진화 과정에서 환경 적응에 유리한 형질을 가진 개체에 의해 나타나는 현상으로 가장 타당한 것은 다음 중 무엇인가?

① 개체군 내의 유전자 풀에 변화가 생긴다.
② 다른 개체보다 다음 세대에 형질을 물려줄 가능성이 높다.
③ 종(species)이 가진 특성이 복잡해진다.
④ 새로운 종으로 분류된다.
⑤ 유전적 평형 상태가 오랜 시간 동안 유지된다.

생물의 분류와 진화

01

종속 영양 생물과 독립 영양 생물을 모두 포함하는 **계(kingdom)**를 위의 보기에서 모두 고르시오. (2개)

보기		
① 균(fungi)계	② 세균계	③ 원생생물계
④ 동물계	⑤ 식물계	

02

어떤 생물은 하나의 개체가 주변 환경에 따라 종속 영양이나 독립 영양을 선택해서 살아간다. 이러한 개체군을 포함하는 계를 위의 보기에서 고르시오.

03

다음 설명에 해당하는 계를 위의 보기에서 고르시오.

ㄱ. 다세포 구조이다.	ㄴ. 독립 영양 생물이다.
ㄷ. 생식 기관을 가지고 있다.	

04

다음 중 생물의 분류 단계에 대한 설명으로 옳지 **않은** 것은?

① 총 8단계로 분류한다.
② 3개의 역(domain)이 존재한다.
③ 상위 단계로 갈수록 생물들의 종류가 다양해진다.
④ 하위 단계로 갈수록 생물들 간의 유연관계가 멀어진다.
⑤ 최상위 단계는 역(domain)이다.

05

늑대의 학명은 *Canis lupis*이다. 이때 *lupis*는 무엇을 의미하는가?

① 속(genus) ② 계(kingdom) ③ 종의 특징
④ 역(domain) ⑤ 과(family)

06

다음 중 **이명법**을 바탕으로 종(species)을 표시한 학명으로 가장 올바른 것은?

① *meleagris gallopavo* ② *Meleagris Gallopavo*
③ Meleagris Gallopavo ④ Meleagris gallopavo
⑤ *Meleagris gallopavo*

07

같은 **강(class)**에 속하는 2마리의 달팽이가 있다. 2마리의 개체는 다음 중 무엇이 또 같은가?

① 문(phylum) ② 목(order) ③ 종(species)
④ 속(genus) ⑤ 과(family)

08

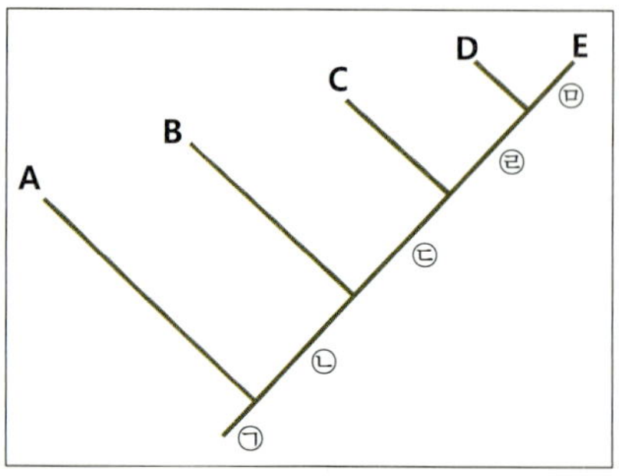

그림은 생물의 이론적인 **계통수**를 나타낸 것이다. 유연관계가 가장 가까운 짝은 다음 중 무엇인가?

① A와 B ② B와 C ③ C와 D
④ D와 E ⑤ A와 E

09

위의 A~E에서 나머지 생물종이 공유하고 있는 공통적인 특징을 반드시 가지고 있는 생물종은?

10

위 그림에 대한 설명으로 옳은 것은? (㉠~㉤은 분류상의 특징을 나타낸 것이다.)

① A는 가장 많은 개체수를 가진 생물종이다.
② A와 E는 공통적인 특징이 존재하지 않는다.
③ B는 ㉡의 특징만을 가진다.
④ B와 C는 ㉡의 특징을 공통으로 가진다.
⑤ (C와 D)는 (D와 E)보다 유연관계가 가깝다.

11

어떤 생물의 학명이 *Bacillus cereus*이다. 이것과 **유연관계**가 가장 가까운 생물은 다음 중 무엇인가?

① *Cereus bacillus* ② *Bacillus strigiformus*
③ *Strigiformus bacillus* ④ *Cereus strigiformus*
⑤ *Strigiformus cereus*

12

생물 분류 계급에 속한 생명체들 사이에 공통점이 가장 **적은** 단계는 다음 중 무엇인가?

① 종(species) ② 목(order) ③ 과(family)
④ 문(phylum) ⑤ 계(kingdom)

13

같은 **속(genus)**에 속하는 2개의 식물이 있다. 이에 대한 설명으로 옳은 것은?

① 둘 다 같은 과(family)에 속한다.
② 둘 다 같은 종(species)에 속한다.
③ 같은 잎사귀 모양을 가지고 있다.
④ 같은 문(phylum)에 속하지 않는다.
⑤ 둘 다 서식지가 같다.

14

다음 중 유연관계가 **멀** 가능성이 가장 높은 것은 무엇인가?

① 같은 역에 속하고 계가 다른 두 생물
② 같은 속에 속하고 종이 다른 두 생물
③ 같은 강에 속하고 과가 다른 두 생물
④ 같은 역에 속하고 문이 다른 두 생물
⑤ 같은 계에 속하고 종이 다른 두 생물

15

과(family)는 보통 2개 이상의 (　　)으로(로) 분류할 수 있다. 괄호 안에 알맞은 말은?

① 속(genus)　② 목(order)　③ 종(species)
④ 문(phylum)　⑤ 강(class)

	사람	침팬지	고릴라	긴팔원숭이	붉은털원숭이
사람	0	0	1	3	8
침팬지	0	0	1	3	8
고릴라	1	1	0	4	8
긴팔원숭이	3	3	4	0	8
붉은털원숭이	8	8	8	8	0

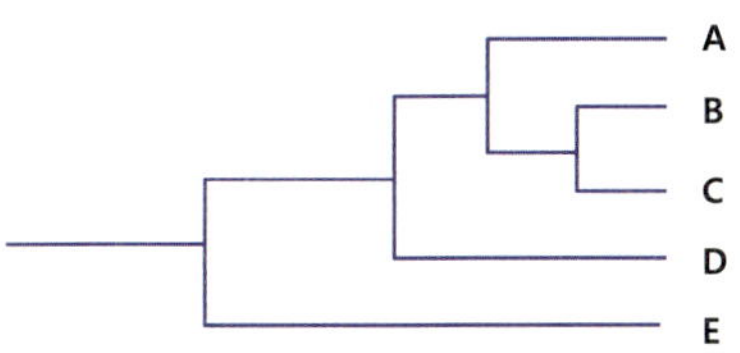

생물 진화 과정상의 유연관계를 알아보기 위해서는 DNA 염기 서열이나 헤모글로빈 단백질의 아미노산 서열을 흔히 이용한다. 위의 표와 그림은 영장류 5종의 헤모글로빈 아미노산 서열을 비교하여 상대적인 차이를 나타낸 것이며 이를 바탕으로 계통수를 그린 것이다.

16

계통수 그림에서 A와 E에 해당하는 영장류는 각각 무엇인가?

A:　　　　　　　　E:

17

사람은 A~E 중 어디에 해당하는가?

18

위의 실험 결과를 보충하기 위하여 사람의 혈청 단백질(A)에 대한 항체를 이용하여 혈청 침강 반응을 수행하였다. 그림 B~E 중에서 항체를 첨가했을 때, 가장 높은 침강률(%)과 가장 낮은 침강률을 나타내는 시험관은 각각 무엇인가? (시험관에는 각 영장류의 혈청이 들어있다.)

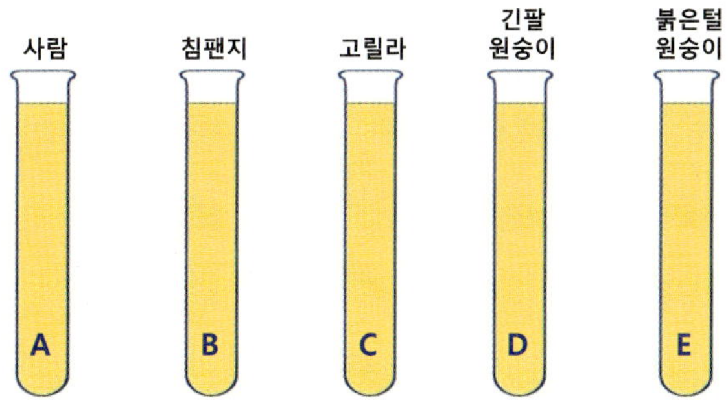

19

위의 표와 계통수를 바탕으로 판단했을 때, 가장 최근에 공통 조상을 공유하는 영장류는 다음 중 무엇인가?

1. 사람과 고릴라	2. 고릴라와 침팬지
3. 사람과 긴팔원숭이	4. 긴팔원숭이와 붉은털원숭이

① 1　② 1, 2　③ 1, 3
④ 2, 4　⑤ 4

20

위의 실험 결과와 계통수에 대한 내용 중 옳은 것은?

① 사람은 침팬지로부터 진화했다.
② 사람과 붉은털원숭이의 유연관계는 침팬지와 붉은털원숭이의 관계보다 멀다.
③ 사람과 붉은털원숭이는 공통 조상으로부터 각각 진화했다.
④ 고릴라는 사람과 침팬지의 공통 조상이라 할 수 있다.
⑤ 긴팔원숭이와 붉은털원숭이는 공통 조상이 존재하지 않는다.

21

표는 사람과 침팬지에 공통으로 존재하는 단백질 3종의 아미노산 서열을 비교해서 나타낸 것이다.

단백질	아미노산 서열의 차이	단백질의 아미노산 개수
헤모글로빈(β-사슬)	0	579
마이오글로빈	1	153
사이토크롬 c	0	104

위의 결과로부터 내린 결론 중 가장 타당한 것은?

① 현생 인류가 지구상에 출현했을 때 침팬지도 같이 출현했다.
② 사람과 침팬지는 DNA 복제, RNA 전사, 유전자 발현 과정이 동일하다.
③ 3종의 단백질에 해당하는 유전자 염기 서열이 사람과 침팬지가 동일하다.
④ 사람과 침팬지는 동일한 유전체를 가지고 있다.
⑤ 사람과 침팬지의 진화 과정상 유연관계가 가깝다.

22

진화 과정에서 생물들간의 유연관계를 밝히기 위해 여러 분자생물학적 방법이 이용되고 있다. 이에 대한 예로 옳지 <u>**않은**</u> 것은?

① 염색체수와 형태(핵형)가 비슷할수록 유연관계가 가깝다.
② 16S rRNA의 염기 서열이 비슷할수록 유연관계가 가깝다.
③ 유전체의 유사성이 높을수록 유연관계가 가깝다.
④ 사이토크롬 c 단백질의 아미노산 서열이 비슷할수록 유연관계가 가깝다.
⑤ 유전자 DNA의 염기 서열이 비슷할수록 유연관계가 가깝다.

23

사람의 신체 구조는 침팬지나 오랑우탄 등의 유인원과 매우 유사하다. 이러한 유사성에 대한 설명으로 가장 타당한 것은 다음 중 무엇인가?

① 유인원으로부터 사람이 종 분화되었기 때문이다.
② 사람으로부터 유인원이 종 분화되었기 때문이다.
③ 사람과 유인원은 공통 조상으로부터 분화되었기 때문이다.
④ 사람은 유인원의 조상인 네안데르탈인으로부터 진화했기 때문이다.
⑤ 사람과 유인원은 동일한 DNA 염기 서열을 가지고 있기 때문이다.

24

서로 다른 두 개체가 공통의 조상으로부터 갈라져 나와 진화했음을 나타내는 가장 강력한 증거는 다음 중 무엇인가?

① 두 개체가 수렴 진화의 양상을 나타낸다.
② 두 개체의 유전체 염기 서열이 서로 유사하다.
③ 두 개체가 진화 과정에서 환경에 의한 자연선택의 증거들을 보여주고 있다.
④ 두 개체가 상사 기관을 가지고 있다.
⑤ 두 개체가 동일한 개수의 염색체 쌍을 가지고 있다.

생물의 다양성
세균역, 고세균역, 진핵생물역

01

다음에서 세균역과는 다른 고세균역만의 특징을 모두 고르시오. (3개)

1. 100℃ 이상에서 생존하는 고세균이 있다.
2. 세포벽 구성 성분이 세균역과는 다르다.
3. 세포막에 지질 성분이 없다.
4. 세포 내 막구조를 가진 소기관이 존재한다.
5. 분자생물학적으로 진핵생물과 유연관계가 가깝다.

02

다음 표는 세균역, 고세균역, 진핵생물역의 특징을 비교한 것이다. 옳지 **않은** 것은?

특징	세균역	고세균역	진핵생물역
①세포 구조	단세포	단세포	다세포
②염색체 구조	원형	원형	선형
③핵막	없다	없다	있다
④세포벽의 펩티도글리칸	있다	없다	없다
⑤히스톤-DNA 복합체	없다	일부 있다	있다

03

세균계의 특징에 대한 설명으로 옳지 **않은** 것은?

① 종속 영양 세균의 탄소원은 다른 생물의 유기물이다.
② 종속 영양 세균은 분해자로서 물질 순환에 기여한다.
③ 독립 영양 세균은 모두 광합성을 통해 유기물을 합성한다.
④ 세균은 영양방식과 세포의 모양에 따라 분류한다.
⑤ 세균은 모두 단세포 원핵생물이다.

04

원핵생물과는 다른 **원생생물**만의 특징으로 옳은 것을 모두 고르시오. (2개)

① 편모나 섬모를 가지고 있다.
② 핵막을 가지고 있다.
③ 다세포 생물이다.
④ 포자를 만드는 원생생물이 존재한다.
⑤ 군체를 형성하는 종이 있다.

05

다음 중 단세포, 다세포, 군체, 광합성 등의 특징을 모두 가지는 진핵생물은 무엇인가?

① 녹조류 ② 균류 ③ 남세균
④ 유글레나 ⑤ 트리파노소마

06

원생생물이 가진 공통적 특징 중에서 나머지와 다른 하나는 무엇인가?

① 유글레나류 ② 규조류 ③ 갈조류
④ 포자충류 ⑤ 녹조류

07

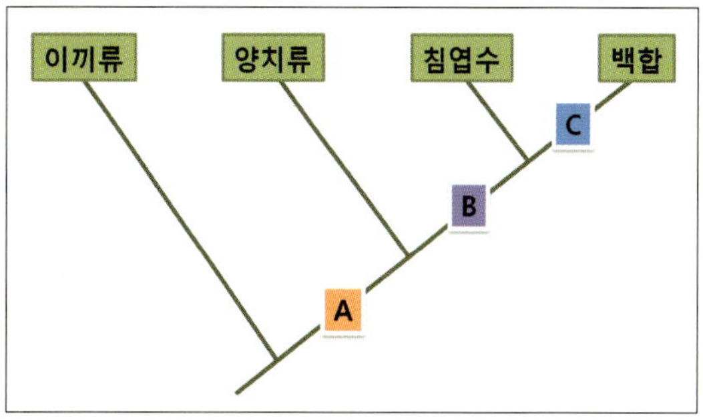

그림은 4종류 식물의 계통수를 나타낸 것이다. A, B, C에 해당하는 특징을 순서대로 올바르게 나열한 것은?

① 씨방-포자-꽃 ② 포자-관다발-씨방
③ 꽃-포자-씨방 ④ 관다발-종자-씨방
⑤ 관다발-씨방-종자

08

다음 중 위 그림에 대한 설명으로 옳은 것은?

① 이끼류와 양치류는 공통 조상의 특징을 공유하지 않는다.
② 백합은 이끼류와 공통 조상의 특징을 가지고 있다.
③ C는 침엽수와 백합의 공통 조상이 가지고 있는 특징이다.
④ C는 A이전에 진화된 특징이다.
⑤ B는 양치류가 가지고 있는 특징이다.

09

양치류에 대한 설명으로 옳지 **않은** 것은?

① 배우체(n)가 포자체($2n$)보다 더 크다.
② 포자체가 생활사의 대부분을 차지한다.
③ 포자로부터 배우체가 생성된다.
④ 관다발 조직을 가지고 있어 물과 양분 이동에 쓰인다.
⑤ 화석 연료인 석탄은 양치 식물로부터 생성되었다.

10

균류(fungi)의 특징으로 옳지 **않은** 것은?

① 포자로 번식한다.
② 대부분 다세포 진핵생물이다.
③ 셀룰로스 성분의 세포벽이 있다.
④ 종속 영양 생물이다.
⑤ 생태계에서 분해자 역할을 한다.

11

다음의 설명에 해당하는 **원생생물**은 무엇인가?

ㄱ. 엽록소 a, b와 카로티노이드를 가지고 있다. ㄴ. 광합성 산물로 녹말을 합성한다. ㄷ. 셀룰로스 성분의 세포벽을 가지고 있다. ㄹ. 육상 식물과 유연관계가 가깝다.

① 홍조류 ② 규조류 ③ 갈조류
④ 녹조류 ⑤ 섬모충류

12

다음 설명에 해당하는 **원생생물**은 무엇인가?

이 원생생물은 식물성 플랑크톤 중 가장 많은 양을 차지하며 엽록소 a, c가 있어 광합성을 한다. 주로 분열법으로 증식하며 드물게 유성 생식을 한다. 특히 이 원생생물의 사체로 만들어진 흙은 단열재, 흡수재, 여과재 등의 산업용으로 널리 쓰인다.

① 녹조류 ② 포자충류 ③ 홍조류
④ 규조류 ⑤ 점균류

13

원생생물계의 특성에 대한 설명으로 옳지 **않은** 것은?

① 광합성으로 살아가는 종이 있다.
② 곤충의 체내에서 기생 생활을 하는 종이 있다.
③ 편모를 이용해 움직이는 부류가 있다.
④ 펩티도글리칸 성분의 세포벽을 가진 종이 있다.
⑤ 단세포 생물이 존재한다.

14

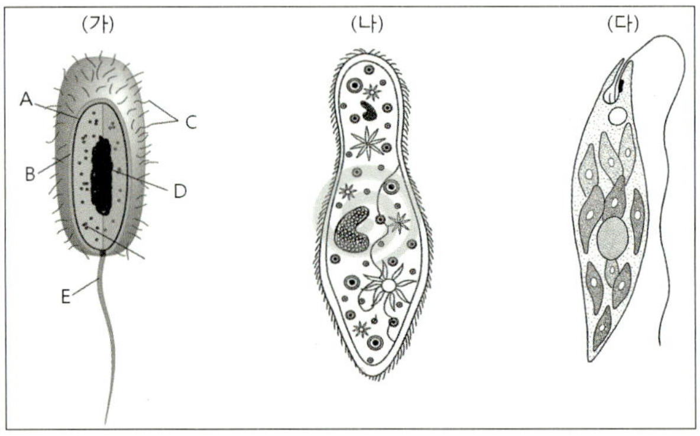

그림은 단세포 생물체의 단면과 내부 구조를 나타낸 것이다. (가)~(다)에서 **원생생물**을 모두 고른 것은?

① (가) ② (나) ③ (가), (나)
④ (가), (다) ⑤ (나), (다)

15

위 그림 (가)의 B를 구성하는 성분으로 옳은 것은?

① 펩티도글리칸 ② 셀룰로스 ③ 키틴질
④ 글리코젠 ⑤ 뉴클레오타이드

16

위 그림의 (가), (나), (다)에 공통으로 존재하는 세포 내 구조는 다음 중 무엇인가?

① 세포벽 ② 리보솜 ③ 핵
④ 섬모 ⑤ 미토콘드리아

17

위 그림 (가)와 (다)의 **공통점**으로 옳은 것은?

① 광합성을 할 수 있다.
② 미세 소관을 가지고 있다.
③ 세포벽을 가지고 있다.
④ 기생 생활을 한다.
⑤ 독립 영양이 가능하다.

18

항생제는 기본적으로 병원성 세균의 물질 대사를 억제하며 숙주 세포인 사람에게는 해가 없어야 한다. 다음 중 숙주 세포에는 어떠한 영향도 미치지 않고 세균의 대사 과정만을 방해하는 항생제의 역할로 옳지 **않은** 것은?

① 세균 세포벽의 주성분인 펩티도글리칸 합성을 저해한다.
② 세균 내 리보솜의 기능을 억제해 단백질 합성을 저해한다.
③ 포밀메싸오닌(formyl-methionine)의 생성을 억제해 단백질 합성을 저해한다.
④ 세균의 점액층 형성을 방해해 숙주 세포와의 부착을 저해한다.
⑤ DNA와 히스톤의 결합을 방해해 세균 내 DNA의 기능을 차단한다.

19

먹이 사슬 유지에 필요한 영양분(에너지)과 산소의 대부분은 어떤 생물에 의해 만들어지는가?

① 종속 영양 생물 ② 독립 영양 생물
③ 호기성 세균 ④ 고세균
⑤ 원생생물

20

균류는 보통 접합균류와 (자낭균류+담자균류), 2종류로 나뉜다. 이와 같이 균류를 분류할 때 쓰이는 기준은 다음 중 무엇인가?

① 광합성 유무
② 기생 생활의 유무
③ 균사의 격벽 유무
④ 포자의 생성 유무
⑤ 무성 생식의 유무

21

세균역, 고세균역, 진핵생물역의 특징을 바탕으로 이들 3역의 계통수를 가장 올바르게 나타낸 것은?

①

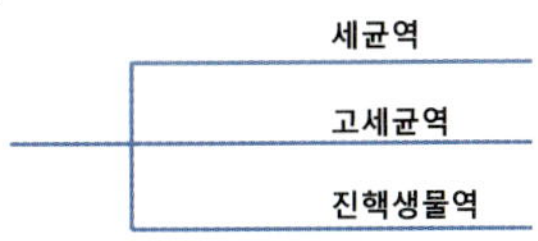

②

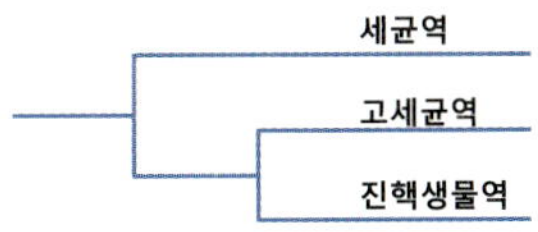

③

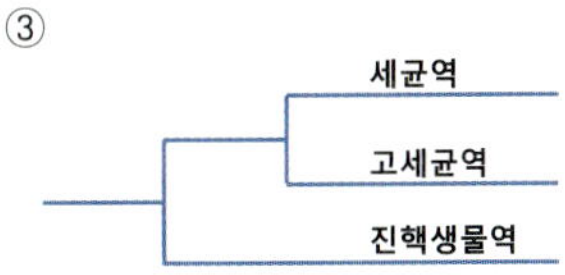

④

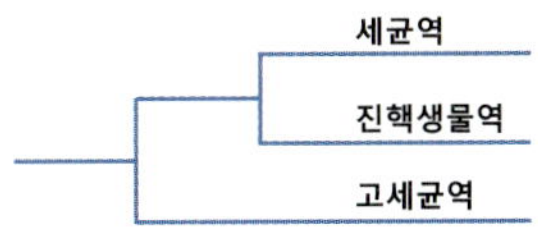

⑤

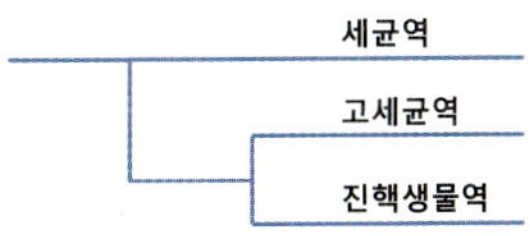

22

대부분의 육상 식물은 수생 생물인 조류와 공통점이 있는 반면 육상 생활에 알맞도록 조류와는 다른 구조를 가지고 있다. 이에 해당하는 예가 **아닌** 것은?

① 관다발이 있어 물과 양분을 효과적으로 운반한다.
② 잎에 큐티클층이 있어 수분 손실을 최소화한다.
③ 줄기는 식물체를 지지하는 역할을 담당한다.
④ 빛에너지를 이용하여 탄수화물(녹말)을 합성한다.
⑤ 발달된 뿌리를 이용해 물과 양분을 토양으로부터 흡수한다.

23

구조	식물 A	식물 B	식물 C
꽃	6개의 꽃잎	없음	8개의 꽃잎
잎맥	나란히맥	없음	그물맥
뿌리	수염뿌리	헛뿌리	곧은 뿌리

위의 표에서 **속씨식물**에 해당하는 것은?

① A ② B ③ C
④ A와 B ⑤ A와 C

24

쌍떡잎식물과 구분되는 외떡잎식물만의 특징으로 옳은 것은?

① 4 또는 5의 배수에 해당하는 꽃잎을 가지고 있다.
② 긴 곧은뿌리와 나란히맥의 잎을 가지고 있다.
③ 그물맥의 잎과 3의 배수에 해당하는 꽃잎을 가지고 있다.
④ 나란히맥의 잎과 수염뿌리를 가지고 있다.
⑤ 3의 배수에 해당하는 꽃잎과 긴 곧은뿌리를 가지고 있다.

25

콩은 **쌍떡잎식물**로 분류된다. 그 이유로서 가장 타당한 것은 다음 중 무엇인가?

① 잎에 나란히맥이 있기 때문이다.
② 꽃잎의 수가 3의 배수이기 때문이다.
③ 발아했을 때 싹이 땅 속에 남아있기 때문이다.
④ 고리 모양의 관다발과 형성층이 있기 때문이다.
⑤ 2배체($2n$)의 염색체를 가지기 때문이다.

26

식물계는 크게 선태식물, 양치식물, 겉씨식물과 속씨식물 등으로 분류한다. 이 중 속씨식물이 나머지 식물들과 구분되는 특징으로 옳은 것은?

① 씨방의 유무 ② 씨(종자)의 유무
③ 관다발의 유무 ④ 엽록소의 유무
⑤ 포자의 생성 유무

27

다음 중 겉씨식물과 구분되는 속씨식물만의 특징으로 옳지 **않은** 것은?

① 밑씨가 씨방에 싸여 있다.
② 중복 수정을 한다.
③ 핵상이 n인 배젖을 가지고 있다.
④ 관다발은 물관과 체관으로 되어 있다.
⑤ 꽃잎과 꽃받침이 발달해 있다.

28

척추동물에 대한 설명으로 옳지 **않은** 것은?

① 척삭동물에 속한다.
② 유두동물에 속한다.
③ 선구동물에 속한다.
④ 중추 신경계와 말초 신경계가 있다.
⑤ 턱뼈가 발달하고 이빨이 있다.

29

척추동물에는 어류, 양서류, 파충류, 조류, 포유류 등이 있다. 이들 다섯을 하나로 묶어 나타낼 수 있는 **생물의 분류 단계**는 무엇인가?

① 계(kingdom) ② 강(class)
③ 목(order) ④ 문(phylum)
⑤ 과(family)

30

다음 중 동물의 발생 과정에 대한 설명으로 옳지 **않은** 것은?

① 모든 동물은 수정란이 분할하여 낭배를 형성한다.
② 배엽을 형성하는 동물은 2배엽성과 3배엽성 동물로 나뉠 수 있다.
③ 척삭동물은 진체강을 가진다.
④ 배엽이 발달하여 동물이 조직과 기관이 형성된다.
⑤ 3배엽성 동물은 체강의 유무와 종류에 따라 분류할 수 있다.

31

동물계의 종류와 그 동물계에 속하는 대표적 동물을 짝지은 것 중 옳지 않은 것을 보기에서 모두 고르시오. (2개)

보기
ㄱ. 자포동물 – 말미잘, 히드라
ㄴ. 편형동물 – 디스토마, 촌충
ㄷ. 선형동물 – 플라나리아, 회충
ㄹ. 연체동물 – 오징어, 달팽이
ㅁ. 환형동물 – 불가사리, 지렁이
ㅂ. 절지동물 – 거미, 가재

변이와 자연선택

01

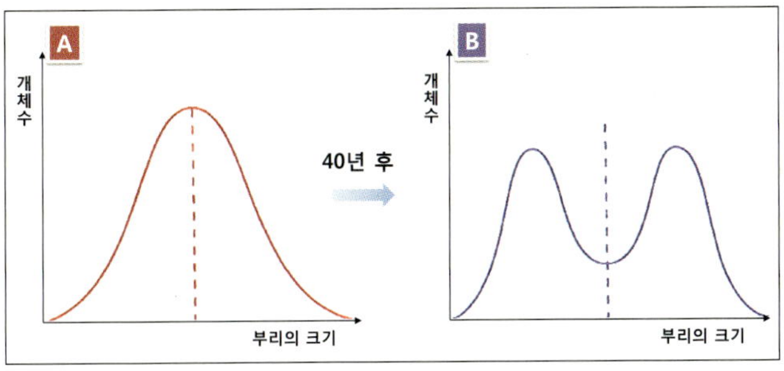

위 그림 A는 1940년대 남태평양 어느 군도에 서식하는 핀치(Finch) 새의 부리 크기와 개체수와의 관계를 나타낸 것이며 그림 B는 40년 후, 핀치 새의 부리 크기를 다시 측정한 분포도이다. 이러한 관찰 결과를 가장 올바르게 해석한 것은?

① 다른 곳에서 여러 종의 핀치 새들이 이주해 와 나타난 결과이다.
② 핀치 새의 생식 세포에 생긴 돌연변이에 의해 부리 크기의 분포가 변했다.
③ 여러 핀치 종들 간의 교잡 결과, 부리 크기의 분포 모양이 변했다.
④ 군도의 환경 변화와 이에 유리한 개체의 생존 등으로 분포도가 변했다.
⑤ 핀치 새는 부리가 커지거나 작아지는 방향으로 정향 진화했다.

02

위의 그림 B에 대한 설명으로 옳은 것은?

① 하디-바인베르크 평형에 도달했다.
② 방향성 선택 방식으로 유전자 풀이 변화하였다.
③ 이미 종 분화가 일어났다.
④ 자연선택의 유형 중 안정화 선택에 해당한다.
⑤ 자연선택의 유형 중 분단성 선택에 해당한다.

03

다윈(C. Darwin)의 **자연선택설**에 대한 다음 설명 중 옳지 <u>않은</u> 것은?

① 생물은 주어진 환경에서 생존할 수 있는 양보다 자손을 과잉 생산한다.
② 환경 적응에 유리한 개체는 살아남고 그렇지 못한 개체는 죽는다.
③ 환경 변화는 개체군 내 개체 변이를 유발한다.
④ 생존 경쟁에서 살아남은 개체의 형질은 자손에게 전달된다.
⑤ 자연선택된 변이들이 누적되어 새로운 종으로 분화된다.

04

현대의 진화설(신다윈주의)에 관한 내용으로 옳지 <u>**않은**</u> 것은?

① 지리적 격리는 새로운 종의 출현에 대한 원인으로 작용한다.
② 환경에 최적으로 적응한 개체만이 자연선택으로 살아남는다.
③ 돌연변이는 새로운 종이 만들어지고 진화가 일어나는 주요 원인 중 하나이다.
④ 서로 다른 종으로 분화되기 위해서는 개체 사이의 교잡이 필요하다.
⑤ 생물의 진화는 환경 변화와 관계없이 항상 일정한 방향으로 일어난다.

05

다음 보기의 내용을 다윈의 **자연선택설**에 맞게 다시 배열하시오.

보기
1. 개체 변이와 과잉 생산　　2. 적자 생존
3. 생존 경쟁　　4. 종의 분화
5. 자연선택

06

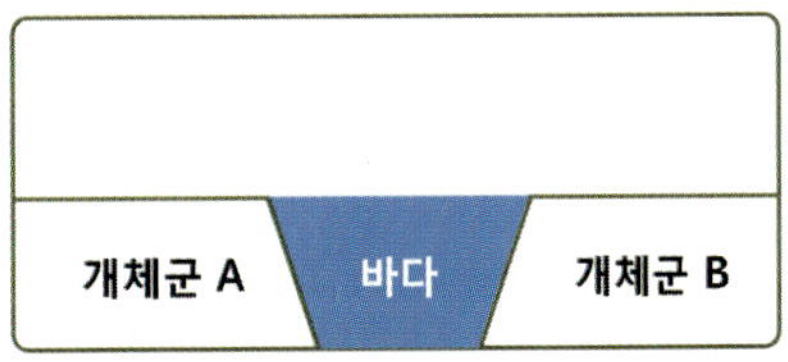

그림과 같이 개체군 A와 B는 바다에 의해 지리적으로 격리되어 있다. 만일 개체군 A가 서식하는 지역에 급격한 환경 변화가 생겼다면 다윈의 **자연선택설에 기초**해 개체군 A의 진화 속도에 어떠한 변화가 생기겠는가? (A에서 일어난 환경 변화가 B에는 영향을 주지 않는다고 가정한다.)

① 개체군 B보다 진화 속도가 느려질 것이다.
② 개체군 B보다 진화 속도가 빨라질 것이다.
③ 개체군 B와 진화 속도에 있어 별다른 차이가 없을 것이다.
④ 환경 변화 초기에는 개체군 B보다 진화 속도가 느려지나 점차 더 빨라질 것이다.
⑤ 환경 변화 초기에는 개체군 B보다 진화 속도가 빠르나 점차 더 느려질 것이다.

07

다음 중 진화에 대한 정의로서 가장 타당한 것은?

① 한 개체를 구성하는 유전 정보의 변화
② 집단 내 개체들이 가진 유전자 풀의 변화
③ 한 개체가 가진 표현형의 변화
④ 환경 변화에 대한 개체의 생리적 적응
⑤ 집단 내 개체들의 일정한 대립 유전자 빈도

08

다음 중 **현대적 개념**으로 진화를 가장 잘 설명하고 있는 것은?

① 개체는 진화하지 않으나, 집단(개체군)은 진화한다.
② 집단(개체군)은 진화하지 않으나, 개체는 진화한다.
③ 개체가 진화할 때에만, 집단(개체군)도 진화한다.
④ 개체군은 돌연변이를 통해서만 진화한다.
⑤ 특정 유전자를 가진 체의 비율이 일정할 때 개체군은 진화한다.

09

갈라파고스 군도의 섬에는 총 13종의 핀치 새가 살고 있는데, 각 섬에는 이들 중 몇 종의 핀치만이 서식한다. 13종의 핀치는 몸의 구조, 부리의 크기와 모양, 깃털의 색깔 등이 서로 다르다. 현대의 진화설과 관련해 핀치의 진화 과정에 가장 큰 영향을 끼친 요인은 다음 중 무엇인가?

① 핀치들의 지리적 격리
② 각 섬마다 다른 핀치의 먹이
③ 각 섬마다 다른 포식과 피식 관계
④ 각 섬마다 다른 기후 조건
⑤ 진화 과정에 존재한 다양한 조상

10

육지로부터 떨어진 어떤 섬에는 특정 식물종이 집단으로 서식한다. 이 식물 종은 40 종류의 대립 유전자를 동형 접합자 형태로 가지고 있다. 그러나 육지에 서식하는 같은 식물 종의 경우 대립 유전자들은 이형 접합자이다. 따라서, 섬에 서식하는 식물 종의 유전적 다양성이 육지보다 적다고 할 수 있다. 이와 관련하여 섬에 서식하는 식물 종에 관한 설명으로 다음 중 옳은 것은?

① 섬의 식물 종은 무성 생식으로 번식하는 생활사가 존재할 것이다.
② 유전적 다양성이 감소한 원인 중 하나는 무작위 교배이다.
③ 육지로부터 씨앗이 이입되어 유전적 다양성이 감소하였다.
④ 환경 변화에 적응하기 위한 진화 과정이 육지보다 느리게 일어날 것이다.
⑤ 환경 변화에 따른 생존 경쟁이 육지의 식물 종보다 유리할 것이다.

유전자 풀과 유전자 빈도, 종 분화

01

어떤 집단(개체군)이 하디-바인베르크(또는 하디-와인버그, Hardy-Weinberg) 법칙에 따른다고 할 때, 이와 관련된 내용 중 옳지 **않은** 것은?

① 이 집단의 진화 과정은 지속적으로 진행될 것이다.
② 집단 내 개체들은 무작위로 교배를 할 것이다.
③ 외부 집단과의 유전자 이동이 일어나지 않을 것이다.
④ 특정 대립 유전자에 대한 자연선택이 일어나지 않을 것이다.
⑤ 집단의 크기가 충분히 클 것이다.

02

하디-바인베르크 법칙을 **잘못** 설명하고 있는 것은?

① 어떤 집단이 이 법칙에 따른다면 유전적 평형이 유지되고 있다는 증거이다.
② 이 법칙이 지켜지지 않는다면 진화가 일어난다는 것을 의미한다.
③ 세대가 바뀌어도 대립 유전자 빈도는 변하지 않으나, 유전자의 종류는 변한다.
④ 멘델 집단만이 이 법칙을 만족시킨다.
⑤ 실제 생태계에서는 이 법칙이 지켜지기 어렵다.

03

하디-바인베르크 법칙은 특정 조건하에서 집단 내 일정하게 유지되는 유전자 빈도를 설명하기 위한 수학적 모델이라 할 수 있다. 이때 유전자 빈도가 일정하게 유지된다는 것은 다음 중 무엇을 의미하는가?

① 진화가 일어나지 않는다.
② 진화가 느린 속도로 일어난다.
③ 진화가 빠른 속도로 일어난다.
④ 집단 내 우성 형질은 늘고 열성 형질이 감소한다.
⑤ 집단 내 종 분화가 일어난다.

04

> 이 집단은 여러 세대가 지나도 집단을 구성하는 개체에서 진화가 일어나지 않는다. 따라서 유전자 풀(gene pool)은 일정하며 변하지 않는 가상의 **이상 집단**이라 할 수 있다.

위의 집단과 개념은 다음 중 어떤 법칙이나 이론과 일치하는가?

① 멘델의 분리의 법칙 ② 멘델의 독립의 법칙
③ 다윈의 자연선택설 ④ 다윈의 적자 생존설
⑤ 하디-바인베르크 법칙

05

> 어떤 연못에 사는 거북이 집단의 약 4%가 열성의 표현형(긴 코)을 나타낸다고 가정하자. 또한, 이 거북이 집단은 하디-바인베르크 법칙을 따른다고 가정한다.

이 집단에서 우성의 대립 유전자를 가진 개체 빈도는 무엇인가?

① 0.16 ② 0.20 ③ 0.32
④ 0.64 ⑤ 0.80

06

위의 문제에서 우성의 대립 유전자를 **동형 접합자** 형태로 가진 개체 빈도는 무엇인가?

07

위의 문제에서 거북이 집단 중 잡종의 대립 유전자를 가진 개체 빈도는 무엇인가?

① 0.08 ② 0.24 ③ 0.32
④ 0.48 ⑤ 0.64

08

> 어떤 공원에 서식하는 다람쥐 중 동그랗게 말린 모양의 꼬리를 가진 다람쥐가 전체의 약 16%를 차지한다. 또한, 말린 모양은 곧은 꼬리에 대하여 열성(tt)이며 다람쥐 집단은 하디-바인베르크 법칙을 따른다고 가정한다.

위의 설명에서 우성의 대립 유전자(T)를 가진 개체의 빈도는 다음 중 무엇인가?

① 0.40 ② 0.16 ③ 0.26
④ 0.60 ⑤ 0.32

09

위의 설명에서 열성의 대립 유전자(t)를 가진 개체의 빈도는 다음 중 무엇인가?

① 0.40 ② 0.16 ③ 0.26
④ 0.60 ⑤ 0.32

10

위의 설명에서 이형의 대립 유전자를 가진 개체의 빈도는 무엇인가?

① 0.08 ② 0.24 ③ 0.36
④ 0.48 ⑤ 0.64

11

어떤 토끼 집단의 개체들은 갈색과 흰색의 털 색깔을 결정하는 대립 유전자를 가지고 있다. 갈색은 흰색에 대해 우성이며 흰색 털을 가진 개체의 빈도는 9%이다. 이 대립 유전자에 대한 유전적 평형 상태가 유지된다고 가정했을 때, 갈색 털의 유전자 빈도는 다음 중 무엇인가?

① 0.03 ② 0.3 ③ 0.5
④ 0.7 ⑤ 0.9

12

위의 문제에서 이형 접합의 유전자형을 가진 토끼의 개체 수는 전체의 몇 %인가?

① 7% ② 42% ③ 49%
④ 81% ⑤ 91%

13

다음 중 집단 내에서 대립 유전자의 구성이나 빈도가 변하는 요인으로 옳지 **않은** 것은?

① DNA상의 돌연변이 ② 유전적 부동
③ 자연선택 ④ 지역적 격리
⑤ 유전자 이동(이주)

14

일정 지역에 서식하는 특정 산토끼 집단의 대립 유전자 풀이 일정하게 유지되고 있다. 이 현상에 대한 **일부 요인**으로 가장 올바른 설명은 다음 중 무엇인가?

① 대립 유전자 변이가 빠르게 일어나고 있기 때문이다.
② 이웃한 다른 토끼 종과의 교배가 활발하게 일어나고 있기 때문이다.
③ 집단의 개체수가 많고 지역적으로 고립되어 있기 때문이다.
④ 개체의 탄생과 죽음이 평형을 이루고 있기 때문이다.
⑤ 특정 대립 유전자가 자손에게 전달될 확률이 개체마다 다르기 때문이다.

15

하디-바인베르크 법칙에 의하면 집단 내 대립 유전자 빈도는 다음 수식으로 정의할 수 있다.

$$p^2 + 2pq + q^2 = 1$$

이 수식에서 p^2은 다음 중 무엇을 의미하는가?

① 우성의 표현형을 가진 집단 내 개체의 빈도
② 우성의 동형유전자형을 가진 집단 내 개체 빈도
③ 열성의 표현형을 가진 집단 내 개체 빈도
④ 열성의 동형 유전자형을 가진 집단 내 개체 빈도
⑤ 이형(잡종)의 유전자형을 가진 집단 내 개체 빈도

16

위 수식에서 $2pq$가 무엇을 의미하는가?

① 특정 유전자에 대해 한 쌍의 대립 유전자를 가진 개체의 빈도
② 특정 형질을 결정하는 2개의 유전자를 가진 개체의 빈도
③ 우성의 유전자형을 이형의 대립 유전자로 가진 개체의 빈도
④ 우성의 유전자형을 동형의 대립 유전자로 가진 개체의 빈도
⑤ 이형의 대립 유전자형을 초래하는 2개의 생식 세포 조합

17

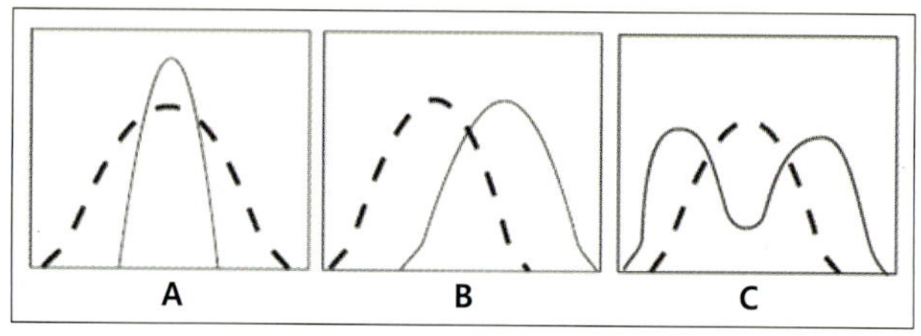

위 그래프는 자연선택에 의한 유전자 풀의 변화 방식을 나타낸 것이다. A에 대한 설명으로 옳은 것은? (점선은 원래 집단의 개체수 분포이며 직선은 자연선택 후, 집단의 개체수 분포를 나타낸다.)

① 극단의 표현형을 가진 개체들이 환경에 대한 적응도가 높을 때 나타난다.
② 환경이 장기간 지속적으로 변화할 때 일어난다.
③ 집단 내의 개체 변이는 줄어들지만 평균적 표현형은 유지된다.
④ 환경 변화와의 관련성이 적으며, 주로 개체 집단의 내적인 요인에 의해 일어난다.
⑤ 개체들의 이입, 이출이 없이 집단 내에서 빈번한 교잡에 의해 일어나는 양상이다.

18

그래프 C에 대한 설명으로 옳은 것은?

① 방향성 선택을 나타낸다.
② 성별에 따른 자연선택으로 발생한다.
③ 유전적 부동이라고 한다.
④ 안정화 선택을 나타낸다.
⑤ 분단성 선택을 나타낸다.

19

자연선택에 의한 유전자 풀의 변화 방식 중, 안정화 선택에 관한 설명으로 옳은 것은?

① 평균적 표현형은 그대로 유지되나, 평균에 대한 편차(변화폭)는 감소한다.
② 평균적 표현형은 그대로 유지되나, 평균에 대한 편차는 증가한다.
③ 평균적 표현형은 변하나 평균에 대한 편차는 변함없다.
④ 평균적 표현형은 변하고, 평균에 대한 편차는 감소한다.
⑤ 평균적 표현형은 변하고, 평균에 대한 편차는 증가한다.

20

다음 보기에서 **유전자 풀**을 안정하게 유지하는 요인을 모두 고른 것은?

> **보기**
> ㄱ. 충분히 큰 집단의 크기
> ㄴ. 개체의 자유로운 출입
> ㄷ. 선택적 교배
> ㄹ. 특정 대립 유전자에 대한 자연선택

① ㄱ ② ㄱ, ㄴ ③ ㄷ, ㄹ
④ ㄱ, ㄷ ⑤ ㄹ

21

보기에서 한 집단의 **유전적 평형** 상태가 유지되기 위한 요소를 모두 고른 것은?

> **보기**
> ㄱ. 무작위적 교배
> ㄴ. 자유로운 유전자 이동
> ㄷ. 특정 유전자에 대한 자연선택
> ㄹ. 유전자에 돌연변이 발생

① ㄱ ② ㄱ, ㄷ ③ ㄴ, ㄹ
④ ㄷ ⑤ ㄹ

22

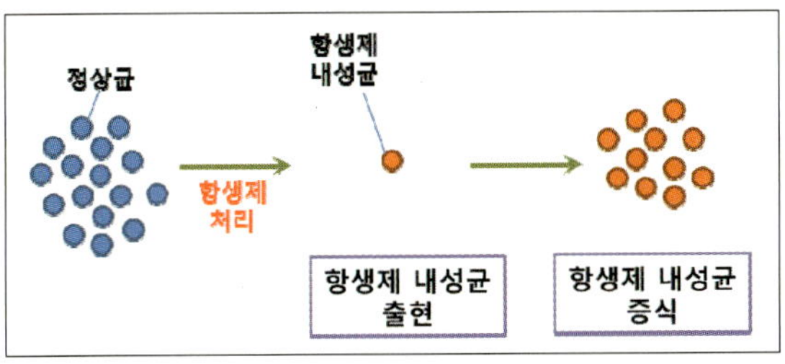

위 그림에 나타난 현상을 설명한 것으로 옳지 **않은** 것은?

① 돌연변이가 일어났다.
② 자연선택이 이루어졌다.
③ 유전적 부동이 나타났다.
④ 집단 내 유전자 풀에 변화가 생겼다.
⑤ 적자 생존의 원리가 작용했다.

23

어떤 집단에서 특정 형질에 대한 열성 대립 유전자를 가진 개체의 빈도는 0.6이다. 우성의 표현형을 나타내는 개체의 빈도는 다음 중 무엇인가? (이 집단은 하디-바인베르크 법칙을 따른다고 가정한다.)

① 0.16 ② 0.36 ③ 0.40
④ 0.48 ⑤ 0.60

24

어떤 집단에는 다양한 종류의 대립 유전자가 존재하며 100세대 동안 다음 보기와 같은 특징을 유지했다고 가정한다. 그러나, 100세대 동안 집단이 속한 주변 환경은 점점 건조해졌으며 온도도 지속적으로 상승했다. 100세대 후, 이 집단 내 대립 유전자 빈도에 대한 설명 중 가장 타당한 것은?

> **보기**
> 1. 이 집단 안 또는 밖으로의 개체 이동이 없었다.
> 2. 집단 내에서 자유로운 무작위 교배가 일어났다.
> 3. 다른 집단과의 이입, 이출이 발생하지 않았다.

① 하디-바인베르크 평형이 유지될 것이며 대립 유전자 빈도에도 변화가 없을 것이다.
② 우성의 대립 유전자를 가진 개체 빈도가 증가할 것이다.
③ 기후 변화에 따라 집단 내 대립 유전자의 다양성이 감소할 것이다.
④ 환경 변화에 따라 집단 내 유전자 풀도 변화할 것이다.
⑤ 대립 유전자의 다양성은 증가하나 빈도는 변하지 않을 것이다.

25

중생대 말기 소행성의 지구 충돌과 천재 지변이 그 당시 전 지구적으로 번성하고 있던 공룡을 짧은 시간 안에 멸종시킨 것으로 예상하고 있다. 또한, 공룡의 멸종으로 인해 지구상의 생물 진화 과정에도 많은 변화가 생겼는데 이러한 내용과 가장 관련이 깊은 **진화 이론** 또는 **법칙**은 다음 중 무엇인가?

① 점진주의설 ② 자연선택설
③ 하디-바인베르크 법칙 ④ 단속평형설
⑤ 정향 진화설

옥수수 씨에 들어있는 기름의 함유량을 높이기 위해 다음과 같은 실험을 수행하였다.

1. 기름 함유량이 높은 씨만을 선별하였다.
2. ㄱ의 씨를 심어 옥수수를 재배하였다.
3. 위의 과정을 50세대에 걸쳐 반복하였다.

그림은 이와 같은 실험을 수행했을 때 얻은 결과 그래프이다.

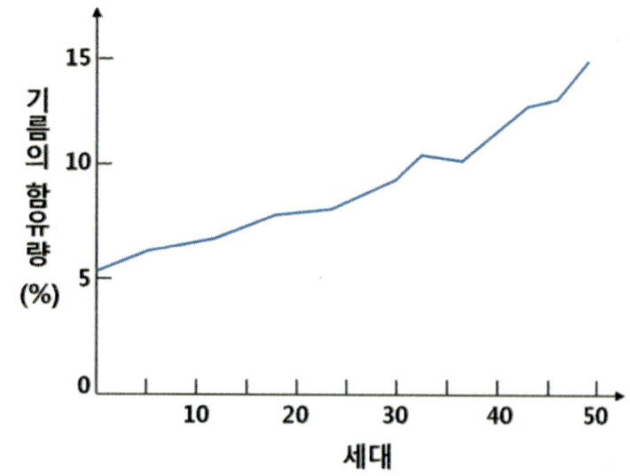

26

50세대 후, 얻은 옥수수가 새로운 종(species)임을 증명하려고 할 때 원래 종(F_0)과 50세대 후에 얻은 종(F_{50})을 가지고 어떠한 실험을 수행해야 하는가?

① 서로 다른 환경에서 재배하여 각각 자손을 만들어내면 F_{50}은 새로운 종이다.
② 염색체 개수가 F_0과 다르면 F_{50}은 새로운 종이다.
③ 특정 유전자를 조사해 유전자 교차가 일어났으면 F_{50}은 새로운 종이다.
④ 특정 유전자의 DNA 염기 서열이 서로 다르면 F_{50}은 새로운 종이다.
⑤ F_0과 F_{50}이 서로 교배되지 않으면 F_{50}은 새로운 종이다.

27

위의 실험은 옥수수 진화의 한 예라고 할 수 있다. 이때 진화에 가장 결정적인 영향을 미친 요인은?

① 자연선택 ② 인위선택
③ 환경 변이 ④ 교잡과 유전자 교차
⑤ 지역적 격리

28

두 개체가 **서로 다른 종으로 분류**되기 위해 사용되는 가장 중요한 기준은 다음 중 무엇인가?

① 형태학적 특이성 ② 행동학적 특이성
③ 생리학적 특이성 ④ 지역적(서식지) 격리
⑤ 생식적 격리

29

이소적 종 분화가 일어나기 위해 가장 중요한 요인은 다음 중 무엇인가?

① 지역적(서식지) 격리 ② 급격한 환경 변화
③ 높은 돌연변이 발생 ④ 염색체의 배수성
⑤ 배타적 성 선택

30

작고 고립된 지역(예: 섬)에 있는 집단이 넓은 지역에 퍼져 살고 있는 집단보다 종 분화가 일어나기에 훨씬 유리하다. 그 이유는 무엇인가?

① 고립된 지역의 개체들이 환경 변화에 더 쉽게 적응하기 때문이다.
② 고립된 지역의 개체들이 가진 유전적 다양성이 더 크기 때문이다.
③ 고립된 지역에서 유전자 빈도 변화가 더 빈번히 일어나기 때문이다.
④ 고립된 지역에서 다른 섬이나 인접한 육지로의 이동이 더 쉽기 때문이다.
⑤ 고립된 지역에서 개체들의 교잡이 더 빈번히 일어나기 때문이다.

31

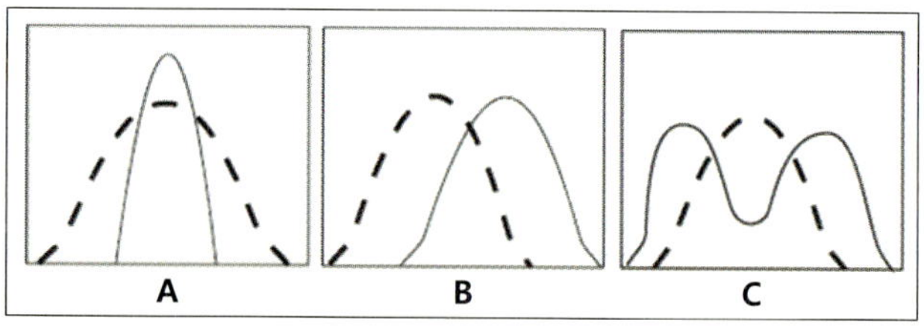

위 그래프 중에서 종 분화가 일어나기에 유리한 **자연선택 유형**은 무엇인가?

① A ② B ③ C
④ A와 C ⑤ B와 C

32

유전자 풀의 변화 요인을 연구하기 위하여 쥐 개체군을 세 개의 그룹으로 나누고 각각의 그룹에 서로 다른 세 종류의 진드기를 도입하였다. 1년 후, 쥐 개체군의 형질과 개체수 변화를 관찰하여 다음 표로 나타내었다.

	형질 변화	개체수 변화
그룹 1	건강해지고 활동량이 늘어남	증가
그룹 2	변화 없음	변화 없음
그룹 3	병약하고 활동량이 감소함	감소

그룹 1과 3에서 나타난 **유전자 풀**의 변화 요인을 설명하는 용어로 가장 타당한 것은?

① 적자 생존 ② 자연선택
③ 유전적 부동 ④ 유전자 이동
⑤ 유전적 평형

세포설, 세포의 연구 방법, 세포의 크기와 모양

01 정답: 2, 4

세포설(cell theory)의 내용은 다음과 같다.

- 모든 생물은 세포로 구성되어 있다.
- 세포는 생물의 구조적, 기능적 단위이다.
- 세포는 기존의 세포로부터 만들어진다.

02 정답: ⑤

2. 세포는 생명 현상의 기본 단위이다.
4. 모든 세포는 이미 존재하는 세포로부터 나온다.

03 정답: ①

모든 바이러스는 숙주 세포를 통해서만 증식이 가능하기 때문에 보기에서 1이 정답이다.

04 정답: ③

세포의 크기가 커질수록 부피에 대한 표면적의 비(**표면적/부피**)가 작아져 물질 교환 효율이 떨어진다.

05 정답: ②

세포가 작을수록 **(표면적/부피)** 비율이 증가하므로 **(부피/표면적)** 비율은 감소한다. 이때 물질 교환의 효율이 증가해 세포 생존에 유리하다.

06 정답: ③

1 mm = 1,000 μm

07 정답: ⑤

08

(가): 8개

(나): 표면적은 $4 \times 6 = 24\ cm^2$이고 이를 부피($8\ cm^3$)로 나누면 $24/8 = 3\ cm^{-1}$이다.

(다): 표면적은 $6 \times 8 = 48\ cm^2$이고 이를 부피($8\ cm^3$)로 나누면 $48/8 = 6\ cm^{-1}$이다.

09 정답: ④

모든 다세포 생물체는 하나의 세포(예: 수정란)로부터 세포 분열을 통해 분화, 발생, 성장하기 때문에 생물체를 구성하는 모든 세포의 DNA 정보는 동일하다. 그러나 세포들이 DNA에 들어있는 정보를 이용하는 방법과 방식이 서로 다르며 분화가 끝난 세포는 특이적으로 DNA 정보를 이용하기 때문에 다른 세포로의 분화가 더 이상 불가능하다.

10 정답: 1/500,000 (mm) = 2 (μm)

11 정답: ①

헤모글로빈(hemoglobin)은 4개의 폴리펩타이드(polypeptide)가 서로 붙은 단백질 복합체이나 전자 현미경으로도 관찰이 불가능하다. 반면, 리보솜(ribosome)은 수 십 개의 단백질이 연합한 복합체이며 전자 현미경으로 관찰이 가능하다.

12 정답: ⑤

13 정답: ④

주사 전자 현미경(SEM)은 **입체 구조**(3차원적 구조)를 관찰하는데 주로 이용된다.

14 정답: ③

뉴클레오타이드(nucleotide)는 DNA나 RNA 등의 핵산을 구성하는 기본 단위로서 탄소(C), 수소(H), 산소(O), 질소(N), 인(P) 등의 원소를 포함하나 황(S)은 구성 원소가 아니다.

15 정답: A

동물 세포를 파쇄하고 원심 분리기로 분획하면 무거운 핵과 세포 조각 등이 침전물로 먼저 가라앉는다. 따라서 A 분획에서 가장 높은 방사능을 검출할 수 있다.

16 정답: C

미토콘드리아는 **세포 호흡**을 담당하는 세포 내 소기관(organelle)이므로 가장 많은 산소를 소비한다. 또한, 동물 세포를 파쇄한 후, 원심 분리하면 핵, 미토콘드리아, 소포체(리보솜) 등의 순서로 분획되기 때문에 C 분획이 정답이다.

세포의 구조와 기능

01 정답: ③

전자 현미경은 그 종류에 상관 없이 세포의 전처리 과정과 현미경 내부의 진공 상태 유지 등으로 인해 살아 있는 세포의 미세 구조나 생리 현상을 관찰할 수 없다.

02 정답: ③

진핵 세포의 소기관 중에서 DNA를 포함하는 곳은 **핵, 미토콘드리아, 엽록체** 등이다. 미토콘드리아와 엽록체는 자체 DNA가 있어 독자적인 증식이 가능하다.

03 정답: ①

진핵 세포의 DNA는 **히스톤(histone)** 단백질과 결합하여 복합체를 형성하는데, 이러한 복합체들이 모여 염색사를 구성한다.

04 정답: ③

핵 속에 **인**(nucleolus)이라는 구조물이 존재하는데 여기서 리보솜을 구성하는 RNA가 합성된다.

05 정답: ②

중심체는 **동물 세포**에서 관찰된다.

06 정답: ①

리보솜 RNA는 핵 속의 **인**(핵소체)에서 합성된다. 핵공(nuclear pore)을 통해 들어온 리보솜의 단백질 성분은 이 RNA와 합쳐져 완전한 리보솜(단백질과 RNA의 복합체)이 되고 다시 핵공을 통해 세포질로 나간다.

07 정답: 1, 4, 5

2중막이란 내막과 외막, 2개의 막으로 소기관을 둘러싼 구조를 말한다.

08 정답: ④

골지체(Golgi complex)는 세포 내 물질 이동이나 세포 밖으로의 물질 분비에 관여하는 소기관이다.

09 정답: ④

골지체는 수송 소낭에 의해 소포체로부터 온 단백질과 지질 등을 **변형**시킨 후, 다시 수송 소낭에 싸서 세포 내 다른 곳으로 이동시키거나 분비되도록 돕는다.

10 정답: ③

소포체는 리보솜이 결합된 거친면 소포체와 리보솜이 없는 매끈면 소포체로 나눌 수 있다. 전자는 **단백질 합성**에, 후자는 **지질 등의 합성**에 관여한다.

① 식물 세포에도 매끈면 소포체가 존재한다.
② 단백질 합성은 세포질에 자유롭게 있는 리보솜이나 거친면 소포체에서 일어난다.
④ 매끈면 소포체는 지질 등의 합성에 관여한다.
⑤ 단백질 가수 분해에 관여하는 소기관은 라이소좀(또는 리소좀, lysosome)이다.

11 정답: ①, ④

⑤의 내용은 단백질 합성을 의미하며 거친면 소포체에서 단백질 합성이 일어나나, mRNA와 결합하여 유전 정보를 해독하는 역할은 리보솜의 고유 기능이다.

12 정답: ①

세포막은 **선택적 투과성**을 가지고 있어 극성 물질이나 이온, 거대 분자들은 자유롭게 통과할 수 없다. 물 분자는 최근의 연구 결과에 의하면 세포막 통로에 해당하는 단백질(aquaporin)을 통해 이동하는 것으로 밝혀졌으나, 세포막 지질 성분을 자유롭게 통과하는 경우도 많이 존재한다.

13 정답: ②

크기가 작은 기체 분자나 지방산과 같은 지용성 분자들은 세포막 내부(interior)가 **비극성**이기 때문에 세포막을 투과할 수 있다.

14 정답: ③

단백질 합성과 분비에 필요한 정보와 과정의 흐름을 정리하면 다음과 같다.

핵(DNA의 전사, mRNA의 합성)→리보솜(mRNA의 정보를 바탕으로 단백질 합성이 일어나는 장소)→소포체(단백질 이동의 통로로 작용)→골지체(단백질의 가공, 변형)→세포막 통과

15

A: 핵막　　B: 염색사　　C: 리보솜
D: 거친면 소포체　　E: 매끈면 소포체

16 정답: ②

17 정답: ⑤

① D 구조는 거친면 소포체이며 동, 식물 세포 모두 존재한다.
② E 구조는 매끈면 소포체이며 원핵 세포에는 소포체 자체가 없다.
③ 매끈면 소포체에 관한 설명이다.
④ 거친면 소포체에 관한 설명이다.

18 정답: ⑤

19 정답: ①

리소좀(lysosome)은 물질 분해를 담당하는 소기관이다. 리소좀 내에는 지질 분해 효소, 탄수화물 분해 효소, 단백질 분해 효소 등이 들어있어 오래되거나 손상된 세포 소기관을 파괴하거나 외부에서 탐식 작용으로 들어온 바이러스, 박테리아 등을 분해한다.

20 정답: ④

내막이 아닌, **기질**(matrix)에서 NADH, $FADH_2$를 생성한다.

21 정답: ②

미토콘드리아는 자체적으로 DNA 합성, 단백질 합성이 가능하다. 또한, 미토콘드리아 기질 부분에서는 아세틸-CoA를 분해하는 TCA 회로가 작동하며 내막에서는 전자 전달계를 통해 NADH, $FADH_2$를 산화시켜 얻은 전자를 산소까지 전달한다.

22 정답: ②

소포체는 골지체로 운반할 소낭을 방출하지만 소낭과 융합하지는 않는다.

23 정답: ①

중심체는 **세포질**에 존재한다.

24 정답: ③

세포는 세포 호흡으로 인한 산화 과정에서 필연적으로 **활성 산소종**(예: 과산화수소)이 부산물로 만들어진다. 이러한 활성 산소종은 DNA를 파괴하거나 지질을 산화시켜 세포에 해로운 영향을 미친다. 퍼옥시좀(peroxisome)에는 카탈레이스(catalase) 등의 효소가 있어 활성 산소종을 제거하는 역할을 담당한다. 따라서 해독 작용이 정답이다.

25 정답: ⑤

액포(vacuole)는 식물 세포에서 세포의 삼투압을 조절하고 세포 형태를 유지하는 역할을 담당한다.

26 정답: ④

리소좀에는 단백질 분해 효소들이 존재한다. 따라서 문제에서와 같이 지나친 알코올 섭취로 단백질 분해 효소의 합성이 감소하면 결과적으로 리소좀의 기능 저하를 초래할 것이다.

27 정답: ④

단백질 합성이 일어나기 위해서는 리보솜이 필요하며 세포 내에서 리보솜이 기능을 나타내는 장소는(단백질 합성이 일어나는 곳) 세포질, 거친면 소포체, 미토콘드리아, 엽록체 등이 있다. **인**(nucleolus)에서는 RNA 합성과 리보솜의 조합(단백질 성분과 RNA의 결합)이 일어난다.

28 정답: ②

리소좀 내부의 산성 환경을 유지하기 위해서는 계속해서 세포질로부터 수소 이온을 리소좀 내부로 **능동 수송**해야 한다. 리소좀 내부의 수소 이온 농도가 세포질보다 높기 때문에 단순 확산이나 촉진 확산을 통해 리소좀 내부로 이동할 수는 없다.

29 정답: ③

히스톤: DNA와 결합하여 뉴클레오솜을 구성한다.
크리스타(cristae): 미토콘드리아 내막의 주름진 구조를 말한다.
그라나(grana): 엽록체의 원반형 틸라코이드가 겹겹이 쌓인 구조를 말한다.
미세 소관(microtubule): 세포 골격을 구성하는 재료이다.

30 정답: ①

중심체는 주로 동물 세포에서 발견되며 세포 분열 시에 작용한다.

31 정답: ②

① 세포의 운동을 담당하는 기관은 편모와 섬모이다.
③ 중심체는 9+0의 구조를, 편모와 섬모는 9+2의 구조이다.
④ 중심체, 편모, 섬모 모두 세포막 구조를 가지지 않는다.
⑤ 세포 골격이 세포의 형태 유지에 관여한다.

32 정답: ⑤

편모(flagella)는 동·식물 세포, 원핵 세포의 외부에 노출된 운동 기관(또는 포식 기관)으로서 원운동, 채찍 운동 등으로 세포의 이동을 가능케 한다.

33 정답: ④

리보솜은 소포체와 결합하거나 세포질에 떠다니는 자유로운 상태에서 단백질 합성을 일으킨다.

34 정답: ④

정자의 운동에 관여하는 기관은 편모이며 기관지염과 관련이 깊은 기관은 섬모이다. 이들 편모나 섬모는 모두 **미세 소관**을 재료로 사용하여 만들어진다.

35 정답: 4

핵 속의 인은 리보솜을 구성하는 RNA를 합성하며 핵공(nuclear pore)을 통해 들어온 단백질 성분의 리보솜과 결합하여 완전한 형태의 리보솜(단백질과 RNA의 복합체)을 형성한다. 이후, 리보솜은 핵공을 통해 다시 세포질로 이동하며 단백질 합성에 이용된다.

36 정답: 2

핵, 미토콘드리아, 엽록체 등은 진핵 세포에만 존재하는 세포 내 소기관으로서 모두 2중막 구조를 가지고 있고 DNA가 존재하며 DNA 복제도 일어난다. 그러나 독립적인 단백질 합성은 미토콘드리아와 엽록체의 특성이다. 핵 내에서는 단백질 합성이 일어나지 않는다.

37 정답: ①

식물 세포에서 삼투압을 조절하는 기관은 **액포**이다. 세포벽은 전투과성(용매와 용질 분자가 모두 통과하는 성질)이 있어 삼투압을 조절할 수 없다.

38 정답: ④

노화된 식물 세포일수록 액포가 발달하며 세포의 대부분을 차지한다.

39 정답: ①

엽록체는 미토콘드리아와 마찬가지로 2중막 구조이다.

40 정답: C

틸라코이드(thylakoid) 막에서 ATP 합성이 일어나며 틸라코이드가 겹겹이 쌓인 구조를 그라나(grana)라고 한다.

41 정답: ②

미토콘드리아와 엽록체가 기능에 필요한 모든 효소를 스스로 합성하는 것은 아니다.

42 정답: ④

식물 세포 밖의 물질이 틸라코이드 내부로 들어가기 위해서는 먼저 식물 세포막(1), 엽록체의 외막(2)과 내막(3), 그리고 틸라코이드 막(4)을 통과해야 한다.

43 정답: ②

미토콘드리아와 엽록체는 자체 DNA와 리보솜이 있어 독립적인 단백질 합성이 가능하다.

44 정답: ④

유기물 분해는 동물과 식물 세포 모두 세포질(해당 과정)과 미토콘드리아(TCA 회로)에서 일어난다. 미토콘드리아와 엽록체 모두 소기관 막에 양성자 펌프가 존재해 화학적 삼투에 의한 ATP 합성 반응이 일어나며 전자전달계를 중심으로 한 산화 · 환원 반응이 활발하다.

45 정답: ④

미토콘드리아는 세포 호흡을 통해 ATP를 합성하는 기관으로서 ATP 소비가 활발한 근육 세포(조직) 내에 높은 비율로 존재한다.

46 정답: ④

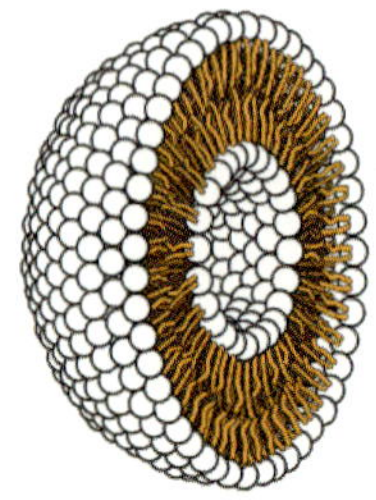

리포솜은 인지질 등의 지질 성분을 수용액(물)에 분산시켰을 때, 자발적으로 만들어지는 구조로서 세포막과 같이 지질 2중층 구조를 가진다. 이러한 성질을 바탕으로 세포 내 약물이나 핵산 전달 등 산업적으로 광범위하게 리포솜을 이용하고 있다. 리포솜의 지질 2중층 구조와 미토콘드리아 등의 소기관에서 나타나는 2중막(내막과 외막) 구조를 혼동하지 않도록 주의한다.

47 정답: ②

그림은 세포막의 **유동성**을 검증하기 위한 실험이다.

48 정답: ⑤

49 정답: ①

단순 확산은 물질이 직접 세포막을 투과해(세포막을 뚫고) 세포 안으로 들어가는 방식이다. 반면, 능동 수송은 세포막에 있는 단백질 운반체를 이용하며 세포내 섭취(endocytosis)는 소낭(vesicle) 형태로 세포 안으로 들어간 후, 리소좀과 융합되기 때문에 세포막의 지질층을 직접 투과하지는 않는다.

50 정답: ③

중심체, 편모, 방추사, 섬모 등은 모두 미세 소관이라는 단백질 섬유로 이루어져 있으며 이 섬유의 주성분은 **튜블린(tubulin)**이라는 단백질이다. 반면, 근원 섬유는 **액틴 필라멘트(actin filament)**와 **마이오신(myosin)** 단백질로 구성되어 있다.

51 정답: ①

백혈구 세포의 주된 기능은 **식세포 작용(phagocytosis)**이다. 식세포 작용에 의해 세포 안으로 들어온 이물질 등은 리소좀(lysosome)의 작용으로 분해된다. 따라서 백혈구 세포에서 가장 활발한 활성을 나타내는 소기관은 **리소좀**이다.

52 정답: ④

세포막의 2중층 구조는 '**선택적 투과성**'과 직접적인 상관 관계가 없다.

53 정답: ②

진핵 세포에서 DNA는 히스톤 단백질과 결합하여 뉴클레오솜 구조를 형성한다.

54 정답: ③

세포 골격(cytoskeleton)은 미세 소관, 중간 섬유, 미세 섬유 등으로 구성된 지지 구조로서 세포의 형태를 유지하는 물리적인 역할을 주로 담당하며 이외에도 세포 소기관의 이동, 원형질 유동 등에 관여한다.

55 정답: ③

그림은 ATP의 화학 구조를 나타내고 있다.

① ATP에는 리보스(ribose)라는 5탄당의 탄수화물이 구성 요소로 참여한다.
② 1분자의 포도당은 발효 과정을 통해 2분자의 ATP를 생성한다.
④ ATP는 GTP, CTP, UTP와 함께 RNA 합성의 재료로 사용된다.
⑤ 세 개의 인산 결합(ⓟ-ⓟ-ⓟ)을 고에너지 결합이라고 한다.

56 정답: ⑤

그림은 **포도당의 화학 구조**이다. 포도당은 식물 세포에서 광합성의 명반응으로 생성된 ATP와 NADPH 등의 에너지원을 사용하여 **암반응**을 통해 합성된다.

57 정답: ⑤

그림은 엿당(maltose, 포도당+포도당)의 화학 구조이다. 엿당은 이당류로서 포도당으로 가수분해된 후, 에너지원으로 사용된다.

세포막을 통한 물질의 출입

01 정답: ②

물질이 촉진 확산을 통해 이동하기 위해서는 통로 단백질이나 운반체 단백질을 이용한다. B는 통로 단백질을 나타낸다.

02 정답: ⑤

그림의 E는 세포막 인지질의 소수성 내부를 나타내고 있다.

03 정답: ②

아미노산은 세포막 단백질의 도움 없이 단순 확산에 의해 세포막을 투과할 수 없다.

04 정답: ①

그림에서 세포 밖의 용질 농도가 세포 안보다 높다. 즉, 세포는 고장액 상태에 놓여 있다. 따라서 세포 안의 물 분자가 삼투에 의해 세포 밖으로 나간다.

05 정답: ③

그림의 A는 통로 단백질, B는 운반체 단백질을 나타낸다. 지용성 비타민, 지방산, O_2, CO_2 등은 이러한 단백질의 도움 없이 단순 확산에 의해 세포막 투과가 가능하다.

06 정답: ③

촉진 확산의 초기 물질 이동 속도는 단순 확산 속도보다 빠르다.

① 세포 호흡 저해제를 처리하면 ATP 합성이 방해를 받는다. 그러나 촉진 확산을 통한 물질 이동은 ATP를 사용하지 않기 때문에 속도 변화에 영향이 없다.

② 촉진 확산을 통한 물질 이동 속도는 물질의 농도 차에 비례하나 정비례는 아니다.

④ 농도 차를 거슬러 물질이 이동하기 위해서는 능동 수송이 필요하다.

⑤ 능동 수송에 관한 설명이다.

07 정답: ④

08 정답: ②

촉진 확산을 통한 물질의 이동 속도에 있어서 초기에는 농도 차에 비례하여 속도가 증가하나 막 단백질이 이동하는 물질로 포화되면 농도 차가 커지더라도 투과 속도는 증가하지 않는다.

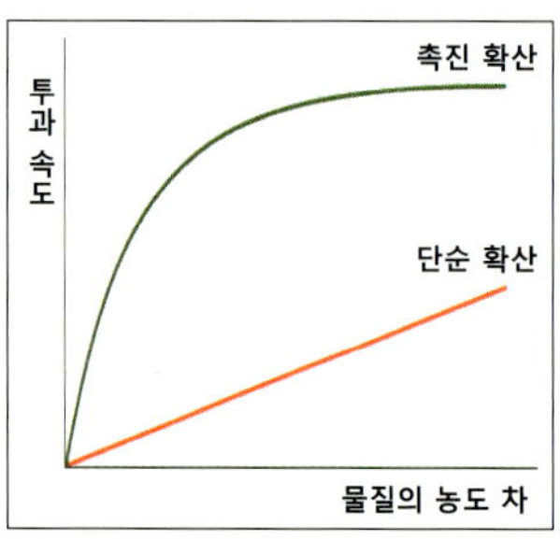

09 정답: ⑤

능동 수송을 위해서는 운반체 단백질과 에너지가 필요하다.

10 정답: ⑤

활동 전위 발생에는 이온 통로 단백질이 주된 역할을 담당한다.

11 정답: ①

삼투는 반투과성 막을 경계로 용질의 농도가 낮은 용액에서 높은 용액으로 용매인 물 분자가 이동하는 현상이다. 그러나 이것을 용매인 물 분자의 입장에서 서술하면 물의 농도가 높은 곳에서 낮은 곳으로 이동하는 현상이 된다.

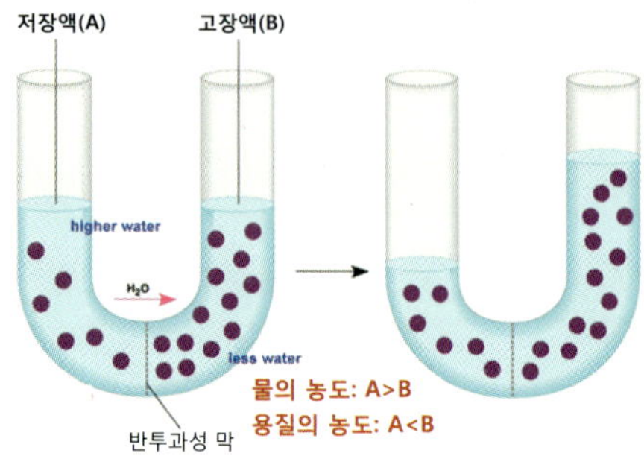

12 정답: ④

생물체는 일정한 삼투압을 유지하려고 노력한다. 그러나 표의 결과로부터 그러한 항상성 유지 능력을 파악할 수 없다. 표의 결과는 단순히 감자를 구성하는 세포 내의 용질 농도에 따라 물의 이동(삼투) 현상을 보여주고 있다.

13 A: 확산 B: 삼투

14 정답: ③

세포는 고장액 상태에 놓여 있다. 따라서 세포 안의 물 분자는 삼투 현상에 의해 세포 밖으로 빠져 나간다.

15 정답: ③

세포막은 용질에 대해 투과성이 있으므로 용질은 세포 안팎의 농도 차가 없어질 때까지 이동할 것이다. 이에 따라 삼투 현상도 발생하지 않는다.

① 용질1은 세포 안으로, 용질2는 세포 밖으로 이동한다.

② 세포 안의 용질 농도가 더 높기 때문에 단순 확산에 의해 세포 밖으로 이동한다.

④, ⑤ 용질의 농도 차가 해소되기 때문에 저장액, 고장액 상태에 놓이지 않는다.

16 정답: ⑤

삼투 현상으로 물 분자가 이동하면 양쪽 용액의 용질 농도는 같아진다.

17 정답: 4

일부 물 분자는 확산을 통해 세포막 단백질의 도움 없이 세포막을 통과할 수 있다. 그러나 아쿠아포린(aquaporin)이라는 막 단백질이 알려진 이후, 삼투 방식으로 아쿠아포린을 통해 막을 투과한다는 것이 정설로 받아들여지고 있다.

18 정답: ④

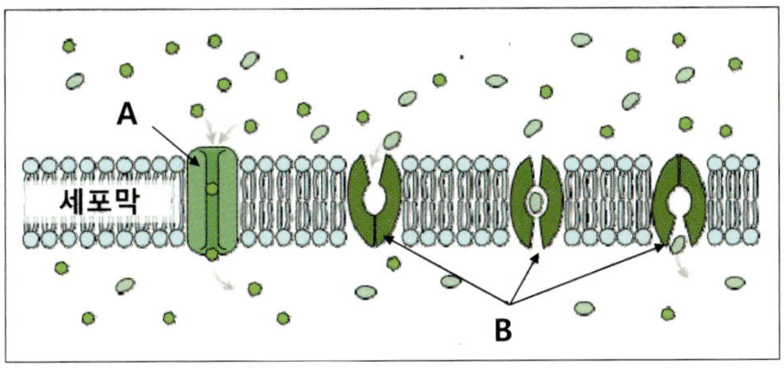

극성 물질은 단순 확산을 통해 세포막의 비극성 영역(인지질의 소수성 부분)을 통과하기 어렵다. 따라서 대부분의 극성 물질은 촉진 확산을 통해 세포 안으로 들어온다. 촉진 확산에 필요한 요소는 물질의 농도 차, 통로 단백질(A) 또는 운반체 단백질(B) 등이다.

19 정답: ②

팽압은 식물 세포에서 삼투 현상으로 물이 세포 안으로 들어와 세포벽에 가해지는 압력을 의미한다.

20 정답: 1, 4, 5

수용체 매개 세포내 섭취는 세포막의 함입으로 소낭이 만들어지며, 소포체를 통한 단백질 분비는 수송 소낭이 세포막과 융합(fusion)하는 것이다. 따라서 세포막을 통과해 물질이 이동하는 것이라 할 수 없다. 능동 수송과 촉진 확산은 세포막의 인지질 영역을 직접 통과하는 것은 아니나 세포막 단백질을 이용하기 때문에 세포막을 통과해 물질이 이동하는 예에 해당한다.

21 정답: ①

비록 용질의 이동으로 세포 안팎의 농도 차가 해소되었으나 이후에도 용질은 세포막을 사이에 두고 양쪽 방향으로 끊임없이 이동한다.

22 정답: ⑤

수용체 매개 세포 내 섭취는 세포 안으로 들어오는 특정 물질이 세포막 수용체에 결합한 후에 세포의 내포 작용(endocytosis)이 일어난다.

23 정답: ④

분비되는 단백질은 소낭으로 둘러싸인 후, 골지체로부터 떨어져 나와 세포막과 융합한다.

24 정답: ⑤

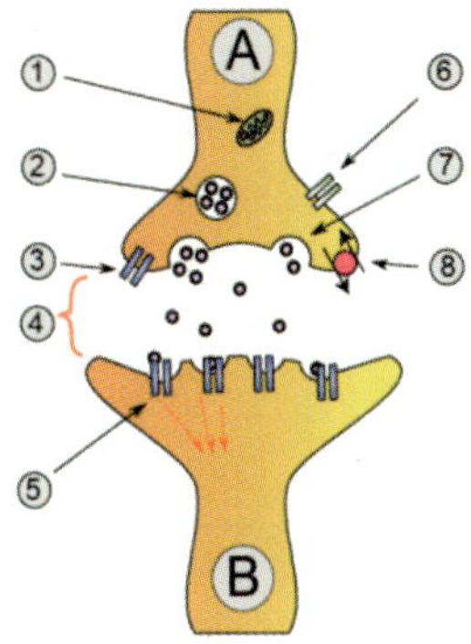

신경 물질의 전달을 위해서는 먼저 그림과 같이 신경 전달 물질(예: 아세틸콜린)을 감싼 시냅스 소포(②)가 시냅스 전 뉴런(Ⓐ)의 축색 돌기 말단 세포막과 융합해야 한다. 시냅스 틈(④)으로 방출된 신경 전달 물질은 이후 시냅스 후 뉴런(Ⓑ)의 수용체(⑤)와 결합하여 시냅스 후 뉴런에서 활동 전위를 생성한다.

25 정답: ②

그림은 세포외 배출을 나타낸다. 세포내 섭취의 경우 세포 안으로 함입된 소낭은 리소좀과 융합하는 단계가 존재한다. 세포내 섭취와 세포외 배출 과정 모두 ATP를 에너지원으로 사용한다.

26 정답: ③

Na^+-K^+ 펌프에 의해 3개의 Na^+ 이온이 세포 밖으로 배출되고 2개의 K^+ 이온이 세포 안으로 들어온다. 이것은 세포막에서 일어나는 대표적인 능동 수송으로 ATP의 에너지를 필요로 한다.

27 정답: ①

Na^+-K^+ 펌프 단백질을 통해 이온들이 이동하기 때문에 세포막의 지질 성분을 직접 통과하지는 않는다.

28 정답: ③

세포막 단백질도 인지질 성분과 마찬가지로 유동성이 있으나 유동성을 발생시키는 요인은 아니다.

29 정답: ④

미세 소관은 세포 골격, 편모, 섬모, 중심체 등을 형성하는데 재료로 사용된다.

30 정답: ④

리보솜은 원핵 세포와 진핵 세포에 모두 존재한다. 다만 리보솜의 크기가 다를 뿐이다.

31 정답: ⑤

32 위에서 흡수 속도가 더 빠를 것이다. 위의 pH에서 아스피린의 카복시기는 이온화되지 않고 (-COOH) 상태를 유지한다. 그러나, 소장의 pH는 6.0으로 카복시기는 해리되어 전하를 가진 ($-COO^-$) 상태가 된다. 전하를 띤 물질은 세포막을 통과하기가 더 어렵기 때문에 위에서의 아스피린 흡수 속도는 소장보다 더 빠를 것이다.

33 정답: ③

세포를 둘러싸고 있는 용액의 용질 농도가 세포질의 농도보다 높으면 **고장액**(hypertonic solution)이라고 한다. 동물 세포를 고장액 환경에 넣으면 삼투압에 의해 세포 안의 물이 세포 밖으로 빠져나가 세포가 수축한다. 반대로 동물 세포를 저장액에 넣으면 세포 안으로 물이 들어가 세포가 팽창하다 터지는데 이를 **용혈**이라고 한다.

34 정답: ①

문제에서 세포는 **고장액** 상태에 놓여있다. 따라서 삼투압에 의해 세포 안의 물이 밖으로 빠져 나간다. 그림에서와 같이 세포막을 경계로 나트륨 이온의 농도 기울기가 존재하나 확산 등에 의해 이온의 이동이 발생하지는 않는다.

35 정답: ②

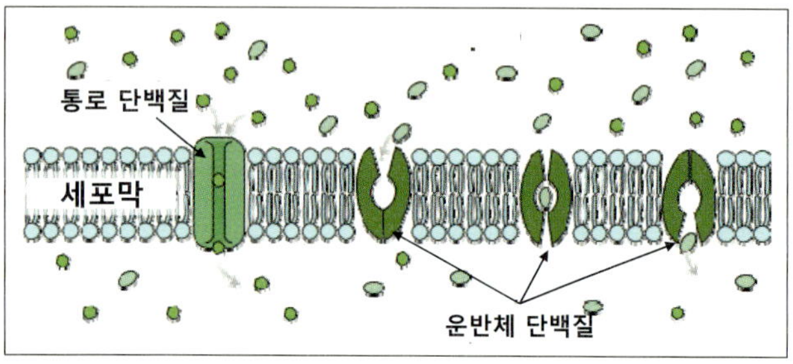

촉진 확산은 세포막을 통해 이동하는 분자나 이온이 세포막에 존재하는 특정 막단백질에 의해 농도 기울기를 따라 확산되는 현상을 말한다. 물질의 확산 현상은 막단백질의 존재 유무에 따라 **단순 확산**과 촉진 확산으로 나뉜다.

36 정답: ③

증류수는 세포의 용질 농도와 비교하여 **저장액** 상태이다. 따라서 삼투압에 의해 물이 세포 안으로 들어온다. 다량의 물이 동물 세포 안으로 들어올 경우 세포막이 터지는 **용혈** 현상이 발생하는데 이를 **용해**와 혼동하지 않도록 주의해야 한다.

효소

01 정답: ④

특정 화학 반응에서 효소의 존재 여부와 상관없이 반응열은 일정하다.

02 정답: ①

효소는 화학 반응의 활성화 에너지를 낮추는 역할을 한다.

03 정답: ②

역반응이 진행될 때, 그림의 생성물이 반응물이 되며, 반응물이 생성물이 된다. 따라서 A+C가 역반응에서의 활성화 에너지이다.

04 정답: ④

화학 반응의 **반응열**은 효소의 존재 여부와 상관없이 일정하다.

05 정답: ③

효소 활성 부위에 기질이 결합한 후, 화학 반응이 진행되는데 이 부위가 기질로 포화되면 더 이상 효소에 의한 반응 속도가 증가하지 않는다.

06 정답: ③

C에서는 B와 마찬가지로 모든 효소의 활성 부위에 기질이 결합한 상태이다. 따라서 효소를 새로이 첨가하면 반응 속도를 높일 수 있다.

07 정답: ②

6번 문제와 같은 상황이다.

08 정답: ⑤

효소의 활성 부위는 기질과 결합할 때 기질과 상보적으로 맞는 구조로 변한다.

09 정답: ④

효소는 활성화 에너지를 제공하는 것이 아니라 화학 반응의 활성화 에너지를 낮추는 역할을 한다.

10 정답: ③

2. 효소는 발열 반응에서 나오는 에너지의 양을 변화시키지 못한다.
3. 반응이 평형에 도달했을 때 효소의 존재 여부와 상관없이 생성물은 일정하다.
4. 반응물이 가지고 있는 에너지의 양은 고유하며 효소에 의해 변하지 않는다.

11 정답: 5, 7

온도, pH, 보조 인자(조효소), 저해제, 기질의 농도 등은 효소 활성에 영향을 미친다.

12 정답: ②

B는 효소에 기질이 결합했을 때이며 이를 전이 상태라고 한다.

13 정답: ④

(가)와 (나)의 반응 경로에서 생성되는 에너지양(반응열)은 동일하다.

14 정답: ①

효소에 의한 화학 반응은 온도에 따라 큰 영향을 받으며 효소는 최대 활성을 나타내는 최적의 온도 조건을 가진다. 최적 온도 이상에서는 효소의 입체 구조(3차원적 구조)가 변하여 활성이 급격히 떨어진다. 이것은 효소의 주성분이 열에 민감한 단백질이기 때문이다. 열에 의한 효소의 구조 변화를 **변성**(denaturation)**이**라고 한다.

15 정답: ②

E_2는 효소가 있을 때의 활성화 에너지이며 A+B는 효소가 있을 때 반응에 참여하는 총 분자 수를 나타낸다. 즉, 효소에 의해 B만큼 반응에 참여하는 분자 수가 증가한다.

16 정답: ①

조효소는 주효소의 활성 부위에 일시적으로 결합하여 효소 활성을 돕는다.

17 정답: ①

② 효소와 기질은 비공유 결합으로 붙는다.
③ 기질의 결합으로 효소 구조는 일시적으로 변한다.
④ 효소-기질 결합으로 기질의 물리·화학적 상태가 변해 산물(생성물)로 변한다.
⑤ 효소-기질은 열쇠-자물쇠의 결합처럼 구조적 상보성을 가진다.

18 정답: ⑤

① 경쟁적 저해제는 효소의 활성 부위에 결합한다.
② 경쟁적 저해제가 효소의 활성 부위에 붙어 있으면 기질의 결합을 방해한다.
③ 경쟁적 저해제는 기질과 유사한 입체 구조이다.
④ 경쟁적 저해제가 활성 부위의 영구적 구조 변화를 일으키는 것은 아니다.

19 정답: ④

① 비경쟁적 저해제는 효소의 알로스테릭(allosteric) 부위에 결합한다.
② 기질 농도를 증가시켜도 활성을 회복할 수 없다.
③ 기질과 비경쟁적 저해제의 입체 구조는 다르다.
⑤ 최적의 온도 조건에서 저해제가 더 잘 결합한다.

20 (가): 경쟁적 저해 (나): 비경쟁적 저해

21 정답: 1, 3, 5

그림의 (나)는 비경쟁적 저해를 나타낸다.

2. 비경쟁적 저해에 의해 효소에 의한 반응 속도는 감소한다.
4. 보결족은 보조 인자 중 하나로서 헴(heme)과 같이 효소와 강하게 결합하여 효소의 활성에 영향을 미친다.
6. 온도나 pH를 변화시키면 효소의 구조가 변하기 때문에 저해제의 결합도 영향을 받는다.

비경쟁적 저해제는 비록 효소의 활성 부위가 아닌 알로스테릭 부위에 결합하지만 활성 부위의 구조를 변화시킨다는 점에 주의해야 한다.

22 정답: ③

비타민 B_1, B_6 등은 효소와 결합하여 효소의 활성을 조절하는 **조효소**로 작용한다. 조효소는 주효소의 활성 부위에 일시적으로 결합하여 활성 부위 형성을 돕는다.

23 정답: ③

유도 적합 모델에 의하면, 효소는 기질과 결합 전에 이미 상보적 구조를 가지는 것이 아니라 기질이 결합하면서 효소의 활성 부위 구조가 상보적으로 변한다. 즉, 기질의 결합이 효소의 상보적 구조를 **유도(induced)**한다는 것이다.

24 정답: ④

25 정답: ⑤

폴리펩타이드(polypeptide)는 아미노산이 중합 반응으로 펩타이드 결합에 의해 사슬 형태로 연결된 것으로 보통 단백질이라고 부른다. 대부분의 효소는 단백질 성분만으로 이루어져 있거나 단백질과 보조 인자의 결합으로 구성되어 있으며 폴리펩타이드 자체는 보조 인자에 속하지 않는다.

26 정답: ④

#5~8에서 카탈레이스(catalase) 대신 물을 사용한 이유는 기포(산소) 발생이 카탈레이스 효소 작용으로 나타난 결과임을 증명하기 위해서이다. 즉, #5~8은 #1~4의 실험군에 대한 **대조군(control)**이다.

27 정답: ④

화학 반응에 정촉매로서 **효소**를 첨가하면 기질이 효소의 활성 부위에 일시적으로 결합하며 반응의 활성화 에너지가 감소하여 반응 속도가 증가한다. 그러나 ④와 같이 촉매 활성에 필요한 **최적 온도**는 효소의 종류에 따라 결정되는 효소의 고유 특성이다.

28 정답: ②

분해 · 부가 효소는 가수 분해나 산화 반응 없이 기질에서 특정 원자나 분자를 떼어 내거나 기질에 붙이는 작용을 한다.

29 정답: ④

그림의 반응은 소장의 트립신(trypsin)에 의한 반응으로서 반응 생성물은 다이펩타이드(dipeptide)와 트리펩타이드(tripeptide)이다. 펩티데이스(peptidase)는 펩타이드를 아미노산 수준으로 분해하는 효소이다.

30 정답: ①

31 정답: ③

32

②: 경쟁적 저해제를 첨가했을 때
①: 비경쟁적 저해제를 첨가했을 때

33 정답: ③

말단 조직에서는 산소 분압이 낮기 때문에 헤모글로빈이 산소와 결합하는 정도가 약해야 한다. 즉, 말단 조직에서 헤모글로빈의 산소에 대한 **결합력**(친화도)이 작아야 한다. 반면, 폐와 같이 산소 분압이 높은 곳에서는 헤모글로빈의 산소 결합력이 커야 한다. 따라서 가장 이상적인 그래프는 C이다.

34 정답: ⑤

산소 분압에 상관 없이 B는 C보다 산소 결합력이 크다. 그러나 산소 분압이 높을수록(예: 폐) B와 C의 산소 결합력은 유사한 수치를 나타낸다.

35 정답: ④

효소에 의한 반응 생성물이 효소와 기질의 결합을 방해하는 경우가 많이 있다. 이것은 **되먹임 저해(feedback inhibition)**의 일종이라 할 수 있는데 이러한 현상이 일어나기 위해서는 반응 생성물이 일정 농도 이상으로 만들어져야 한다. 그림에서와 같이 기질 농도에 따라 생성물이 거의 만들어지지 않았으므로 ④의 설명은 타당한 이유가 될 수 없다.

세포 호흡과 발효

01 정답: ⑤

ATP는 RNA를 구성하는 재료로 사용된다.

02 정답: 3, 4

확산은 물질의 농도 차(농도 기울기)에 의해 일어나며 화학 삼투를 통해 ATP가 합성된다.

03 정답: ②

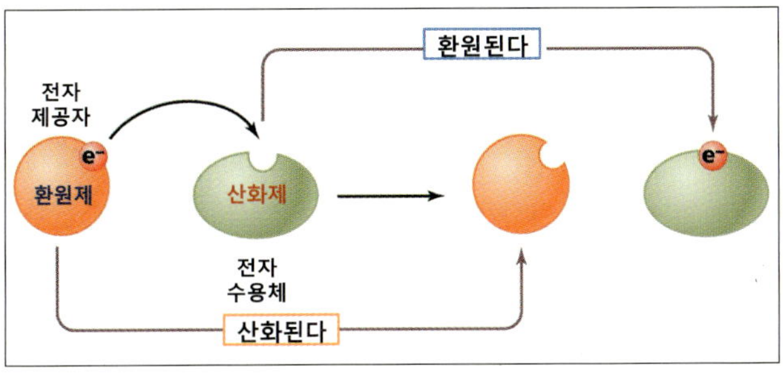

물질이 전자를 잃으면 산화되고 전자를 얻으면 환원된다.

04 정답: ④

05 정답: ③

해당 과정(glycolysis)의 투자기에 1분자의 포도당을 기준으로 2분자의 ATP가 소모되고 회수기에 4분자의 ATP가 생성된다.

06 정답: ⑤

해당 과정에서 $FADH_2$는 생성되지 않는다.

07 정답: ⑤

해당 과정에서는 이산화탄소가 반응 산물로 생성되지 않는다.

08 정답: ③

산소 호흡(유기 호흡)은 크게 다음 3가지 반응 단계로 나눌 수 있다.

1. 해당(세포질: 피루브산, ATP와 NADH 생성)
2. TCA 회로(미토콘드리아의 기질: 피루브산의 산화, ATP와 NADH, $FADH_2$ 생성)
3. 전자 전달계(미토콘드리아의 내막: NADH와 $FADH_2$의 산화를 통한 ATP 생성)

발효에는 해당으로 생성된 피루브산을 젖산, 알코올 등으로 전환시키는 반응이 포함된다.

09 정답: 2, 5, 6

$C_6H_{12}O_6$(포도당) + $2NAD^+$ + 2ADP + $2P_i$ → $2C_3H_4O_3$(피루브산) + 2NADH + $2H^+$ + 2ATP

10 정답: 3, 6, 7

아세틸-CoA(acetyl-CoA)는 TCA 회로의 재료로 사용된다. 1분자의 아세틸-CoA가 TCA 회로를 거치면 3분자의 NADH, 1분자의 $FADH_2$, 2분자의 CO_2, 1분자의 ATP 등이 생성된다. 물 분자는 TCA 회로의 생성물이 아니라, 반응물이다.

11 정답: 1, 3, 5

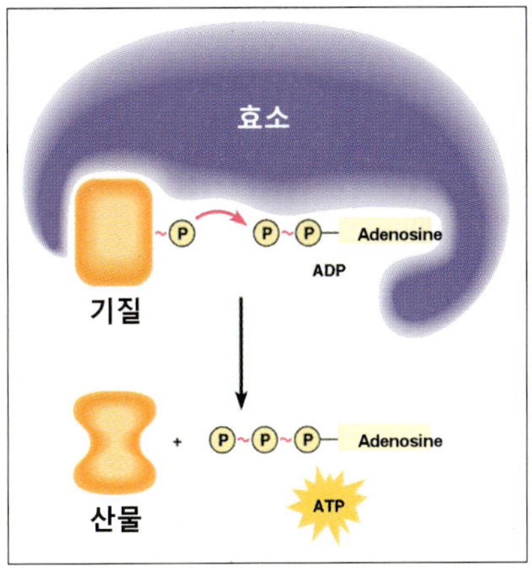

해당 과정에서는 2회에 걸쳐 **기질 수준 인산화** 반응이 일어나며 이를 통해 ATP를 생성한다. 젖산 발효는 피루브산을 생성하는 단계까지 해당 과정과 동일하므로 젖산 발효에서도 기질 수준 인산화 반응이 일어난다. 광합성의 명반응은 **광인산화**를 통해 ATP 생성하며 미토콘드리아의 전자 전달계는 **산화적 인산화** 과정으로 ATP를 만든다.

12 정답: ②

$C_3H_4O_3$(피루브산) + NAD^+ + CoA → CH_3CO-CoA(아세틸-CoA) + NADH + H^+

13 정답: 15개의 ATP

피루브산이 CO_2를 잃고 아세틸-CoA 전환될 때: 1NADH 생성

아세틸-CoA가 TCA 회로에서 $2CO_2$로 산화될 때: 3NADH, $1FADH_2$, 1ATP 생성

(4NADH → 12ATP 생성, $1FADH_2$ → 2ATP)

따라서 1분자의 피루브산이 완전 산화되면 총 15분자의 ATP가 합성된다.

14 정답: ④

TCA 회로는 미토콘드리아 기질에서 일어난다.

15 정답: ①

TCA 회로에서는 해당 과정과 마찬가지로 기질 수준 인산화로 ATP를 생성한다. TCA 회로는 미토콘드리아의 기질에서 일어나는 반응이며 1분자의 피루브산이 3분자의 이산화탄소로 산화되며 NADH, $FADH_2$ 등이 생성(환원)된다. 산소가 TCA 회로에서 일어나는 반응에 직접 관여하지는 않지만 TCA 회로가 산화적 인산화와 연계되어 있기 때문에 산소 없이는 TCA 회로가 작동하지 않는다.

16 정답: ②

피루브산은 TCA 회로로 들어가지 전에 CO_2 1분자를 잃고 아세틸-CoA가 되며 아세틸-CoA의 탄소는 TCA 회로에서 CO_2로 산화된다.

17

A: $NADH+H^+$ B: NAD^+

C: $ADP+P_i$ D: ATP

18 정답: ③

19 정답: ④

NAD^+는 포도당의 산화 과정에서 전자를 일시적으로 받아 NADH로 환원된다. 이러한 산화·환원 반응은 $FAD/FADH_2$에서도 일어난다. NADH와 $FADH_2$의 전자는 전자 전달계에 의해 다시 산소로 전달하며 산소를 H_2O로 환원시킨다.

포도당 → NADH($FADH_2$) → 전자 전달계 → 산소

20 정답: ②

피루브산이 아세틸-CoA로 전환될 때와 아세틸-CoA가 TCA회로에 의해 산화될 때 CO_2가 발생한다.

21 정답: 34개의 ATP

해당 과정: 포도당이 2분자의 피루브산으로 산화되면서 2ATP가 생성된다.

TCA 회로: 2분자의 아세틸-CoA가 4분자의 CO_2로 산화되면서 2ATP가 생성된다.

산화적 인산화: 10NADH, $2FADH_2$가 산화되면서 34 ATP가 생성된다.

22

NADH와 $FADH_2$는 모두 미토콘드리아에서 산화되면서 양성자 펌프(proton pump)에 의한 H^+ 농도 기울기를 형성하는데 이때 $FADH_2$가 NADH보다 효율이 낮다. 즉 $FADH_2$의 산화로부터 생성되는 H^+ 농도 차가 NADH보다 작기 때문에 그만큼 더 적은 양의 ATP를 만들어낸다.

23 정답: 아세틸-CoA(acetyl-CoA)

24 정답: NADH

NADH, $FADH_2$ 등은 미토콘드리아의 내막에서 전자를 내놓는다. 이 전자는 전자 전달계를 통해 최종적으로 산소로 운반되며 산소를 전자를 받아 물(H_2O)로 환원된다.

25 정답: $FADH_2$

26 정답: 이산화탄소(CO_2)

27 정답: ①

미토콘드리아의 크리스타에서는 전자 전달과 이에 따른 화학 삼투, 산화적 인산화에 의한 ATP 합성이 일어나고 엽록체의 틸라코이드막에서는 광합성의 명반응에 의한 ATP 합성이 일어난다.

28 정답: ③

수소 이온의 농도 기울기에 따라 통로 단백질(ATP 합성 효소)을 통해 들어오는 과정이므로 **촉진 확산**에 해당한다.

29 정답: ⑤

① 기질 수준 인산화는 주로 세포질에서 해당 과정 중에 일어난다.

② 기질 수준 인산화는 산소와 상관없이 일어나는 반응이다.

③ 모든 인산화 반응은 무기 인산(P_i)을 필요로 한다.

④ 산화적 인산화는 전자 전달과 화학 삼투의 결과로 발생하기 때문에 산소가 필요하다.

30 정답: ②

미토콘드리아 내막에서 전자 전달계를 통한 산소로의 전자 흐름과 이로 인한 화학 삼투의 결과, 산화적 인산화가 일어난다.

31 정답: ①

H^+ 농도 기울기가 만들어지는 반응은 화학 삼투이다.

32 정답: ①

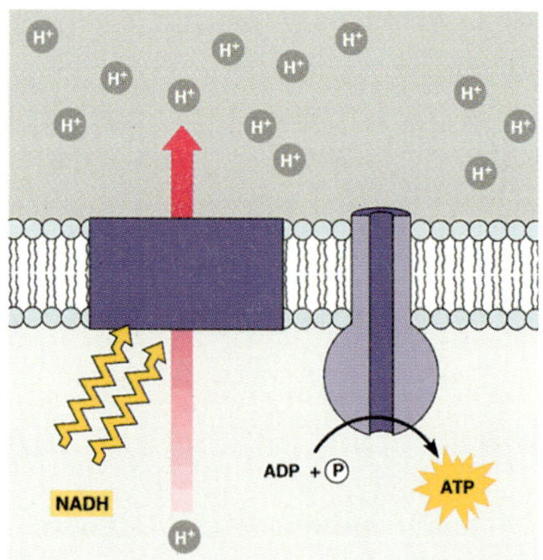

산화적 인산화는 산화(NADH, $FADH_2$의 산화)와 환원(산소의 환원, ATP 생성)이 같이 일어난다. NADH, $FADH_2$로부터 방출(산화)된 전자는 미토콘드리아 내막의 전자 전달계를 통해 흘러가며 이때 수소 이온 펌프가 작동해 수소 이온을 막간 공간으로 배출해 내막을 경계로 수소 이온 농도차가 형성된다. 전자 전달계를 통해 흘러간 전자의 최종 수용체는 산소이며 산소는 전자를 받아 물로 환원된다. 수소 이온은 ATP 합성 효소를 통로로 이용해 다시 미토콘드리아의 기질로 들어오며 이때 ADP와 P_i가 결합해 ATP가 생성된다.

33 정답: ①

미토콘드리아에서 수소 이온이 막간 공간으로 이동하는 이유는 ATP 가수분해에 의한 능동 수송이 아니라, NADH 또는 $FADH_2$의 산화로 생성된 전자가 전자 전달계를 통해 산소로 전달되면서 그 전위차에 의해 **양성자 펌프**가 가동되기 때문이다.

34 정답: ①

모든 짝풀림제(uncoupler)는 미토콘드리아 내막에 작용해 ATP 합성을 감소시키거나 중지시킨다.

35 정답: ④

짝풀림제 중 하나인 DNP는 NADH, $FADH_2$의 산화와 전자 전달 자체를 저해하지 않으며 전자 전달을 통해 생성된 수소 이온의 농도 기울기를 해소시켜 ATP 합성 효소에 의한 ATP 생성을 방해한다(ATP 합성 효소의 활성을 직접 저해하는 것은 아니다).

36 정답: ③

1분자의 아세틸-CoA는 1회의 TCA 회로를 거치면서 이산화탄소로 완전 산화된다. 그런데 1분자의 포도당으로부터 2분자의 아세틸-CoA가 생성되기 때문에 1분자의 포도당 산화에 2회의 TCA 회로 가동이 필요하다. 따라서 2분자의 포도당은 4회의 회로 작동이 요구된다.

37 정답: ⑤

① 짝풀림제는 전자 전달 과정을 방해하지 않으며 NADH는 계속 산화된다.
② 저해제는 전자 전달계를 통한 전자의 흐름을 방해한다.
③ 짝풀림제는 산소의 환원 과정을 방해하지 않는다.
④ 저해제에 의해 전자의 흐림과 함께 양성자 펌프의 작동도 저해를 받는다.

38 정답: ④

1분자의 포도당이 산화되면 10NADH, $2FADH_2$와 함께 4ATP가 기질 수준에서 생성된다. 이를 모두 ATP로 환산하면 $10 \times 3 = 30$(ATP), $2 \times 2 = 4$(ATP)이므로 총 38ATP가 합성된다.

39 정답: ④

40 정답: ③

발효 과정이 지속적으로 일어나기 위해서는 해당 과정에서 생긴 NADH가 계속 NAD^+으로 산화되어야 한다. 산소가 있는 상태에서 세포 호흡이 일어나는 경우에는 NADH가 미토콘드리아에서 전자를 잃고 NAD^+를 생성하나 발효 반응에서는 이러한 과정이 불가능하다. 만일 NAD^+가 지속적으로 재생되지 않으면 해당 과정도 중단된다. 따라서 발효 반응에서는 해당 과정에서 생긴 NADH의 전자를 피루브산에 전달하고 NAD^+를 재생산하는 것이다.

41 정답: ④

포도당은 발효 과정의 기질로 쓰이며 발효 과정을 통해 젖산, 알코올(예: 에탄올) 등이 생성된다. 특히 알코올 발효에서는 반응 생성물로 **이산화탄소**가 만들어진다.

42 정답: ⑤

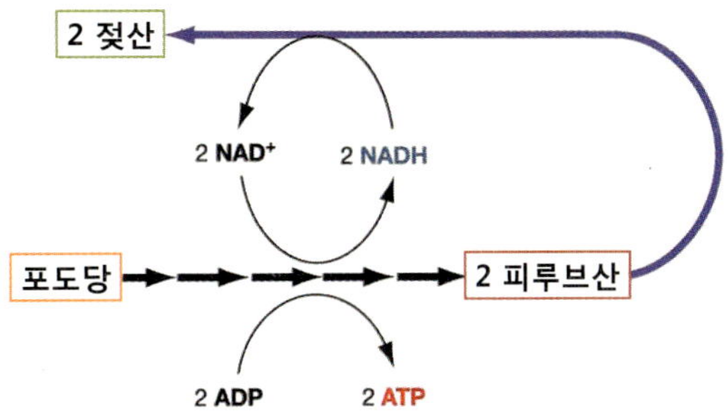

동물 세포에서 만들어지는 발효의 생성물은 **젖산**(lactic acid)이다. 주로 산소 공급이 원활하지 못한 상태에서 근육이 격렬한 운동을 할 때, 지속적으로 ATP를 공급하기 위해 젖산 발효가 일어난다. 이때 과잉 생산된 젖산이 근육에 축적되므로 근육통이 유발된다.

43 정답: ②

유기 호흡과 발효 과정을 통해 공통으로 생성되는 물질은 예시에서 ATP이다. 이것은 두 반응 모두 세포가 영양소로부터 에너지를 얻어 생명 현상을 유지하기 위한 작용이기 때문이다.

44 정답: ②

근육이 격렬한 운동을 할 때에는 많은 양의 ATP를 필요로 하기 때문에 ATP/ADP 비율이 높게 유지되어야 한다. 또한, 격렬한 운동은 짧은 시간 동안 이루어지기 때문에 산소를 이용한 세포 호흡이 일어날 시간적 여유가 없다. 따라서 젖산 발효를 통해 ATP를 공급해야 하며 이를 위해 $NADH/NAD^+$ 비율은 낮게 유지되어야 한다.

45 정답: ①

발효 과정의 공통 반응 생성물은 ATP와 NAD^+이다.

46 정답: ⑤

짧은 시간 동안 근육이 강한 운동을 하기 위해 필요한 ATP는 젖산 발효를 통해 공급된다.

47 정답: ③

무기 호흡은 산소를 이용하지 않으며 충분한 양의 산소가 전달되기 어렵기 때문에 오히려 활성화된다.

48 정답: ③

전자 전달계가 불완전하기 때문에 피루브산이 아세틸-CoA로 전환되는 속도가 빨라질 이유가 없다. 젖산이 생성되기 위해서는 피루브산이 NADH로부터 전자를 받아야 하기 때문에 피루브산은 환원되고 NADH는 산화된다.

49 정답: ②

문제는 알코올 발효에 관한 내용이다. 알코올 발효에서 NADH가 전자를 잃고 산화되나, 물 분자가 생성되지는 않는다. NADH 산화로부터 물 분자가 만들어지는 것은 세포 호흡(유기 호흡) 과정이다.

50 정답: ②

(나)는 알코올 발효를 나타낸다.

광합성

01 정답: ⑤

엽록소는 특정 파장의 빛을 흡수한다.

02 정답: ③

엽록체의 틸라코이드에서 일어나는 명반응은 크게 3가지로 나눌 수 있다.

1) 물의 광분해: 물이 수소 이온과 산소로 분해되며 이 과정에서 자유 전자가 방출된다.
   $H_2O \rightarrow 2H^+ + 2e^- + \frac{1}{2}O_2$
2) NADPH의 합성: $NADP^+$가 전자를 받아 NADPH로 환원된다.
3) 광인산화: 미토콘드리아의 화학 삼투와 같은 원리로 ATP를 합성한다.

03 정답: ④

엽록소 a, b, 카로티노이드 등의 색소는 광합성 과정에서 특정 파장의 빛만을 흡수한다.

04 정답: ②

빛 에너지에 의해 물이 수소이온과 전자, 산소 기체로 광분해된다.

05 정답: ④

비순환적 광인산화 과정에서 물 분자가 분해되어 전자를 제공하며 이 전자가 광계를 따라 흘러 최종적으로 $NADP^+$와 결합, 이를 환원시킨다.

06 정답: 3, 5

엽록체의 스트로마에서는 광합성의 **암반응**이 일어난다. 암반응의 가장 큰 특징은 명반응에 의해 생성된 ATP, NADPH 등의 에너지원을 이용해 대기 중의 CO_2를 고정, 환원시켜 포도당을 만드는 것이다. (가장 산화된 탄소 형태가 CO_2이다.)

07 정답: ①

② 순환적 광인산화 반응은 광계 I에서 일어난다.
③ 광인산화 반응은 모두 틸라코이드에서 일어난다.
④ 순환적 광인산화 반응의 생성물은 ATP이다.
⑤ 비순환적 광인산화는 광계 II와 I에서 일어난다.

08 정답: 3, 4

3. 식물의 광합성에 NADH가 전자를 잃는 반응은 일어나지 않는다.
4. 산화적 인산화는 NADH 등이 전자를 잃고(**산화**) 이를 통해 화학 삼투가 일어나며 그 결과 발생한 H^+ 농도 기울기를 이용하여 **인산화**(ATP 합성)를 일으킨다. 그러나 광합성에서는 궁극적으로 빛 에너지를 이용하여 인산화를 일으키기 때문에 **광인산화**라고 한다.

09 정답: ⑤

10 정답: ④

광합성의 명반응에서는 $NADP^+$가 전자를 받아 NADPH로 환원되며 세포 호흡에서는 O_2가 최종적으로 전자를 받아 H_2O로 환원된다.

11 정답: ③

암반응(포도당 합성)에 필요한 반응물은 ATP, NADPH, CO_2 등이다. 이때 빛의 세기에 따라 생성되는 ATP와 NADPH의 양이 달라지기 때문에 빛의 세기도 암반응에 영향을 주는 요소이다.

12 정답: 1, 5

1. NADPH가 산화되는 것이 아니라 $NADP^+$로부터 NADPH가 생성된다.
5. 물의 광분해는 광계 II(P_{680})에서 일어나는 반응이다.

13 정답: ①

14 A, B: ATP, NADPH　　C, D: ADP (P_i), $NADP^+$

15 (가): 틸라코이드　　캘빈회로: 스트로마

16 E: H_2O　　F: O_2

17 G: CO_2　　H: 인글리세르알데하이드(PGAL)

18 정답: ④

포도당 합성 자체가 캘빈 회로에서 일어나는 것은 아니다. 캘빈 회로를 통해 포도당 합성에 필요한 중간 대사체(PGAL)가 생성된다.

19 정답: ③

문제 6번의 풀이 참고

20 정답: ①

녹말은 식물 세포에서 탄수화물을 저장하기 위한 다당류이고, **글리코겐**은 동물 세포의 저장 탄수화물이다.

21 정답: ①, ④

22 정답: 2, 3

2. 식물의 세포 호흡은 동물 세포와 마찬가지로 NADH의 산화를 통해 일어난다.
3. 광합성의 명반응은 틸라코이드에서, 세포 호흡은 미토콘드리아에서 일어난다.

23 정답: ②

24 정답: ②

25 정답: ⑤

$NADP^+$환원과 NADPH 생성은 비순환적 광인산화 과정에서 일어나는 반응이다.

26 정답: ③

27 정답: ⑤

광합성의 명반응에서는 빛 에너지에 의해 물 분자로부터 전자가 방출되며 이 전자를 $NADP^+$가 받아 NADPH로 환원된다.

28 정답: ④

순환적 광인산화 반응은 광계 I에서 일어난다.

29 정답: ①

A는 보상점을 나타낸다. 보상점은 광합성량과 세포 호흡량이 같아 외관상 이산화탄소의 출입이 없을 때의 빛의 세기이다. 그림에서 B는 광포화점, C는 순 광합성량, D는 호흡량, E는 총 광합성량을 나타낸다.

30 정답: ②

① 캘빈 회로에서 NADH가 생성되지 않는다.
③ TCA 회로에서는 물 분자가 반응에 참여하며 캘빈 회로에서는 물이 관여하지 않는다.
④ 캘빈 회로와 TCA 회로는 각각 광합성 세균과 호기성 세균에서도 일어나는 반응이다.
⑤ 캘빈 회로는 CO_2를, TCA 회로는 아세틸-CoA를 기질로 사용한다.

31 정답: 1, 5

캘빈 회로(Calvin cycle)는 광합성의 암반응 과정에서 일어나며 명반응의 산물인 ATP, NADPH와 대기 중의 CO_2를 이용하여 포도당의 재료가 되는 유기물을 합성하는 반응이다. 따라서 보기의 NADH와 아세틸-CoA는 캘빈 회로 작동에 쓰이지 않는 물질이다. NADH와 NADPH를 혼동하지 않도록 주의해야 한다.

32 정답: ③

광합성의 암반응은 엽록체의 **스트로마**(stroma)에서 일어나며 암반응으로 합성된 포도당은 식물 세포의 호흡 과정에서 다시 사용되거나 다당류인 **녹말** 형태로 저장된다.

33 정답: ④

캘빈 회로와 TCA 회로는 반응이 1회 종결될 때마다 회로의 시작 물질이 재생되는 특성을 가지고 있다. 이러한 특성 때문에 회로(cycle)라는 명칭이 붙었으며 산화·환원 반응이 언제나 동시에 일어난다. 탄소 고정은 캘빈 회로의 또 다른 특징이며 NADPH는 광합성의 명반응을 통해 생성된다. 또한, 캘빈 회로에는 ATP가 에너지원으로 사용되나 TCA 회로에서는 ATP가 만들어진다.

34 정답: ②

식물의 광합성 과정 중에 스트로마(암반응)에서는 **캘빈 회로**를 통해 탄수화물(포도당)이 합성되며 틸라코이드에서는 명반응으로 물의 **광분해**가 일어난다.

35 정답: ④

A 시험관에서는 용해된 CO_2를 사용해 **광합성**이 일어나기 때문에 색깔이 변했다.

36 정답: ②

광합성 실험에서 녹색광(520 nm)에 의해 기포가 적게 발생하는 이유는 엽록소가 녹색광을 잘 흡수하지 못하기 때문이다. 그럼에도 약간의 광합성이 일어나는(기포 발생) 이유는 **카로티노이드 색소가 녹색광을 흡수하여 광합성의 명반응에 이용**하기 때문이다.

37 정답: ⑤

그림 (나)의 결과에서 알 수 있듯이 빛의 파장이 짧을수록 광합성 속도가 증가하는 것은 아니다. 다양한 파장의 빛이 광합성에 이용되나 엽록소마다 특정 파장 영역의 빛을 상대적으로 잘 흡수하기 때문에 빛의 파장에 따라 광합성 속도가 달라진다.

유전 물질의 구조

01 정답: ④

그리피스(Griffith) 실험의 결론: 열처리한(죽은) S형균의 어떤 물질이 R형균에 들어가 R형균을 S형균으로 형질 전환시켰다. (그러나 이 물질이 DNA인 것을 그 당시에는 알지 못했다.)

02 정답: ②

그리피스의 실험에서 열처리한 S형균(S_H)을 살아 있는 R형균(R_L)과 섞어 쥐에게 주사했을 때, 쥐가 죽었으며 죽은 쥐에게서 살아 있는 S형균(S_L)이 발견되었다. 이것은 S_H에 의해 R_L이 S_L로 형질 전환되었음을 의미한다.

03 정답: ④

에이버리(Avery) 실험의 결론: 죽은 병원성 세균의 DNA가 비병원성 세균 안으로 들어가 병원성으로 **형질 전환**시켰다. 즉, 형질 전환을 일으키는 물질은 DNA이다.

04 정답: ②

05 정답: ⑤

'DNA는 인(P)을 포함하지만 황(S)을 포함하지 않는다'는 것은 Hershey와 Chase가 행한 실험 결과가 아니라 그 이전에 이미 알고 있었던 과학적 사실이다.

06 정답: 2, 4

2. 파지의 숙주 세포는 대장균(*Escherichia coli*)이다.
4. 파지 DNA는 숙주 세포의 형질 전환을 일으키지 않는다.

07 정답: ②

08 정답: ④

그림의 A는 아데닌(A), B는 티민(T), C는 구아닌(G), D는 사이토신(C) 염기이다. DNA는 이중 나선 구조이고 상보성이 있기 때문에 (총 퓨린 염기 개수)/(총 피리미딘 염기 개수) 비율은 언제나 1이다.

09 정답: 50%

아데닌(A)과 구아닌(G)은 퓨린(purine)계 염기이다. 문제에서 A의 비율이 24%이므로 T도 24%이다. 나머지 52% 중에서 G와 C가 같은 비율인 26%를 차지한다. 따라서 A + G = 50 (%)이다.

10 정답: 50%

퓨린계 염기가 50%를 차지하기 때문에 피리미딘(pyrimidine)계 염기도 50%이다.

11 정답: 3, 4

12 정답: ③

	DNA	RNA
분자 구조	이중 가닥(사슬)	단일 사슬
5탄당	디옥시리보스	리보스
구성 염기	A, T, G, C	A, U, G, C
역할	유전정보 저장	유전정보 전달

13 정답: ⑤

DNA의 염기쌍은 퓨린 염기와 피리미딘 염기 사이에 형성된다.

14 정답: ⑤

15 정답: ②

16 T는 18억개

G의 비율이 20%이면 C의 비율도 20%이다. 따라서 T는 30%의 비율을 차지한다. 염색체는 30억개의 염기쌍으로 구성되어 있기 때문에 모든 염기의 수는 60억개이다. 따라서 60억개의 30%는 약 18억개이다.

17 DNA의 T_m이 높은 순서: 1 > 3 > 2 > 4

G와 C의 비율이 높을수록 DNA의 융해 온도 또한 높다. 1~4의 예에서 (G + C)의 비율은 다음과 같다.

1\. 70%, 2. 50%, 3. 60%, 4. 40%

18 정답: ④

DNA가 이중 가닥 구조를 가지고 있을 때, **퓨린**(purine)과 **피리미딘**(pyrimidine) 염기의 비율은 언제나 50:50으로 동일하다.

19 정답: ③

염기, 당, 인산기의 1:1:1 비율은 핵산이나 뉴클레오타이드가 갖는 분자 구조이다. 따라서 DNA뿐만 아니라 RNA에서도 발견되므로 DNA만의 특징적인 분자 구조라고 할 수 없다.

20 정답: ①

DNA와 RNA는 모두 뉴클레오타이드 단위체가 수 없이 중합 반응으로 연결된 **폴리뉴클레오타이드**이다.

DNA 복제

01 정답: 5′AGCGCAAT3′

DNA 염기서열은 일반적으로 5′→3′으로 표시한다.

02 정답: ②

먼저 P세대는 가벼운 DNA이다. 이후 ^{15}N 배지로 옮겼으므로 G_1세대는 중간 무게 DNA만이 발견된다. G_2세대에서는 중간 무게 DNA와 무거운 DNA가 1:1로 나타난다. (아래 그림 참조)

03 정답: ①

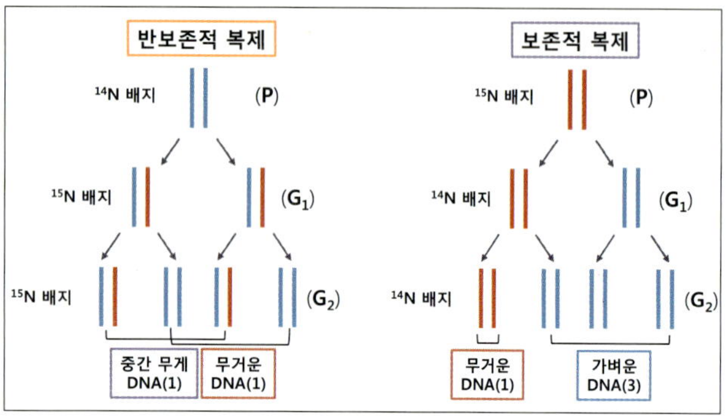

(문제에서 DNA 복제가 보존적 방식으로 **일어난다는 가정에 주의해야 한다.**)

대장균을 초기 ^{15}N 배지에서 배양했기 때문에 P세대 DNA는 무거운 DNA이다. 이후 ^{14}N으로 옮긴 후, 얻은 DNA(G_1)는 가벼운 DNA이다. 따라서 G_1 세대까지 대장균을 배양하고 원심분리를 하면 무거운 DNA와 가벼운 DNA의 비율이 1:1이다. ^{14}N에서 계속 배양하여 G_2까지 얻는다면 무거운 DNA와 가벼운 DNA의 비율이 1:3으로 나타난다.

04 정답: 100% ^{15}N-^{14}N DNA와 0% ^{14}N-^{14}N DNA

DNA의 복제는 반보존적으로 일어나기 때문에 G_1세대에서 모든 DNA는 모 DNA와 복제된 DNA의 이종(hybrid) 형태이다.

05 정답: 50% ^{15}N-^{14}N DNA와 50% ^{14}N-^{14}N DNA

06 정답: ①

DNA 복제가 보존적이면 50% ^{15}N-^{15}N DNA와 50% ^{14}N-^{14}N DNA의 실험 결과를 얻었을 것이다. 실제로 G_1 세대에서 100% ^{15}N-^{14}N DNA와 0% ^{14}N-^{14}N DNA의 결과를 얻었기 때문에 보존적이라는 가설은 제거할 수 있는 반면, DNA 복제가 분산적이라는 가설은 여전히 유효하다.

07 ^{15}N-^{15}N DNA : ^{14}N-^{14}N DNA = 1 : 3 (무거운 DNA : 가벼운 DNA = 1 : 3)

08 정답: ⑤

09 정답: ③

DNA가 열에 안정하기 위해서는(즉, 열에 의한 융해 온도, T_m이 높기 위해서는) (G+C) 함량이 높아야 한다. 이것은 A와 T는 2개의 수소 결합을 하는 반면, G와 C는 3개의 수소 결합을 형성하기 때문이다.

10 정답: ③

11 정답: ②

DNA를 구성하는 5탄당은 디옥시리보스(deoxyribose)이다.

12 정답: ④

리소좀(lysosome)에는 핵산이 존재하지 않는다.

13 정답: D

D는 DNA의 이중 가닥이 풀리는 방향(그림의 오른쪽 방향)과 반대 방향으로 합성되기 때문에 지연 가닥에 해당한다.

14 정답: E

프라이메이스(primase)는 RNA 프라이머(primer)를 합성하는 효소이다.

15 정답: 1, 3

DNA의 이중 가닥이 둘 다 같은 방향이라면 지연 가닥으로 DNA 복제를 일으킬 필요가 없다. 또한, DNA의 복제가 5′→3′ 또는 3′→5′ 방향으로 자유롭게 일어난다면 오카자키 절편이 만들어지지 않는다.

16 정답: ①

17 정답: ②

RNA 중합 효소는 DNA 전사(transcription) 과정에 참여한다.

18 정답: ⑤

텔로미어(telomere)는 염색체 말단에 존재하며 짧은 DNA 염기 서열이 반복적으로 나타나는 구조를 가지고 있다.

19 정답: ⑤

RNA 프리이머는 primase에 의해 합성되며, 주형 DNA의 염기 서열과 상보성을 가진 짧은(보통 4~15개의 뉴클레오타이드로 구성됨) RNA 조각이다.

20 정답: ③

21 정답: ⑤
프라이머는 DNA 연결 효소가 아닌, DNA 중합 효소에 의해 제거된다.

22 정답: ④

23 정답: ①
선도 가닥(leading strand)은 복제 분기점 진행 방향과 같은 방향으로, 지연 가닥(lagging strand)는 반대 방향으로 DNA가 합성된다.

24 정답: ①, ③
① 중합 효소 연쇄 반응(PCR)에서는 짧은 DNA 조각을 프라이머로 사용한다.
③ DNA 복제 및 PCR 모두 DNA를 합성하기 때문에 dNTP는 필수적이다.

유전자 발현

01 정답: ⑤

전사 과정에서 DNA 주형(단일 가닥)과 합성된 RNA는 일시적으로 DNA의 이중 가닥과 유사한 형태로 결합하며 DNA와 RNA는 서로 **역평행 구조**이다. 이것을 문제에서 제시된 염기 서열을 바탕으로 나타내면 다음과 같다.

3′-TACCGTCCACTTAT-5′ (DNA 주형)

5′-AUGGCAGGUGAAUA-3′ (전사 RNA)

따라서 정답은 5′-TATTCACCTGCCAT-3′이다.

02 정답: ②

DNA 한쪽 가닥의 염기 서열이 5′AACATC3′이기 때문에 이와 상보성을 가진 다른 한쪽 가닥의 염기 서열은 5′GATGTT3′이다. DNA 2개의 가닥이 RNA 합성에 주형으로 작용할 수 있기 때문에 제시된 DNA로부터 합성될 수 있는 RNA의 염기 서열은 5′AACAUC3′ 또는 5′GAUGUU3′이다.

03 정답: ②

1. RNA는 5′→3′ 방향으로 합성되기 때문에 DNA 정보를 3′→5′ 방향으로 읽어야 한다.
3. RNA 합성(전사 과정)에는 프라이머가 관여하지 않는다.
5. mRNA만이 코돈 정보를 가지고 있으며 rRNA, tRNA 등은 코돈 정보가 없다.

04 정답: ④

1. RNA 프라이머(primer)는 DNA 복제에만 관여하며 전사 과정에는 필요 없다.
2. DNA 복제와 RNA 합성에 사용되는 뉴클레오타이드의 화학 구조는 서로 다르다.
4. DNA 복제와 전사 과정 모두 핵 내에서 일어난다.

05 정답: 2, 3

2. RNA 가공은 진핵 세포에서 일어난다.
3. 역전사는 유전 물질로 RNA를 가지는 바이러스에서 일어나는 반응이다.

06 정답: ④

RNA에 메틸기가 결합하는 메틸화 반응은 일어나지 않는다.

07 정답: ③

DNA 유전 정보에 의해 mRNA가 합성되나, 일반적으로 코돈 정보는 mRNA의 특징이라 할 수 있다.

08 정답: ①

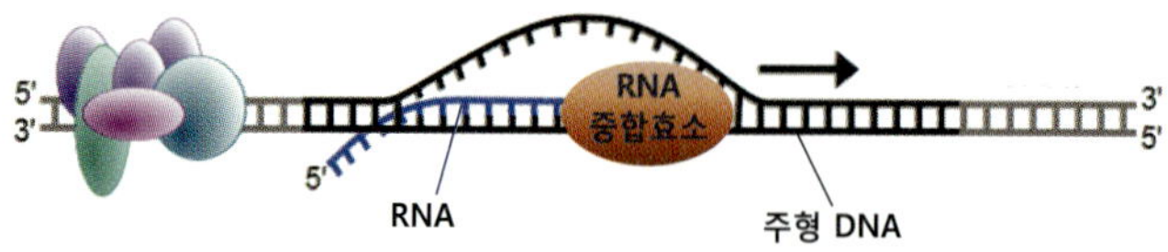

전사는 DNA를 주형(단일 가닥)으로 RNA를 합성하는 반응이다. 원핵 세포에서는 진핵 세포와 달리 RNA 합성 후, RNA의 가공 과정을 거치지 않으며 핵 구조가 없기 때문에 전사와 단백질 번역 과정이 동시에 일어난다.

09 정답: ③

리보솜의 P 자리에 아미노산-tRNA 또는 펩타이드-tRNA가 먼저 위치한 후, 비어있는 A 자리에 새로운 아미노산-tRNA가 들어온다.

10 정답: ②

단백질 합성 개시 단계에서는 리보솜 소단위체가 mRNA와 결합한 후, 메싸오닌-tRNA가 개시 코돈에 붙는다. 이후 대단위체가 결합하여 리보솜 복합체가 완성된다.

11 정답: ⑤

리보솜 소단위체에 mRNA가 먼저 붙은 후, 대단위체가 결합하여 완전한 리보솜을 형성한다.

12 정답: ②

종결 코돈이 A자리에 왔을 때 종결 코돈을 인식하는 tRNA가 없기 때문에 아미노산-tRNA 복합체 대신에 방출 인자가 A자리에 위치하며 이때 단백질 합성이 종결된다.

13 정답: ④

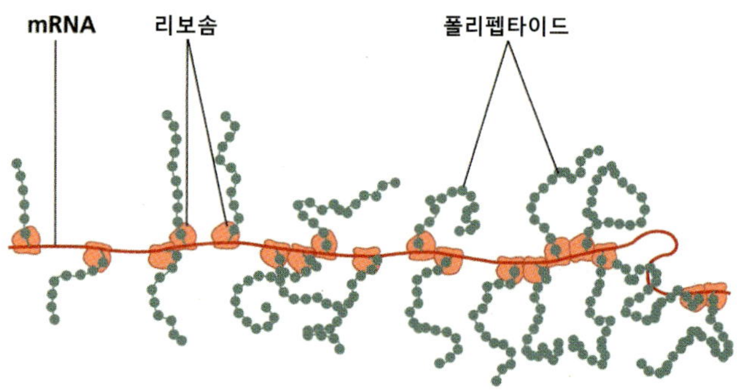

폴리리보솜(polyribosome)은 하나의 mRNA에 여러 개의 리보솜이 결합하여 폴리펩타이드(단백질)를 동시에 다량 합성하기 위한 구조체를 말한다.

14 정답: ①

microRNA(miRNA)는 약 20여개의 뉴클레오타이드로 구성되어 있으며 코돈 정보를 가지지 않는다. miRNA는 동, 식물 세포에서 모두 발견되며 mRNA와 상보적으로 결합할 수 있는 능력이 있어 유전자 발현 조절에 이용된다.

15 정답: ⑤

tRNA는 아미노산과 공유 결합하며 안티코돈(anti-codon)을 이용해 리보솜 내에서 mRNA의 코돈을 인식한다.

16 정답: ④

① DNA → DNA: DNA 복제
② DNA → RNA: 전사(transcription)
③ RNA → DNA: 역전사(reverse transcription)
⑤ DNA → 단백질: 단백질 합성

17 정답: 3-5-1-4-2

18 정답: ④

종결 코돈(termination codon)을 인식할 수 있는 tRNA는 존재하지 않는다.

19 정답: ③

mRNA가 이동하는 것이 아니라 리보솜이 mRNA를 따라 이동한다.

20 정답: ②

진핵 세포에서 전사는 핵 내에서, 단백질 합성은 세포질에서 일어난다.

21 정답: ②

단백질의 합성, 분비 과정에는 **세포질**, **거친면 소포체**, **골지체**, **세포막** 등이 관여한다. 먼저 세포질에 흩어져 있는 리보솜에 의해 단백질 합성이 개시되며 단백질이 위치하는 최종 목적지가 세포 밖일 경우 세포는 세포질에서의 단백질 합성을 잠시 중지하고 mRNA-리보솜 복합체가 소포체로 이동하여 나머지 단백질 합성이 일어난다. 이후, 분비 단백질은 소낭에 싸여 골지체로 이동하고 다시 분비 소낭에 싸여 골지체로부터 세포막으로 이동한다. 이후, 분비 소낭은 세포막과 융합되고 단백질은 세포 밖으로 분비된다.

유전자 발현의 조절

01 정답: ③

① 프로모터는 아미노산을 암호화하지 않는다.
② 프로모터는 DNA의 일부분이다.
④ 프로모터는 RNA 합성 개시에 관여한다.
⑤ 엑손(exon)은 아미노산을 암호화하고 있는 부분이므로 프로모터와 관련이 없다.

02 정답: ④

오페론(operon)은 주로 원핵 생물에서 형질 발현(단백질 합성) 조절을 위해 서로 연관된 유전자들이 모여 형성된 DNA의 특정 구조를 의미한다.

03

A: 조절 유전자　B: 프로모터
C: 작동 부위　D: 억제 단백질(억제자)
E: 구조 유전자

04 정답: ②

젖당 오페론(lactose operon)은 대장균과 같은 원핵 생물에서 젖당의 이용을 위한 전사 조절 방식이다.

05 정답: ④

06 정답: ①

젖당 오페론에서 배지에 젖당이 없을 경우, 억제자 단백질은 활성화된 상태로 오페론의 작동 부위에 결합한다. 이로써 RNA 중합 효소가 프로모터(promoter)에 결합할 수 없어 전사 과정이 억제된다. 반면 배지에 젖당이 있을 경우에는 젖당 유도체가 억제자와 결합하여 억제자가 불활성화되며 작동 부위에 결합하지 못한다. 그 결과 프로모터에 RNA 중합 효소가 결합하여 전사가 일어난다.

07 정답: ①

억제자는 DNA의 **작동 부위**에 결합하여 RNA 중합 효소의 전사 과정을 방해한다.

08 정답: ⑤

CAP는 환상 AMP(cAMP)와 결합하여 프로모터에 작용하며 RNA 중합 효소가 구조 유전자를 전사하도록 돕는다.

09 정답: ③

① 억제자가 젖당 유도체와 결합하면 불활성화하여 작동 부위에 붙지 못한다.
② 억제자는 오페론의 작동 부위(억제자 결합 부위)에 붙는다.
④ 젖당 유도체 자체가 RNA 중합 효소의 작용을 방해하는 것이 아니다.
⑤ 젖당 오페론은 포도당이 없을 때, 젖당을 탄소원(에너지원)으로 이용하기 위함이다.

10 정답: ⑤

조절 유전자는 오페론과는 다른 독립적인 프로모터를 가지고 있어 오페론 프로모터에 의해 영향을 받지 않는다. 또한, 조절 유전자는 지속적으로 전사되는 특징이 있다.

11 정답: ①

CAP는 cAMP와 결합해야 활성화되며 cAMP는 세포 내 포도당 농도가 적을 때에만 생성된다. 즉 cAMP의 농도는 포도당 농도와 밀접한 상관 관계가 있다.

12 정답: ②

젖당 유도체는 억제자와 결합하여 억제자가 작동 부위에 붙지 못하도록 구조 변화를 유도한다. 이는 효소의 알로스테릭(allosteric) 부위에 저해제가 결합하는 방식과 유사하다.

13 정답: ③

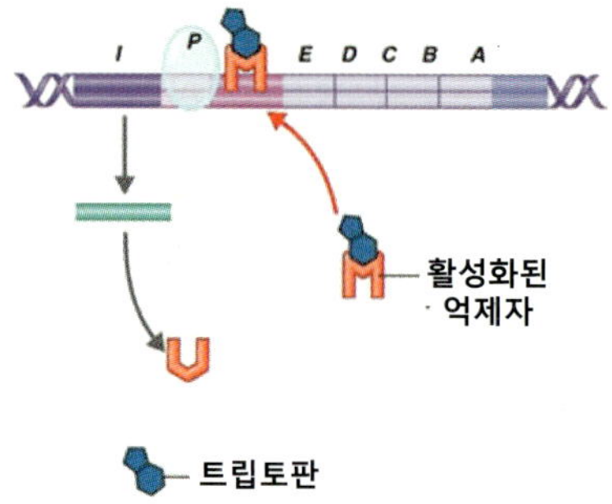

트립토판(tryptophan)은 억제자(단백질)와 결합하며 이 복합체는 오페론의 작동 부위에 붙어 오페론의 전사 과정을 방해한다. 젖당 오페론에서 억제자와 젖당 유도체의 작용 방식과 비교하여 차이점을 아는 것이 중요하다.

14 정답: ②

아미노산 A는 억제자와 결합해 특정 오페론의 전사를 억제하기 때문에 이 아미노산이 배지에 있을 때에는 아미노산 A의 합성이 억제될 것이다. 트립토판 오페론의 작동 방식을 예로 들 수 있다.

15 정답: ①

인트론(intron)은 단백질로 번역되지 않으며 RNA 가공 과정 중에 제거된다.

16 정답: ④

RNA 스플라이싱(splicing) 과정에서 엑손의 연결은 자발적인 반응이며 DNA 연결 효소는 DNA 복제 과정에서 오카자키 조각들이 서로 연결될 때, 작용한다.

17 정답: ③

ㄴ. 인트론은 DNA 전사 후, 단백질로 번역되지 않는 RNA의 일부분이다.

ㄹ. 엑손, 인트론은 주로 진핵 세포에서 발견되며 원핵 세포에서도 일부 발견된다.

18 정답: ④

세포 분화는 세포 분열을 수반하는 경우가 많이 있으나 근본적으로 세포 분열과는 다른 개념이다. 세포 분화는 유전자 발현 조절을 통해 세포의 구조와 기능이 특수화되는 과정을 의미한다. 이때 분화 전과 전체 DNA의 염기 서열은 동일하다는 것에 주의해야 한다. DNA의 염기 서열은 동일하나 유전자의 발현 양상(방식)에 차이가 있어 서로 다른 종류의 세포가 되는 것이다.

19 정답: ③

세포 내에서 유전자 발현을 조절하는 물질의 대표적인 예는 **전사 조절 인자**이다. 따라서 다이옥신은 작용 방식에 있어 전사 조절 인자와 유사하다고 할 수 있다.

20 정답: ③

21 정답: ①

3. 히스톤에 아세틸기(-$COCH_3$)가 붙으면 히스톤과 DNA의 결합이 약해진다.
4. 진핵 세포에서 DNA는 히스톤과 결합하여 뉴클레오솜 구조를 형성한다.

22 정답: ②

진핵 세포에서 유전자 발현은 **전사 조절**, **전사 후 조절**, **번역 조절**, **번역 후 조절** 등으로 나뉠 수 있는데 이 중에서 전사 조절이 가장 중요한 역할을 담당하며 가장 많은 조절 방식이 존재한다.

23 정답: ②

인핸서(enhancer)는 DNA에 존재하는 특정 부위(위치)로서 전사 촉진 인자와 결합하여 유전자의 전사를 촉진한다. 따라서 인핸서가 단백질 성분이 아니라는 점에 주의해야 한다.

24 정답: ④

생물체의 형질은 유전자의 발현(전사와 단백질 합성)에 의해 나타난다. 유전자(또는 DNA전체)는 생물체의 탄생 때부터 부여 받은 것으로 이를 **유전자형**(genotype)이라 하며 유전자의 발현에 의해 나타나는 성질을 **표현형**(phenotype)이라 한다. 유전자형이 표현형에 영향을 주지만 표현형은 유전자형에 어떠한 영향도 미치지 못한다. 또한, 유전자형은 모두 동시에 발현되는 것이 아니라 세포가 처한 주변 환경에 알맞게, 세포의 노화 정도에 따라 그 발현 양상이 다양하게 변한다.

25 정답: ③

RNA **스플라이싱**(splicing) 과정은 단백질을 암호화하지 않는 인트론을 제거하기 위한 과정으로 **단백질 합성 속도 조절과는 관계가 없다**.

생명 공학 기술

01 정답: ②

02 정답: ②

플라스미드는 DNA로 구성되며 따라서 이중 가닥(사슬)이다.

03 정답: ③

세균(원핵 세포)은 매우 다양한 종류의 제한 효소를 가지고 있으며 각각의 제한 효소는 DNA 인식 부위, 절단 방식 등이 다르다.

04 정답: ③

특정 단백질 A를 세균 내에서 대량 생산할 때, 단백질 A에 해당하는 유전자를 세균 내에서 대량으로 추출하는 과정은 필요 없다.

05 정답: ⑤

재조합 DNA를 구성하기 위해서는 여러 종류의 효소가 사용될 수 있으며 이 중 제한 효소와 DNA 리게이스는 필수적인 효소들이다.

06 정답: ④

07 정답: ①

재조합된 플라스미드는 보통 항생제 저항성 유전자를 포함한다. 이 유전자로부터 항생제를 분해할 수 있는 효소가 숙주 세포에서 만들어지며 세포는 특정 항생제가 존재하는 배지에서 생존할 수 있다.

08 정답: ⑤

역전사 효소는 RNA를 유전 물질로 가지고 있는 바이러스 내에 존재하며 RNA 정보를 DNA 형태로 전환시킨다. 역전사 효소는 DNA 재조합 기술에 반드시 이용되는 필수 요소는 아니다.

09 정답: ④

항생제와 항생제 내성 유전자는 재조합 DNA를 가지고 있는 숙주 세포를 선별하기 위해 사용된다.

10 1. (O) 2. (O) 3. (X) 4. (X)

3. 일반적으로 항원은 여러 개의 항원 결정기를 가지고 있다. 따라서 항원을 체내에 주입하면 각각의 항원 결정기에 해당하는 항체가 여러 종류 생성된다.
4. B 림프구를 암세포와 융합하는 이유는 암세포가 무한 증식하는 특성을 이용하기 위함이다.

11 정답: ①

단일 클론 항체는 B 림프구로부터 생성되며 암세포와 반응하지 않는다.

12 정답: 1, 4

PCR을 위해서는 ① 목적 DNA (주형 DNA), ② 프라이머(primer), ③ dNTP (dATP, dTTP, dGTP, dCTP), ④ Taq DNA 중합 효소(열저항성 DNA 중합 효소) 등의 요소가 필요하다.

13 정답: ④

젤 전기 영동은 PCR 과정으로 DNA 증폭이 이루어졌는지를 확인하기 위한 과정이다.

14 정답: ①

② ATP가 아닌 dATP가 PCR 반응에 쓰인다.
③ 프라이머는 단일 가닥의 짧은 DNA 조각을 사용한다.
④ DNA 리게이스는 PCR 반응에 필요 없는 효소이다.
⑤ 호열성 세균 유래 DNA 중합 효소를 사용한다.

15 정답: ③

PCR 반응에서 사용되는 프라이머의 특징은 다음과 같다.

1. 짧은 단일 가닥의 DNA 조각이다.
2. 목적 DNA의 5′ 말단과 3′ 말단에 각각 상보성을 가진 2종류를 사용한다.
3. 세포 내 DNA 복제 반응과는 달리 RNA 조각을 이용할 수 없다.

16 정답: ③

17 정답: ④

DNA 신장은 열저항성 DNA 중합 효소에 의해 일어나며 섭씨 72℃ 정도에서 진행된다. 따라서 열저항성 대신 열안정성(thermostable)이라는 용어가 더 적합하다.

18 정답: 4, 5

제한 효소와 **플라스미드**는 재조합 DNA(또는 DNA 재조합)를 만들 때 필요한 요소들이다. 보기의 dNTP와 목적 DNA는 DNA 재조합과 PCR에 공통으로 사용되며 DNA 연결 효소는 세포 내에서 DNA 복제 과정에 관여하는 효소이다.

19 정답: ⑤

DNA의 구성 요소인 인산기는 음전하를 가지기 때문에 전기장에서 DNA는 양극으로 이동한다.

20 정답: ②

DNA 젤 전기 영동을 수행했을 때, DNA 조각(절편)의 크기가 작을수록 음극으로부터 멀리 이동한다. 이것은 절편의 크기가 작을수록 젤 내에서의 이동 속도가 빠르기 때문이다.

21 정답: ③

22 정답: ②

23 정답: 1, 4, 5

DNA를 제한 효소로 자른 후, DNA 젤 전기 영동으로 분리하면 DNA 절편(조각)의 크기에 따라 분리되어 띠 모양으로 나타나는데 이를 DNA 지문(DNA fingerprint)이라고 한다. DNA 지문 검사에는 다량의 DNA가 필요하므로 보통 PCR로 DNA를 증폭시키는 과정이 필수적이다.

24 정답: ①

② 성체 줄기 세포는 성숙한 조직이나 기관에 남아 있는 미분화 세포이다.

③ 배아 줄기 세포는 전분화능이 있어 인체를 구성하는 모든 세포로 분화할 수 있다.

④ 성체 줄기 세포는 성장한 신체 조직으로부터 추출(채취)한다.

⑤ 복제 인간은 체세포의 핵을 이식한 배아로부터 탄생할 수 있다.

25 정답: ②

체세포 핵을 이용하므로 배아 줄기 세포로부터 얻은 조직이나 장기는 핵을 제공한 개체와 동일한 유전자를 가진다. 따라서 장기 이식에서 거부 반응이 나타나지 않게 된다.

26 정답: ③

27 정답: ②

생명의 기원

01 정답: ③

오존은 에너지를 발생하지 않으며 원시 지구의 대기에는 오존이 존재하지 않았을 것으로 추정된다.

02 정답: 6-3-2-1-5-4

① 원시 지구에 풍부했던 에너지와 무기물로부터 유기물 합성
② 유기물을 이용하는 무산소 종속영양 생물 출현
③ 에너지 감소와 유기물 합성량 감소, CO_2 농도 증가
④ 광합성을 이용하는 독립 영양 생물 출현 (예: 광합성 세균)
⑤ 유기물 증가, O_2 농도 증가
⑥ 산소호흡으로 에너지를 얻는 종속영양 생물 출현

03 정답: ④

산소는 광합성을 이용하는 독립 영양 생물이 출현한 이후, 지구 대기에 생성되었을 것으로 예상된다.

04 정답: ③

밀러와 유리의 실험을 통해 원시 지구의 대기 성분(CH_4, NH_3, H_2 등)과 에너지로부터 간단한 **유기물**(예: 글라이신, 알라닌 등의 아미노산)이 합성될 수 있음이 증명되었다.

05 정답: ②, ⑤

물질 이동과 **생장**은 무생물체인 코아세르베이트에서도 나타나는 특징이다. 코아세르베이트는 물질을 흡수하거나 스스로 성장한 후, 분열로 수의 증가가 가능하다.

06 정답: ③, ⑤

원시 생명체의 기원과 진화를 밝히기 위해 사용한 **코아세르베이트**(coacervate), **마이크로스피어**(microsphere) 등은 지질 2중층을 가지거나 스스로 에너지를 생성할 수 있는 특성이 없었다.

07 정답: ②

밀러-유리의 실험에서 아미노산, 사이안화수소(HCN) 등의 유기물이 합성되었으나 염기(base)는 발견되지 않았다.

08 정답: ④

밀러-유리의 실험에서 끓는 물을 사용한 이유는 원시 지구의 대기에 존재한 고온의 수증기를 재현하기 위해서며 원시 바다 상태와는 관계가 없다.

09 정답: ①

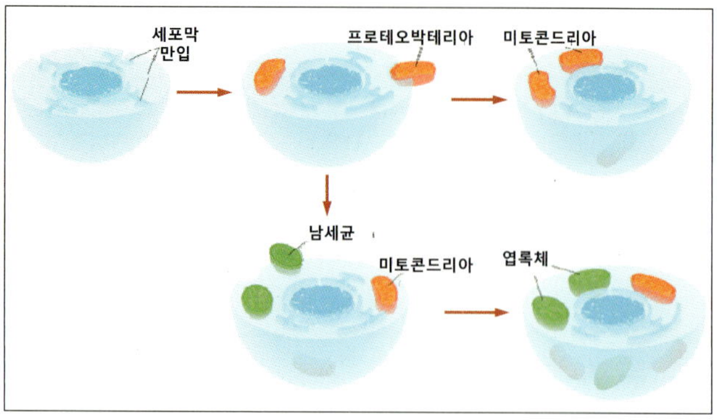

세포 내 공생설(endosymbiosis theory)은 진핵 세포의 소기관인 미토콘드리아와 엽록체의 기원을 설명하기 위한 가설이며 핵과는 관계가 없다.

10 정답: ②

세포 내 공생설의 대상인 **미토콘드리아**와 **엽록체**는 둘 다 2중막(내막과 외막) 구조를 가지고 있다. 세포막의 지질 2중층과 혼동하지 않도록 주의해야 한다.

11 정답: 3, 4

12 정답: ⑤

RNA는 DNA보다 화학적으로 불안정하여 분해가 빨리 일어난다. 그러나 이러한 화학적 특성은 최초의 유전 물질로서 RNA의 역할에 대한 근거와는 거리가 멀다.

13 정답: ③

남세균(cyanobacteria)은 광합성 세균으로서 원시 지구 대기의 산소 농도 증가에 기여했을 것으로 생각된다.

14 정답: ①

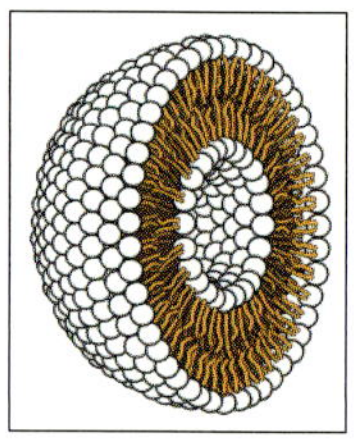

리포솜은 그림과 같이 인지질로 구성된 인공 세포막이며 실제 세포막과 구조적으로 동일한 지질 2중층을 가진다.

15 정답: ②

원시 지구의 대기에는 메테인(CH_4), 암모니아(NH_3), 수소(H_2) 등의 환원 기체들이 풍부한 상태였다.

16 정답: ①

밀러-유리의 실험을 통해 화학 진화설이 증명된 것은 아니며 원시 지구의 대기 성분으로부터 간단한 유기물(예: 아미노산, 시안화수소, 요소 등)을 합성할 수 있다는 것을 실험적으로 증명하였다.

17 정답: ⑤

최초의 생명체는 원시 바다에 풍부한 유기물로부터 산소의 도움 없이(무산소 호흡으로) 에너지를 얻는 **종속 영양 생물**이었을 것으로 추정된다.

18 정답: ④

생명체의 진화 과정을 추정하면 다음과 같다.

무산소 호흡의 종속 영양 생물(해당 작용을 통해서만 에너지를 얻었을 것으로 추정) → 광합성 생물(무산소 호흡의 독립 영양 생물, 빛 에너지를 화학 에너지로 전환) → 산소 호흡의 종속 영양 생물(산소를 이용, 유기물을 완전 산화시켜 에너지를 획득)

19 정답: ⑤

광합성 생물의 개체 수 증가는 산소 농도 증가를 일으키는 원인으로 작용한다.

20 정답: ④

환원 기체가 에너지와 반응하여 간단한 유기물이 합성되고 이로부터 생명체 진화가 시작되었다는 것이 **화학 진화설**(chemical evolution)이다. 만일 원시 지구 대기에 산소가 풍부하게 존재했다면 환원 기체 농도가 감소하여 풍부한 유기물 합성이 어려웠을 것이다.

21 정답: ③

다세포 생물은 단세포 생물보다 더 많은 양의 에너지를 생산할 수는 있으나 더 많은 양의 에너지를 소비하기 때문에 에너지 생산 증가가 다세포 생물이 가진 이점이라고 할 수 없다. 또한, 산소 호흡은 단세포 생물과 다세포 생물 모두에서 일어날 수 있다.

생물의 진화

01 정답: ③

상동 기관은 겉모양과 기능은 다르지만 해부학적으로, 발생학적으로 기원과 기본 구조가 같은 기관을 일컫는다. 반면, **상사 기관**은 기능은 같더라도 그 기원과 구조가 다른 기관을 말한다(예: 곤충의 날개와 새의 날개).

02 정답: ②

그림은 여러 생물종의 **상동 기관**을 나타낸 것이다. 상동 기관은 모양과 기능은 달라도 근본 구조와 발생 기원이 같은 기관을 의미한다. 상동 기관은 하나의 **공통 조상**으로부터 유래하여 환경 변화에 적응하면서 다른 기능을 수행하도록 변화된 기관이다.

03 정답: ①

3. 상사 기관에 관한 설명이다.
4. 종 분화의 개념이다.

04 정답: ③

적응 방산은 공통 조상으로부터 기원했더라도 다른 환경에 적응하면서 기관의 형태, 기능이 다양해지는 진화 양상을 일컫는 말이다. 자연선택과 혼동하지 않도록 주의해야 한다. **자연선택**은 특정한 환경에서 생존에 유리한(적합한) 종이 그렇지 않은 종과의 경쟁에서 살아남아 번식한다는 이론이다.

05 정답: ⑤

수렴 진화는 계통적으로 관련이 없는 둘 이상의 생물이 환경에 적응하여 유사한 형태를 보이는 현상을 말한다.

06 정답: ③

문제의 내용은 **상사 기관**(같은 기능을 수행하지만 그 기원과 구조가 다른 기관)에 관한 설명이다. 또한, 상사 기관은 계통적으로 관련이 없는 둘 이상의 생물종(문제: 곤충과 날다람쥐)이 환경 적응을 통해 유사한 형태를 보이는 것으로 **수렴 진화**에 해당한다.

07 정답: ②

08 정답: ②

상동 기관의 예에 해당한다. 상동 기관은 공통 조상으로부터 유래하여 각기 다른 환경에 적응하면서 각기 다른 기능을 수행하도록 진화된 것이라고 추정할 수 있다.

09 정답: ④

같은 종의 생물이 지리적 격리에 의해 다른 종으로 분화한 경우를 진화의 생물지리학적 증거라고 한다.

10 정답: ③

③은 생물 진화의 발생학적 증거에 해당한다.

11 정답: ①

혈청 침강 반응의 항원은 사람의 혈청 단백질이며 항체는 토끼를 이용하여 만든다. 이때 침강량이 많을수록 사람과의 유연 관계가 가깝다는 것을 의미한다.

12 정답: ㄷ-ㄱ-ㄴ-ㄹ-ㅁ-ㅂ

13 정답: ⑤

A는 선캄브리아대, B는 고생대, C는 중생대, D는 신생대이다. 포유류는 중생대에 이미 출현했으며 신생대에 인류가 최초로 나타났다.

14 1. (B) 2. (C) 3. (C)

15 정답: ③

16

ㄱ. 3 ㄴ. 2 ㄷ. 1
ㄹ. 4 ㅁ. 2 ㅂ. 3

17 정답: ⑤

중생대 이전에 겉씨 식물이 나타났으며 인류는 신생대에 최초로 나타난 것으로 추측된다.

18 정답: ④

A는 고생대, B는 중생대, C는 신생대를 나타낸다.
① 고생대(A)의 표준 화석 중 하나는 삼엽충이다.
② 중생대(B)의 표준 화석 중 하나는 암모나이트이다.
③ 판게아는 고생대 말에 일어났다.
⑤ 속씨 식물의 최초 출현은 중생대 말이다.

19 정답: ③

20 정답: ②

21 정답: ③

① 오스트랄로피테쿠스도 직립 보행을 했을 것으로 추정된다.
② 네안데르탈인은 현생 인류의 직계 조상이 아니다.
④ 오스트랄로피테쿠스의 두개골 구조는 현생 인류보다 유인원과 유사하다.
⑤ 호모속에 속하는 최초의 화석은 호모 하빌리스(*Homo habilis*)이다.

22 정답: ③

수렴 진화는 비슷한 환경에 적응하면서 형태상 동일한 기능을 수행하도록 진화하는 현상으로 문제의 내용과는 상관 없는 용어이다.

23 정답: ③

모든 원핵 세포가 2중막 구조를 가진 것은 아니다. 또한, 엽록체는 진핵 세포 안으로 들어온 후, 2중막 구조를 형성한 것으로 추측하고 있다.

24 정답: ②

환경 적응에 유리한 형질을 가진 개체는 그렇지 못한 개체보다 생존율이 높기 때문에 더 많은 자손을 남긴다. 또한, **세대를 거듭할수록 환경 적응에 유리한 형질을 가진 개체의 빈도수가 증가**한다. 즉 다른 개체들보다 다음 세대에 자신의 형질을 전달할 가능성이 높다. 이것이 다윈이 주장한 **자연선택**에 의한 진화의 개념이다. 그러나 자연선택에 유리한 형질을 가진 개체가 바로 새로운 종으로 분류되는 것은 아니다.

생물의 분류와 진화

01 정답: ②, ③

세균계는 종속 영양 세균과 독립 영양 세균으로 분류하는데 독립 영양 세균은 다시 광합성 세균(빛 에너지를 에너지원으로 이용하며 남세균이 대표적이 예이다.)과 화학 합성 세균(빛 에너지를 이용하지 않고 무기물을 산화시켜 나온 에너지를 이용하며 황세균, 질산균 등이 있다.)으로 다시 나뉜다.

원생생물계 또한 종속 영양 생물(예: 유글레나류)과 독립 영양 생물(예: 편모충류)을 포함한다.

02 정답: ③

원생생물계에는 환경에 따라 광합성을 하거나 유기물로부터 에너지를 얻는 **혼합 영양 생물**이 존재한다. 또한, 무성 생식과 유성 생식을 병행하는 생물(예: 포자충류, 녹조류)들로 많이 있다.

03 정답: ⑤

① 균계는 종속 영양 생물이다.
② 세균계는 단세포 구조이며 생식 기관이 없다.
③ 원생생물계는 대부분 무성 생식을 하며 독립, 종속, 혼합 영양 등이 혼재해 있다.
④ 동물계는 종속 영양 생물이다.

04 정답: ④

생물의 분류: **종 < 속 < 과 < 목 < 강 < 문 < 계 < 역**

역으로 갈수록 그 단계에 속하는 생물의 종류가 다양해지며, 종으로 갈수록 그 단계에 속하는 생물들 사이의 유연관계가 가까워진다.

05 정답: ③

학명은 개개의 종(species)을 표현하기 위한 국제적인 명명법이다. 학명은 속명과 종소명(종의 특징과 위치를 표현)을 같이 나타내는 **이명법**을 사용한다.

06 정답: ⑤

이명법에 의한 종의 표기법에서 속명은 대문자로, 종소명은 소문자로 나타내며 속명과 종소명 모두 이탤릭체로 써야 한다.

07 정답: ①

같은 강(class)에 속한다면 강의 상위 단계 또한 모두 같다.

08 정답: ④

그림에서 D와 E는 가장 최근에 공통 조상으로부터 갈라져 나왔으며 유연관계 또한 가장 가깝다.

09 정답: A

A는 그림에서 ㉠의 특징만을 가지고 있으며 B에서 D, E로 갈수록 다른 여러 특징을 포함하고 있으나 B~E 모두 ㉠의 특징만은 반드시 가진다.

10 정답: ④

① 계통수만으로 개체수를 판단할 수는 없다.
② A와 E는 공통 조상으로부터 분기했기 때문에 공통적 특징이 존재한다.
③ B는 ㉠과 ㉡의 특징을 가진다.
⑤ C, D보다 D, E 사이의 유연관계가 더 가깝다.

11 정답: ②

*Bacillus cereus*에서 *cereus*는 종명이 아닌 **종소명**이다. 따라서 종소명이 같은 ⑤와 유연관계가 가깝다고 생각하지 않도록 주의해야 한다. ⑤의 속명은 *Strigiformus*이므로 *Bacillus*와는 서로 다른 속(genus)으로 유연관계가 멀다.

12 정답: ⑤

생물의 분류 단계에서 상위 계급으로 올라갈수록 그 단계에 속하는 생물의 종류가 더욱 다양해지며 따라서 유연관계 또한 멀어진다.

13 정답: ①

같은 속에 속하므로 상위 단계(과, 목, 강, 문, 계, 역)는 모두 동일하다.

14 정답: ⑤

생물의 분류 단계간의 거리가 멀수록 유연관계도 멀어진다.

15 정답: ①

16 A: 고릴라 E: 붉은털원숭이

계통수에서 A는 고릴라, B 또는 C는 사람 또는 침팬지, D는 긴팔원숭이, E는 붉은털원숭이로 판단된다.

17 정답: B 또는 C

계통수에서 사람과 침팬지의 위치가 같기 때문에 B 또는 C가 사람 또는 침팬지에 해당한다.

18 가장 높은 침강률: B 가장 낮은 침강률: E

혈청 침강 반응에서는 사람의 혈청 단백질을 항원으로 사용하여 토끼로부터 항체를 얻는다. 따라서 사람과 유연관계가 가장 가까운 침팬지의 혈청에서 가장 높은 침강률(가장 높은 항원-항체 반응)을 보이며 유연관계가 가장 먼 붉은털원숭이의 혈청에서 가장 낮은 침강률을 나타낸다.

19 정답: ②

20 정답: ③

제시된 계통수의 그림에서 사람과 붉은털원숭이의 유연관계가 다른 영장류에 비해 가장 멀지만 공통 조상으로부터 갈라져 나와 진화한 것은 분명하다.

21 정답: ⑤

표를 통해 얻을 수 있는 결론은 사람과 침팬지 사이의 유연관계가 매우 가깝다는 사실뿐이다.

22 정답: ①

염색체의 핵형 분석으로 유연관계의 가깝고 먼 정도를 판단하지는 않는다.

23 정답: ③

24 정답: ②

현대 생물학에서는 공통 조상의 존재를 밝히기 위해 분자생물학적 기법을 가장 많이 사용하고 있다. 여기에는 유전체(유전자 DNA) 염기 서열의 비교, rRNA 염기 서열의 비교, 단백질(사이토크롬 c, 헤모글로빈 등) 아미노산 서열 비교 등이 있다. 이러한 분석에서 유사성이 높을수록 생물 종 사이의 유연관계가 가깝고 공통 조상으로부터 갈라진 지 오래되지 않았다는 증거로 쓰인다.

생물의 다양성
세균역, 고세균역, 진핵생물역

01 정답: 1, 2

고세균의 일반적인 특징

① 고온, 고염도의 농도 등의 극한 환경에서 서식하는 고세균이 존재한다.

② 세포벽의 구성 성분이 일반 세균과는 다르며 펩티도글리칸을 포함하지 않는다.

③ 지질 성분의 세포막이 있으나 지질의 구성 성분이 세균, 진핵생물과는 다르다.

④ 세포 내 소기관이 없는 단세포 원핵생물이다.

⑤ 유연관계가 세균보다는 진핵생물과 더 가깝다.

02 정답: ①

모든 진핵생물이 다세포 구조인 것은 아니다. **단세포 진핵생물**(예: 효모)도 존재한다.

03 정답: ③

독립 영양 세균 중에는 무기 화합물을 산화시켜 에너지를 얻는 세균도 있으며 황세균, 철세균, 질산균, 아질산균 등이 여기에 해당한다. 이러한 세균을 **화학 합성 세균**이라고 한다.

04 정답: ②, ④

원생생물은 진핵생물에 속하므로 핵막을 가지고 있다. 또한, 포자충류는 포자를 만든다.

① 편모나 섬모를 가진 원핵생물도 많이 존재한다.

③ 원생생물 중에는 단세포 생물도 많이 있다.

⑤ 군체(colony) 형성은 일반 세균계에서 흔히 나타나는 특징이다.

05 정답: ①

②와 ③은 진핵생물이 아니다.

④의 유글레나는 광합성 작용이 있으나 단세포 생물이며 군체를 형성하지 않는다.

⑤의 트리파노소마는 기생 생활을 하는 종속 영양 생물이다.

06 정답: ④

유글레나류, 규조류, 갈조류, 녹조류는 모두 광합성 능력이 있으나 포자충류는 기생 생활을 하는 종속 영양 생물이다.

07 정답: ④

양치류는 관다발이 있으나 종자를 만들지 않으며 침엽수는 종자 식물이나 겉씨 식물로 씨방이 없다.

08 정답: ②

① 계통수 그림에 열거된 모든 식물은 공통 조상으로부터 갈라져 나와 분화했기 때문에 모두 공통 조상의 특징을 공유하고 있다.

③ 침엽수는 C의 특징을 가지지 못한다.

④ C는 A이후에 진화된 특징이다.

⑤ 양치류는 B의 특징을 가지지 못한다.

09 정답: ①

10 정답: ③

균류의 세포벽은 셀룰로스 성분의 식물 세포벽과는 달리 **키틴**(chitin) 성분이다.

11 정답: ④

홍조류, 녹조류, 차축조류 등은 육상 식물과 유연관계가 가까운 조류들이나 홍조류는 엽록소의 종류에 있어서 녹조류와 구분된다. 조류는 일상 생활에서 식용, 의학용, 산업용 등으로 널리 쓰이기 때문에 각각의 특징을 파악하는 것이 중요하다.

12 정답: ④

설명에 해당하는 원생생물을 **규조류**이다. 규조류는 식물성 플랑크톤 중 가장 많은 양을 차지하며 산업용으로 널리 쓰이기 때문에 원생생물 중에서도 중요한 위치를 차지한다.

13 정답: ④

식물계, 균계, 동물계 이외의 진핵생물을 **원생생물**(Protista)이라고 하며 여기에는 유글레나류, 편모충류, 포자충류, 섬모충류, 규조류, 갈조류 등 다양한 생물체가 포함된다. 문제에서 예시된 펩티도글리칸 성분의 세포벽은 원핵 세포에 해당한다.

14 정답: ⑤

그림의 (가)는 원핵 세포, (나)는 원생생물의 섬모충류, (다)는 원생생물의 편모충류를 각각 나타낸다. 따라서 원생생물은 (나)와 (다)이다.

15 정답: ①

그림 (가)의 B는 원핵 세포의 세포벽에 해당하며 이것의 주 성분은 **펩티도글리칸**이다.

16 정답: ②

그림의 (가)는 원핵 세포이며 (나)와 (다)는 진핵 세포이다. 예시에서 공통으로 존재하는 세포 내 구조는 **리보솜**이다. 리보솜은 단백질 합성에 필수적인 요소로서 **모든 세포에 공통으로 존재**한다.

17 정답: ②

그림에서와 같이 (가)와 (다)는 편모를 가지고 있다. **미세소관**은 편모의 구성 성분이다.

18 정답: ⑤

세균의 DNA는 **히스톤(histone)** 단백질과 결합하지 않는다. DNA-히스톤 복합체 형성은 일부 고세균에서 발견되나 진핵생물의 두드러진 특징이다.

19 정답: ②

생산자(식물, 독립 영양 생물)는 먹이 사슬 유지에 필요한 대부분의 에너지와 산소를 생산한다.

20 정답: ③

21 정답: ②

고세균은 세균보다 진핵생물과 유연관계가 더 가깝다.

22 정답: ④

빛에너지를 이용한 탄수화물의 합성은 조류에서도 발견할 수 있는 특징이다.

23 정답: ⑤

A와 C는 각각 외떡잎식물과 쌍떡잎식물의 특징들이다. 따라서 A와 C는 둘 다 속씨식물에 해당한다.

24 정답: ④

3배수의 꽃잎, 수염뿌리, 나란히맥의 잎 등이 외떡잎식물의 특징이다.

25 정답: ④

쌍떡잎식물의 특징은 2장의 떡잎, 그물맥의 잎, 고리 모양의 관다발과 형성층, 곧은뿌리, 4와 5배수의 꽃잎 등이다.

26 정답: ①

27 정답: ③

28 정답: ③

척추동물은 후구동물에 속한다.

29 정답: ②

척추동물은 어류, 양서류, 파충류, 조류, 포유류의 5개 강(class)으로 분류한다.

30 정답: ①

해면동물은 포배 단계에서 발생이 끝나며 낭배를 형성하지 않는다.

31 정답: ㄷ, ㅁ

플라나리아는 편형동물에 속하며 불가사리는 극피동물에 속한다.

변이와 자연선택

01 정답: ④

그림 B는 자연선택의 유형 중, **분단성 선택**에 해당한다. 다른 자연선택의 유형과 함께 이러한 현상이 나타나는 이유는 환경 변화에 의한 생존 경쟁의 결과이다.

02 정답: ⑤

이미 자연선택으로 유전자 풀이 변했기 때문에 하디-바인베르크 법칙이 적용되지 않는다. 또한, 분단성 선택이 종 분화로 이어질 가능성이 높으나 그림만으로 종 분화 여부를 판단할 수는 없다.

03 정답: ③

다윈의 자연선택설에 의하면 환경 변화에 의해 개체 변이가 유발되는 것이 아니라 다양한 개체 변이 중에서 환경에 적합한 개체만이 생존 경쟁에서 살아남아(적자생존) 자손을 번식시키는 것이다.

04 정답: ②

②의 내용은 신다윈주의(neo-Darwinism)에 해당하지 않고 다윈이 주창한 자연선택설의 일부이다.

①은 지리적 격리설, ③은 돌연변이설, ④는 교잡설, ⑤는 정향 진화설에 관한 내용들이며 모두 다윈 이후에 제안된 진화설이다.

05 정답: 1-3-2-5-4

06 정답: ②

환경 변화에 의한 생존 경쟁과 적자 생존, 자연선택 등 일련의 과정들이 일어나며 이로써 개체 변이 가운데 특정 개체의 형질이 자손에게 전달되는 과정에서 새로운 종이 출현한다. 이것은 환경 변화에 의해 진화의 속도가 빨라졌다는 것을 의미한다.

07 정답: ②

현대적 개념의 진화는 유전자 풀(gene pool)의 변화를 의미한다. 즉, 환경 변화에 의해 개체군에 존재하는 유전적 다양성이 특정 방향으로 변화하며 이것이 여러 세대에 걸쳐 전달되고 축적되면 진화가 일어난다.

08 정답: ①

진화는 오랜 세월에 걸쳐 환경 적응에 유리한 형질을 가진 개체가 여러 세대에 걸쳐 자손에게 형질을 전달하고 그 결과 특정 형질을 가진 개체의 빈도수가 증가할 때 나타나는 현상이다. 따라서 생존 기간 동안 하나의 개체에서 진화가 나타나는 것이 아니라 **집단(개체군)이 점진적으로 진화**한다는 개념이 올바른 것이다.

09 정답: ①

각 섬마다 다른 먹이와 기후 조건 등이 핀치의 진화 과정에 영향을 끼칠 수 있으나 현대의 진화설에서는 **지리적 격리**가 다양한 핀치 종으로의 진화를 설명하는 가장 중요한 원인이 된다.

10 정답: ④

유전적 다양성이 적다는 것은 육지보다 개체군 내의 개체 변이가 적다는 것을 의미한다. 이것은 또한 환경 변화에 의한 생존 경쟁, 자연선택, 진화의 속도가 육지보다 느릴 가능성을 의미한다. 실제로 유전적 다양성이 적은 집단은 환경 변화에 대응하지 못하고 멸종하는 경우가 있다.

유전자 풀과 유전자 빈도, 종 분화

01 정답: ①

어떤 집단이 **하디-바인베르크**(또는 하디-와인버그, Hardy-Weinberg) 법칙을 따른다는 것은 **유전적 평형 상태**(진화가 일어나지 않는 상태)에 있다는 것을 의미하며, 이것은 또한 집단의 대립 유전자 빈도가 변하지 않는다는 것이다.

02 정답: ③

하디-바인베르크 법칙은 멘델 집단의 조건을 갖춘 집단 내에서 대립 유전자의 종류와 빈도가 세대를 거듭하더라도 변하지 않고 평형 상태에 있다는 것을 의미한다.

03 정답: ①

유전자 빈도가 일정하게 유지된다는 것은 집단의 유전자 풀(pool)에 변화가 없어 진화가 일어나지 않는다는 것을 의미한다.

04 정답: ⑤

문제의 내용은 멘델 집단에 관한 것으로 하디-바인베르크 법칙을 만족시킨다.

05 정답: ⑤

하디-바인베르크 법칙에 의하면 어떤 집단에서 대립 유전자 A와 a의 빈도를 각각 p, q라 하면 대립 유전자 전체의 빈도는 $p+q=1$이며 또한 $p^2+2pq+q^2=(p+q)^2=1$이다.

$q^2=0.04$이므로 $q=0.2$이며 따라서 $p=0.8$이다.

06 정답: 0.64

대립 유전자가 우성의 동형 접합자인 개체 빈도는 p^2이므로, $0.8 \times 0.8=0.64$이다.

07 정답: ③

잡종의 빈도는 $2pq=2(0.2 \times 0.8)=0.32$이다.

08 정답: ④

$q^2=0.16$이므로 $q=0.4$이며 따라서 $p=0.6$이다.

09 정답: ①

열성의 대립 유전자 t의 빈도:

$q^2+2pq \times \frac{1}{2}=q^2+pq=q(p+q)=q$

10 정답: ④

이형(잡종)의 대립 유전자: $2pq=2(0.4 \times 0.6)=0.48$

11 정답: ④

흰색 털은 열성이기 때문에 $q^2=0.09$ 따라서 $q=0.3$이며 $p+q=1$이므로 $p=0.7$이다.

12 정답: ②

$q^2=0.09$ $(q=0.3)$ 따라서 $p=0.7$이며 $p^2=0.49$, $p^2+2pq+q^2=1$이므로 $2pq=0.42$, 즉 42%이다.

13 정답: ②

유전적 부동(genetic drift)은 우연한 사건에 의해 어느 한 개체군의 유전 형질이 소실되거나 반대로 광범위하게 퍼지는 결과를 초래할 때 이를 나타내는 용어이다.

14 정답: ③

문제의 내용은 하디-바인베르크 법칙이 적용(집단 내 개체군의 대립 유전자 풀이 일정하게 유지)되는 **멘델 집단**을 의미한다. 따라서 정답은 ③이다.

15 정답: ②

$p^2+2pq+q^2=1$에서 p^2은 우성의 동형 접합자(순종)를, q^2은 열성의 동형 접합자를 나타낸다.

16 정답: ③

$2pq$는 우성의 유전자형이 이형 접합(잡종)으로 나타나는 개체의 빈도를 의미한다.

17 정답: ③

자연선택에 의한 유전자 풀의 변화 방식 중, **안정화 선택**에 해당한다. 안정화 선택은 안정된 환경에서 주로 나타나며, 변이는 감소하지만 평균적 표현형은 유지된다.

18 정답: ⑤

19 정답: ①

20 정답: ②

유전자 풀이 안정적으로 유지되기 위해서는 **멘델 집단**의 조건을 만족해야 한다. 멘델 집단은 다음 5가지 조건으로 정의할 수 있다.

1) 집단의 크기가 충분히 커야 한다.
2) 집단 내에서 자유로운 교배가 이루어져야 한다.
3) 돌연변이에 의한 새로운 유전자가 생기지 않아야 한다.
4) 다른 집단과의 이입과 이출이 없어야 한다.
5) 특정 대립 유전자에 대한 자연선택이 일어나지 않아야 한다.

21 정답: ①

유전적 평형이란 여러 세대를 거듭하더라도 유전자 풀(유전자 빈도)이 일정하게 유지되며 진화가 나타나지 않는 상태를 의미한다. 따라서 유전자 이동(유전자 흐름), 자연선택, 돌연변이 등의 발생은 유전적 평형 상태를 유지할 수 없는 조건들이다.

22 정답: ③

유전적 부동(genetic drift)은 돌연변이나 자연선택의 과정 없이 어느 한 개체군의 유전 형질이 없어지거나 광범위하게 퍼지는 결과를 초래할 때 사용되는 용어이다. 유전적 부동은 유전자풀이 작아서 우연한 사건으로도 유전자의 조성이 변화되는 현상이다.

23 정답: ③

q = 0.6이므로 p = 0.4이다.

24 정답: ④

주어진 보기는 멘델 집단의 조건을 만족하나 집단이 속한 주변 환경이 변했기 때문에 환경 변화에 적응하는 과정에서 집단 내 **유전자 풀**(대립 유전자의 종류와 빈도)의 변화가 발생했을 것이다.

25 정답: ④

단속평형설은 생물이 상당 기간 동안 안정적으로 종을 유지하다가 특정한 시기에 종 분화가 집중된다는 이론으로 굴드와 엘드리지가 제창하였다. 이것은 변이가 점진적으로 축적되어 종 분화가 일어난다는 **점진주의설**에 반하는 이론이다.

26 정답: ⑤

종(species)은 **생식적 격리 단위**로서 다른 종과 상호 교배할 수 없다. 일반적으로 모든 생물종은 다른 종과의 교배를 막는 생식적 격리 기작을 가지고 있다. 이 기작에 의해 종 고유의 유전적 특성이 유지될 수 있는 것이다. 그러므로 종 분화는 이전에는 교배가 가능했던 같은 종의 두 집단 사이에 생식적 격리가 일어남으로써 발생한다.

27 정답: ②

28 정답: ⑤

유성생식을 하는 생물 중 자연적 상호 교배가 가능한 개체들은 같은 종에 속한다. 자연적 상호 교배를 불가능하게 하는 생물학적 특성을 **생식적 격리**(reproductive isolation)라고 하며 새로운 종으로 분류되기 위한 기준으로 사용된다.

29 정답: ①

이소적 종 분화는 지역적(지리적) 격리의 결과로 종 분화가 일어나는 것을 말한다. 반면 동소적 종 분화는 서식지가 같은 집단 내에서 종 분화가 일어나는 경우를 의미한다.

30 정답: ③

개체수가 적고 고립된 소집단에서는 유전적 부동 등에 의해 유전자 빈도가 쉽게 변할 수 있다.

31 정답: ⑤

자연선택의 유형 중, **방향성 선택**과 **분단성 선택**은 안정화 선택과 달리 평균적 표현형이 유지되지 않는다. 따라서 이들 2가지 유형은 종 분화에 유리한 조건을 갖추고 있다.

32 정답: ③

유전적 부동은 개체수가 적고 고립된 집단 내에서 우연한 사건에 의해 유전자 풀이 변하는 것을 의미한다. 문제에서 쥐 개체군에 진드기가 유입된 후, 그룹 1과 3에서 형질 변화가 나타났는데 이러한 변화를 유전적 부동으로 설명할 수 있다. 진드기에 의한 유전자 이동을 정답으로 선택하는 경우가 있는데, 유전자 이동은 동일한 종(개체) 내에서 다른 대립 유전자(변이)를 가진 개체들 사이에 교류가 있을 때 사용하는 용어이다. 또한, 쥐의 형질이 변했기 때문에 유전적 평형에 해당하지 않는다.

저자약력

안태호

1991 연세대학교 생화학과 졸업
1991~1996 한국과학기술원(KAIST) 생명과학과 석사, 박사
1996~1997 University of Washington, Department of Biochemistry 박사 후 연구원
2002~2010 전남대학교 수의과대학 생화학교실 조교수, 부교수
2010~2011 University of North Carolina (Chapel Hill) School of Pharmacy 방문교수
2011~현재 전남대학교 수의과대학 생화학교실 교수

예제로 배우는 생명과학

인쇄 | 2015년 8월 10일
발행 | 2015년 8월 20일

저자 | 안태호
발행인 | 지병문
발행처 | 전남대학교출판부

등록 | 1981. 5. 21. 제53호
주소 | 61186 광주광역시 북구 용봉로 77
전화 | (062) 530-0571～2 마케팅부 530-0573
팩스 | (062) 530-0579
홈페이지 | http://www.cnup.co.kr
이메일 | cnup0571@hanmail.net

값 19,000원

ISBN 978-89-6849-234-1 (93470)

이 도서의 국립중앙도서관 출판예정도서목록(CIP)은
서지정보유통지원시스템 홈페이지(http://seoji.nl.go.kr)와
국가자료공동목록시스템(http://www.nl.go.kr/kolisnet)에서 이용하실 수 있습니다.
(CIP제어번호 : CIP2015021701)